U0170311

# 金属增材制造缺陷及检测

# Defects and Inspection of Metal Additive Manufacturing

杨 兵 张 俊 丁 辉 编著

科学出版社

北 京

# 内 容 简 介

本书围绕金属增材制造的质量控制问题，全面系统地介绍了金属增材制造典型缺陷形成机理和常用缺陷无损检测技术，重点论述了匙孔、气孔、夹渣、未熔合、裂纹及表面球化等缺陷的形成机制及特征，此外还介绍了超声、射线、光学和电磁等四种检测方法的原理及技术，并从在线检测和离线检测两个维度列举了一些实际的检测案例和潜在的解决方案。

本书可作为高等院校材料和机械等专业研究生和本科生的教材，也可作为增材制造从业人员的参考书。

**图书在版编目(CIP)数据**

金属增材制造缺陷及检测 = Defects and Inspection of Metal Additive Manufacturing / 杨兵，张俊，丁辉编著. —北京：科学出版社，2021.5

ISBN 978-7-03-068796-8

Ⅰ.①金… Ⅱ.①杨… ②张… ③丁… Ⅲ.①金属-快速成型技术-缺陷-研究 ②金属-快速成型技术-检测 Ⅳ.①TB4

中国版本图书馆CIP数据核字(2021)第089142号

责任编辑：吴凡洁 / 责任校对：杜子昂
责任印制：吴兆东 / 封面设计：蓝正设计

科学出版社 出版
北京东黄城根北街16号
邮政编码：100717
http://www.sciencep.com

**北京建宏印刷有限公司** 印刷
科学出版社发行　各地新华书店经销

\*

2021年5月第 一 版　开本：720×1000 1/16
2023年1月第三次印刷　印张：26 3/4
字数：523 000
定价：198.00 元
(如有印装质量问题，我社负责调换)

# 序

    为书写序历来都是一个充满压力的工作,要写好一篇序言,既要熟悉书中的内容,又要能产生共鸣,最好还要有思想火花的碰撞。幸好本书的内容是我多年的研究领域,写序的压力自然减轻了不少。我与该书作者丁辉教授四年前相识于美丽的苏州,首次见面场景历历在目,对其团队的研究特色印象深刻。其团队成员学科背景交叉互补性很强,既有金属增材制造研究的专业基础,又有长期从事金属材料缺陷检测及安全性评估实践经验的积累。近几年我们沟通合作了不少研究项目,进一步加深了彼此的了解。丁教授为人低调、谦虚严谨,从未提起《金属增材制造缺陷及检测》这本书的编写工作,直到见到这本书的书稿,我只能用耳目一新来形容看完该书稿后的感受。通过这本书,我能充分感受到他们另辟蹊径的独特视角及在该领域深耕多年的知识积累和精益求精的工作态度。

    伴随我 20 余年的金属增材制造理论研究和应用开发实践,试件中随机出现的各类打印缺陷就像挥之不去的阴霾,时常浮现在我脑海中,金属增材制造中缺陷和检测技术研究的重要性不言而喻。工件内部缺陷的形成机理和检测不仅是金属增材制造长期以来一个悬而未决的难题,决定了工艺的成败,还直接制约了增材制造技术的快速发展。但增材缺陷的形成机理复杂、影响因素繁多、缺陷检测困难,尽管国内外众多研究团队进行了大量的理论研究和实验模拟,也获取了不少有价值的研究成果,但相对于其他领域,研究深度和系统性明显不足,能收集的资料仅是发表在部分期刊上针对某一缺陷问题的研究论文,而对于增材制造的从业人员而言,一本深入浅出、系统讲述缺陷和检测的专业书籍是提高理论知识和技术水平必不可少的工具。因此,编写增材制造缺陷及检测理论和应用方面的书籍具有极其重要的意义。

    欧美等国在增材制造上起步早、投入力度大,长期以来一直引领技术和应用的发展。我非常欣慰地看到近年来中国在增材制造技术领域也加大了投入,资助了大量的科研项目,对中国制造业的提升起到了很好的促进和示范作用,中国增材制造技术水平已逐步走向世界前列。中国增材制造项目前期资助的方向主要是制造技术和装备的研究,对缺陷和检测技术的支持力度相对较小。2018 年,丁辉教授牵头承担了国家重点研发计划项目"金属增材制造的高频超声检测技术及装备",表明了国家对金属增材制造部件的质量缺陷及检测研究给予了高度的重视。基于多年金属缺陷研究及智能检测技术研究的基础,项目组成立了该书的编写专家委员会,多位具有丰富缺陷及检测技术研究经验的主要成员共同完成了该书的撰写工作。该书不仅收集了大量国内外缺陷方面最新的研究成果，还系统归纳和总结了缺陷形成机理、影响因素、预防措施，以及检测技术理论和应用等方面的内容，涉及知识面广、内容深入浅出、自成体系，具备很强的专业性和实用性。

  知识无国界，书籍是知识的载体，也是知识传播的主要途径。优秀的书籍是人类进步的阶梯，一个新兴行业的发展总是伴随着大量书籍的出版，一本可读性强的专业书籍可以对从业者和初学者产生很强的指导和引导作用。该书既可以作为增材制造从业人员的一本工具书，也可以作为高校从事增材制造技术研究师生的参考书或者教科书。该书的出版必将对增材制造技术的发展和推广起到极大的促进作用。期望该书在惠及中国的读者后，也能走出国门，传播到更多的国家，惠及更多的读者。

澳大利亚工程院院士，蒙纳士大学副校长

2021 年 1 月

# 前　言

金属增材制造技术的发展方兴未艾,大量增材部件正在航空航天、医疗器械、模具制造等领域推广应用。然而目前聚焦最多的仍然是增材部件的质量问题。可以说,提升金属增材制造部件质量的一致性和稳定性,是实现其向高端应用推广的必由之路。其中研究缺陷的形成机理、开发在线及离线检测技术、形成相关质量检测标准,是金属增材制造提质增效工作的核心和关键。

增材制造被认为是未来制造业发展的新增长点和国家竞争力提升的有效途径。国家重点研发计划已经发布多项指南,直接将超声、射线、光学等检测技术作为金属增材质量检测技术开发的重点。本团队因在材料加工缺陷、超声波检测理论、技术及装备开发等方面累积了大量研究成果,故有幸承担了"金属增材制造的高频超声检测技术及装备"项目的研发工作。一方面源于身上的责任和担当,另一方面源于对探索金属增材制造领域的好奇心。本团队在国内外广大学者研究工作的基础上,开始系统地思考缺陷成因及潜在的检测技术,力争占领金属增材制造质量及其检测技术的发展前沿。针对增材制造缺陷及检测书籍较少的现状,本书广泛收集国内外同行研究的精华,聚焦领域发展的前沿,将所得编撰成书,以飨同行。

金属增材制造不仅会产生与传统加工方式类似的裂纹、未熔合、夹渣和气孔等缺陷,还会产生该制造方法独有的缺陷形式,如匙孔、粉末未熔等内部缺陷,以及球化、飞溅等表面缺陷。此外,缺陷还因材料种类和打印方法的不同而有所差异。因此,本书的前半部分系统梳理各类缺陷的形成机理,力争为读者提供一个清晰的脉络和框架,描述金属增材制造的缺陷类型、成因、位置、尺寸范围等。本书的后半部分系统论述金属增材制造已有和潜在的有效检测方法,包括适合表面缺陷检测的光学和电磁检测方法,以及擅长内部缺陷检测与监测的超声和射线检测方法。

本书共分为9章。第1章为绪论,简要地介绍金属增材制造方法、原材料、装备、冶金过程及缺陷检测等技术进展。第2~5章主要关注金属增材制造典型缺陷的形成机理。第2章主要介绍匙孔和气孔等孔洞缺陷,第3章主要介绍未熔合及夹渣缺陷,第4章主要介绍裂纹缺陷,第5章主要介绍金属增材制造特有的表面缺陷。第6~9章主要关注金属增材制造在线及离线检测方法以及检测与增材制造的集成。第6章主要介绍光学检测方法,包括高温计、高速相机、红外热像法、光学相干成像及三维形貌测量。第7章主要介绍超声检测方法,包括离线超声检测、在线超声检测、组织应力测量及声发射检测。第 8 章主要介绍射线检测方法，包括工业 CT 检测、同步辐射及射线背散射成像等。第 9 章主要介绍电磁检测方法，包括常规、阵列及脉冲涡流检测和微磁检测。

本书的出版要感谢科技部国家重点研发计划项目的资助，本书的完成得益于金属增材制造高频超声检测技术及装备项目团队的精诚合作。正是大家在各自领域的艰苦探索和毫无保留的分享成就了本书的主要内容。特别感谢吴鑫华院士在金属增材制造材料和工艺方面的精心指导，戴挺教授在增材装备开发方面的无私奉献，以及中广核检测技术有限公司、中国航天科技集团增材制造工艺技术中心、国家增材制造产品质量监督检验中心(江苏)和全国无损检测标准化技术委员会等单位的大力支持。希望本书能起到抛砖引玉的作用，能得到同仁的关注和指正，共同为我国金属增材制造技术的发展贡献力量。

作 者

2020 年 12 月

# 目　　录

# 第1章 绪 论

增材制造(additive manufacturing，AM)俗称 3D 打印(3D printing)，是一门融合材料、机械和控制等多学科的"控形/控性"一体化先进绿色制造技术，具有常规制造技术不能比拟的优势。金属增材制造是增材制造技术中重点发展的方向，包括粉末床熔融(powder bed fusion，PBF)和定向能量沉积(directed energy deposition，DED)两大类。目前在装备制造、粉末材料制备、增材过程监控、缺陷检测等方面都取得了巨大的进步，部分产品已经在航空航天及其他领域获得了应用。但其冶金行为、缺陷形成机理及检测技术有待进一步深入研究，相关技术标准和技术规范需要进一步发展。

## 1.1 金属增材制造的发展

金属增材制造的出现彻底改变了传统金属部件的加工模式，不再需要昂贵的工具或模具就能生产结构复杂的零件，降低了对加工人员专业技术能力的要求，越来越多地被应用于航空航天、医疗器械、汽车制造和模具制造等领域，成为当前先进制造技术领域的研究前沿和竞争热点。伴随着新一轮科技革命和产业变革，以增材制造为代表的先进制造技术正在不断获得突破性进展，成为制造业产业升级和技术转型的主要发展方向。目前我国正处于从"中国制造"向"中国创造"转型的关键时期，增材制造技术对增强和提升我国产品的自主创新能力，实现从"中国制造"向"中国创造"迈进具有重要意义[1]。

增材制造技术是一种自下而上、逐层递增的材料累加制造方法，自 20 世纪 80 年代以来逐步发展，名称各异，如材料累加制造(materials increase manufacturing)、分层制造(layer manufacturing)、实体自由制造(solid free-form fabrication)和 3D 打印等，从不同的角度反映了增材制造技术的特点。在过去的 30 余年中，增材制造技术取得了重大进展，包括更低成本并可靠的工业激光器、高性能计算硬件和软件及成熟的金属粉末制造技术等。世界各国纷纷制定相关增材制造战略和具体措施助力产业发展，力争抢占未来科技和产业的制高点。

基于增材制造技术重要的战略地位和广阔的应用前景，欧美国家对其给予了高度的重视。2012 年，美国成立了国家增材制造创新研究院(National Additive Manufacturing Innovation Institute，NAMII)并提出了"重振制造业"战略。基于增材制造技术对工业发展的重要促进作用，德国政府分别在《德国高技术战略 2020》

和《德国工业 4.0 战略计划实施建议》这两个重要的规划性文件中提出明确支持激光增材制造的研发与创新[2]。澳大利亚政府也倡导成立了增材制造协同研究中心并提出基于企业需求的协作研究。在亚洲，日本实行了以增材制造技术为核心内容的"制造革命计划"，以构建和进一步完善其增材制造材料体系和装备体系，提升其增材制造技术在国际上的竞争力。新加坡投资了 5 亿美元用于发展增材制造技术。韩国政府则于 2014 年宣布成立 3D 打印工业发展委员会，并批准了一份旨在使韩国在金属增材制造领域获得领先地位的总体规划。

中国也高度重视增材制造产业发展，相继在《中国制造 2025》《"十三五"国家科技创新规划》《智能制造工程实施指南(2016—2020)》《工业强基工程实施指南(2016—2020 年)》等发展规划及实施方案中将增材制造装备及产业作为重要发展方向，以期推动增材制造产业持续快速发展。20 世纪 90 年代初，在科技部等多部门持续支持下，西北工业大学和华中科技大学等高校在增材制造设备、软件和粉末材料等方面的研究以及产业化上获得了重大进展[3]。随后国内大量的高校和研究机构开展了相关的研究。在产业化过程中，涌现出了西安铂力特增材技术股份有限公司等代表性企业，其可针对具体产品提供金属增材制造技术全套解决方案。近年来，我国金属零件增材制造技术的研究与应用已达到国际先进水平，北京航空航天大学、西北工业大学和中航工业北京航空制造工程研究所等制造出了大尺寸的金属零件。

金属增材制造技术经历了 30 余年的发展，目前正处于承上启下的发展阶段，面临许多新挑战和新问题①。当增材制造技术在航空航天、能源和石油化工等领域大型金属构件中应用时，增材制件质量可靠性和评价方法还不完善，特别是金属构件打印过程中、制造完成后和使用过程中质量控制和检测评价方法还需要进一步研究。在金属增材制造中，如果成形零件存在明显的宏观缺陷则会使零件报废，而内部的冶金微观缺陷将会大幅度降低零件的疲劳强度等关键性能[4]。如果构件存在裂纹，在交变应力的长期作用下，裂纹将逐渐扩展，最终有可能引发疲劳断裂事故。特别是在航空航天领域，一旦发生重要部件的疲劳断裂事故，将造成灾难性的后果。因此，增材制件的表面结构、内部组织均匀性、晶体结构、残余应力、力学性能及服役性能等的检测和评价方法还需要进一步完善。国内外关于金属增材制造技术的研究目前主要集中在设备优化、材料合成及打印工艺的完善和应用推广方面，而对缺陷演变和检测技术的系统研究相对较少，缺乏深入系统的探索，尤其对缺陷的形成规律和内在影响机制研究有待进一步加强。目前金属增材制造冶金缺陷演变规律研究和在线检测技术的开发已经成为金属增材制造技术发展的难点，这也是金属增材制造技术进一步充分发挥优势并推广应用的基础。

---

① http://www.qctester.com/news/details?id=23190&sig=f67bc8。

## 1.2　金属增材制造技术分类

按照美国材料与试验协会(American Society for Testing Materials，ASTM)标准 F2792—2012，增材制造主要分为两个类别，即 DED 和 PBF(表 1-1)。根据所利用的热源不同，金属增材制造也可分为高能束(激光、电子束和等离子)、冷喷涂和超声等低温金属固相增材制造技术等。

表 1-1　金属增材制造的分类及特点[5]

| 对比项目 | DED | | | PBF |
| --- | --- | --- | --- | --- |
| 原料形式 | 金属粉末 | 金属丝材 | | 金属粉末 |
| 热源 | 激光 | 电子束 | 电弧 | 激光或电子束 |
| 命名 | DED-L | DED-EB | DED-PA/DEDGMA | PBF-L 或 PBF-EB |
| 功率/W | 100~3000 | 500~2000 | 1000~3000 | 50~1000 |
| 速度/(mm/s) | 5~20 | 1~10 | 5~15 | 10~1000 |
| 供给速率/(g/s) | 0.1~1.0 | 0.1~2.0 | 0.2~2.8 | — |
| 最大制造尺寸/(mm×mm×mm) | 2000×1500×750 | 2000×1500×750 | 5000×3000×1000 | 500×280×320 |
| 制造时间 | 长 | 一般 | 短 | 长 |
| 尺寸精度/mm | 0.5~1 | 1.0~1.5 | 差 | 0.04~0.2 |
| 表面粗糙度/μm | 4~10 | 8~15 | 需要加工 | 7~20 |
| 后处理 | HIP 或者表面研磨 | 表面研磨或加工 | 加工 | HIP 或其他 |

注：HIP 指热等静压(hot isostatic pressing)。

### 1.2.1　激光选区熔化增材制造技术

激光选区熔化(selective laser melting，SLM)技术是把零部件的三维模型通过切片软件沿一定方向离散成一系列有序的微米量级薄层，然后在制造腔室中以高能量密度的激光为热源，逐层熔化铺好的金属粉末，经冷却凝固而成形的一种直接制造零部件的技术。为了使金属粉末完全熔化，一般要求输入的激光功率密度超过 $10^6 W/cm^2$[6]。相较于传统的制造方法，由于所使用的金属粉末粒度小，SLM 技术制造的部件可以达到很高的表面尺寸精度和表面质量，能够实现无余量的制造加工，解决复杂金属零部件的加工困难、加工周期长和成本高等问题，实现对传统制造方法无法加工的复杂金属零件的制造。例如，对一些轻质点阵的夹芯结构、空间曲面的多孔复杂结构、内部含复杂型腔流道结构的模具加工等。目前 SLM 技术在火箭发动机的燃料喷嘴、航空发动机的超冷叶片、轻质接头等方面获得了应用，同时在半导体、医学植入等领域也具有良好的应用前景[7]。

为了保证对金属粉末材料的快速加热和熔化，SLM 技术一般需要采用高功率密度的激光器，根据不同的使用需求，光斑直径一般可以聚焦到几十微米到几百微米。目前 SLM 技术使用的激光器主要有 Nd:YAG 激光器、$CO_2$ 激光器和光纤 (fiber) 激光器等。这些激光器产生的激光波长分别为 1064nm、10640nm 和 1090nm。不同的激光波长与金属粉末的相互作用存在一定的差别。金属粉末对 1064nm 等较短波长激光的吸收率比较高，而对 10640nm 等较长波长激光的吸收率较低，因此在金属零件增材制造过程中具有较短波长的激光器使用率比较高。而当采用较长波长的 $CO_2$ 激光器时，其激光能量利用率相对较低。SLM 技术目前最常用光纤激光器的功率一般高于 50W，功率密度也达到 $5\times10^6 W/cm^2$ 以上[6]。在 SLM 增材制造中，粉末材料一般分两个腔室进行存放，分别为供粉腔室和工作腔室。粉末储存在供粉腔室中，经铺粉辊移动到工作腔室。铺粉结束后，激光经过激光器发出，通过聚焦透镜聚焦，然后进入可快速运动的振镜，通过振镜改变激光在工作腔室中的扫描位置实现打印过程(图 1-1)。

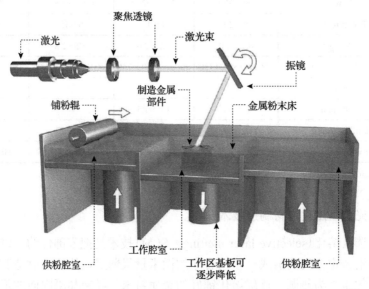

图 1-1　SLM 技术原理示意图①

SLM 增材制造技术由激光选区烧结(selective laser sinter, SLS)技术发展而来。随着激光技术的发展及高亮度光纤激光器的出现，国内外金属 SLM 增材制造技术发展突飞猛进。德国是 SLM 技术研究最早与最深入的国家，第一台 SLM 系统于 1999 年在德国研制成功，由 Fockele&Schwarze(F&S)公司与德国弗朗霍夫研究所共同研发，主要应用于不锈钢粉末的成形。目前国外已有多家 SLM 设备制造商，

① https://www.empa.ch/web/coating-competence-center/selective-laser-melting。

比较大的如德国 EOS 公司、SLM Solutions 公司和 Concept Laser 公司[①]。国内增材制造技术和装备也获得了很大的进步。例如，华南理工大学于 2003 年开发出国内的第一套 SLM 设备 DiMetal-240，随后在 2007 年又开发出 DiMetal-280，2012 年开发的 DiMetal-100 目前已经进入商业化阶段。华中科技大学于 2016 年研制出成形尺寸为 500mm×500mm×530mm 的 SLM 增材制造装备，它由 4 台 500W 光纤激光器和 4 台振镜分区同时扫描粉末进行成形，成形效率和尺寸为当时同类设备中最大[②][8]。

SLM 基本工艺流程如下：

(1)将需要制造的目标零部件在计算机上通过 CAD 软件设计出三维模型，然后将三维模型转化为 3D 打印所需的三维图形文件格式——STL (stereolithography)格式[7]。

(2)利用 3D 打印软件对该三维模型进行切片分层，得到各截面的二维轮廓数据，将这些数据导入3D 打印设置中，计算机按照设置的扫描方式类型，将二维轮廓之间的封闭区域填充上一定间隙的线条[7]。

(3)启动 3D 打印机，把 STL 格式的模型进行切片得到 G-code 文件并传送给 3D 打印机，同时装入 3D 打印粉末材料，调试打印平台，设定打印参数。激光束开始扫描前，先在工作台面装上金属零件生长所需的基板，将基板调整到与工作台面水平的位置，供粉腔室先上升到高于铺粉辊底面一定高度，铺粉辊滚动并将粉末带到工作台面的基板上，形成一个均匀平整的粉末层。随后 3D 打印机开始工作，逐层完成打印工作[9]。

(4)3D 打印机完成工作后，取出物体，做后期处理。例如，在打印一些悬空结构的时候，需要有一个支撑结构顶起来，然后才可以打印悬空部分。因此，后期处理需要去掉这部分多余的支撑结构。又如，有时候 3D 打印出来的物品表面比较粗糙，需要后续抛光。抛光的办法通常是砂纸打磨(sanding grinding)、珠光处理(bead blasting)和蒸汽平滑(vapor smoothing)这三种技术。对于性能要求高的零部件，需要做后续的热处理等才能最后得到所需的工件。

SLM 技术的优点如下：

(1)可以由 CAD 模型直接制成最终的产品，不需要复杂的后处理技术。

(2)适合制造各种复杂形状的工件，尤其是内部有复杂连通结构的部件。

(3)一般可以得到过饱和固溶体及细晶粒金相组织，致密度接近 100%，其性能和锻造工艺基本相当。

(4)高功率小光斑技术的应用使加工出来的金属零件具有很高的尺寸精度和低的表面粗糙度($Ra$=30~50μm)。

(5)可以采用较低功率熔化高熔点金属，可以使用单一成分的金属粉末来制造

---

① http://cn.world3dassociation.com/jishu/2014-01-20/30652.html。
② http://laser.ofweek.com/2016-05/art-240015-8420-29095108_2.html。

零件，由于粉末种类多，大大拓展了其应用领域[6]。

## 1.2.2　激光定向能量沉积增材制造技术

激光 DED 增材制造技术是在快速成形技术和激光熔覆技术的基础上发展起来的一种先进快速制造技术。该技术的思路与 SLM 技术比较类似，也是基于离散/堆积原理。首先通过对所需打印零部件的三维 CAD 模型进行分层处理，随后获得各分层截面的二维轮廓信息，在此基础上生成加工路径，最后在惰性气体(氩气或者氮气等)保护环境中采用高能量密度的激光作为热源，按照预定的加工扫描策略，将同步送进的金属粉末(或者丝材)逐层熔化并堆积，从而实现金属零件的直接制造或者修复[10]。

目前激光 DED 技术众多，主要分为送丝 DED 技术和送粉 DED 技术(图 1-2(a)和(d))。送丝 DED 技术主要通过送丝机构将专用金属丝直接送入激光光斑内(图 1-2(a))逐层熔化并凝固从而实现高效的增材过程。送丝 DED 技术可基本实现熔覆材料无浪费，利用率接近 100%，远高于送粉 DED 技术(利用率一般低于80%)。但其缺点在于热影响区过大和无法实现很好的气体保护，导致其增材缺陷多，工艺参数调整难度大。送粉 DED 技术主要有两种方式：一种为侧向送粉(图 1-2(b)和(c))；另一种为同轴送粉(图 1-2(d))。与侧向(单侧或者双侧)送粉相比，同轴送粉可以很好地实现惰性气氛保护，使熔覆粉末自身的性能不受空气中氧和氮等元素的影响，从而实现增材覆层的优异性能[11]。

激光 DED 技术特点如下[7]：

(1)直接成形，无需任何复杂模具，简化了生产过程。

(2)由于激光的能量密度高，适用于各种难加工金属材料制备。

(3)零部件的制造精度较高，可以实现复杂形状零件的近净成形。

(4)所制备的零件材料内部晶粒细小并且均匀，导致其力学性能优异。

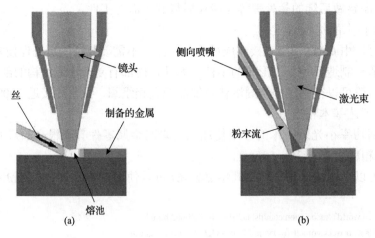

(a)　　　　　　　　　　　　　　　　(b)

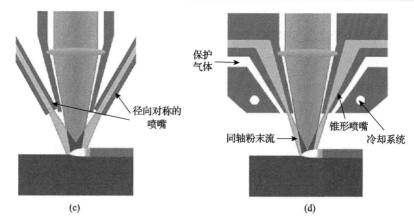

图 1-2 各种激光 DED 技术原理示意图[①]

(5)可实现损伤零部件的快速修复。

(6)具有较好的加工适应性,可以实现不同品种和批量的产品加工快速转换。

激光 DED 增材制造技术是 20 世纪 90 年代首先从美国发展起来的。在 90 年代中期,美国联合技术研究中心与桑迪亚国家实验室合作开发了使用 Nd:YAG 固体激光器和同轴送粉系统的激光近净成形(laser engineering net shaping,LENS)技术。此后桑迪亚国家实验室基于 LENS 技术,针对各种金属材料(如镍基高温合金、钛合金和奥氏体不锈钢)开展了大量的成形工艺研究。1997 年 Optomec Design 公司获得了 LENS 技术的商用化许可,随后推出了 DED 成套装备。1997 年,MTS 公司出资与约翰·霍普金斯大学、宾夕法尼亚州立大学共同成立了 Aeromet 公司,采用 14～18kW 大功率 $CO_2$ 激光器和 3.0m×3.0m×1.2m 大型加工舱室,于 2002 年在世界上率先实现 Ti-6Al-4V 钛合金承力构件的制造,该构件主要用于 F/A-18 战斗攻击机等飞机。除此之外,典型增材制造企业还有法国 BeAM 公司、德国通快集团及美国 3D-Hybrid Solutions 公司。1998 年以来,Optomec Design 公司也致力于 LENS 技术的商业开发,推出了第三代成形机 LENS850-R 设备[10]。

在中国,北京航空航天大学、西北工业大学、中航工业北京航空制造工程研究所及华中科技大学等多个研究机构也开展了激光 DED 技术和装备的研制。其中,西安铂力特增材技术股份有限公司的激光立体成形(laser solid forming,LSF)设备就是 DED 技术的典型代表。C919 大客翼身组合体大部段中的关键零部件采用其设备进行制造,仅用 25 天即可以完成交付,大大缩短了航空航天关键零部件的研发周期,实现了航空航天零部件核心制造技术的突破[②]。

---

① https://www.engineering.com/3dprinting/3dprintingarticles/articleid/15202/7-issues-to-look-out-for-in-metal-3d-printing.aspx。

② http://info.printing.hc360.com/2017/03/161554627997.shtml。

### 1.2.3 电子束熔丝沉积增材制造技术

电子束熔丝沉积增材制造技术(图 1-3)又称为电子束自由成形制造(electron beam freeform fabrication，EBF3)技术。EBF3 技术在激光成形技术基础上发展而来。和激光 DED 技术不同，EBF3 技术在真空环境中实现金属增材制造过程。其原理为利用高能量密度的电子束作为加工热源，当高速电子轰击金属丝材时，其动能立即转化成热能，被轰击的金属丝材熔化形成熔池。金属丝材通过专门的送丝机构送入熔池中并熔化，熔池按照预先规划的扫描路径运动，金属材料逐层凝固堆积，形成致密的冶金结合，最后制造出所需的金属零部件或者毛坯件[10]。

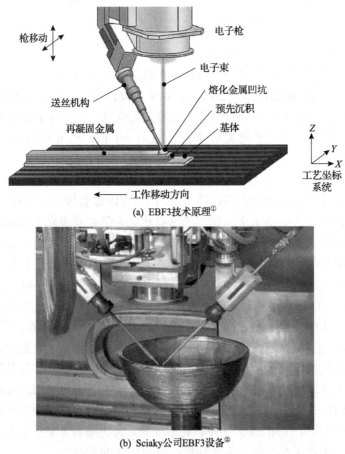

(a) EBF3技术原理①

(b) Sciaky公司EBF3设备②

图 1-3　EBF3 技术原理及实物图

---

① https://3dprintingindustry.com/news/sciaky-ebam-metal-3d-printing-system-wins-award-u-s-president-122319/。

② https://www.sciaky.com/images/content/thumbs/titanium-additive-manufacturing-system-sciaky-thumb.jpg。

2002 年,美国国家航空航天局(National Aeronautics and Space Administration, NASA)兰利研究中心的 Taminger 等提出了 EBF3 技术,随后美国 Sciaky 公司联合波音公司等采用该技术进行大型航空金属零件的制造。使用该技术成形钛合金材料时,最大成形速度可达 18kg/h。2007 年,鉴于 EBF3 技术的优势,美国 CTC 公司针对无人战机的需求制定了"无人战机金属制造技术提升计划",选定该技术作为未来大型结构的首选技术方案,主要是其可以降低成本和进行高效率制造。该计划的目标是通过 EBF3 技术的使用降低无人战机金属结构的重量,提高无人战机的性能,最终达到降低成本的目的。洛克希德·马丁(Lockheed Martin)公司也是 EBF3 技术的支持者,其选定了 F-35 飞机的襟副翼梁用 EBF3 代替锻造,新技术使零件成本降低 30%~60%。采用 EBF3 制备钛合金零件的 F-35 飞机已于 2013 年初试飞。

国内中航工业北京航空制造工程研究所于 2006 年开始 EBF3 技术研究工作。该所突破了 EBF3 大型装备研制中的系列关键技术,开发了 EBF3 设备,实现送丝量的自动调整,可将成形效率提高 50%以上,已经具备大型航空钛合金结构的加工能力。其开发的最大的 EBF3 设备真空室体积为 46m³,有效加工范围达 1.5m×0.8m×3m。该设备可以 5 轴联动,实现了双通道送丝。在此基础上试制了大量钛合金零件和试验件,其在 2012 年制造的钛合金零件在国内飞机结构上率先实现了装机应用。

EBF3 技术具有一些独特的优点,主要表现在以下方面[12]:

(1)高沉积速率。随着大功率电子枪的研发成功,现在电子束可以很容易实现数十千瓦大功率输出,达到很高的沉积速率(15kg/h)。对于大型金属结构的成形,EBF3 速度优势十分明显。

(2)真空环境有利于零件的保护。EBF3 在 $10^{-3}$Pa 真空环境中进行,能有效避免空气中有害杂质(氧、氮和氢等)在高温状态下混入金属零件,避免工件表面发生氧化,可以保持较好的表面光洁度,非常适合钛和铝等活性金属的加工。

(3)制件内部质量较好。与激光束相比,电子束是"体"热源,熔池相对较深,能够充分消除层间未熔合现象;同时利用电子束扫描对熔池进行旋转搅拌,可以明显减少气孔等缺陷。

(4)可实现多功能加工。电子束输出功率可在较宽的范围内调整,方便对不同种类材料进行加工;电磁场控制方式可实现对束流运动及聚焦的灵活控制,实现高频率复杂的扫描运动;利用电子束的面扫描技术能够实现大面积预热及缓冷;利用多束流分束加工技术可以实现多束流同时工作,即在同一台设备上既可以实现熔丝沉积成形,也可以实现深熔焊接。

### 1.2.4 电子束选区熔化成形增材制造技术

电子束选区熔化成形(selective electron beam melting,SEBM 或者 EBM)技术与 SLM 技术类似(图 1-4),但加工能量源从激光换成了电子束,具有成形速度快、粉末材料的利用率高、电子束无反射和能量转化率高等特点。EBM 的成形环境为高真空,意味着不需要通入保护气体,所以特别适合钛合金等高活性大中型金属零部件的成形制造。EBM 的工作原理是电子束在偏转线圈驱动下按预先规划的路径进行扫描,熔化已经铺好的金属粉末。当一个层面的扫描结束后,工作舱下降一层的高度,铺粉器重新铺放一层金属粉末,如此反复进行铺粉和扫描的过程,层层堆积,直到制造出所需要的金属零部件[10]。

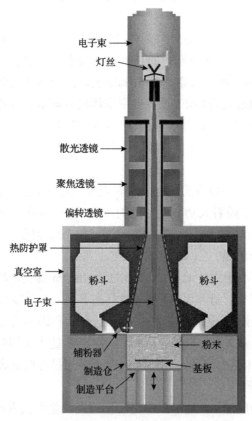

图 1-4 EBM 技术原理①

与常压环境增材制造方式不同,EBM 的整个加工过程均处于 $10^{-2}$Pa 以下的高真空环境中,可有效避免空气中有害杂质气体在打印中与部件材料发生作用并对

---

① https://3dprint.com/169727/arcam-ebm-unit-general-manager/。

其结构和性能产生影响。但由于电子质量远大于光子质量，增材制造过程中，相对于激光束，电子束在高电压的驱动下动能更大，当高速电子束轰击金属粉末时，易出现"吹粉"现象，即预制结构松散的粉末在电子束的作用下被推离原来位置而发生移动[13]。"吹粉"行为主要和电子束的束流密度、粉末致密度和粉末的材料属性密切相关。目前研究表明，正式打印前对粉末进行预热以提高粉末的致密度可以有效地解决"吹粉"问题，同时电子束功率密度和扫描速度比值也会影响"吹粉"现象的发生。因为"吹粉"现象导致的粉末位移会影响成形制件的结构和性能，所以其是 EBM 增材制造中要尽力避免的问题。此外，球化、变形及残余应力控制、表面粗糙度等也是目前 EBM 增材制造仍面临着的一系列急需解决的技术问题。相对激光增材制造设备，EBM 增材制造设备的价格十分昂贵，维护成本相对较高。

EBM 与直接金属激光烧结(direct metal laser-sintering，DMLS)原理基本相似，主要的差别在于采用的热源不同。由于电子束一般适合工作在高真空环境中，EBM 技术成形室一般配备高真空系统。电子束具有独特性能，当使用电子束作为热源时，与激光作用不同，金属材料对电子束几乎没有反射，导致其能量吸收率大幅提高。此外，真空环境中杂质气体很少，特别是氧的含量低，导致制造的材料熔化后氧化较少，润湿性大幅度提高，可以增加熔池之间以及打印的下一层与上一层之间的冶金结合强度，因此 EBM 技术制备的构件整体质量较高。粉末致密度和预热温度密切相关，为了提高粉末的致密度，需要将系统预热到 800℃以上，使得粉末在成形室内预先烧结固化在一起，当电子束进行扫描时可以有效避免发生"吹粉"现象[14]。EBM 加工后部件的残余应力较小，不需要专门的退火后处理，因此 EBM 在一些高端复杂零部件的打印中具有良好的应用前景。EBM 技术主要特点如下：

(1)真空工作环境，无需消耗惰性保护气体，能避免空气中杂质混入材料，未熔化的金属粉末可循环使用，大幅度降低气孔和氧化夹渣形成的可能性，因此可提高粉末的利用率，降低生产成本。

(2)和其他技术对电子束的控制类似，EBM 中电子束扫描主要依靠电磁场调控，机构简单，反应速度快。可利用电子束扫描、束流参数实时调节控制零件表面温度，减少缺陷与变形。

(3)成形速度快，可达 $80 \sim 110 cm^3/h$，是 SLM 技术的数倍。

(4)尺寸精度可达±0.1mm，表面粗糙度为 $15 \sim 50 \mu m$，基本为近净成形。

(5)由于材料对电子束能量的吸收率高且稳定适应性强，EBM 技术可用于加工钛合金、铜合金、钴基合金、镍基合金、钢等材料。

EBM 技术是 20 世纪 90 年代中期发展起来的。90 年代初期瑞典 Chalmers 工业大学与 Arcam 公司合作开发了 EBM 技术，并在此基础上申请了专利。从 2003 年起，Arcam 公司研发了商品化的 EBM 设备，并将其销售给国内外的许多研究机构，目前已经广泛应用于航空航天和医疗等领域。Arcam 公司开发的 A2XX 型设备已经可以加工尺寸达到 $\phi350\text{mm}\times380\text{mm}$ 的工件。此外，波音公司和 Synergeering Group 公司也进行了大量研究，主要针对火箭发动机喷管和叶片。国内起步相对晚一些，其中清华大学开展了相关系统的设备开发和基础研究的工作。近年来，西北有色金属研究院和中国科学院金属研究所等利用 Arcam 公司生产的设备也开展了卓有成效的研究。特别是 2007 年以来，中航工业北京航空制造工程研究所在 EBM 核心装备上取得了较多的突破，开发了电子束精确扫描技术、精密铺粉技术、数据处理软件等装备核心技术。在飞机复杂钛合金接头及 TiAl 叶片的 EBM 技术研究方面具有很强的实力。

### 1.2.5　电弧增材制造技术

由于成形速度相对较慢，激光和电子束增材制造技术在成形小型零部件时性价比高，但成形大尺寸结构件时表现出一定的局限性。为了满足大型化、整体化特殊结构件的增材制造需求，基于堆焊技术的电弧增材制造(wire and arc additive manufacture，WAAM)技术日益受到学者和业界关注[15]。如图 1-5 所示，WAAM 技术以电弧为载能束，送丝机构将丝材送入电弧中，采用逐层堆焊的方式制造金属实体构件。该技术主要基于传统的钨极惰性气体保护焊(tungsten inert gas welding，TIG)、熔化极惰性气体保护焊(melt inert gas welding，MIG)、埋弧自动焊(shielded arc welding，SAW)和等离子弧焊(plasma arc welding，PAW)等技术发展而来，具有成熟的研究基础[1]。与传统的铸造和锻造工艺相比，WAAM 无需成形模具，尽管经历多次回火和淬火，但较传统的锻造技术仍然具有一定的优势，特别适合小批量、多品种复杂部件的制造。与激光和电子束为热源的增材制造技术不同，WAAM 技术具有沉积速率高和制造成本低等优势[16]。WAAM 技术种类及特点见表 1-2。

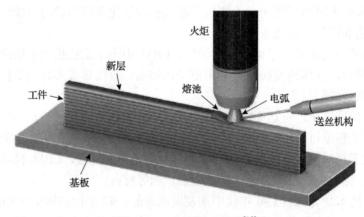

图 1-5　WAAM 技术原理[15]

表 1-2  WAAM 技术种类及特点

| WAAM | 能量源 | 特征 |
|---|---|---|
| TIG 增材制造 | TIG | 非消耗电极，分离送丝，典型沉积速率为 1~2kg/h，丝材和火炬旋转 |
| MIG 增材制造 | MIG<br>冷金属过渡<br>串联 MIG | 消耗电极，典型沉积速率为 3~4kg/h，电弧稳定性差，飞溅往复<br>消耗电极，典型沉积速率为 2~3kg/h，低热输入，无飞溅两个可<br>消耗丝电极，典型沉积速率为 6~8kg/h，易于控制材料成分 |
| PAW 增材制造 | 等离子 | 无消耗电极，独立送丝，典型沉积速率为 2~4kg/h，需要丝材和等离子炬旋转 |

在 WAAM 技术方面，德国走在世界前沿。1983 年，德国科学家率先提出 WAAM 的概念，主要以金属焊丝为原料，采取埋弧焊接的方式逐层堆积制造金属零件。随着数控技术和计算机技术的极速发展，WAAM 技术在成形大型复杂结构件上展现出得天独厚的优势，被越来越多的科研机构所关注。英国克兰菲尔德大学首次将该技术应用于飞机机身结构件的快速制造[17]。

激光等技术对粉末材料比较敏感，不同的材料对激光的吸收效率不同。而 WAAM 技术对金属材质不敏感，可以对各种材料如铝合金、铜合金等进行制造。从目前的研究工作可以知道，WAAM 材料的显微组织及力学性能优异，具有良好的应用潜力；同时 WAAM 技术开放的成形环境对成形件尺寸无限制，可以快速打印激光等方法无法打印的大型部件。但 WAAM 技术也存在一定的不足，由于存在高能量输入和快速成形特点，WAAM 成形件表面粗糙度大，成形件表面质量较差，一般需要后续二次表面机加工①。

英国对 WAAM 技术研究非常深入，以克兰菲尔德大学为典型代表，针对 WAAM 自动化控制、应力控制及工业化应用准则等方面开展了系统研究，并和空中客车(Airbus)、Rolls-Royce 等企业广泛合作，逐步建立起政府、企业、科研机构的多层次的产学研用一体化的研究团队，对 WAAM 技术的推广应用起到了良好的促进作用。美国也非常重视 WAAM 技术的发展。2012 年 3 月，美国白宫宣布投资 10 亿美元帮助美国制造业进行改革，旨在实现增材制造的小批量、低成本数字化制造。2015 年 11 月，纽约州与 Norsk Titanium 公司达成合作协议，投资 1.25 亿美元建立工业化规模的 3D 打印工厂。该工厂主要采用的成形技术为 WAAM，其制造目标是改变目前航空结构件大余量的钛金属去除状况，实现高效、低成本的航空零部件生产。Norsk Titanium 公司的 WAAM 技术先进，可以使零件成本降低 50%~70%，产品上市时间缩短 75%，使 WAAM 技术的工业化应用前进了一步[1]。其他国家也进行了系统的 WAAM 装备开发。2018 年，荷兰重型建筑设备全球供应商和制造商 Huisman 宣布首次成功完成 3D 打印起重机吊钩的负载测试。质量约为 1000kg 的吊钩采用 WAAM 技术成形。该吊钩可以承载 80t 的

① http://mp.ofweek.com/3dprint/a745643022606。

重量，相当于 8 万 kg。下一步是将吊钩的 3D 打印质量提高到 2500kg，使它们能够承受更重的负载。

### 1.2.6 超声波增材制造技术

目前金属增材制造技术主要以激光、电子束和等离子束等高能束作为热源，但存在熔池温度场控制困难等局限性。美国近年来发展了新的非高能束直接快速成形与制造技术，即超声波增材制造(ultrasonic additive manufacturing，UAM)技术。超声波增材制造基于超声波焊接技术(图 1-6)，在连续的超声波振动压力下，利用超声波振动所产生的能量让两个需要焊接的表面相互摩擦，在这个摩擦过程中，金属表面覆盖的氧化物和污染物被剥离，露出下面的纯金属，之后利用超声波的能量将较为纯净的金属材料软化并填充到已完成焊接的金属箔片表面，最终形成原子间融合。该技术将固结增材过程与数控铣削等减材工艺相结合，实现了超声波成形与制造一体化，目前主要应用于汽车制造业、电工电子技术、电器及仪表制造业、航空航天工业和密封技术等方面[18]。

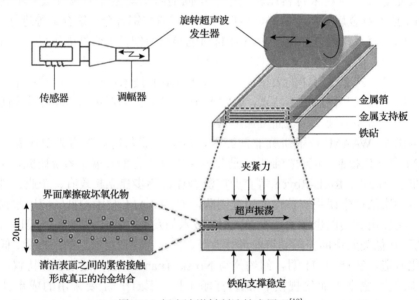

图 1-6 超声波增材制造技术原理[19]

19 世纪 30 年代，人们在做电流点焊电极加超声波振动试验时发现不通电流也能进行焊接，因而发展了超声波金属冷焊技术。美国率先研发了国际上第一台超声波增材制造装备，单道次固结的金属箔材宽度达到 25mm，使超声波固结实现了点对点到面对面的突破。第一代超声波增材制造设备仅能称为原型机，许多功能并不完善。在此基础上，第二代超声波增材制造装备增加了 3 轴计算机数控(computer number control，CNC)加工系统和自动送料系统，拓展了工作空间。第三代超声波增材制造装备则更进一步(图 1-7),工作空间已达到(1800×1800×900) mm³,具备了加工大型零件的能力,而且加工的材料从最初的低强度铝合金扩展到了 Cu、316 不锈钢、Ni 和 Ti-6Al-4V 合金等[18]。在国内,顺德楚鑫机电有限公司也开发出了系列超声波增材制造的核心部件,如大功率换能器、发生器、长寿命焊头等,在平板太阳能行业市场占有率已超过 80%[20]。

图 1-7 SonicLayer4000 超声波增材制造设备图[①]

与激光等高能束金属零件快速成形技术相比,超声波增材制造技术具有如下特点:

(1)低温是其最大技术优势,一般是金属熔点的 25%~50%,整个打印过程的初始温度是 150℃。焊接过程中摩擦和塑性变形的产热可使局部温度达到 200℃左右,因此材料内部的残余应力低,成形后无须进行去应力退火,而其他增材制造技术通常要将金属加热至熔点[②]。

(2)原材料采用一定厚度的普通金属带材而不是特殊的增材制造专用金属粉末,材料成本低。

(3)超声波固结使上下制造层之间可以获得近 100%的物理冶金界面,结合力高。在界面局部区域可发生晶粒再结晶过程,细化晶粒,从而使材料强度较高[21](图 1-8),满足苛刻环境的使用要求。

(4)该技术除了可以用于金属材料的制造,也可以用于非金属材料的加工,应用领域广阔。

(5)除了用于成形大型板状复杂结构零部件,超声波增材制造装备还可用于制造叠层材料[21]。

---

① https://www.3dprintingmedia.network/additive-manufacturing/am-technologies/ultrasound-additive-manufacturing-uam/。

② http://office.pconline.com.cn/1131/11317684.html。

　　界面超声波熔合机理如图 1-8 所示。图 1-8(a)～(c) 为声电极的接触过程。图 1-8(d)～(h) 为在超声作用下界面发生键合和塑性变形，最后形成熔合界面过程。图 1-8(i) 是超声波熔合装置示意图。

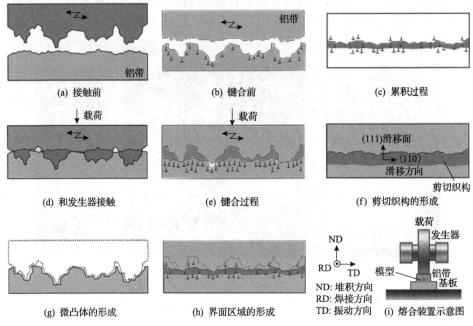

图 1-8　界面超声波熔合机理[22]

### 1.2.7　冷喷涂增材制造技术

　　当金属粒子被压缩空气加速到临界速度时，如果其和基体表面发生碰撞后产生形变，则金属粒子会撞扁在基体材料表面并牢固附着。在撞击过程中，金属粒子温度不高，并没有熔化。如果金属粒子的速度没有达到临界速度，则其无法附着在基体材料表面[23]。冷喷涂是一种可以将金属粒子加速到很高速度的固态粒子沉积的材料制备方法。相较于激光增材制造技术，冷喷涂过程具有温度低、热影响区小、设备结构简单和成本低廉等特点。不同于传统热喷涂技术固有的熔化-凝固过程，冷喷涂中金属颗粒的氧化、分解、相变和晶粒长大等得以避免。从 2000 年开始，国际热喷涂会议设立专门的冷喷涂讨论组，使冷喷涂技术在国际上受到越来越广泛的关注[24]。由于在对温度敏感的低熔点材料喷涂方面具有突出的优势，并且由于冷喷涂过程涂层粉末颗粒速度可达到 500～1000m/s，涂层结构致密，残余应力为压应力，并且可以制备超厚的涂层材料，目前冷喷涂已经可以沉积 Al、Mg、Cu、高温合金和金属陶瓷等涂层。冷喷涂具有低温的工艺特点，对喷涂材料无明显影响、对基体影响也较小，因而结合增材制造常规扫描控制技术，基于冷喷涂技术的冷喷涂增材制造技术已经成为近年来的研究热点(图 1-9)。

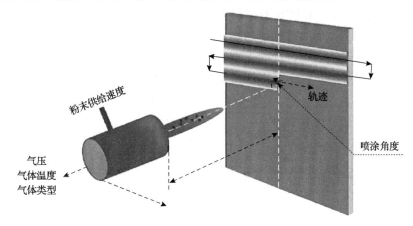

图 1-9 冷喷涂增材制造技术原理

在冷喷涂增材制造过程中,粉末的沉积效率和颗粒的喷射速度密切相关,高的喷射速度可以获得高的沉积效率(图 1-10(a))。当喷射速度超过 800m/s 时,沉积效率接近 100%。同时随喷射速度的增加,增材制件中孔隙率降低。当喷射速度超过 700m/s 时,孔隙率可以控制在 2%以下(图 1-10(b))。冷喷涂增材制造技术目前已经广泛应用于有色金属部件打印中,获得了良好的使用效果。

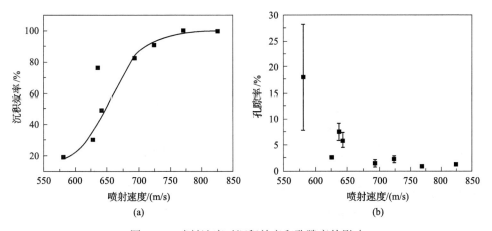

图 1-10 喷射速度对沉积效率和孔隙率的影响

在冷喷涂增材制造过程中,升高颗粒温度可软化颗粒材料,降低临界沉积速率,最终提高沉积效率。然而气体温度的升高增加了粉末堵塞喷嘴的风险。同时高温高速气体的获得需要大流量的氦气和大功率的气体加热装置,提高了喷涂成本。针对冷喷涂技术的缺点,英国剑桥大学的 Neill 课题组提出将冷喷涂与激光相结合的激光辅助冷喷涂(laser assisted cold spray,LACS)技术,又称为超声速激光沉积(supersonic laser deposition，SLD)技术[25](图 1-11)。这是激光材料加工领域的一个新的发展趋势。LACS 技术将激光束同步引入冷喷涂加工过程中，利用激光对喷涂颗粒、基材或两者同时加热并使之软化，瞬间调节并改善材料的力学性能和碰撞沉积状态，在保持冷喷涂固态沉积特性的同时提高涂层的使用性能，是一种结合冷喷涂和激光沉积技术优点的混合涂层沉积技术。

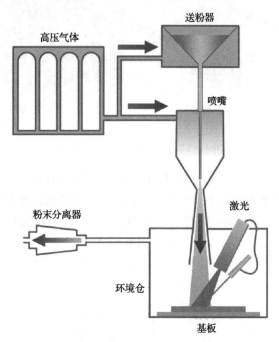

图 1-11　LACS 技术原理[①]

　　在 LACS 增材制造过程中，激光将沉积部位加热到一定的温度，一般在颗粒熔点($T_m$)的 30%～80%(图 1-12)。利用激光的高能量来快速软化材料颗粒，颗粒的临界速度可以降低到常规冷喷涂技术的一半左右，因此可用价格低廉的氮气替代昂贵的氦气，大幅度降低了对压缩气体流量和气体加热功率的需要，实现高硬度材料的沉积，在降低成本的同时拓宽了冷喷涂材料的范围[25,26]。
　　LACS 系统中高压的氮气被分为两路送入拉瓦尔喷嘴：一部分气体经过送粉系统；另一部分气体直接进入喷嘴。两路气体在拉瓦尔喷嘴处汇合，气体带动的粉末粒子在喷嘴里被加速到超声速并喷射到基体。在粉末沉积的区域同步采用激光辐射，沉积区域的温度通过温度控制系统来控制[25]。由于不同的材料熔点差异较大，其临界速度也存在一定的差别。为此，针对不同涂层材料，可以调节不同的激光功率来控制加热区域的温度以获得最优的沉积参数，获取高质量的沉积材

① https://www.industrial-lasers.com/articles/2008/11/laser-assisted-cold-spray.html。

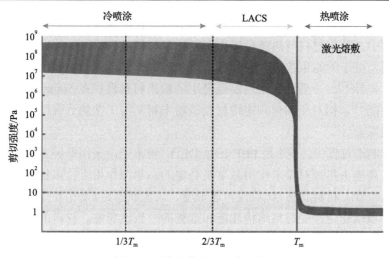

图 1-12 激光冷喷涂温度分布图

料。LACS 系统中激光光斑可以调节到与冷喷涂斑点的形状和尺寸相同,因此材料沉积可以采用两种方式:一种是沉积粉末的喷嘴、激光头和高温计在腔体内保持静止,基体在控制台的 *X-Y* 方向自由移动;另一种是常规增材制造中采用的扫描方式,工件静止不动,激光光斑与喷涂斑点重合并保持同步运动的方式,按照扫描路径加工所需部件[25]。

LACS 技术结合了冷喷涂和激光加工的优点,但并不意味着对冷喷涂技术以及其他已经成熟的热喷涂技术的替代,而是有望补充或者扩展冷喷涂技术的应用范围[25],尤其是对于高硬度材料的沉积。但目前对其沉积机理研究还有待进一步加强,尤其是 LACS 过程参数和材料参数如何影响涂层的微观结构与性能还需要进行深入的探索。

## 1.3 金属增材制造用粉末材料

### 1.3.1 增材制造粉末制备方法

金属粉末材料是粉末冶金行业广泛应用的材料,已经使用多年。针对粉末冶金工艺的技术特点,已经研究出一系列的粉末评价方法及标准,有相对比较完善的指标体系来表征粉末材料的性能,如粒径、比表面积和粒度分布等[27]。在粉末冶金成形过程中,材料发生的物理冶金变化是一个长时过程,材料有充足的时间进行扩散、熔合和反应。为了保证工件的致密度,要求使用的粉末材料尽可能地将成形腔体填充完全①。增材制造工艺与粉末冶金工艺相比有明显的区别,在激光

---

① http://www.pmbiz.com.cn/news/info.asp?id=1311201736346。

和等离子等高能束流作用下，粉末材料的冶金变化时间很短，是极速的。同时在成形过程中，粉末材料与热源直接作用，粉末材料没有模具的约束及外部持久压力的作用，处于无约束状态，导致其传质和能量传递过程与粉末冶金技术相比出现了较大差异[27]。一般认为增材制造使用的粉末材料直径在 50μm 左右具有较好的成形性能[28]。但对于如何判定增材制造粉末材料与工艺的适应性，还需要进一步研究和探索。

增材制造过程中，不论是 PBF 还是 DED，粉末无论采用哪种方式被置于作用区域内，高能束热源对粉末作用总量是稳定的。热源作用于粉末材料时，作用效果和材料特性、材料状态(如粒径、球形度、表面状态)以及相互作用过程有关。增材制件质量稳定性受材料结构性能和形貌的一致性影响。材料的结构性能一致性包括材料的化学成分、组织、力学性能等，同时其形貌特征(粒径、球形度等)因素也是重要的指标。粉末材料的一致性越好，增材制造过程中材料发生的冶金变化越稳定，这样才能保证扫描路径中材料结构的变化以及最终性能的稳定性。由于制粉工艺限制，实际生产中很难获得完全一致的材料，因此增材制造用的粉末一般由多种粒径的粉末混合而成。为保证加工过程中的稳定性，这种混合粉末在加工过程中发生的冶金变化应控制在合理的范围内。

近年来，随着增材制造技术产业的快速发展，全球金属粉末需求旺盛，高品质金属粉末的研发已经成为增材制造技术中一个非常重要的环节。由于其高附加值特性，欧美多家研究机构和企业投入了大量的人力物力进行研制。与之相比，我国在高品质球形粉末技术方面研究相对薄弱，有的材料还不能实现大批量自主生产，严重依赖进口，导致价格非常昂贵，严重影响增材制造技术的推广应用。

由于应用领域和成形工艺要求不同，粉末材料的制备方法也存在较大差异，根据制备过程可分为物理化学法和机械法两种。为满足增材制造装备及工艺过程的特殊使用要求，金属粉末必须具备较低的氧氮含量、良好的球形度、较窄的粒度分布区间和较高的松装密度等特征。从制备方法而言，等离子旋转电极法、等离子雾化法和气雾化法是当前增材制造用金属粉末最主要的生产方法[29]。

### 1. 等离子旋转电极法

等离子旋转电极(plasma rotating electrode comminuting process，PREP)法是俄罗斯研发的一种球形金属粉末制备工艺(图 1-13)。其原理是首先将金属或合金材料加工成棒状电极，然后在真空中将两个电极之间引燃等离子体，利用等离子体的高能和高温特性加热棒状电极的端部，使电极材料熔化。同时将棒料进行高速旋转，依靠离心力使熔化的液滴细化，在惰性气体环境中凝固并在表面张力作用下球化形成金属粉末[29]。该方法制备的金属粉末球形度较高、流动性好，但粉末粒度较粗,适合钛合金、高温合金等合金粉末的制备。在该方法中,粉末的粒径(液滴尺寸)和棒料的转速以及棒料的直径密切相关。

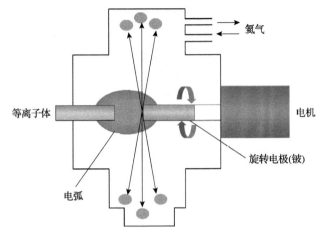

图 1-13 PREP 制粉技术原理

PREP 电极材料的高转速对设备真空密封和机械振动等提出更高的要求,现阶段先进的设备及核心技术仍掌握在俄罗斯手中。钢铁研究总院和西北有色金属研究院等单位早期引进了俄罗斯的 PREP 设备,开展了大量 PREP 技术基础研究工作。例如,钢铁研究总院和郑州机械研究所联合开发了国内首台大型 PREP 设备,但生产的细粉收得率仍需要进一步提高。中航迈特粉冶科技(北京)有限公司和湖南顶立科技有限公司等也相继自主研发了成套 PREP 设备,但钛合金细粉(≤45μm)收得率仍然不足 20%。总体来看,我国早期引进和现阶段自主研发的 PREP 设备在整机性能上同国外先进水平还存在一定的差距[29]。

2. 等离子雾化法

等离子雾化(plasma atomization,PA)法是加拿大 AP&C 公司率先开发的金属粉末制备技术(图 1-14)。该方法采用高能量密度的等离子矩作为热源进行加热。等离子矩对称安装在雾化塔真空腔室的顶部,喷出的等离子体在两个枪中心对称线上形成高温的焦点,温度甚至可以高达 10000K。金属丝材通过专用送料机构送入等离子体中,由于等离子体的高温远远超过材料的熔点,原材料被迅速熔化或汽化,形成超细液滴或气雾状,在飞行过程中,与通入雾化塔冷却用的惰性气体进行热交换,快速冷却并凝固成超细粉末[29]。由于等离子体具有高能量密度特性,PA 法制得的金属粉末呈现出良好的球化能力,形成规则球形粉末。由于等离子炬产生的温度超过所有金属的熔点,理论上 PA 法可制备现有的所有高熔点金属(如钨、钼)合金粉末。采用该方法制备的粉末纯度高、球形度好、卫星粉少、空心率极低、收得率高。但由于该技术采用丝材进行雾化制粉，对于韧性比较好的材料具有较好的适应性，而对于难变形脆性和硬度较高的合金材料粉末如钛铝金属间化合物等存在一定的局限性[29]。

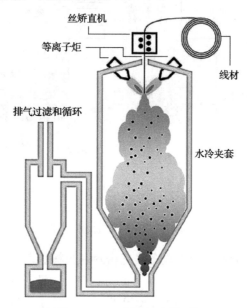

图 1-14　PA 制粉技术原理①

### 3. 水雾化法

水雾化制粉设备是指高压水雾化制粉技术及工艺设备(图 1-15)，是为了满足在大气条件下制粉工艺的生产要求而设计的装置[30]，其原理和气雾化法类似。该设备中高压水通过喷嘴快速喷出，将金属熔体雾化破碎成大量细小的金属液滴，细小的金属液滴在表面张力和水的快速冷却共同作用下形成亚球形或不规则颗粒，最终形成金属粉末。水雾化法具有如下特点[31]②：

(1)可以低成本制备绝大多数的金属及其合金粉末。

(2)根据使用需求，可以制备亚球形粉末或不规则粉末。

(3)由于凝固迅速无偏析现象，可以制取许多其他方法不容易制取的特殊合金粉末。

(4)粉末粒度可以通过调整合适的工艺来实现。

---

① https://www.scoop.it/t/metal-additive-manufacturing/p/4043442531/2015/05/12/ap-c-s-third-plasma-atomization-reactor-put-into-service-engineering-com。

② http://blog.sina.com.cn/s/blog_6b6a57c10101cy2b.html。

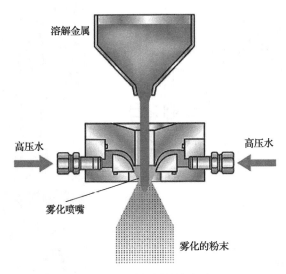

溶解金属

高压水　　　　　　　　　　高压水

雾化喷嘴

雾化的粉末

图 1-15　水雾化制粉技术原理

### 4. 气雾化法

气雾化(gas atomization，GA)法是金属粉末中最主要的制备方法之一。气雾化技术主要有两种：一种是有坩埚的真空感应熔炼气雾化(vacuum induction-melting gas atomization，VIGA)法(图 1-16)；另一种是无坩埚的电极感应熔炼气雾化(electrode induction-melting gas atomization，EIGA)法[29](图 1-17)。VIGA 法

图 1-16　VIGA 技术原理①

——————————

① http://www.amcpowders.com/product/277435182。

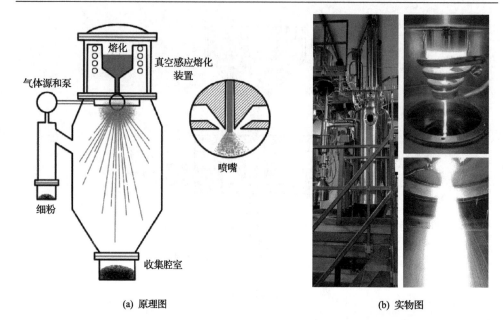

(a) 原理图　　　　　　　　　(b) 实物图

图 1-17　EIGA 技术原理[①②]

广泛应用非真空或真空高纯环境下金属粉末雾化合成，适用于各种非活性金属粉末如铁基合金、镍基合金、钴基合金等及复合材料的制备。在 VIGA 设备中，主要采用坩埚对合金材料熔炼，高温合金液体在雾化喷嘴处被超声速气体冲击破碎，雾化成微米级的细小熔滴，冷却过程中球化并凝固成粉末。一般 VIGA 设备中都采用陶瓷或石墨坩埚加热熔炼合金材料，采用超声速气雾化喷嘴技术实现多种合金材料微细粉末的制备，采用二级旋风分级收集系统减少或杜绝微细粉尘排放。而 EIGA 法主要应用于活性金属如钛、钛合金及钛铝等金属间化合物的制备[29]，满足 3D 打印、粉末冶金、注射成形等领域的需要。该方法将气雾化技术与感应熔炼技术相结合，可有效降低熔炼过程中杂质引入，实现活性金属的安全和洁净熔炼；由于金属熔滴在惰性高压气雾化过程中冷却速度快($10^3 \sim 10^6$K/s)、元素扩散困难，最后获得的粉末组织均匀、无明显偏析。

　　熔炼可以采用坩埚，也可以不采用坩埚。但常见的雾化设备一般采用有坩埚的熔炼方法。首先在坩埚中将金属熔炼得到合适的金属熔体，然后通过倾转坩埚，将熔体浇铸到中间漏斗，熔体从漏斗落入雾化喷嘴进行雾化；也可以将坩埚底部的堵塞杆移除，将金属液体从坩埚下部直接快速流入雾化喷嘴进行雾化。不同的熔炼材料可以选择不同的坩埚。对于低熔点和低活性的材料，在熔炼时可采用普通材质的坩埚,如 MgO、CaO 等材料。普通坩埚的使用温度一般在 1750℃ 以下[32]。高温下由于熔体材料的活性增强,熔体材料会和坩埚材料发生反应,为避免坩埚对熔体的污染或者熔体材料对坩埚的侵蚀作用,可采用水冷坩埚进行熔炼。水冷坩埚可分为外热式冷坩埚和感应加热式冷坩埚。外热式冷坩埚采用等离子体、电弧和电子束等对熔体进行加热,感应加热式冷坩埚利用电磁感应对熔体进行加热。在熔炼过程中,由于熔体在电磁力的作用下可与坩埚壁保持软接触或者非接触状态,这种熔炼方式又称悬浮冷坩埚。电磁力的搅拌作用可使熔体充分流动,组织成分更加均匀,可以提高熔炼产品的质量。感应加热从理论上可以熔炼所有能被感应加热熔化的金属和合金材料[32]。坩埚内循环水冷系统的强制冷却使冷坩埚能在远高于本身熔点的温度下进行使用,因此特别适用于高熔点金属的熔炼;同时由于坩埚内壁存在由熔体重新凝结而成的凝壳,解决了普通坩埚熔炼过程中坩埚与熔体之间的污染问题,因此适用于高活性金属的熔炼。

针对增材制造技术特点,为了得到更好的粉末形貌和更高的细粉收得率,通过对气雾化技术的改进,发展了超声气雾化、层流气雾化及热气体雾化等技术。美国普莱克斯(Praxair)公司从 2015 年 9 月推出气雾化钛合金增材制造专用粉末,迅速占领大部分市场。海格纳士(Hoeganaes)公司是北美最大的铁基粉末供应商,2015 年也推出了针对 SLM 的粉末材料,并制定了气雾化金属粉末的试验标准。与国外相比,国内气雾化技术起步较晚,前期通过引进国外先进制粉科研设备,逐步掌握了气雾化技术和装备制造技术。但大多用于传统粉末冶金和热喷涂粉末生产,而对增材制造用金属粉末研究较少。其中表现比较突出的是中航迈特粉冶科技(北京)有限公司,该公司通过消化吸收国外先进技术,自主研发了多条 EIGA 和 VIGA 装置,45μm 以下批量钛基合金粉末细粉收得率达到 30%～55%。由于粉末的粒径分布较宽,生产的金属粉末经过进一步的分级优化处理后,可以满足不同场合增材制造技术使用的要求[29]。

5. 等离子球化法

射频等离子体具有能量密度高、加热强度大、等离子体的体积大等特点。由于没有电极,不会因电极蒸发而污染产品。射频等离子球化技术原理是在射频电源作用下,惰性气体被电离,形成稳定的高温惰性气体等离子体(图 1-18);形状不规则的原料粉末经送粉器喷入等离子炬中,粉末颗粒在高温等离子体中吸收大量的热,表面迅速熔化,并以极高的速度进入反应器,在惰性气氛下快速冷却,在表面张力作用下粉末冷却凝固成球形,再进入收料室中收集。该方法的优点为粉末球化率高、表面光洁、流动性好、粒径分布集中。因此该技术可制备难熔金属如钽、铌、钼和钨等的粉末(图 1-19)。

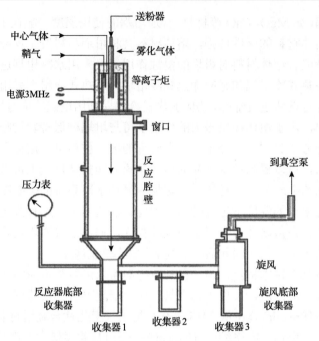

图 1-18　等离子球化法原理[33]

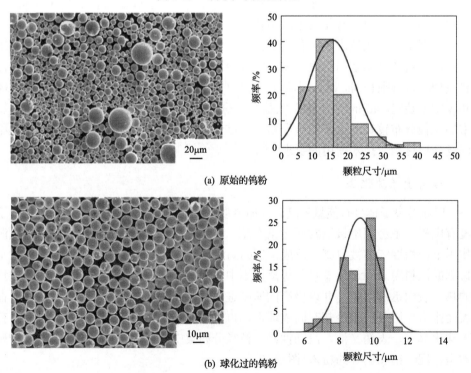

(a) 原始的钨粉

(b) 球化过的钨粉

图 1-19　等离子球化法制备的钨粉[34]

国外的等离子球化技术已具备较高的生产能力。特别是加拿大泰克纳(TEKNA)公司开发的射频等离子体粉末处理系统在世界范围内处于比较领先的地位[①]。在国内，北京科技大学也研制了水冷石英等离子炬射频等离子体粉末处理系统，并在设备研制的基础上实现了 W、Mo 和 Ti 等金属粉末的球化处理。为了进一步提高微细钛粉末的质量，其将氢化-脱氢技术与射频等离子球化技术相结合，以氢化钛粉末(粒度为 150μm)为原料，细化颗粒，制备出 20~50μm 的微细球形钛粉[32]。

不同粉末制备方法各有其特点，其适合的材料体系和所制备出的粉末特性存在较大的差别，表 1-3 列出了不同粉末制备方法的特性对比。

表 1-3    不同粉末制备方法特性对比[35]

| 制造方法 | 粉末尺寸/μm | 优势 | 劣势 | 应用 |
|---|---|---|---|---|
| 水雾化法 | 0~500 | 可制备各种粒径的粉末，原材料简单 | 后处理需要脱水，球形度差，20~150μm 粉末少 | 非反应性材料 |
| 气雾化法 | 0~500 | 可制备各种粒径的粉末，原材料简单，可制备反应性的粉末 | 存在卫星粉，20~150μm 粒径粉末分布少 | Ni、Co、Fe、Ti、Al |
| 等离子雾化法 | 0~200 | 可制备球形度好的粉末 | 采用丝材或者粉末原材料，价格贵 | Ti |
| PREP 法 | 0~100 | 可制备高纯球形粉末 | 效率低 | Ti、钢 |
| 离心雾化法 | 0~600 | 可获得粒径分布窄的粉末 | 制备细粉比较困难 | Zn、Ti 等 |
| 氢化-脱氢法 | 45~500 | 低成本 | 粉末形状不规则，含一定的杂质 | Ti |

水雾化法和气雾化法所制备材料粒径分布范围较大，一般会存在一定的卫星粉或者不规则粉末，通常用于常规非反应性材料和 Ni、Co、Fe 等粉末的制备。PREP 法细粉收得率较低，不易获得微细粉末，导致其细粉制备成本居高不下，使其在 SLM 中大批量应用时受到较大限制。但该技术制备的粗粉在 LSF 工艺中获得了应用。对于钛及钛合金粉末的批量制备，目前采用气雾化法较多，但粉末中经常含有卫星粉、片状粉和纳米颗粒等，经过进一步的后处理，其粉末流动性变好。气雾化法采用丝材作为原材料，对于难以变形的合金材料，该技术的使用受到限制，导致其材料适用范围比较狭窄。因此在生产镍基合金、铁基合金等非活性金属粉末方面，其生产成本较高。VIGA 法是国内外增材制造粉末供应商普遍采用的技术，具有效率高、适应范围广等特点，在制备活性金属粉末方面相比于 PREP 法更有优势，适宜生产 SLM 工艺中使用的各种钛合金粉末[29]。而 PREP法和等离子雾化法则可应用于 Ti 等高活性粉末的制备，同时其粒径分布较窄，可以获得规则的球形(图 1-20)。

---

① https://wenku.baidu.com/view/929f4c11a517866fb84ae45c3b3567ec112ddc47.html.

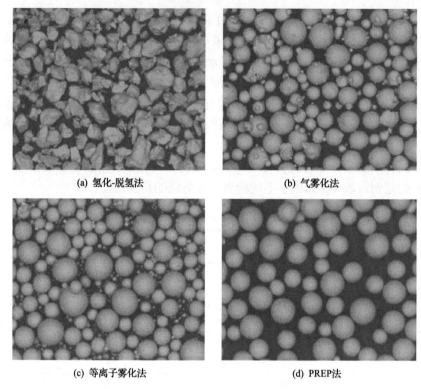

(a) 氢化-脱氢法        (b) 气雾化法

(c) 等离子雾化法        (d) PREP法

图 1-20　不同制备方法 Ti-6Al-4V 合金颗粒形貌对比[35]

同一材料采用不同的制备方法可以获得不同形状的粉末形貌(图 1-20)，一般 PREP 法制备的钛合金粉末球形度较好，粒径分布较窄。但等离子雾化法使用高能等离子体来生产高度球形和致密的金属粉末，其原材料是非球形粉末，氧含量和氢含量高，因此其球形粉末的氧含量很难控制，细粉收得率也取决于其原始粉末的粒度。经反复多次使用的增材制造金属粉末可以作为等离子雾化法的原材料进行重新制粉。

### 1.3.2　增材制造粉末形态描述

#### 1. 颗粒形状

颗粒形状是粉末形态参数的重要指标，不同形状的颗粒其应用领域和性能会存在较大的差别。金属粉末颗粒会随着制备方法和工艺的差别而呈现不同形状，如球形、椭球形、多边形和树枝状等[36]。如果粉末之间产生黏结，多个粉末形成的大颗粒称为卫星粉(图 1-20(b))。粉末形状不同，其流动性和松装密度也会出现较大差别，从而对粉末的输送和铺粉过程中的致密度产生影响，最终会影响所制备金属零件的性能。使用过程中，一般球形或者接近球形粉末具有良好的流动性。

在送粉 DED 技术成形过程中,粉末颗粒一般由载粉气流输送进入激光熔池,连续稳定的输送才能保证获取均匀致密成形零件。在 PBF 增材制造中,一般都先通过铺粉机构铺展成粉末层,平整的粉末层是获得优良制件的保证,良好的粉末流动性对获得均匀平整的一定厚度的粉末层至关重要。外观尺寸一致性好的粉末颗粒在输送过程中流动性好,不容易堵塞供粉系统,能铺成所需厚度的薄层,对提高增材制造零件的尺寸精度和表面质量有较大的帮助,同时有利于零件的密度和组织均匀性提高[35]。如果打印用的粉末中存在较多的卫星粉,由于流动性差,会影响铺粉精度,最后影响打印件的质量(图 1-21)。

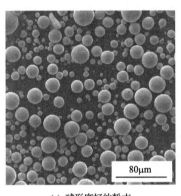 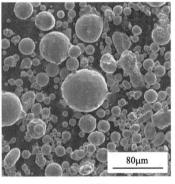

(a) 球形度好的粉末      (b) 卫星粉

图 1-21 球形度较好粉末和卫星粉对比[①]

烧结的驱动力和粉末材料的比表面积相关,金属粉末的粒度越小,比表面积越大,越有利于烧结的顺利进行。对于粒径细小的粉末,铺粉后粉末之间的空隙小,有利于提高相邻铺粉层之间的紧密连接程度,可以提高烧结后的致密度。对于粒径差别较大的粉末颗粒组合,小颗粒的金属粉末可以作为填充物填充到大颗粒的空隙中,从而能够提高粉末的堆积密度,有利于提高打印的金属零件的表面质量和强度[36]。但细小颗粒过多会导致高温烧结过程中容易出现球化现象,造成铺粉厚度不均匀。球化过程和熔化颗粒的表面张力密切相关。对于熔化的金属,在表面张力的作用下,金属液体为了降低表面自由能一般都会形成球形表面。如果球化发生,则熔化的金属粉末无法凝固形成连续平滑的表面,因而形成的零件疏松多孔、缺陷较多,从而使打印件成形失败。

2. 粒径分布

不同粒径的粉末适合不同的打印技术,通常 EBM 技术使用 45~106μm 的粉末,而 SLM 技术使用 15~45μm 的更精细的粉末。加工过程中发生球化现象的程

---

① http://www.phenom-china.com/service/detail-106.html。

度随粉末中细粉的比例增加而增强。当粉末粒径过大时，加热过程获取的能量无法充分地将粉末加热至理想的成形温度，这可能导致材料的冶金过程不完全，影响不同层之间的结合力，使得工件的致密度下降。当粉末粒径达到一定的临界值时，成形过程将无法进行。但是使用超细粉末材料会增大安全问题的风险，比如，钛等易燃粉末发生燃烧。

### 3. 粉末物理性能

增材制造用金属粉末的物理性能包括松装密度、振实密度、流动性等。松装密度指粉末在松散状态下落入一个已知体积的杯中测得的单位容积质量。粉末的松装密度是一个综合性能，它受粉末粒度、粒度分布、颗粒形状、颗粒内孔隙等因素的影响。金属粉末的振实密度测量相对比较简单，通常是将一定量的粉末装在一个容器中，通过振动装置振动粉末，使粉末密实化，直至粉末的体积不再减少。粉末的质量除以振实后的体积得到它的振实密度。一般振实密度比松装密度高 20%～50%。对于增材制造用粉，由于球形金属粉末间的搭桥较少，松装密度普遍高于形状不规则的粉末。粉末的流动性是粉末填充一定形状容器的能力，而球形粉末可以提高粉末的流动性，以实现铺粉过程的平整与顺畅。粉末流动性的影响因素包括颗粒形状、粒度组合、相对密度和颗粒间的黏附作用。例如，颗粒尺寸大，形状规则，在粒度组成中细粉比例小，表面吸附水分及气体少，粉末的流动性就好。另外，流动性还与粉末的松装密度有关。一般来说，粉末的松装密度越高，流动性越好[①]。

### 4. 粉末纯度

粉末纯度对打印件的质量影响较为显著。一般杂质包括夹杂物和设计成分之外的元素成分，这主要是在金属粉末的制备过程中由制粉技术和工艺的缺陷带入的杂质。这些杂质会改变所制备零件的特性甚至致使打印无法进行。例如，粉末中硬质夹杂物会提高粉末颗粒硬度，不但降低粉末的成形性能，而且会对打印件的韧性造成不良影响。夹杂物在粉末中的分布状态以及夹杂物本身的形状对零件的力学性能影响机制不同，在 SLM 和 EBM 工艺中，若粉末中含有杂质，则在烧结成形过程中杂质可能会与基体金属粉末发生化学反应，使得 3D 打印无法进行或者改变成形零件的属性。常见的 N、O 和 H 等杂质元素在打印过程中容易和粉末发生相互作用。比如，O 在 Ti 合金中可以形成间隙固溶相，使打印件强度和硬度提高，塑性和韧性下降；N 和 Ti 在高温下会发生反应形成脆硬的 TiN 陶瓷相，也会降低钛合金的塑性。因此必须严格控制 3D 打印成形气氛中杂质元素的含量，

---

① http://www.jzmm.com/news/380.html。

以获取性能优异的打印件[36]。

5. 粉末的循环利用

增材制造用粉高昂的价格是限制其大规模应用的主要因素之一，其价格是传统冶金粉末的 10 倍左右。为了降低生产成本，对粉末的循环使用进行研究具有重要意义。在 EBM 增材制造中，Ti-6Al-4V 合金粉末经过 21 次循环使用后，粉末氧含量(质量分数)从 0.08%上升至 0.19%，但是仍然满足 Ti-6Al-4V 的合金成分要求[37]；随着循环次数的增加，合金元素含量变化较小(表 1-4)，但氧含量发生了明显的变化，经过 69 次循环的 Ti-6Al-4V 粉末氧含量已经超过了 ASTM 规定的上限值。此外，随着循环次数增加，粉末球形度下降，粉末表面变得更为粗糙和不规则(图 1-22)；在粉末的内部，随着循环次数的增加，粉末内出现大气孔(图 1-23(c))，这主要由增材制造过程中粉末高温熔化和多次团聚形成。

表 1-4　多次循环使用后粉末材料成分变化表[37]

| 元素 | 新粉/% | 循环 11 次粉/% | 循环 26 次粉/% | 循环 69 次粉/% | ASTM 要求/% |
|---|---|---|---|---|---|
| Al | 6.44 | 6.47 | 6.53 | 6.42 | 5.50~6.75 |
| Fe | 0.20 | 0.21 | 0.20 | 0.22 | <0.30 |
| Ti | 余量 | 余量 | 余量 | 余量 | 余量 |
| V | 4.01 | 4.03 | 4.00 | 4.10 | 3.50~4.50 |
| Y | <0.001 | <0.001 | <0.001 | <0.001 | <0.005 |
| C | 0.015 | 0.015 | 0.015 | 0.022 | <0.08 |
| H | 0.0012 | 0.0018 | 0.0012 | 0.0013 | <0.015 |
| O | 0.124 | 0.132 | 0.167 | 0.324 | <0.20 |
| N | 0.015 | 0.016 | 0.018 | 0.017 | <0.05 |

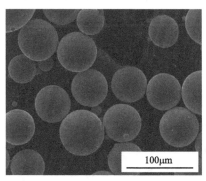

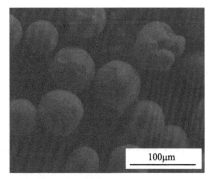

(a) 原始的Ti-6Al-4V粉末　　　　　　　　(b) 重复利用69次的粉末

图 1-22　多次循环使用后颗粒的表面形貌[37]

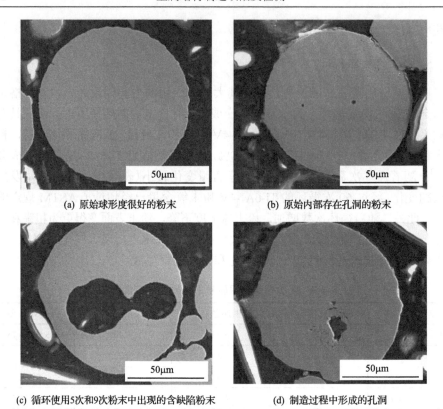

(a) 原始球形度很好的粉末　　　(b) 原始内部存在孔洞的粉末

(c) 循环使用5次和9次粉末中出现的含缺陷粉末　　(d) 制造过程中形成的孔洞

图 1-23　多次循环使用粉末的截面形貌[38]

　　粉末循环使用时还可能会出现细粉末嵌套在粗粉末内部的现象(图 1-23(d))，这主要是由 LENS 制造过程中喷粉行为造成的。在 LENS 方法使用循环粉的实验中，对粉体形态、流动性、团聚性、化学成分和微观结构的影响研究表明，循环粉显著影响制备构件的成形质量，仅平均粒径和氧含量增加，颗粒形状变得不规则，统计学上没有显著的流动性变化，颗粒团聚的增加表明需要在使用之前对循环使用粉末进行筛分。

　　6. 粉末的表征

　　常用的粉末分析方法如表 1-5[39] 所示，使用激光粒度仪测量粉末粒度分布；采用 X 射线计算机断层扫描(X-ray computer tomography，XCT)测量各种粒径和形状参数，并给出三维图像；采用 X 射线衍射(X-ray diffraction，XRD)测量粒子晶相；采用 X 射线光电子能谱(X-ray photoelectron spectroscopy，XPS)测量粉末表面元素的键合状态和成分浓度。

表 1-5 粉末常用表征手段

| 测量参数 | 测量方法 |
|---|---|
| 粉末密度 | 氦密度法 |
| 颗粒尺寸分布 | 激光衍射 |
| 颗粒尺寸和形貌 | XCT |
| 颗粒晶体相结构 | XRD |
| 颗粒形貌 | 扫描电镜(scanning electron microscope,SEM) |
| 颗粒元素分布 | 能量散射谱 |
| 颗粒表面分子化学成分 | XPS |

### 1.3.3 常用增材制造粉末材料

金属增材制造技术成形材料的多样性是粉末激光烧结技术最显著的特点,也成为快速成形技术的发展瓶颈。目前常用的粉末有钛合金、铝合金、不锈钢以及高温合金。增材制造用金属粉末必须满足粉末粒度细小、粒度分布窄、球形度高、流动性好和松装密度高的要求[1]。

#### 1. 钛合金

钛合金具有高强度、耐蚀性、耐热性、良好的生物相容性及优异的力学性能,广泛应用于生物医用材料、航空航天和精密仪器等[2]。用增材制造技术生产的钛合金零部件强度高、尺寸精确,力学性能优于锻造工艺。但由于国内钛合金粉体制备技术发展较为缓慢,粉末大批量生产的稳定性问题一直未得到有效解决,导致大部分钛合金粉末只能依靠进口,价格高昂,难以满足增材制造的需要。目前国内主要采用等离子雾化法、离心雾化法、等离子球化法等主流的制备技术进行粉末生产[3]。真空气雾化法制备的钛合金粉末球形度较好、成分控制较易、收得率较高[41],但卫星粉及空心粉多,容易产生陶瓷相夹杂;无坩埚雾化法可部分解决卫星粉及空心粉的问题,但细粉收得率也不是特别理想;离心雾化法制备的粉末球形度高,空心粉较少,无卫星粉,成分易于控制,是目前制备球形钛合金粉末材料的主要方法,但其缺点是细粉收得率极低;采用等离子球化法制备的粉末松散度高、流动性好、粉末颗粒内部的孔隙与裂纹明显减少,此外粉末纯度高、表面规则,是比较有前途的制备方法。

从图 1-24 中可以看出,不同生产厂家生产的 Ti-6Al-4V 粉末形貌上出现较大的差别。TIMET 厂家生产的粉末粒径均匀,表面光滑(图 1-24(a))。而在图 1-24(b)~(e)中可以发现粉末表面有小的卫星粉和缺陷,图 1-24(f)中更是发现粉末球形度较差。

---

① http://cjw.cqeca.org/content/86.html。

② https://www.pineprint.com/news/816.html。

③ http://blog.sina.com.cn/s/blog_a43b532e0102x9so.html。

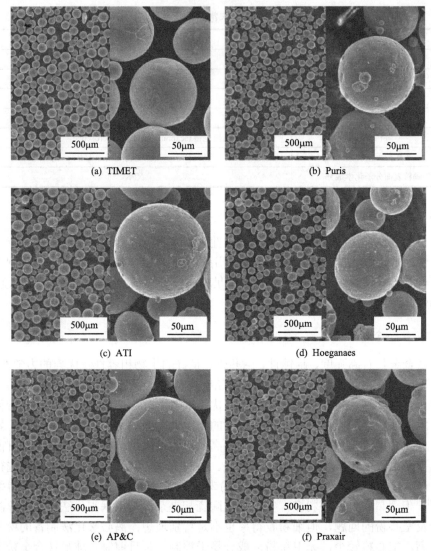

图 1-24　不同公司钛合金粉末样品[40]

## 2. 镍基合金

高温合金材料按照成分可分为铁基高温合金、镍基高温合金和钴基高温合金等。近年来，发动机技术的不断发展对高温合金的高温性能提出了更高的要求，使镍基合金的快速成形研究变得非常活跃，控制冶金缺陷和实现熔凝组织的可控调控一直是高温合金研究中的关键技术[42]。由于 Inconel 718 合金具有优异的使用性能，国内外众多科研团队着力于其成形研究，目前在增材制造中已被当作典型高温合金材料应用。此外，Inconel 625 和 Inconel 738 也是近年来被重点关注和应用的材料。在增材制造过程中，激光和粉末的相互作用决定熔池的形状。一般大粉末颗粒会降低激光的衰减，使熔池变深变宽。但如果颗粒太小，保护气体有可能会把粉末吹走，或者在熔化过程中形成等离子体，不利于增材制造过程的进行。因此，合适的粒度控制是高温合金粉末生产的关键。气雾化法生产的 Inconel 718 合金粉末表面球形度差，经常会出现卫星粉和气孔（图 1-25（a））。而 PREP 法生产的 Inconel 718 粉末表面球形度好、光滑，同时几乎无气孔，比较适合做增材制造粉末（图 1-25（b））。当粉末从高温降到低温时，由于收缩等原因在粉末中经常也会存在一定的孔洞（图 1-26）。

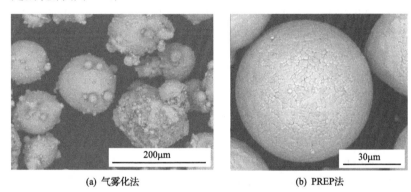

(a) 气雾化法　　　　　　　　　　　　(b) PREP法

图 1-25　不同方法生产的 Inconel 718 合金粉末外观[43]

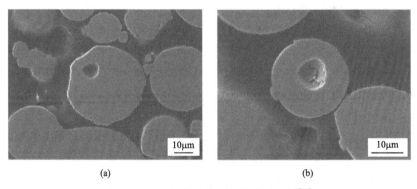

(a)　　　　　　　　　　　　(b)

图 1-26　内部含缺陷颗粒的截面形貌[44]

### 3. 不锈钢

在不锈钢粉末的制备中，等离子雾化法和 PREP 法等经常用于不锈钢粉末的制备。不锈钢作为金属 3D 打印经常使用的一类粉末材料，在空气、蒸汽及水等介质中具有良好的抗腐蚀性能，可以在空气中直接打印。而比较活泼的金属单质或者合金则必须在保护气氛下进行打印。最先用于激光成形研究的不锈钢材料有 304 和 316 奥氏体不锈钢粉末。也有研究团队采用 SLM 材料进行多孔材料的制备。

例如，采用 SLM 技术制备多孔 316L 不锈钢构件，原材料为 75μm 的球形颗粒，添加适量的 $H_3BO_4$ 和 $KBF_4$，可打印获得多孔的不锈钢制件[42]。

### 4. 低熔点金属

低熔点金属包括铝合金和镁合金等材料，其主要优点就是材料的熔点较低，增材制造过程中不需要加热到很高的温度，因此打印件在快速熔凝过程中所形成的温度梯度相对较小，成形件一般不容易发生变形开裂。目前在 SLS 和 SLM 等工艺中广泛应用的材料主要是 AlSi10Mg，其硬度和强度较好，适用于复杂的薄壁部件。此外，AlSi7Mg、AlSi9Cu3、AlSi12 和 6061 等铝合金材料也被广泛研究[42]。AlSi12 是一种具有良好的导热性能的轻质增材制造金属粉末，典型的应用是薄壁零件(如换热器)或其他汽车、航空航天和航空工业级的原型及生产用零部件。

由于金属球形粉末具有优异性能，国内外都对其制备技术与设备进行了系统广泛的研究。国内配备普通坩埚的气雾化技术和 PREP 技术已经实现一定规模工业生产，EIGA 和 VIGA 等还处于研发阶段。对于 LENS 工艺需求的平均粒度为 90～150μm 的粉末，国内具备了一定的研制与生产能力；而对于 SLM 工艺需求的较细 20～45μm 球形粉末，国内还不具备生产能力。整体而言，国产粉体在球形度、氧含量和夹杂物等的控制上还较落后，需投入更多的资源进行较细球形粉末的研制装备与工艺的开发[32]。

简言之，目前我国增材制造粉末的生产和国外相比还存在一定的差距。虽然钛合金和高强钢等粉末实现了批量生产，但物理性能稳定性还存在一定的不足，特殊合金材料粉末还不具备稳定的批量生产能力。而发达国家粉末生产公司研发能力强，一家公司就能开发出几十种甚至上百种材料。例如，美国 Stratasys 公司有 120 余种增材制造专用粉末，3D Systems 公司也有 60 余种增材制造专用粉末。近年来，国内进步迅速。在金属材料领域，飞而康快速制造科技有限责任公司通过采用感应熔炼气雾化技术和高速气流控制工艺，已经有效实现粉末细化，解决了粉末粒径粗大、粒度分布差异大等问题；中国科学院金属研究所研发了多种牌号的钛合金粉末并开始批量生产；西安赛隆金属材料有限责任公司引进了国际先进的钛合金制粉设备，目前已经开始钛合金粉末的制备。在非金属材料领域，湖南华曙高科技有限责任公司在已开发尼龙及其复合材料基础上，研发应用了 PA6 和碳纤维复合尼龙粉末等特种材料[45]。随着各种粉末制备技术研究的进一步深入，高品质粉末依赖进口的局面有望得到改善[46]。

# 1.4 　金属增材制造技术的应用

经过 30 余年的发展，增材制造技术不断融入人们的生活。2012 年，奥巴马提出将制造业拉回美国，并在全国范围内建立增材制造研究中心，随即掀起全球范围增材制造高潮。目前，金属增材制造技术主要应用于航空航天、模具制造以及医疗植入体等领域。

### 1.4.1　在航空航天的应用

航空航天是金属增材制造最主要的应用领域之一。美国是航空航天金属增材制造的主要实践者，特别在发动机领域进行了一系列成功尝试。2002 年，美国 NASA 就研制出增材制造金属零件。美国军工巨头洛克希德·马丁公司与 Sciaky 公司合作，采用该公司生产的襟副翼翼梁装备 F-35 战斗机。2012 年 7 月，美国太空网透露，NASA 测试了新一代 3D 打印机可以在绕地球飞行时制造设备零部件，并希望将其送到火星上。2013 年，欧洲空间局(European Space Agency，ESA)提出了"以实现高技术金属产品的高效生产与零浪费为目标的增材制造项目计划"，首次实现增材制造金属件的大规模生产。这些金属零部件具有轻质结构，可用于喷气式飞机和航天器等项目。2015 年，ESA 与 3D Systems 公司合作，采用直接金属打印(direct metal printing，DMP)工艺和 Ti-6Al-4V 制造了航空发动机燃烧室与喷射器等产品。这些部件的燃料流动模式、燃烧效率和强度得到显著改善。

2015 年，NASA 工程人员采用 SLM 技术制造了首个全尺寸铜合金火箭发动机零件(图 1-27)。2016 年 7 月 5 日，NASA 的朱诺号(Juno)探测器上的 3D 打印钛金属波导支架随探测器一起进入了木星轨道。这些金属支架是由美国航空航天制造商洛克希德·马丁公司使用 EBM 增材制造技术生产的。2017 年 10 月，GE 航空集团宣布完成了 T901-GE-900 涡轮轴发动机原型的测试，这款发动机包含大

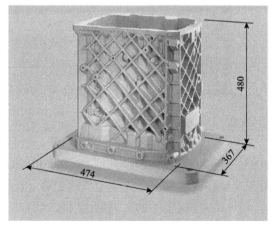

(a) 铜合金火箭发动机部件　　　　　　(b) 容纳航空电路的铝外壳(单位：mm)

图 1-27　航空航天 3D 打印部件

量 3D 打印零部件。GE 航空集团生产的先进涡轮螺旋桨发动机上的很多部件也采用 3D 打印完成。2017 年,洛克希德·马丁公司在第六颗"先进极高频"(AEHF-6)卫星上使用激光熔覆增材制造技术成功制备了遥控接口装置——容纳航空电路的铝外壳(图 1-27(b))。

2019 年,Orbex 公司通过 SLM®800 生产出了全球最大的单件金属增材制造火箭引擎(图 1-28)。这一款新奇的 Orbex 发射器不仅使用 100%可再生燃料,减少了 90%的碳排放,其新颖的零振动分级运输和载荷分离也能实现零轨道碎片。与此同时,通过 SLM 技术实现了最优化设计,相比其他同类运载火箭,这款火箭的结构重量减轻了 30%,能耗转换率提升了 20%[①]。早在 2015 年,空中客车公司将 3D 打印用于其 A320 客机上,通过 3D 打印机舱结构,实现客机的"瘦身"。2017 年,波音公司的波音 787 飞机采用了 3D 打印的首款获得 FAA 认证的钛合金部件。2017 年,英国金属粉末制造商 LPW 与空中客车子公司 Airbus Apworks 签署战略协议,将后者开发的全球首款用于增材制造的铝合金材料 Scalmalloy 纳入其产品系列中。Scalmalloy 的抗疲劳性、可焊接性、强度/重量比和延展性都超越普通铝合金,尤其适用于航空航天领域。

图 1-28　金属 3D 打印火箭引擎

GE9X 是波音 777X 飞机的动力引擎,也是目前世界最大的商用航空发动机。GE9X 在一次试运行中产生了 134300lb(1lb≈0.453kg)的推力,获吉尼斯世界最强劲喷气式发动机奖。以 GE 航空集团的第一台 GE90 发动机为基础,GE9X 采用 3D 打印燃油喷嘴(图 1-29)。除此之外,还有一些小型部件(包括温度传感器和燃料混合器)以及较大的部件(如热交换器和分离器)也是采用增材制造的。GE9X 中的低压涡轮叶片也采用 3D 打印技术制造，减轻了整体发动机重量并最大化了尺寸和功率[①]。

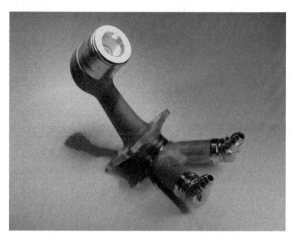

图 1-29　3D 打印燃油喷嘴

国内中国航天科工三院 306 所技术人员经过多年的研究，另辟蹊径，成功突破 TA15 和 Ti2AlNb 异种钛合金材料梯度过渡复合技术。打印的钛合金进气道试验件顺利通过了力-热联合试验，解决了传统连接方式带来的密封性差和结构件整体强度刚度低等问题[47]。中国商用飞机有限责任公司也是金属 3D 打印的积极实践者，飞机舱门一共有 28 个零件采用 3D 打印制造，已经装在 103 架 C919 飞机上(图 1-30(a))，这是国产飞机上首批应用的金属增材制造的零部件[②]。吴鑫华院士领衔的苏州倍丰激光科技有限公司也打印了 C919 的地板卡夹及大量的航空航天零部件(图 1-30(b))。

### 1.4.2　在能源行业的应用

西门子股份公司利用增材制造技术打印出了全球第一个应用于 SGT-700 燃气轮机的燃烧器(图 1-31(a))。不仅如此，西门子股份公司与意昂集团在 2018 年 9 月 19 日共同宣布，该燃烧器在位于德国黑森州菲利普斯塔尔(Philippsthal)的联合循环电厂中已经运行一年，运行时间超过 8000h。2016 年 2 月，西门子股份公司在瑞典东南部重镇芬斯蓬开设金属 3D 打印技术研发和制造中心，为当地的西门子重型燃气轮机工厂配套生产零部件。2016 年 7 月，西门子重型燃气轮机的首款 3D

---

① http://www.3ddayin.net/news/guowaikuaidi/36957.html。

② http://www.37txt.cn/a/14952/2406292.html。

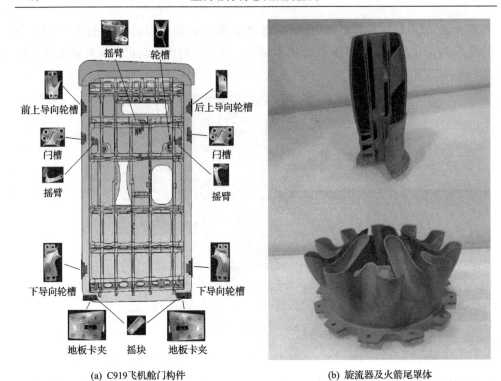

(a) C919飞机舱门构件　　　　　　　　(b) 旋流器及火箭尾罩体

图 1-30　国内厂家已经应用的增材制造部件

(a) 燃气轮机的燃烧器　　　　　　　　(b) 燃气轮机叶片

图 1-31　能源行业的金属 3D 打印件

打印部件投入商业运行。2017 年 2 月，西门子股份公司成功开展了采用增材制造技术生产的燃气轮机叶片的首次满负荷核心机试验(图 1-31(b))。叶片测试转速可以达到 13000r/min，测试温度超过 1250℃。此外西门子股份公司还测试了利用增材制造技术制造的、经全面改良内部冷却结构的新叶片。按照传统制造工艺，燃汽轮机零部件的制造周期通常为 12~15 个月。如果运用 3D 打印技术，几个月甚至几周就可以"打印"一个部件出来[48]。

### 1.4.3　在医疗领域的应用

增材制造技术从 2000 年开始被应用于医疗领域，最早用于牙齿、人体植入物和定制化修复过程。在牙科方面，北京大学口腔医院等单位是增材制造技术积极的推进者。此外，成都登特牙科技术开发有限公司将金属 3D 打印技术用于固定烤瓷冠桥、金属冠桥的成形和桩核，并成功用于活动支架的成形。

#### 1. 植入物

将 3D 打印技术用于制造骨科植入物可以有效降低制造成本，并可以制造出传统方法无法实现的结构复杂的植入物。澳大利亚联邦科学与工业研究组织（Commonwealth Scientific and Industrial Research Organisation，CSIRO）、墨尔本医疗植入物公司 Anatomics 和英国医生联手，为一名 61 岁的英国患者 Edward Evans 实施了 3D 打印钛-聚合物胸骨植入手术（图 1-32(a)），这也是全球首创。此外，增材制造技术在颅颌面种植体（图 1-32(b)）和髋关节植入（图 1-32(c)）方面也有了成功的应用。

#### 2. 康复医疗器械

假肢和助听器等康复医疗器械批量小、加工困难，一般都是单独定制，与飞机零部件和超级轿跑个性化零部件类似，采用传统数控技术加工往往难以实现。因此在该领域 3D 打印技术具有较好的应用前景。Phonak 公司与德国 3D 打印公司 EnvironTEC 合作开发出定制式钛金属助听器 VirtoB Titanium（图 1 33）。其外壳和主要部分均为 3D 打印，并且外壳采用高强度的钛合金而不是丙烯酸构成，外壳的厚度在同等安全程度的情况下减少了 50%，所以降低了总的重量。采用 3D 打印技术不但大大缩短了助听器定制的时间，而且更加精确地适配听损者的耳道形态，这种技术几乎不受传统耳模制作人员的技术差距影响[49]。

### 1.4.4　在模具制造中的应用

传统模具设计与制造过程主要基于 CAD 软件设计，根据所设计的各个零部件进行组装和调试。随着金属 3D 打印技术的不断进步和逐步成熟，传统模具的加工方式得以改变，尤其在加工复杂结构模型时，3D 打印技术优势明显，可以很好地解决模具加工过程中难以加工复杂母模的问题，因此减少了模具制造过程中的设计环节，缩短了产品更新换代的时间。3D 打印技术在压铸模、轮胎模具及其他模具制造中将占有越来越重要的地位[50]。

(a) 钛-聚合物胸骨植入物

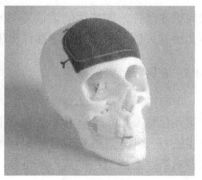

(b) 定制颅颌面种植体①

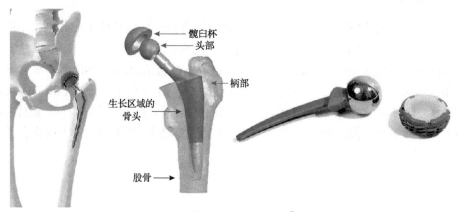

(c) 髋关节形态及髋关节植入物②

图 1-32　3D 打印植入物

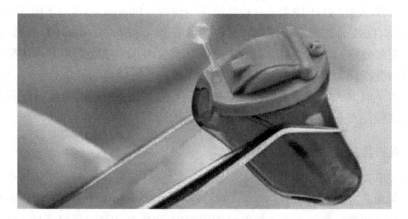

图 1-33　钛金属助听器

---

① http://www.arcam.com/solutions/orthopedic-implants/。

② https://www.farinia.com/additive-manufacturing/industrial-3d/metal-additive-manufacturing-improves-common-medical-implants。

金属增材制造圆珠笔镶件模具(图 1-34)的内部冷却水路复杂,采用传统的模具加工方法难度较大。采用 SLM 增材制造技术相对而言难度较低,可以实现高质量的模具制造[①]。

(a) 模具外观      (b) 模具剖面图

图 1-34 圆珠笔镶件模具

轮胎模具对轮胎外观质量有着举足轻重的影响。经过几十年的发展,模具结构从简单发展到复杂,模具制造工艺和模具设计水平得到很大提高。模具材料从铸铁发展到铸钢和铸铝等材料,轮胎模具已从两半模发展到活络模。传统轮胎模具制造加工难度大、模具废品率高,不利于降低模具的制造成本。美国 3D Systems 公司采用 SLM 技术制造轮胎模具(图 1-35),可以在更短的时间、以更便宜的方式生产新的轮胎胎面模具片段,并使用三维几何形状作为原型和大规模生产工具,为轮胎模具的大批量低成本生产提供了新的途径。

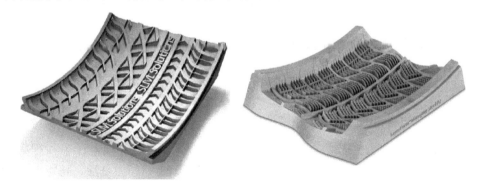

图 1-35 3D 打印轮胎模具[②]

压铸是一种高温金属铸造工艺,其原理是利用模具内腔对熔化的金属施加高压,类似塑性成形。为了达到较好的铸件质量,压铸铸件一般采用锌、铜、铝、

① https://baijiahao.baidu.com/s?id=1590539996573167208&wfr=spider&for=pc。

② https://es.3dsystems.com/materials/laserform-maraging-steelhs-sciat-m-s-s-s。

镁等材料以及它们的合金。铸造设备结构复杂，模具的造价高昂，因此压铸工艺比较适合批量制造产品。在传统压铸过程中，模具表面温度的控制对铸件质量具有重要影响。温度分布的不均匀将会使铸件产生缺陷[51]。通过增材制造，可以生产具有复杂几何形状、内部结构和空腔、可变壁厚和凹槽的零件，此外不同的金属还可以彼此结合。目前一些压铸厂开始使用增材制造技术，以便能够快速向客户提交将要制造的压铸件的模具(图 1-36)。

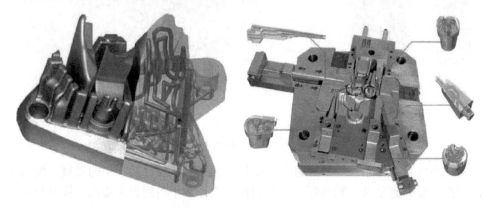

图 1-36　带内部冷却流道的精密压铸模具①②

## 1.5　金属增材制造的冶金过程

在增材制造过程中发生着高能束与材料的动态交互作用，移动熔池在超高温度梯度和强约束条件下的快速凝固过程使冶金演变过程非常复杂，缺陷形成主要与熔池的熔化和凝固等冶金过程相关。尽管现有研究表明高能束和材料的相互作用以及输入功率、粉末含气量、保护气氛都会影响各种缺陷的形成，但对具体缺陷在不同工艺条件下的演变规律缺乏系统研究。

### 1.5.1　热源和材料的相互作用机理

在金属增材制造领域，应用最为成熟的热源是激光、高能电子束和等离子电弧。高能束和材料的作用是一个复杂的传热传质过程(图 1-37)。高能电子束与激光的加热原理不同，电子束的加热方式是高能电子穿过靶材的表面进入到

---

① https://www.foundry-planet.com/equipment/detail-view/layer-by-layer-additive-manufacturing-in-the-service-of-the-pressure-die-casting-industry/。

② https://www.google.com.hk/url?sa=i&rct=j&q=&esrc=s&source=images&cd=&cad=rja&uact=8&ved=2ahukewipytal-pddahviu7wkhtbecbsqjrx6bagbeau&url=http%3a%2f%2fwww.objectify.co.in%2f2018%2f04%2f05%2fconformal-cooling-additive-manufacturing%2f&psig=aovvaw3snu9ypuqzoszxxonq9w5i&ust=1538884678967294。

距表面一定深度后，再把能量传给靶材原子，从而使靶材原子的振动加剧并产生热能；激光的加热方式则为靶材表面原子直接吸收光子能量，激光并未穿过靶材表面[32]。在材料加工过程中，热源的功率及扫描速度一般是恒定的，即作用于材料的能量密度是恒定的，热源作用效果由材料对热源的吸收性能直接决定。材料对热源能量的吸收由两者的作用机理、材料表面状态等因素所决定。对于最常用的激光热源，激光光能的吸收与波长、被照射材料的反射率以及能量密度相关。电子束由于其作用机理的不同，在增材制造过程中表现出较激光更加良好的适应性。

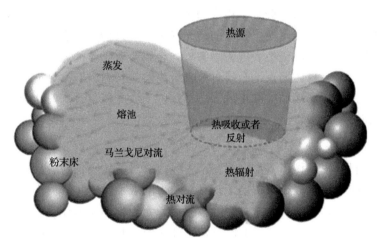

图 1-37　高能束与粉末相互作用示意图

对于铺粉和喷粉增材制造，粉末直径越小，在其他参数相同的条件下，输入能量和需求能量的比值越大，即能量供应过量幅度越大，越容易在成形过程中出现过热现象，过热会造成材料熔融过度、熔池温度过高、熔池内金属液的流动情况更为复杂，有可能使金属液发生飞溅；同时过高的温度容易使合金元素发生烧损，甚至会使合金元素与保护气体发生反应而引入非金属夹杂物等问题。粉末直径越小，比表面积越大，越容易发生团聚现象。团聚后的粉末会大大降低粉末的可输送性。此外，金属熔融后，受表面张力的作用极易发生球化，由于成形中冷却速度快，球化可能会被完全保留下来，使得工件的表面质量下降，严重时可以造成加工过程无法进行。实际生产中发现，加工过程中发生球化现象的程度随粉末中细粉比例的增大而增强。当粉末直径过大时，加热过程获取的能量无法充分地将粉末加热至理想成形温度，这可能导致材料的冶金过程不完全，影响材料之间的结合力，使得工件的致密度下降。当粉末直径达到临界值时，成形过程将完全无法进行。因此，增材制造对粉末粒度分布有特殊要求，一般应该在一个比较窄的范围内。

等离子弧增材制造是指利用高能量等离子弧作为热源的制造方法。与激光和电子束熔池不同，等离子熔池更大更深，传质过程更为复杂[1]。虽然电弧加热半径大，可以加工更大的部件。但由于其制造精度较差，如何实现过程稳定性控制以保证成形尺寸精度是现阶段 WAAM 的研究难点和热点。

## 1. 激光与材料相互作用

激光加工的物理基础是激光与物质的相互作用，既包括复杂的微观量子过程，也包括激光与各种介质材料所发生的宏观现象。根据激光能量和激光在材料上停留时间的不同，金属粉末会发生相应的物态变化。如果激光能量较低或者作用在粉末上的时间较短，金属粉末吸收的激光能量少，只会引起金属颗粒表面温度的升高而发生软化变形，仍然表现为固态。当金属粉末吸收的能量增加时，如果产生的温度超过了自身的熔点，金属材料表现为熔化状态。当激光能量消失时，熔融金属会快速冷却形成晶粒细小的固态部件。当激光能量过高时，金属材料会发生气化。

### 1）能量变化

激光与材料相互作用时，金属粉末的吸收率对熔化零部件的性能有直接的影响。激光吸收率很大程度上决定了该金属粉末的成形性能。目前应用较多的粉末材料包括不锈钢、高温合金及铝合金等。当激光与金属粉末作用时，激光能量并未完全由金属粉末吸收，两者的能量转化遵守如下的能量守恒定律：

$$E_0 = E_{反射} + E_{吸收} + E_{透射}$$

式中，$E_0$ 为入射到材料表面的激光能量；$E_{反射}$ 为被材料反射的能量；$E_{吸收}$ 为被材料吸收的能量；$E_{透射}$ 为激光透过材料后仍保留的能量。

上式可转化为

$$1 = E_{反射}/E_0 + E_{吸收}/E_0 + E_{透射}/E_0$$

即

$$1 = R + a + T$$

式中，$R$ 为反射系数；$a$ 为吸收系数；$T$ 为透射系数。

当材料对激光为不透明时，$E_{透射} = 0$，则 $1 = R + a$。

激光入射到距离材料表面 $x$ 处的激光强度为

$$I = I_0 e^{-ax} \tag{1-1}$$

这说明随激光入射到材料内部深度的增加，激光的强度将以几何级数减弱；

而且激光通过厚度为 $1/a$ 的物质后，激光的强度减少为原来的 $1/e$ ，材料对激光的吸收能力应归结为吸收系数。

2) 物态变化

激光与材料相互作用过程中，材料物态将会发生变化。材料将吸收激光获得能量，获得的能量可以转化成热能、电能、化学能和不同波长的光能，其影响因素主要包括激光的波长、能量密度、材料的吸收特性及作用时间等。激光照射下，随着材料对激光吸收的增加，作用区域材料温度升高，当 $E_\lambda=E_出$ 时，作用区域的温度才能保持不变。在相同作用时间的条件下，能量差 $(E_\lambda-E_出)$ 越大，吸收的能量越多，升温速度越快；在相同能量差的条件下，材料的比热容越小，作用区域的温度越高；如果材料导热系数小，传热慢，作用区与邻近区的温度梯度就会较大。

3) 材料对激光能量的吸收

影响激光吸收率的因素较多，激光的波长越短，吸收率越高；导电性好的材料，如铝和铜等的吸收率低；表面粗糙度越高，对激光的吸收越好；如果表面存在石墨及磷酸盐等涂层，则对激光的吸收具有较好的增强作用；材料的温度越高，吸收率越高。根据材料吸收激光能量而产生的温升，可以把激光与材料相互作用过程分为如下五个阶段[52]：

(1) 无热或基本光学阶段。激光是高简并度的光子。当激光的入射功率密度很低时，绝大部分的入射光子和材料中的电子发生弹性散射，材料中温度很低，不能进行热加工。

(2) 相变点以下的加热阶段。当温度低于相变点时，材料不发生结构变化。随入射激光强度提高，入射光子与材料中电子产生非弹性散射，电子从光子中获取能量，把能量传给声子，激发强烈的晶格自振动，从而使材料加热。从宏观上看，这个阶段激光与材料相互作用的主要物理过程是传热。

(3) 在相变点以上，但低于熔点的加热阶段。这个阶段为材料固态相变，存在传热和传质物理过程。主要工艺为激光相变硬化，主要研究激光工艺参数与材料特性对硬化的影响。

(4) 在熔点以上，但低于汽化点的加热阶段。激光使材料熔化形成熔池，熔池内存在三种物理过程：传热、对流和传质。主要工艺为激光熔凝处理、激光熔覆、激光合金化和激光传导焊接。

(5) 在汽化点以上的加热阶段。激光使材料汽化形成等离子体，这在激光深熔焊接中是经常发生的现象。利用等离子体反冲效应，可以对材料进行冲击硬化①。

————————————

① http://laser.ofweek.com/2012-04/art-240001-11000-28608946.html。

2. 电子束与材料相互作用

在高真空条件下，金属阴极由于高压电场的作用被加热而发射出电子，电子经磁场汇集成束，然后在加速电压的作用下，以极高的速度向目标靶行进，到达目标靶时发生碰撞，产生一系列物理过程。入射电子照射固体时与固体中粒子的相互作用包括入射电子的散射、入射电子对固体的激发以及受激发粒子在固体中的传播。当一束聚焦电子束沿一定方向射到固体上时，在固体原子的库仑电场作用下，入射电子方向将发生改变，这种现象称为电子散射，有弹性散射和非弹性散射之分。原子中的原子核和核外电子对入射电子均有散射作用。原子中核外电子对入射电子的散射作用是一种非弹性散射。在非弹性散射过程中，入射电子所损失的能量部分转变为热，部分使物质产生各种激发现象(原子电离、自由载流子、二次电子、俄歇电子、特征 X 射线等)。电子束加热是一个动能转化为热能的过程，能量与加速电压及束流强度密切相关。

3. 电弧与材料相互作用

等离子弧增材制造是利用电弧等离子作为热源的增材制造方法，具有能量集中、电弧稳定、沉积速率快等特点，其发热量和温度都高于一般电弧，因而具有较大的熔透能力和成形速度。等离子弧区的气体完全电离，功率密度很高，可达 $10^{10}$W/cm$^2$，电弧温度可高达 20000℃。等离子体与材料作用机理相对复杂。等离子体一般包括电子、离子、原子和分子，是电的良导体。工业应用的等离子弧都经过机械压缩、热压缩和磁压缩再作用到阳极区域。阳极上一般会产生阳极斑点。电弧和材料的相互作用主要是等离子弧中高密度的电子经过局部区域导致的高温引起材料的加热和熔化。

## 1.5.2　增材制造熔池特征

1. SLM 熔池

在 SLM 过程中，高能束的激光熔化金属粉末会连续不断地形成高温熔池(图 1-38)，熔池内液态金属的流体动力学状态及传热传质过程会严重影响增材制造过程的稳定性和最终成形产品的质量[53]。SLM 技术中常用的激光为高斯光束，在光学中高斯光束是单色电磁辐射的光束，其横向磁场和电场振幅分布由高斯函数给出。在 SLM 过程中，材料由于吸收激光的能量而熔化，而高斯光束光强的分布特点是光束中心处的光强最大，随径向距离增加光强变弱。

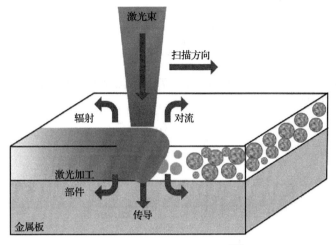

图 1-38　SLM 熔池示意图[54]

　　激光和粉末相互作用会引起粉末材料熔化。熔池的截面形貌和常规激光焊接焊缝有一定的类似之处，分为熔化区和热影响区。同时焊缝余高和熔池深度也是熔池两个主要的表征参数(图 1-39)。单个焊道熔池宽度受激光扫描速度和功率的控制，综合考虑两个因素的影响，可以在激光功率、扫描速度以及线能量之间建立关系。线能量($E_v$)为单位扫描速度上的激光功率：

$$E_v = P / v \tag{1-2}$$

式中，$P$ 为激光功率(J/s)；$v$ 为扫描速度(mm/s)。

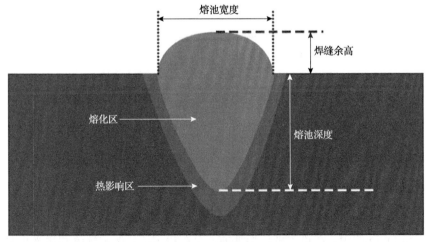

图 1-39　激光熔池基本结构[55]

熔池深度和线能量关系如下：

$$d = \frac{2DE_v}{\sqrt{2\pi e^{\frac{1}{2}} K \Delta T}} \tag{1-3}$$

式中，$D$ 为热扩散系数；$K$ 为热导率；$\Delta T$ 为熔化温度和预热温度的差值。

熔池长度也和线能量存在如下的关系：

$$L = \frac{DPE_v}{\pi K^2 (\Delta T)^2} \tag{1-4}$$

熔池尺寸会影响熔池的结晶过程[56,57]。在一定的扫描速度条件下，随线能量的增加，熔池深度增加；随线能量降低，熔池宽度降低。

### 2. 激光 DED 形成的熔池

送粉 DED 方法分为同轴送粉法和侧向送粉法。粉末输送方式的改变导致熔池的轮廓发生一定的变化。在同轴送粉中，粉末和激光运动方向相同，共同进入熔池中(图 1-40)。与预置送粉法比较，同轴送粉法可以很好地实现气氛保护，使熔覆粉末自身的性能不受空气中氧和氮等元素的影响，实现熔覆层的完美性能。

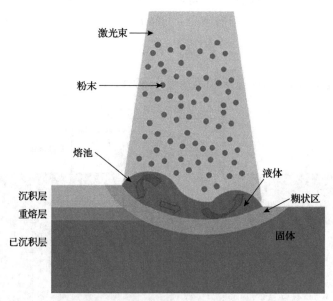

图 1-40　激光 DED 中的熔池[58]

送粉 DED 法中，在粉末抵达熔池前，存在粉末流、保护气流和激光束复杂的相互作用。粉末对激光的衰减率是非常重要却难以直接测量的参数。在同一激光功率条件下，随粉末直径增大，金属粉末粒子温度降低。理想条件下增材制造过程中粉末应该以熔化状态进入熔池。当粉末进入熔池时，如果粉末直径小，其进入激光束后，在极短时间内粉末小球各部分温度就变为均匀温度，因此粉末从激光吸收的能量计算如下：

$$Q = \rho V c (T - T_0)$$

式中，$\rho$ 为粉末材料密度；$V$ 为单个粉末的体积；$c$ 为粉末材料的比热容；$T_0$ 为粉末的初始温度；$T$ 为粉末的终态温度。

粉末是否熔化与其粒径、速度及材料熔点有关。与激光相互作用后的粉末进入熔池后最终会成为熔池的一部分。当粉末材料进入熔池时，如果粉末材料的温度高于熔池，则粉末为放热状态。如果粉末材料的温度低于熔池，则粉末从熔池中吸收热量。计算表明，激光约 5%的能量用来熔化粉末，约 95%的能量用来形成熔池。

当粉末进入制造区域时，粉末有三种运动方式，分别为入射、散射和喷发。散射主要由粉末直接和未熔化衬底的相互作用导致。喷发则主要是从熔池部位发生的颗粒高温喷射行为。当颗粒高速运动进入熔池时，会发生撞击、回弹和再次熔入的过程。粉末和熔池相互作用时由于熔池不同部位的温度差别较大，在中心部位，粉末可能浮在熔池的表面，而在边缘部位，粉末和熔池接触时不会重复熔化，同时会凝固并沉入熔池中。如果粉末颗粒经过激光时熔化程度较低，则会在熔池的表面凝固[59]。

熔池中的峰值温度一般高于合金液相线的温度。由于热源快速移动，熔池温度场变化剧烈，测量困难，常见的为热电偶方法。其将热电偶置于熔融区域，可以监测局部位置温度，但不能得到熔池温度的三维分布。开始制造工艺时，由于基体的散热强，熔池尺度较小。随着增材制造层数的增加，基体散热效果降低，熔池变深，温度变高。在熔池内部，温度在热源中心附近最高，熔池边界附近最低，这种不均匀的温度分布导致熔池中存在温度梯度。温度梯度会使熔池中出现表面张力梯度，引起熔池内熔融金属的流动。随着增材制造层数的增加，熔池轮廓在不断变化。第一层时由于散热条件较好，熔池较小；随层数增加，散热条件逐渐变差，导致熔池体积不断增大。为了改善熔池中金属的流动状态，与常规的冶金过程类似，外加磁场和超声振动等是有效的改善组织结构的方法。磁场和振动在增材制造中的应用不但可以改变熔池的轮廓，而且可以改变其微观组织结构，有效提高增材制件的性能[60]，是比较新的发展方向。

**3. 电子束形成的熔池**

当电子束和材料相互作用时，电子束部分会被粉末吸收，部分会被散射，而熔化的粉末则形成熔池。在熔池的顶部由于存在熔化材料会形成拉普拉斯压力，条件合适时局部区域可能会发生材料的蒸发。在远离电子束的熔池的边界上会发生熔化和凝固，在凝固边界上会有辐射传热发生。而在熔池前端，电子束熔化粉末时，熔化金属液体和未熔化颗粒之间会发生润湿等过程(图1-41)。

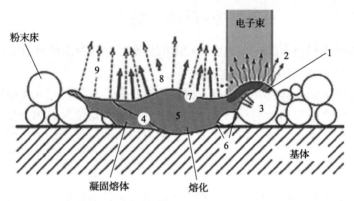

图 1-41　电子束形成的熔池示意图[61]
1-电子束吸收；2-电子束散射；3-热传导；4-熔化/凝固；5-平流；6-润湿/脱湿；
7-拉普拉斯压力，马兰戈尼力；8-蒸发；9-辐射

在实际的增材制造过程中，当电子束和粉末相互作用时，物理过程非常复杂，有润湿、辐射、相变、传导等物理过程发生。电子束和粉末作用时主要发生如下效应：颗粒飞溅、颗粒烧结、颗粒熔化及蒸发。粉末飞溅是粉末中残余的水蒸气或者湿气受电子束作用时产生的爆炸现象，经常会引起激烈的蒸发过程。当颗粒带电引起的排斥力远超过颗粒的重量时，电子动能的传递也会引起粉末的移动。水汽残留等可以通过生产过程控制，动能传递则可以通过增大颗粒尺度来避免，而静电场力则需要通过特殊的辅助手段来降低。目前主要采用预热来解决上述问题，其原理是热处理过程使颗粒发生烧结，烧结是预热和熔化过程的结果，可以使多个颗粒产生冶金结合。

在预热过程中，一般使用高速高功率的离焦电子束。离焦量对预热效果产生直接的影响。按焦平面与工件的位置关系，离焦方式可分为正离焦与负离焦，焦平面位于工件上方为正离焦，反之为负离焦。按几何光学理论，当正负离焦平面与焊接平面距离相等时，所对应平面上功率密度近似相同，但实际上所获得的熔池形状不同。负离焦时，可获得更大的熔深，这与熔池的形成过程有关。若离焦量过大，作用在工件上的功率密度过低，达不到处理工件的目的；若离焦量过小，作用在工件上的功率密度过高，容易熔化激光照射点，破坏工件表面。一般预热可以部分烧结颗粒，减小颗粒之间的距离。在烧结过程中，颗粒之间形成的圆领形连接提高颗粒的结合力，避免颗粒飞溅。颗粒之间的聚集具有一定的强度，但这种软连接结合较弱，容易被相同粒子高速撞击所破坏(图1-42)。

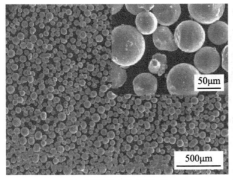

(a) 原始Ti-6Al-4V粉末  (b) 预热后粉末，发现明显圆形的连接颈[62]

图 1-42 预热处理前后粉末形貌变化

电子束能量可以熔化粉末和基体，提高液相和固相的润湿性能。然而随熔池形成和过多能量获得，熔池中热量传递速度增加，热梯度形成，随后产生各种热流。热流会增加热量传递并在熔池中产生液滴。熔池深度方向的温度分布产生漂浮力，表面温度分布引起湍流。湍流是热毛细流(马兰戈尼对流流体)，流体的不稳定性可以导致瑞利不稳定性。瑞利不稳定性可以使熔池破碎为熔滴，这就是球化过程。如果球化过程发生，表面形貌变粗糙并使下一层均匀铺粉更加困难，最终会降低表面精度，导致缺陷和失效。合金元素的蒸发一般和能量密切相关。尤其在真空中，材料的蒸发温度降低，引起轻元素的蒸发。因此，部件最后制造的部分或者回收粉末中合金元素成分和原始粉末成分有所差别[62]。

4. 等离子电弧形成的熔池

依托于电弧焊接过程的 WAAM 具有和普通焊接的堆焊过程类似的特点。WAAM 是以高温液态金属熔滴过渡的方法通过逐层累积的方式成形的，分为三种类型，分别为基于 TIG 的增材制造、基于 MIG 的增材制造及基于 PAW 的增材制造。WAAM 过程载能束具有热流密度低、加热半径大和热源强度高等特征。成形过程中，随着堆焊层数的增加，成形件热积累严重、散热条件变差，故成形过程稳定性控制是目前研究的热点。不同于激光及电子束，WAAM 的熔池体积较大，而且成形过程中因冷态原材料、电弧力等扰动因素的存在，熔池成为一个不稳定的体系。WAAM 能够成为增材制造的先决条件是其熔池体系具备稳定的重复再现能力[63]。WAAM 成形过程中熔池和热影响区的尺寸较大，较长时间内已成形构件将受到移动的电弧热源往复后热处理作用，而且随着成形高度增大，基体散热条件变差，每一层的热历程不尽相同。因此，研究温度场和组织性能之间的关系是目前增材制造研究的热点之一[64]。

在基于 TIG 增材制造中，热过程分为两个部分：一是熔池内部高温过热液态金属以对流为主的传热;二是熔池外部热影响区和已堆焊层的固体热传导。这两部分传热相互影响,导致 TIG 增材制造熔池形态(熔池几何形态、熔池内的流体动力学形态及传热传质过程)发生复杂的变化。在电弧的作用下,熔池中心发生一定程度的凹陷,而在边界上则存在复杂的凝固和熔化过程。

在基于 PAW 增材制造中,其熔池主要利用匙孔效应来熔化金属。在匙孔的前壁和后壁存在明显不同的传质传热过程。后壁存在复杂的液态金属流动和凝固过程,而前壁主要是金属的熔化过程(图 1-43)。

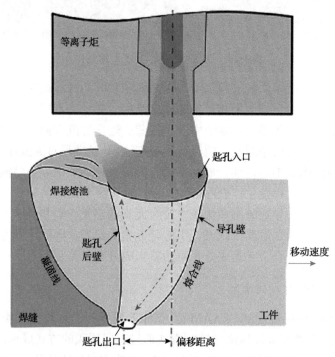

图 1-43　等离子电弧形成的熔池示意图[64]

# 1.6　金属增材制造中的典型缺陷及检测技术

## 1.6.1　增材制造中的典型缺陷

增材制造工艺过程可以分为四个阶段:原料准备阶段、制备过程、制备结束及服役过程[65]。每个阶段都可能存在不同类型的缺陷,需要检测的内容也不尽相同。原料准备阶段需要检测的主要内容包括粉末尺寸、颗粒形状和形态、物理化学性质和材料供应等,制备过程中检测的主要内容为熔池状态、孔隙、裂纹等,制备结束后主要关注零件变形、几何偏差、裂纹、气孔、夹渣、应力状态及表面缺陷等。对于轮廓缺陷，一般可以通过各种常规检测手段进行检测。而对于内部缺陷，必须借助专业的检测设备进行检测。金属增材制造质量缺陷主要分为两类（表 1-6）：一是内部缺陷；二是表面缺陷。内部缺陷主要包括匙孔、气孔、未熔合、夹渣及裂纹；表面缺陷主要包括球化、表面空洞、未熔颗粒和变形。

**表 1-6　金属增材制造的质量缺陷汇总分析表**

| 缺陷类型 | | 缺陷形成的可能原因 | 缺陷分布 | 缺陷特征及尺寸 |
|---|---|---|---|---|
| 内部缺陷 | 匙孔 | 输入能量过大引起熔池异常流动，熔池底部气体未及时逸出导致 | 主要分布在熔池底部 | 椭圆形或球形，尺寸一般为 20~100μm |
| | 气孔 | 1. 惰性保护气体在熔池凝固时未及时排出<br>2. 粉末携带的氢气等形成的气孔 | 在层内随机分布 | 一般为球形，尺寸一般为 1~100μm |
| | 未熔合 | 当能量输入较低或者扫描路径设计不合理时，将会导致层间发生未熔合 | 主要分布在层间 | 一般呈扁平的空隙，尺寸一般为 50~500μm |
| | 夹渣 | 外部引入颗粒或者制造过程形成的氧化物 | 随机分布 | 典型尺寸为 3~50μm |
| | 裂纹 凝固裂纹 | 不同枝晶间最后凝固区域热应力集中导致，在高温合金等材料中容易出现 | 主要发生在最后熔敷层的顶部 | 典型尺寸为 30~300μm |
| | 液化裂纹 | 晶界上的低熔点共晶合金在凝固收缩和热收缩过程中开裂导致，在高温合金中较容易发生 | 主要发生在热影响区的晶界上 | 典型尺寸为 20~500μm |
| | 分层 | 层间残余应力超过合金的屈服强度 | 主要发生在层间 | 取决于工件尺寸，一般都在毫米级别 |
| 表面缺陷 | 未熔颗粒 | 在 PBF 中当线能量较低时，颗粒熔化不充分，则表面会形成大量的未熔颗粒 | 表面 | 和采用粉末材料尺寸相关 |
| | 球化 | 在 PBF 中当扫描速度很高时，熔池被拉长，导致熔池边界上形成小岛 | 熔池表面边界 | 一般为球状，典型尺寸为 100~500μm |
| | 表面空洞 | 主要在保护气体卷入熔池后溢出过程中形成 | 熔池表面 | 一般为扁平状，典型尺寸为 50~300μm |
| | 变形 | 由应力导致的翘曲等变形行为 | 工件轮廓缺陷 | — |

## 1.6.2　增材制造缺陷检测的特点及方法

不同于传统锻造、铸造或模制零部件，增材制件无损检测的时机可以贯穿制造全过程，包括原材料特性及形貌的检测、制备过程中缺陷的在线检测、制备结束后的质量检测及服役过程中的质量检测。

目前增材制造的零部件质量检验尚未形成独立的标准体系。由于增材制造的缺陷类型和尺寸量级都与传统加工方式存在较大的差异性，增材制造无损检测难以照搬其他方法的标准。例如，与常规方法相比，增材制件的一种典型缺陷形式是大范围分布的孔隙和粉末颗粒未熔合，缺陷分布在整个部件中，因此传统以单一缺陷为主的检测标准和方法不适用于对大范围分布的微小缺陷的检出和评价。同时，由于增材制造材料组织与锻造、铸造有较大差异性，传统基于断裂分析得到的临界缺陷尺寸也不可以直接作为增材制件的不可接受准则。世界各国都在开展增材制件无损检测方法的研究(图 1-44),涉及超声、射线、涡流、渗透等典型无损检测方法[66]。每一种方法各具优缺点:超声检测(包括超声相控阵方法、超声衍射时差法等)是检测工件内部的裂纹等面积型缺陷的有效方法,但是增材制件一般结构较为复杂,特别是针对一些拓扑结构,超声检测存在结构干扰波多、缺乏有效的检测实施面等问题;XCT 可以提供工件被检查部位的完整三维信息,可使材料内部结构和缺陷清楚显示,用来检测增材制件的孔洞缺陷、尺寸误差和其他缺陷,并可以通过后处理分析统计得到孔隙率,但是其检测的精度受限于工件尺寸,沿着透照方向只能达到 1/100 的精度;涡流和渗透等表面检测方法只能够检测表面或近表面缺陷。结构光变形监测可以实现打印过程中的工件结构测量,显示翘曲等形变缺陷。

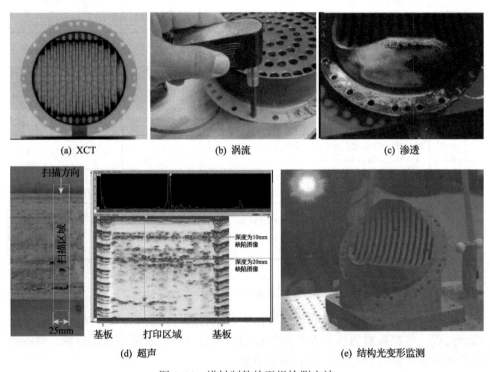

图 1-44 增材制件的无损检测方法

由于增材制造是叠层加工方式,组织和性能很难精确预测,通过在线检测的方式,能对材料的内部缺陷和表面缺陷进行监测并反馈到工艺控制中,在线修复和优化工艺参数。因此,增材制造的在线检测具有重要意义:一方面可以避免打印完成之后由于部件结构复杂而无法有效检出埋藏型缺陷;另一方面可以避免在打印进展早期产生缺陷而导致资源浪费。增材制造的在线检测包括熔池监测和工艺缺陷检测。移动熔池的熔化和凝固状态决定了成形质量，现有的熔池检测技术多是用高温计或者红外相机监测熔池温度场、高速相机监测熔池表面形貌，如EOS、Concept Laser 等公司已经开发出商用在线监测模块[67]。熔池内部形貌监测尚未出现成熟的产品，目前仅有美国阿贡国家实验室等机构利用同步辐射来观察粉末的熔化和凝固过程[68]（图 1-45），但是目前所用实验方法仅能穿透几毫米厚的工件，且装置庞大，不宜商业应用。潜在的熔池监测方法是以激光超声为代表的非接触式检测技术，通过激光在打印面激励出超声波，基于超声波在熔池内部的反射、衍射和多普勒频移等物理现象，实现熔池液固界面、内部缺陷以及流动状态的综合测量。

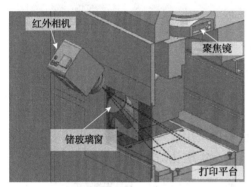

(a) 红外相机监测PBF熔池表面

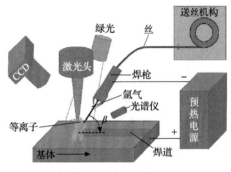

(b) 高速相机监测DED熔池表面

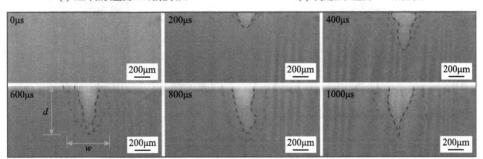

(c) 同步辐射监测熔池内部

图 1-45　移动熔池的在线监测方法

CCD 指电荷耦合器件(charge coupled device)

　　增材制造过程工艺缺陷的在线检测既要考虑对缺陷的检出能力，也要考虑检测装置与增材制造设备的集成性。对于在线检测来说，所产生的工艺缺陷位于打印层表面或者埋藏在几层之内，因此工艺缺陷可以看作表面和近表面缺陷处理（距离打印 1mm 以内）。考虑到与增材制造装备集成且不影响加工过程，可以优先选择激光超声、电磁超声或者空气耦合超声等非接触式超声检测方法[69]，涡流、微磁等非接触式电磁检测方法[70]，以及红外检测方法[67,70]（图 1-46）。如果打印件尺寸不大且打印设备空间允许，也可以考虑射线检测方法。对于完全暴露在表面的缺陷，如表面的飞溅、球化和粗糙度等，则可以采用光学方法，如高速相机、光学相干成像等。

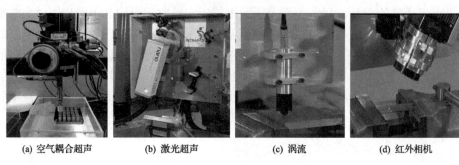

(a) 空气耦合超声　　　(b) 激光超声　　　(c) 涡流　　　(d) 红外相机

图 1-46　工艺缺陷的在线检测

增材制造的特殊缺陷，即大范围的孔隙和粉末未熔类型的缺陷，则不能采用单一缺陷的检测方法，而是以孔隙率等特征量进行表征。孔隙率的测量方法主要依靠超声和射线两种[71,72]（图 1-47），其中在线测量主要采用超声方法，可以采用传统接触式超声探头固定在基板背面，也可以采用非接触式超声方法在打印面测量超声的声速、衰减系数和散射系数等，进而实现孔隙率表征。

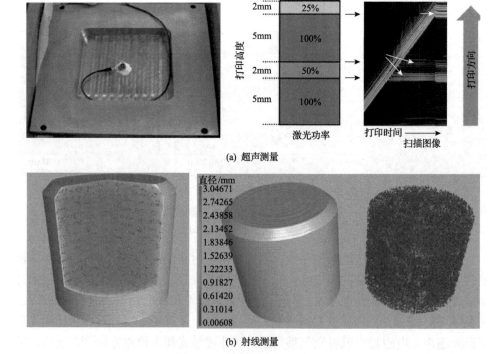

图 1-47　增材制件孔隙率测量

　　增材制造过程的反复重熔导致了工件内部的高残余应力，残余应力容易导致工件的开裂。如果是在服役期间，高残余应力和大量缺陷会加速部件的失效。因此，残余应力测量是增材制件检测的一项重要工作。残余应力无损检测方法包括射线法(X射线衍射和中子射线衍射)、电磁法(巴克豪森磁效应、微磁法)、超声法(声速、声衰减、背散射、非线性超声)。X射线衍射仅能测量材料表面的应力；中子射线衍射可以穿透较深，但是对装置要求很高；超声特征量和磁特征量可以与残余应力建立关联关系，但是同时受到材料微结构和微缺陷的影响。需要多种方法综合，以实现应力的解耦测量，或者选择特定模态进行测量，如超声临界纵波的应力测量。借助临界纵波对材料组织不敏感的特点，直接实现应力的测量。而材料的相含量等同样可以采用上述特征量进行表征。

　　增材制件的变形监测可以采用XCT和光学测量两类方法。基于机器视觉的三维形貌测量技术可以分为主动三维形貌测量技术和被动三维形貌测量技术两类。主动三维形貌测量技术的典型代表是结构光(structure light)三维形貌测量技术(图 1-48(a))，利用投射装置将结构光照射到待测物体表面，然后利用图像接收器来获取并保存待测物体表面反射后而发生形状畸变的图像，最后利用一定的算法将畸变图像信息转换为待测物体的三维形貌数据。被动三维形貌测量技术的典型代表是双目立体视觉(stereo vision)测量技术和数字图像相关(digital image correlation，DIC)技术，不需要借助任何外在光源的照射，直接从摄像系统捕获二维图像，再利用一定的算法将二维图像还原出物体表面的三维形貌(图 1-48(b))。在三维形貌测量的基础上，通过相机拍摄变形前后被测平面物体表面图像的相关运算，实现物体表面变形、位置、应力等的测量。数字图像相关技术不仅用于变形监测，还可以在所测应变数据的基础上，通过计算的方式得到应力数据，并通过临界应变的监测实现缺陷检测。目前这些方法都已经应用于金属增材制造的在线监测[73,74]。

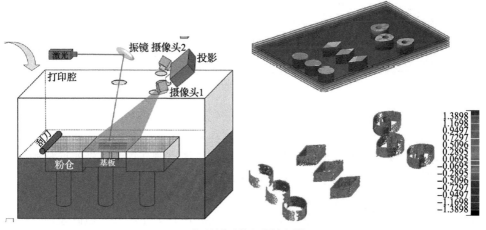

(a) 基于结构光的变形监测系统

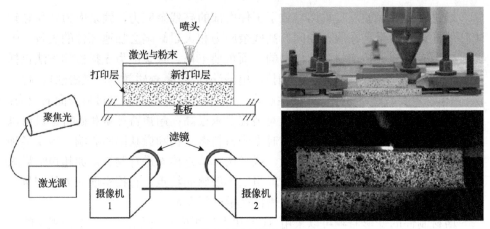

(b) 基于数字图像相关的变形监测系统

图 1-48　增材制造光学变形监测系统

　　粉末原材料在制作过程中容易产生微小的孔隙，残留在粉末颗粒内部。当采用带有气孔的粉末进行增材制造时，可以形成微米级的孔隙，而这种孔隙往往难以检测，因此需要对粉末原材料进行检验。目前粉末原材料检测方法已经比较成熟，主要采用 SEM 等测量形貌、成分及内部结构[75,76]（图 1-49）。

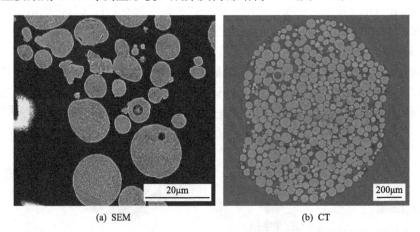

(a) SEM　　　　　　　　　　　　　(b) CT

图 1-49　粉末原材料

　　只有突破增材制造质量在线和离线检测技术，形成无损检测的检验程序和标准，才能够实现增材制件的质量认证，从而推广增材制造技术。针对增材制件的质量检测的特点，检测需求涵盖移动熔池和工艺缺陷的在线检测、残余应力及变形监测、零部件质量检验及原材料检验等（表 1-7），所涉及的无损检测方法包括光学、射线、超声和声学、电磁等众多方法，此外还有衍生出来的电磁超声、激光超声、涡流红外、超声红外等新型检测技术。未来的工作还要着眼于这些物理方法与增材制件材料、结构及内部缺陷相互作用机制，研发高效、可靠和可集成的无损检测仪器设备及传感器，并开发检测数据处理、数据挖掘、数据成像等高阶分析方法，形成一套适用于金属增材制造的检验方法和标准体系。

**表 1-7 增材制造质量检测与监测方法**

| 质量检测/监测需求 | | 可见光 | 红外 | 光谱 | 超声 | 射线 | 电磁 | 渗透 | SEM |
|---|---|---|---|---|---|---|---|---|---|
| 移动熔池在线检测 | 温度场 | | √ | √ | | | | | |
| | 熔池形貌 | | √ | | √ | √ | | | |
| | 粉末运动 | √ | | | | √ | | | |
| 工艺缺陷在线检测 | 表面缺陷 | √ | √ | √ | √ | √ | √ | | |
| | 埋藏型缺陷 | | √ | | √ | √ | | | |
| | 孔隙率 | | √ | | | | | | |
| 残余应力测量 | 应力场 | | | | √ | | √ | | |
| 变形监测 | 结构尺寸 | √ | | | | √ | | | |
| 原材料检验 | 孔隙 | | | | | √ | | | √ |
| | 形貌 | | | | | | | | √ |
| 零部件质量检验 | 缺陷检测 | | √ | | √ | √ | √ | √ | √ |
| | 晶粒度 | | | | √ | | | | √ |
| | 相含量 | | | | √ | | | | √ |

### 1.6.3 我国金属增材制造检测技术的战略布局

金属增材制件的质量是制约增材制造技术推广应用与产业发展的关键。国家重点研发计划于 2016 年启动增材制造与激光制造重点专项，资助涉及金属增材制造缺陷检测及质量控制的项目多达 10 余项。其中 2018 年的"金属增材制造的高频超声检测技术与装备"、2017 年的"智能化增材制造系统平台"和"金属增材制造缺陷和变形的射线检测技术与装备"直接将研究目标定为缺陷产生机制、有效检测方法及具有质量反馈控制的打印检测一体化增材制造系统。

"智能化增材制造系统平台"项目以温度、氧含量、熔池形貌等过程参数的测量为基础，建立在线检测系统与信息反馈系统，形成保证成形精度和制件质量的智能化工艺参数系统，从而实现增材制件的变形、孔隙和裂纹等缺陷工艺可控，制件质量稳定性提高一倍。

"金属增材制造缺陷和变形的射线检测技术与装备"项目通过将 X 射线、红外、可见光及激光等成分测量、缺陷检测及变形监测技术在增材制造装备上集成，实现增材制造过程元素含量、冶金缺陷与应力应变的在线检测；通过缺陷形成机理研究、缺陷特征分析及检测信号获取，建立检测信息与材料、结构性能之间的关联。所开发射线检测装备的在线检测指标如下：主要成分探测值误差优于±3%（原子分数），缺陷的检测识别精度≤0.05mm（以25mm厚的钛合金为参考），变形的检测精度≤0.1mm/100mm，形成射线检测规范和标准。

"金属增材制造的高频超声检测技术与装备"项目引入激光超声、电磁超声及空气耦合超声等非接触式超声检测技术，通过研究超声与增材制件组织、缺陷及应力状态的相互作用机制，数据分析及其表征方法，开发材料晶粒度、微型缺陷非接触式高频超声检测技术及装备，实现增材制造的在线测量及离线无损检测。技术指标如下：检测盲区≤0.1mm，可检测缺陷的分辨率优于 0.1mm，扫描速度≥5mm/s，可检测晶粒度≤50μm，形成超声检测规范和标准。

超声和射线是无损检测最为常用的两种方法，利用打印检测一体化的智能增材系统，实现基于在线测量结果的过程工艺参数反馈控制。增材制造与激光制造重点专项针对增材制造检测特点和质量控制需求，系统布局相关在线及离线检测基础理论、关键技术、专用装备、标准规范，从而以高质量的部件打印，助力我国增材制造的技术创新体系与产业体系互动发展，促进传统制造业转型升级，支撑我国高端制造业发展。

# 参 考 文 献

[1] 熊江涛, 耿海滨, 林鑫, 等. 电弧增材制造研究现状及在航空制造中应用前景[J]. 航空制造技术, 2015 (Z2): 80-85.

[2] 姜晓通. 面向三维打印的复杂模型融合建模及优化关键技术研究[D]. 南京: 南京航空航天大学, 2017.

[3] 杨延华. 增材制造 (3D 打印) 分类及研究进展[J]. 航空工程进展, 2019, 10 (3): 309-318.

[4] 解瑞东, 鲁中良, 弋英民. 激光金属成形缺陷在线检测与控制技术综述[J]. 铸造, 2017, 66 (1): 33-37.

[5] DEBROY T, WEI H L, ZUBACK J S, et al. Additive manufacturing of metallic components—Process, structure and properties[J]. Progress in Materials Science, 2018, 92: 112-224.

[6] 周钢, 蔡道生, 史玉升, 等. 金属粉末熔化快速成形技术的研究进展[J]. 航空制造技术, 2009 (3): 43-46.

[7] 周成候, 李蝉, 吴玉平, 等. 金属材料增材制造技术[J]. 金属加工 (冷加工), 2016 (S1): 879-883.

[8] 钱雪立. 选区激光熔化成形镍基合金结构的工艺研究[D]. 青岛: 青岛理工大学, 2016.

[9] 王黎. 选择性激光熔化成形金属零件性能研究[D]. 武汉: 华中科技大学, 2012.

[10] 巩水利, 锁红波, 李怀学. 金属增材制造技术在航空领域的发展与应用[J]. 航空制造技术, 2013 (13): 66-71.

[11] 丁雪冰. Inconel625 合金激光增材制造微观组织及力学性能研究[D]. 秦皇岛: 燕山大学, 2018.

[12] 熊进辉, 李士凯, 耿永亮, 等. 电子束熔丝沉积快速制造技术研究现状[J]. 电焊机, 2016, 46 (2): 7-11.

[13] 柏林, 黄建云, 吉芬, 等. 高能束流增材制造技术引领飞行器结构设计新变革[J]. 航空制造技术, 2013 (21): 26-29.

[14] 杨永强, 王迪, 杨斌, 等. 激光快速成形技术在精密金属零件快速制造中的应用[J]. 航空制造技术, 2010 (16): 48-52.

[15] MCANDREW A R, ROSALES M A, COLEGROVE P A, et al. Interpass rolling of Ti-6Al-4V wire+arc additively manufactured features for microstructural refinement[J]. Additive Manufacturing, 2018, 21: 340-349.

[16] 田彩兰, 陈济轮, 董鹏, 等. 国外电弧增材制造技术的研究现状及展望[J]. 航天制造技术, 2015 (2): 57-60.

[17] 郝轩, 黄永德, 陈伟, 等. 基于 CMT 技术的铝合金电弧增材制造研究现状[J]. 精密成形工程, 2018, 10(5): 88-94.

[18] 李鹏, 焦飞飞, 刘郢, 等. 金属超声波增材制造技术的发展[J]. 航空制造技术, 2016(12): 49-55.

[19] MONAGHAN T, CAPEL A J, CHRISTIE S D, et al. Solid-state additive manufacturing for metallized optical fiber integration[J]. Composites Part A: Applied Science and Manufacturing, 2015, 76: 181-193.

[20] 周宸宇, 罗岚, 刘勇, 等. 金属增材制造技术的研究现状[J]. 热加工工艺, 2018, 47(6): 9-14.

[21] 李纪鹏. 金属箔片超声固结系统的研究[D]. 南京: 南京航空航天大学, 2018.

[22] SAMES W J, LIST F A, PANNALA S, et al. The metallurgy and processing science of metal additive manufacturing[J]. International Materials Reviews, 2016, 61(5): 1-46.

[23] 彭成新. 真空静电喷涂工艺分析与优化[D]. 广州: 广东工业大学, 2014.

[24] 李文亚, 余敏. 冷喷涂技术的最新研究现状[J]. 表面技术, 2010, 39(5): 95-99.

[25] 酉琪, 章德铭, 于月光, 等. 激光辅助冷喷涂技术应用进展[J]. 热喷涂技术, 2018, 10(2): 15-21.

[26] 杨理京, 李袓宏, 李波, 等. 超声速激光沉积法制备 Ni60 涂层的显微组织及沉积机理[J]. 中国激光, 2015, 42(3): 227-234.

[27] 闫雪, 阮雪茜. 增材制造技术在航空发动机中的应用及发展[J]. 航空制造技术, 2016, 21: 70-75.

[28] 孙志雨, 崔新鹏, 李建崇, 等. 金属/陶瓷粉末 3D 打印技术及其应用[J]. 精密成形工程, 2018, 10(3): 143-148.

[29] 张飞, 高正江, 马腾, 等. 增材制造用金属粉末材料及其制备技术[J]. 工业技术创新, 2017, 4(4): 59-63.

[30] 东建中. 不锈钢粉的高压水雾化制作及应用[J]. 新材料产业, 2003(1): 33-35.

[31] 赵定武. FeSiAl 磁粉 Cr/Mn 合金化及其表面处理工艺和磁粉芯性能研究[D]. 广州: 广东工业大学, 2015.

[32] 乐国敏, 李强, 董鲜峰, 等. 适用于金属增材制造的球形粉体制备技术[J]. 稀有金属材料与工程, 2017, 46(4): 1162-1168.

[33] SUN X L, TOK A I Y, HUEBNER R, et al. Phase transformation of ultrafine rare earth oxide powders synthesized by radio frequency plasma spraying[J]. Journal of the European Ceramic Society, 2007, 27(1): 125-130.

[34] LI R, QIN M, HUANG H, et al. Fabrication of fine-grained spherical tungsten powder by radio frequency(RF) inductively coupled plasma spheroidization combined with jet milling[J]. Advanced Powder Technology, 2017, 28(12): 3158-3163.

[35] DAWES J, BOWERMAN R, TREPLETON R. Introduction to the additive manufacturing powder metallurgy supply chain[J]. Johnson Matthey Technology Review, 2015, 59(3): 243-256.

[36] 高超峰, 余伟泳, 朱权利, 等. 3D 打印用金属粉末的性能特征及研究进展[J]. 粉末冶金工业, 2017, 27(5): 53-58.

[37] JR V V P, KATZ-DEMYANETZ A, GARKUN A, et al. The effect of powder recycling on the mechanical properties and microstructure of electron beam melted Ti-6Al-4V specimens[J]. Additive Manufacturing, 2018, 22: 834-843.

[38] TERRASSA K L, HALEY J C, MACDONALD B E, et al. Reuse of powder feedstock for directed energy deposition[J]. Powder Technology, 2018, 338: 819-829.

[39] SLOTWINSKI J A, STUTZMAN P E, FERRARIS C F, et al. Physical and chemical characterization techniques for metallic powders[J]. AIP Conference Proceedings, 2014, 1581(1): 1178.

[40] SUN Y, AINDOW M, HEBERT R J. Comparison of virgin Ti-6Al-4V powders for additive manufacturing[J]. Additive Manufacturing, 2018, 21: 544-555.

[41] 陆亮亮. 3D 打印用球形钛粉气雾化制备技术及机理研究[D]. 北京: 北京科技大学, 2019.

[42] 胡捷, 廖文俊, 丁柳柳, 等. 金属材料在增材制造技术中的研究进展[J]. 材料导报, 2014, 28(S2): 459-462.

[43] SEGERSTARK A. Additive manufacturing using alloy 718 powder influence of laser metal deposition process parameters on microstructural characteristics[J]. Klinische Wochenschrift, 2015, 10(4): 149-153.

[44] TILLMANN W, SCHAAK C, NELLESEN J, et al. Hot isostatic pressing of IN718 components manufactured by selective laser melting[J]. Additive Manufacturing, 2017, 13: 93-102.

[45] 李方正. 我国增材制造产业发展路径探究[J]. 新材料产业, 2017(1): 5-8.

[46] 杨全占, 魏彦鹏, 高鹏, 等. 金属增材制造技术及其专用材料研究进展[J]. 材料导报, 2016(S1): 107-110.

[47] 佚名. 三院 306 所激光 3D 打印技术实现新突破[J]. 中国铸造装备与技术, 2016(4): 104.

[48] 佚名. 《电气时代》2016 年第 11 期精彩内容回顾[J]. 电气时代, 2017(3): 12.

[49] 芮益芳. 3D 打印你的生活[J]. 商学院, 2017(4): 10-11.

[50] 陈兴龙, 陶士庆, 李志奎, 等. 3D 打印技术在模具行业中的应用研究[J]. 机械工程师, 2016(1): 174-176.

[51] 王鑫. 穿梭式镁合金半固态压铸成形装置及成形工艺[D]. 大连: 大连交通大学, 2012.

[52] 范立坤. 增材制造用金属粉末材料的关键影响因素分析[J]. 理化检验(物理分册), 2015, 51(7): 480-482, 519.

[53] 王晓英. 激光熔凝加工中温度场的数值模拟[D]. 长春: 吉林大学, 2004.

[54] LI Y, GU D. Parametric analysis of thermal behavior during selective laser melting additive manufacturing of aluminum alloy powder[J]. Materials & Design, 2014, 63(2): 856-867.

[55] KUSUMA C. The effect of laser power and scan speed on melt pool characteristics of pure titanium and Ti-6Al-4V alloy for selective laser melting[D]. Dayton: Master Thesis of Wright State University, 2016.

[56] LU L X, SRIDHAR N, ZHANG Y W. Phase field simulation of powder bed-based additive manufacturing[J]. Acta Materialia, 2018, 144: 801-809.

[57] GASPER A N D, SZOST B, WANG X, et al. Spatter and oxide formation in laser powder bed fusion of Inconel 718[J]. Additive Manufacturing, 2018, 24: 446-456.

[58] SHAMSAEI N, YADOLLAHI A, BIAN L, et al. An overview of direct laser deposition for additive manufacturing; Part II: Mechanical behavior, process parameter optimization and control[J]. Additive Manufacturing, 2015, 8: 12-35.

[59] HALEY J C, SCHOENUNG J M, LAVERNIA E J. Observations of particle-melt pool impact events in directed energy deposition[J]. Additive Manufacturing, 2018, 22: 368-374.

[60] BIAN Q, TANG X, DAI R, et al. Evolution phenomena and surface shrink of the melt pool in an additive manufacturing process under magnetic field[J]. International Journal of Heat & Mass Transfer, 2018, 123: 760-775.

[61] KLASSEN A, FORSTER V E, JUECHTER V, et al. Numerical simulation of multi-component evaporation during selective electron beam melting of TiAl[J]. Journal of Materials Processing Technology, 2017, 247: 280-288.

[62] GALATI M, IULIANO L. A literature review of powder-based electron beam melting focusing on numerical simulations[J]. Additive Manufacturing, 2018, 19: 1-20.

[63] 武传松. 焊接热过程与熔池形态[M]. 北京: 机械工业出版社, 2008.

[64] LIU Z M, WU C S, CUI S L, et al. Correlation of keyhole exit deviation distance and weld pool thermo-state in plasma arc welding process[J]. International Journal of Heat & Mass Transfer, 2017, 104: 310-317.

[65] 帅三三, 刘伟, 王江, 等. 无损检测在增材制造技术中的应用研究进展[J]. 科技导报, 2020, 38(2): 26-34.

[66] WALLER J M, PARKER B H, HODGES K L, et al. Nondestructive evaluation of additive manufacturing: state-of-the-discipline[R]. NASA/TM-2014-218560, 2014.

[67] EVERTON S K, HIRSCH M, STRAVROULAKIS P, et al. Review of in-situ process monitoring and in-situ metrology for metal additive manufacturing[J]. Materials & Design, 2016, 95: 431-445.

[68] ZHAO C, FEZZAA K, CUNNINGHAM R W, et al. Real-time monitoring of laser powder bed fusion process using high-speed X-ray imaging and diffraction[J]. Scientific Reports, 2017, 7 (1): 3602.

[69] XIANG D, GUPTA A, YUM H, et al. An air coupled ultrasonic array scanning system for in situ monitoring and feedback control of additive manufacturing[EB/OL]. 2021-03-16. https://www.netl.doe.gov/sites/default/files/netl-file/2018_Poster-08_SC0017805_X-Wave.pdf.

[70] CERNIGLIA D, SCAFIDI M, PANTANO A. Innovative inspection techniques for laser powder deposition quality control[EB/OL]. 2021-03-16. http://www.intrapid.eu/.

[71] RIEDER H, SPIES M, BAMBERG J, et al. On- and offline ultrasonic characterization of components built by SLM additive manufacturing[J]. AIP Conference Proceedings, 2016, 1706 (1): 130002.

[72] ANTON D P, IGOR Y, INA Y, et al. X-Ray Microcomputed tomography in additive manufacturing: A review of the current technology and applications[J]. 3D Printing and Additive Manufacturing, 2018, 5 (3): 227-247.

[73] BIEGLER M, GRAF B, RETHMEIER M. In-situ distortions in LMD additive manufacturing walls can be measured with digital image correlation and predicted using numerical simulations[J]. Additive Manufacturing, 2018, 20: 101-110.

[74] LI Z, LIU X, WEN S, et al. In situ 3D monitoring of geometric signatures in the powder-bed-fusion additive manufacturing process via vision sensing methods[J]. Sensors, 2018, 18 (4): 1180.

[75] MOUSSAOUI K, RUBIO W, MOUSSEIGNE M, et al. Effects of selective laser melting additive manufacturing parameters of Inconel 718 on porosity, microstructure and mechanical properties[J]. Materials Science and Engineering: A, 2018, 735: 182-190.

[76] CUNNINGHAM R, NARRA S P, OZTURK T, et al. Evaluating the effect of processing parameters on porosity in electron beam melted Ti-6Al-4V via synchrotron X-ray microtomography[J]. JOM, 2016, 68 (3): 765-771.

# 第2章 金属增材制造的孔洞缺陷

孔洞缺陷是一类对金属增材制件性能影响很大的缺陷。根据孔洞形貌特征和内在形成机理,孔洞缺陷分为匙孔缺陷和气孔缺陷。孔洞缺陷的形成和增材制造过程的熔池冶金行为、材料特性及制造参数密切相关,形成机理复杂。不同增材制造技术中孔洞缺陷的形成机制表现出较大的差异性,通过控制工艺参数来避免孔洞缺陷形成是增材制造中的技术难点之一。本章主要介绍孔洞缺陷的形成机理及不同增材制造技术中的孔洞缺陷。

## 2.1 匙孔缺陷的冶金基础

### 2.1.1 激光熔化模式

激光焊接是将高能量密度的激光束作为热源的一种高效精密的焊接方法。激光焊接是激光材料加工技术应用的重要方向之一,已成功应用于微型和小型零件的精密焊接中。在激光焊接过程中,按照能量密度,其可以分为热导焊、深熔焊和模式不稳定焊接三种方式。

1. 热导焊模式

当照射在工件表面的激光功率密度为 $10^4 \sim 10^5 \mathrm{W/cm^2}$ 时,由于功率密度低,激光焊接为热导焊模式。该模式的主要特点是入射激光能量被材料表层 $10 \sim 100 \mu m$ 的薄层所吸收,表层的热量靠热传导向下层传输。经过一定时间的激光照射后,被焊接材料表面发生熔化,熔化等温线向材料深处传播,使表面温度持续升高,但不会超过材料的沸点。热导焊模式下形成的焊缝浅而宽,如图 2-1 所示。用这种方法所能达到的熔化深度受到汽化温度和材料热导率的限制,主要用于对薄壁部件(厚度为 1mm 左右)和小零件的焊接加工,不适合厚度较大的部件焊接加工。

2. 深熔焊模式

当激光功率密度大于 $10^6 \mathrm{W/cm^2}$ 时,材料表面在激光作用下发生熔化和汽化,所产生的蒸气反冲压力将熔融材料快速抛出,激光作用处的熔池向下凹陷形成匙孔,激光束直接作用于匙孔底部,促使金属进一步熔化和汽化。高压蒸气不断从匙孔底部产生并不断向外喷发,从而使匙孔进一步加深,激光束进一步深入,最

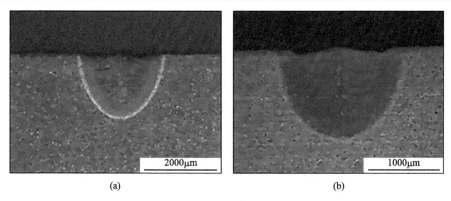

图 2-1　不同典型功率密度热导焊焊缝断面形貌[1]

终在液态金属中形成一个类似于匙孔的小孔，同时在小孔内充满因高温蒸气部分电离而产生的等离子体，小孔出口处上方也形成一定范围的等离子体云[2]。该模式下形成的焊缝深而窄，可用于各类较厚部件的焊接加工(图 2-2)。

图 2-2　典型深熔焊焊缝断面形貌[3]

### 3. 模式不稳定焊接模式

根据是否出现匙孔现象，传统理论认为大功率激光焊接只分为热导焊和深熔焊，焊缝成形不稳定只是焊接过程中偶尔出现的缺陷，并不认为模式不稳定焊接是一种单独的焊接模式。但在长期的实践过程中人们发现，在一条焊道的焊接过程中，可能是一种稳定的焊接模式，也可能是两种焊接模式交替出现的不稳定过程。因此也有人认为焊接过程中除了热导焊和深熔焊，实际上存在独特的第三种焊接模式，即模式不稳定焊接[2]。

激光焊接过程影响因素众多，但主要的焊接参数有焦点位置、激光功率和焊接速度等。在设备条件和工件状况确定的情况下，这三项主要参数将决定激光焊接模式和焊接过程，并最终决定焊缝的轮廓和成形的稳定性等。

1) 焦点位置的影响

焦点位置（入焦量）$\Delta f$ 是指激光束焦点与工件表面的距离。焦点在工件表面时 $\Delta f=0$，焦点在工件表面以下时 $\Delta f<0$，焦点在工件表面以上时 $\Delta f>0$，如图 2-3 所示。焦点位置影响工件表面激光光斑的尺寸，使工件表面激光输入功率密度发生变化，从而影响工件焊缝的熔深和熔宽[4]。焦点位置的变化会引起焊接模式的转变（图 2-4），其中 P 为深熔焊，H 为热导焊，U 为模式不稳定焊。存在两个模式转变临界点：一个是由深熔焊向模式不稳定焊转变的临界点（$\Delta f_1$ 和 $\Delta f_1'$）；另一个是由模式不稳定焊向热导焊转变的临界点（$\Delta f_2$ 和 $\Delta f_2'$）[5]，两临界点不重合。

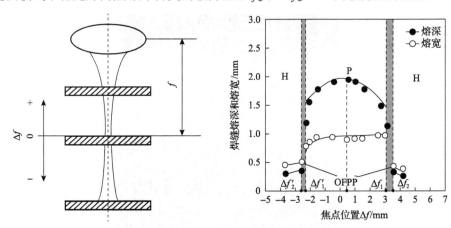

图 2-3 焦点位置示意图　　图 2-4 焊缝熔深和熔宽与焦点位置的关系曲线

2) 激光功率的影响

图 2-5 为激光功率对焊缝熔深和熔宽的影响曲线。当焦点位置和焊接速度一定时，随着激光功率的增加也会依次出现热导焊、模式不稳定焊和深熔焊三种完全不同的焊接过程，也存在两个焊接模式转变临界点，即两个功率阈值 $P_{c1}$ 和 $P_{c2}$。当激光功率小于 $P_{c2}$ 时为热导焊，成形均匀，熔深和熔宽都很小；当激光功率大于 $P_{c2}$ 时为深熔焊，焊缝成形均匀，但熔深和熔宽显著大于热导焊，而且随功率的增加而增加。激光功率处于 $P_{c1}$ 和 $P_{c2}$ 之间则为模式不稳定焊，熔深和熔宽剧烈波动，因此无法确定其大小，在图 2-5 中以虚线表示。

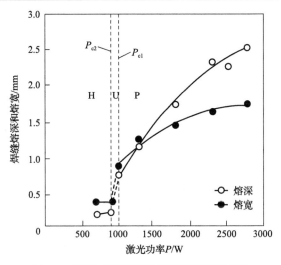

图 2-5　激光功率对焊缝熔深和熔宽的影响

3）焊接速度的影响

图 2-6 为焊接速度、焊缝熔深和熔宽的关系曲线。当激光功率和焦点位置一定时，随着焊接速度的增加，焊缝熔深和熔宽逐步减小，并且依次出现深熔焊、模式不稳定焊和热导焊三种焊接过程，其焊接过程的物理现象和焊缝成形特点与上述焦点位置及激光功率的影响结果类似。这说明焊接速度也是影响激光焊接模式的重要焊接参数，只不过焊接速度对焊接模式的影响不像激光功率和焦点位置那么明显。在较高激光功率密度时，需要很高的焊接速度（分别为 $v_{c1}$ 和 $v_{c2}$）才会出现模式不稳定焊或热导焊过程。

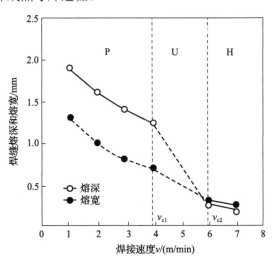

图 2-6　焊接速度对焊缝熔深和熔宽的影响

### 2.1.2　匙孔缺陷的产生及影响

与热导焊宽而浅的焊缝不同，在大功率激光深熔焊时，总伴随着一个深而窄的匙孔的产生。激光功率和匙孔深度存在一定的关系，即激光功率越高，匙孔越深。对于功率稳定的连续激光焊，匙孔处于一种不稳定的状态，呈交替的膨胀和颈缩状，形状和深度都在发生不断的变化，同时其熔池内部金属液体的流动非常剧烈[6]。特别是当匙孔内部的金属蒸气向外喷发时，会引起匙孔内部某处的蒸气涡流，极易将惰性保护气体如氩气或者氦气等卷入匙孔内部。随着焊接过程的进行，匙孔位置向前移动，如果匙孔尾部发生颈缩坍塌，气泡便从匙孔底部产生。如果气泡在上浮过程中被熔池的凝固前沿捕获，便残留在焊缝中形成匙孔缺陷。与传统的冶金型气孔相比，匙孔缺陷形状各异，有球形、扁平状以及其他不规则外形，但尺寸较大。冶金型气孔一般条件下呈圆球形规则形状，同时其内壁光滑；而匙孔缺陷形状极不规则，气孔内壁并不光滑，留有明显的高速液态金属冲刷的痕迹，且匙孔几乎密集地分布在焊缝的根部。因此，匙孔缺陷经常也会成为疲劳裂纹等裂纹源，在应力集中时容易导致材料开裂，严重影响材料的力学性能[7]。

### 2.1.3　匙孔缺陷形成的微观过程

1. 匙孔形成演变过程

图 2-7 显示了匙孔缺陷形成的演变过程。图中小箭头的方向表示熔池中熔体的流动方向，箭头长度表示流速的大小。从图中可以清楚看到在匙孔壁上的涡流和表面张力的共同作用下，气泡逐渐被强熔体流向后推（图 2-7(a)～(c)）。在此过程中由于接近熔池中心，温度和应力变化较小，气泡尺寸相似。一旦气泡快速移动到熔池的凝固前沿，它就很容易被快速接近的凝固前沿捕获并变成匙孔缺陷（图 2-7(d)）。在气泡形成过程中，可能只形成一个气泡，也可能多个气泡同时形成，这和具体焊接过程参数有关。图 2-7(e) 显示第二个气泡的形成，在第二个气泡离开匙孔底部之前，它被重新打开的匙孔捕获，防止气孔的形成。

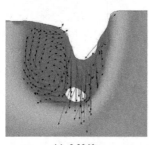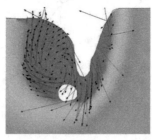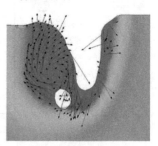

　　(a) 0.3340s　　　　　　　　(b) 0.3345s　　　　　　　　(c) 0.3350s

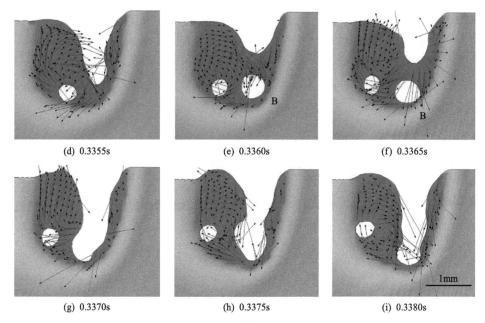

(d) 0.3355s　　　　　　(e) 0.3360s　　　　　　(f) 0.3365s

(g) 0.3370s　　　　　　(h) 0.3375s　　　　　　(i) 0.3380s

图 2-7　匙孔缺陷的运动[7]（$P$=2.5kW，$v$=3m/min）

从图 2-7 中也可以知道，匙孔缺陷形成需要三个步骤：气泡形成、气泡漂浮到熔池后部及气泡被凝固前沿捕获。中断这三个步骤之一则有望实现对匙孔缺陷的有效预防。传统理论认为熔池中剧烈的熔体流动是匙孔缺陷形成的根本原因，它会导致匙孔坍塌并引起匙孔深度的大幅波动和导致气泡形成。同时匙孔后面的涡流型熔体流动也是气泡从匙孔底部漂浮到熔池中的原因之一。在匙孔焊接过程中，在大功率激光的作用下，匙孔熔池中的表面熔体一般会从上往下快速流动。而在匙孔底部，熔体则会从向下运动改变为向后流动，在熔池的后部形成强烈的顺时针涡流。向下流动由反冲压力、表面张力、重力和流体动压力的合力共同驱动。而顺时针涡流是由匙孔底部向后流动的金属液体对凝固前沿的冲击作用引起的。

### 2. 电子束方法中的匙孔效应

电子束焊接也是高能量密度的焊接方法之一。它利用空间定向高速运动的电子束，撞击工件材料表面并将部分动能转化为热能，使被焊金属迅速熔化和蒸发。在高压金属蒸气的作用下熔化的金属被排开，电子束能继续撞击深处的固态金属，很快在被焊工件表面上冲击出一个匙孔，表层的高温还可以继续向焊件深层传导[8]。随着电子束与工件的相对移动，液态金属沿小孔周围流向熔池后部，冷却结晶后形成焊缝（图 2-8）。提高电子束的功率密度可以增加穿透深度。

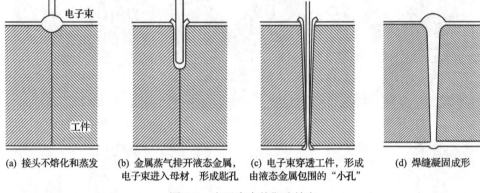

(a) 接头不熔化和蒸发　(b) 金属蒸气排开液态金属，　(c) 电子束穿透工件，形成　(d) 焊缝凝固成形
　　　　　　　　　　　　电子束进入母材，形成匙孔　　由液态金属包围的"小孔"

图 2-8　电子束中的匙孔效应

电子束焊接中匙孔的形成是一个复杂的高温流体动力学过程。电子束焊匙孔和熔池的形状与焊接参数有关，形成匙孔效应或深熔焊的主要原因是金属蒸气的反作用力，它与电子束功率密度成正比，当电子束功率密度低于 $10^5\text{W/cm}^2$ 时，金属表面不产生大量金属蒸发现象，电子束的穿透能力很小，不会形成匙孔。而大功率电子束焊接的功率密度可达 $10^8\text{W/cm}^2$ 以上，可以获得很深的穿透效应和很大的深宽比。在大厚度件的电子束焊接中，焊缝的深宽比可高达 60：1，焊缝两端的边缘基本平行。但是电子束在轰击工件的过程中会与金属蒸气以及二次发射的粒子碰撞，造成功率密度下降，同时液态金属在重力和表面张力的作用下对通道有浸灌和封口作用，从而使通道变窄，甚至被切断，干扰和阻断了电子束对熔池底部待熔金属的轰击行为。因此在大功率电子束焊接过程中，贯穿通道不断被切断和恢复，达到动态平衡状态。

## 2.2　增材制造中的匙孔缺陷

### 2.2.1　增材过程的焊接模式

高能束增材制造过程和焊接过程具有一定的类似之处。在增材制造过程中，匙孔也是由施加在小面积上的大量高能量导致的，在此过程中熔池形成窄而深的形状[9]，内部蒸气泡在材料凝固之前的短时间内难以脱出，这使得部件内部存在匙孔缺陷。缺陷与熔池内的流体流动密切相关，流体流动由温度梯度、液体/固体和液体/蒸气的表面张力及这些表面上的反冲压力控制。通过对不锈钢和铝合金粉末增材制造的研究发现，激光增材制造过程中也存在不同焊接模式的转变，分别是热传导模式、过渡模式和匙孔模式(图 2-9)。

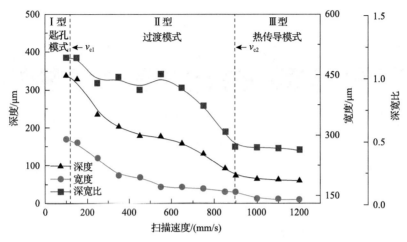

图 2-9　熔池轮廓和扫描速度的关系[10]

随着扫描速度的增加，熔池的深度 $D$、宽度 $W$ 和深宽比 $D/W$ 减小，依次出现匙孔模式、过渡模式和热传导模式。此外，在每条曲线中可以找到两个拐点，即分别对应于 $v_{c1}$ 和 $v_{c2}$ 的扫描速度。较高的扫描速度（$v_{c2}$）对应从热传导模式到过渡模式的拐点，而较低的扫描速度（$v_{c1}$）对应从过渡模式到匙孔模式的拐点。两个拐点的出现与之前激光焊接的过程相似。King 等模拟计算出匙孔模式的速度阈值，并与实验结果吻合良好，临界速度为

$$v_t = \frac{4\alpha}{d}\left(\frac{\sqrt{\pi}kT_b}{AId}\right)^{-2} \tag{2-1}$$

式中，$\alpha$ 为熔融材料的热扩散率；$k$ 为热导率；$T_b$ 为材料汽化温度；$d$ 为激光束的光斑尺寸；$A$ 和 $I$ 分别为金属粉末的激光吸收率和激光强度。$\alpha$ 和 $k$ 这两个参数之间的关系如下：

$$\alpha = \frac{k}{\rho c} \tag{2-2}$$

图 2-10 显示了使用不同散焦距离的样品的熔池形态，其他工艺参数保持恒定。可以看出熔化模式呈现从热传导模式到匙孔模式的过渡，对应散焦距离从 2.5mm 减小到-1.5mm。随着散焦距离进一步减小到-2mm，熔化模式变为热传导模式。这主要是因为当散焦距离为负时，激光束会聚在匙孔处，并且比工件表面的功率密度更高，它导致更强的熔化和扩散，这有利于激光能量转移到更深处，因此熔池变得更深。然而当负散焦距离远大于激光瑞利长度时，激光功率密度的空间分布发生变化，深度减小。因此，散焦距离是改变 SLM 增材制造技术中熔化模式的非常灵敏和有效的参数。

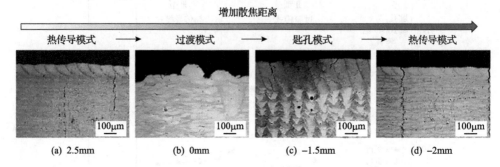

图 2-10　不同散焦距离条件下界面形貌[10](扫描速度为 150mm/s)

### 2.2.2　匙孔缺陷形成的影响因素

#### 1. 激光功率密度的影响

Ⅰ型体积能量密度 $VED_I$ 表示每单位体积沉积粉末的能量输送量，定义为[11]

$$VED_I = \frac{P}{vdt} \tag{2-3}$$

式中，$P$ 为激光功率(W)；$v$ 为扫描速度(mm/s)；$d$ 为激光光斑尺寸(mm)；$t$ 为粉末层厚度。

和Ⅰ型体积能量密度 $VED_I$ 不同，Ⅱ型体积能量密度 $VED_{II}$ 考虑扫描间距，表示为

$$VED_{II} = \frac{P}{vht} \tag{2-4}$$

式中，$h$ 为扫描间距(mm)。对于给定的激光光斑尺寸，$VED_{II}$ 更适用于评估块体构件而不是单条焊缝。

焊缝成形系数(宽深比)定义为

$$WDR = \frac{W}{D} \tag{2-5}$$

式中，$W$ 为焊缝的宽度；$D$ 为焊缝的深度。

如图 2-11(a)所示，当能量密度增加时 WDR 减小。因此，随着能量密度的增加，单个轨道的穿透轮廓变得更深和更宽。图 2-11(b)显示随着激光相互作用时间的延长，WDR 急剧下降。这表明高能量密度和相互作用时间的延长导致焊缝较窄并且激光具有较深的穿透深度。

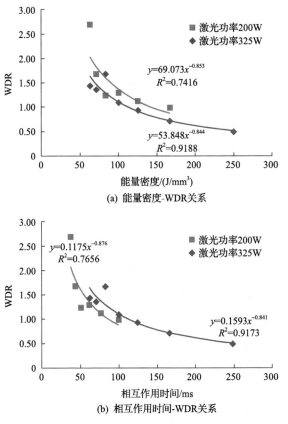

(a) 能量密度-WDR关系

(b) 相互作用时间-WDR关系

图 2-11　能量密度和相互作用时间与 WDR 关系

对于不同激光功率制造的焊道，激光作用时间会显著影响焊缝的形状。如果扫描速度慢、作用时间长，由于能量密度高，焊缝易于形成匙孔，匙孔的不稳定会导致其发生坍塌，形成底部气泡，较深的熔池使得气泡难以逃逸出熔池表面而被凝固前沿捕获并形成匙孔缺陷。能量密度除了会影响匙孔的形成，也会影响增材制件的表面形貌和致密度。简单地增加能量密度并不总是能提高材料的致密度，而且会导致表面粗糙度增加[12]。

## 2. 扫描策略的影响

增材制造中扫描策略的制定对工件的质量具有决定性的影响。扫描方式会直接影响激光能量在粉体材料中的传递、材料的熔化和凝固过程，对最终工件中缺陷的位置分布有显著影响（图 2-12）。激光增材制造常用的扫描方式有单向扫描、"之"字形扫描和正交扫描三种。对于单向扫描和"之"字形扫描，在起始端和末端扫描速度较低，激光作用时间较长，能量输入较高，熔池易向匙孔模式转换，极易产生缺陷。采用正交扫描使各方向激光能量输入更加均衡，可以避免同一位置缺陷的累积，提高成形件致密度，这也是制造中采用较多的扫描方式[13]。除此之外，为了进一步提高制造质量，Concept Laser 公司还提出一种岛状扫描方式，其先对成形区域进行分割，再对逐个区域扫描且各成形层之间错开一定的距离，避免工艺过程中同一位置产生缺陷累积并形成较大的缺陷。针对单向扫描方式中扫描轨道之间由于搭接率问题产生较多未熔合缺陷的情况，可以先采用层间错开正交扫描方式，在一层扫描沉积完成后，下一层对扫描线间搭接处进行扫描熔化，使搭接处形成良好的重熔区域，粉体材料充分熔化；再采用正交扫描方式，使各方向能量输入均衡，减少扫描线间未熔合缺陷的产生。操纵扫描策略的重要性在于它可以修正在当前或前一层扫描期间引起的缺陷[14]。

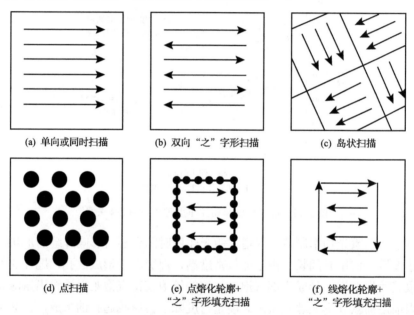

图 2-12　扫描策略用于确定金属增材制造中的热源路径(以 XY 平面(垂直于构建方向)为例)

在图 2-13 中可以看到改变扫描策略对工件孔隙率的影响。2X 扫描表示每层单向扫描两次。交替扫描是将每一层沿着旋转 90°的方向扫描。X&Y 2HS 扫描表示每层扫描两次，每次扫描垂直于前一次扫描，并且每次扫描具有不同的扫描间距。预烧结扫描是首先用一半的功率扫描该层，然后用全功率进行第二次扫描。重叠扫描是每层扫描两次，第二次扫描熔化每两个相邻熔池之间的重叠。从图中可以看出，扫描策略对打印材料中缺陷的形成具有很大的影响。在 500mm/s 的扫描速度下，每层扫描两次对于减少匙孔是有效的，但仍然存在孔隙，而在预烧结扫描样品中则未观测到缺陷。在重叠扫描的情况下，匙孔减小但没有消除。交替扫描的缺陷情况最为严重。在 750mm/s 的扫描速度下，各种扫描样品均观察到较大的匙孔缺陷，但是通过改变扫描策略可以有效降低匙孔的形成，与使用 500mm/s 扫描速度生产的样品不同，由于能量密度较低，在此扫描速度下进行双次扫描时，孔洞较小。对于 1000mm/s 的扫描速度，也具有类似的实验结果[14]。

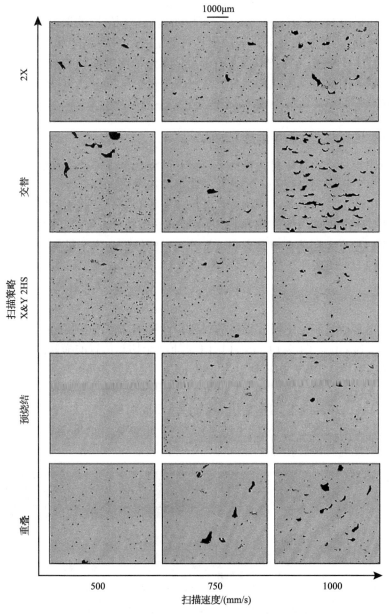

图 2-13　AlSi10Mg 合金材料在不同扫描速度和扫描策略下缺陷的演变[14]

3. 保护气氛的影响

从熔池的顶表面到匙孔底部的最大距离被定义为匙孔深度。匙孔深度随使用保护气氛的不同存在一定的波动。当采用 He 作为保护气氛时，其深度波动非常剧烈，这会导致极不稳定的匙孔，进一步增加匙孔塌陷导致在凝固时产生缺陷的危险[15]。当采用 $N_2$ 作为保护气氛时，可以明显观察到轻微的熔池波动。而当使用惰性气体 Ar 作为保护气氛时，表现出相对稳定的熔池流动行为。因此在 SLM 增材制造过程中，Ar 作为保护气氛具有显著降低熔池深度波动的能力，能显著降低产生匙孔缺陷的危险。因此，增材制造过程中保护气氛也是增材制件质量的主要影响因素。

### 2.2.3 典型增材制造材料中的匙孔缺陷

应用比较广泛的打印材料包括不锈钢、高温合金、铝合金及钛合金。由于打印方法众多、影响因素复杂，其匙孔缺陷形貌和形成条件存在一定的差异，各类合金在一定的工艺参数条件下均有可能出现匙孔缺陷。从前述可知，匙孔缺陷的形成和能量密度密切相关，不同的能量密度可能会导致不同尺寸匙孔缺陷的产生，而不同的扫描速度和功率都会影响单位体积上的能量密度，最终会影响匙孔缺陷的形成过程。

#### 1. 不锈钢中的匙孔缺陷

不锈钢是增材制造中研究较多的材料。针对不锈钢的匙孔缺陷研究目前已经开展了一系列工作。图 2-14 是在相同工艺下三个切割位置的横截面。实验参数如下：激光功率为 150W，扫描速度为 100mm/s，层厚为 50μm。熔池的深度大于熔池半宽，熔池在表面下方延伸超过 300μm，熔池底部留下一系列匙孔缺陷。对样品进行切割，在一条焊缝不同区域的横截面观察不同的形貌特征。图 2-14(a)中发现较小的匙孔缺陷；图 2-14(b)中出现了较大的匙孔缺陷；而图 2-14(c)中打印件结构完整，未发现明显的孔隙。

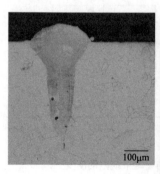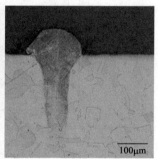

图 2-14　相同工艺不同切割位置焊缝的截面形貌[16]

## 2. 钛合金中的匙孔缺陷

采用不同功率和不同扫描速度的正交组合工艺参数打印则可以获得钛合金材料在不同的激光能量密度条件下内部缺陷的演变状况。图 2-15 显示了使用多个功率和扫描速度组合制造的单个焊缝的横截面。在低功率低扫描速度条件下，截面结构完整，未发现明显的匙孔缺陷。例如，在功率为 50W 条件下，随扫描速度从 200mm/s 变化到 1200mm/s，焊缝截面轮廓几乎无法观测到，表明焊缝很浅；随功率的增加，在扫描速度为 200mm/s 条件下，当功率达到 125W 时，截面轮廓中观测到匙孔缺陷的形成。随功率的进一步增加，焊缝深度和宽度增加，同时匙孔缺陷尺度变大。匙孔缺陷一般分布在熔池的底部，呈球状或者椭圆形。从图中可以看出，在不同的功率和扫描速度组合条件下焊缝中均有可能出现匙孔缺陷，因此正确的功率和扫描速度是获得无匙孔缺陷打印样品的关键技术参数。

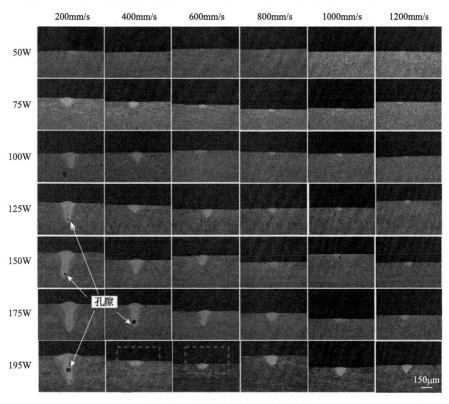

图 2-15　单焊道的熔池截面形貌

## 3. 铝合金中的匙孔缺陷

在铝合金材料增材制造时，当能量密度较高时(图 2-16)，激光对前一层材料有较深的穿透并且发生部分蒸发，激光对材料的熔化模式从热传导模式转变为匙孔模式。一般当激光强度足够高时，在熔池内形成比较深的穿透型蒸气腔。该匙孔的稳定性主要取决于打开腔体的力(等离子体形成和引起材料消融)和倾向于关闭它的力(重力以及表面张力)之间的平衡。熔池中扫描速度或温度的微小变化都会导致蒸气腔不稳定，引起熔池坍塌，留下卷入的气体，从而在熔池底部形成小孔。在图 2-16 中，在多个扫描速度下均发现匙孔缺陷，铝合金形成和钛合金类似的匙孔缺陷。

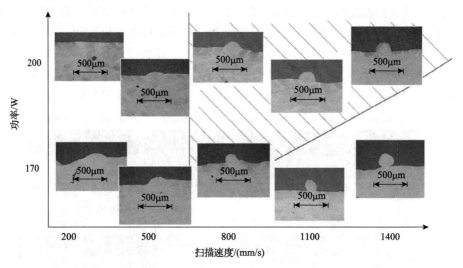

图 2-16　不同工艺参数生成的单扫描轨道的截面形貌图[17]

### 4. 高温合金中的匙孔缺陷

在高温、抗氧化及腐蚀领域，Inconel 718 高温合金是一种广泛应用的材料。对于形状比较复杂的部件,在合适的功率密度条件下采用 SLM 技术可以获得质量较好的高温合金部件。打印工艺优化时发现，不同的功率密度对制件的缺陷状态有明显的影响(图 2-17)。从图中可以看出，在 40W 的低激光功率条件下，焊缝熔池较浅，形成的焊道和前一层的熔合较差，在基板和焊缝之间存在明显的颈缩(图 2-17(a))。如果后续的制造过程不能将该焊道熔化，有可能导致焊缝断裂或者更多空隙缺陷的形成，严重时出现分层缺陷。当将功率增加到 100W 时，焊缝和基板具有良好的接触和较好的有效熔池深度(深入基板的 1~2 层)，在打印样品中孔隙缺陷不明显(图 2-17(b))。进一步将功率增加到 150W，会增加熔深和焊缝的截面积，有效的熔池区域也急剧增加，熔池截面呈锥形并深入 3~4 层。当功率增加到 200W 时，形成更大的熔池，同时出现了明显的匙孔缺陷。不同的高温合金中均存在类似的匙孔缺陷形成现象，如在 SLM 制造的 Hastelloy X 部件中也存在匙孔缺陷[18]。

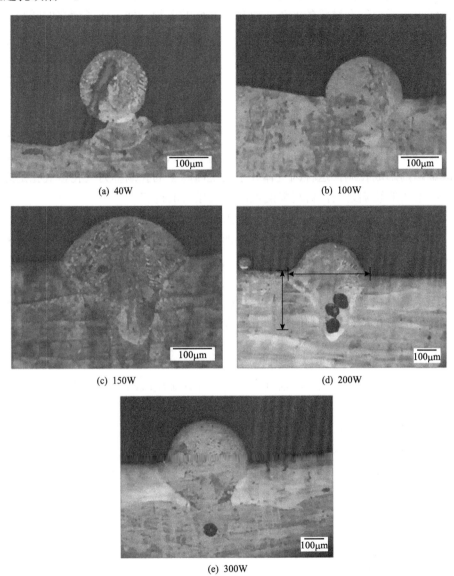

(a) 40W

(b) 100W

(c) 150W

(d) 200W

(e) 300W

图 2-17　200mm/s 低扫描速度下孔隙的截面形貌[19]

## 2.3　增材制造中的气孔缺陷

匙孔缺陷是一种相对比较容易控制的增材制造缺陷，一般可以通过控制能量密度来实现。但实际增材制造过程中除了匙孔缺陷，经常还会发现大量的难以消除的小尺度气孔缺陷。尽管经过长时间的研究和发展，但由于影响因素复杂，目前仍然很难避免气孔缺陷的产生，对打印部件的服役性能造成了潜在的威胁，限制了增材制件在恶劣工况中的应用。

### 2.3.1　气孔缺陷的冶金基础

#### 1. 气孔的分类及特征

焊接过程中，当气体在金属中的含量超过其溶解度，或气体不能溶解于金属时，会以分子状态的气泡存在于液态金属中，若凝固前气泡来不及排出，就会在焊缝金属内形成孔洞，这种因气体分子聚集而产生的孔洞称为气孔。气孔是焊接过程中主要的缺陷之一，对材料的性能具有显著的危害。

按照气孔的外观形状可以将气孔分为条形气孔和球形气孔，条形气孔细长，是气体在焊液中定向移动的产物；而球形气孔均匀圆润，是气体向四周等速扩散所形成的。根据气孔的分布情况可以将气孔分为均匀集中分布气孔和孤立离散分布气孔。根据焊缝中气孔的来源可以将气孔分为析出气孔和反应气孔，析出气孔是难溶的气体主要是外来的氢气和氮气达到饱和之后从焊液中析出而形成的气孔，而反应气孔是金属在高温环境下反应生成的一氧化碳等气体导致的气孔。

#### 2. 气孔缺陷的产生原因

无论哪种类型的气孔，归根到底都是气体在金属凝固时来不及逸出，从而残留在金属液体中最终形成的。气孔缺陷的形成可以分为气孔成核和稳定生长两个过程，在焊接过程中，气体进入焊液中，开始都会聚集成气孔核，随着焊接过程的继续，气孔核逐渐成长，变成一个个独立的气泡并溢出，而此时金属焊液逐渐冷却，封锁了气泡的逸出途径，从而最终将气泡留在焊缝中，最终形成气孔缺陷[20]。

#### 3. 气体的析出

气体从液态金属中析出有三种形式：
(1)扩散逸出。
(2)与金属内的某元素形成化合物。
(3)以气泡形式从液态金属中逸出。

气体以扩散方式析出只有在非常缓慢冷却的条件下才能充分进行，实际生产条件下往往难以实现。

气体以气泡形式析出的过程由三个相互联系而又彼此不同的阶段组成，即气泡的形核、长大和上浮。

1)气泡的形核

液态金属中存在过饱和的未溶气体是气泡生核的重要条件。但在极纯的液态金属中,即使溶解有过饱和的气体,气泡自发形核的可能性也很小,这是因为自发形核需要消耗较多的能量。然而在实际生产条件下,液态金属内部通常存在大量的现成表面(如未熔的固相质点、熔渣和枝晶的表面)。这为气泡形核创造了有利的条件。

在单位时间形成气泡核的数目为

$$n = Ce^{\frac{4\pi\sigma r^2}{3KT}} \tag{2-6}$$

式中,$r$ 为气泡核的临界半径;$\sigma$ 为气泡与液态金属间的表面张力;$K$ 为玻耳兹曼常量;$T$ 为热力学温度;$C$ 为常数。

正常条件下纯金属中的形核数目为

$$n = 10^{-16.2 \times 10^{22}} \tag{2-7}$$

气泡依附于现有表面形核所需的能量为

$$E_p = -(P_h - P_l)V + \sigma A\left[1 - \frac{A_\alpha}{A}(1 - \cos\theta)\right] \tag{2-8}$$

式中,$P_h$ 为气泡内气体的压力;$P_l$ 为液体对气泡的压力;$V$ 为气泡核的体积;$\sigma$ 为相间张力;$A$ 为气泡核的表面积;$A_\alpha$ 为吸附力的作用面积;$\theta$ 为润湿角。

由式(2-8)可知,$A_\alpha / A$ 值升高时,形核所需的能量减少。可以认为 $A_\alpha / A$ 值最大的地方是气泡最有可能形核之处。例如,相邻枝晶的凹陷部位 $A_\alpha / A$ 值最大,故该处最易于形成气泡核。此外,$A_\alpha / A$ 值一定时,$\theta$ 越大,形成气泡所需的能量越小,气泡越易形核。

2)气泡的长大

气泡形核后会继续长大。气体向气泡内析出的热力学条件是气体自金属中的析出压力大于气泡内该气体的分压,故气泡长大需满足下列条件:

$$P_h > P_0$$

式中,$P_0$ 为气泡所受的外部压力的总和。

$$P_h = P_{H_2} + P_{N_2} + P_{CO} + P_{CO_2} + P_{H_2O} + \cdots$$

阻碍气泡长大的外界压力 $P_0$ 由大气压力 $P_a$、金属静压力 $P_b$ 和表面张力所构成的附加压力 $P_c$ 组成,即

$$P_0 = P_a + P_b + P_c = P_a + P_b + \frac{2\sigma}{r} \tag{2-9}$$

式中，$\sigma$ 为液态金属的表面张力；$r$ 为气泡半径。

气泡形核初期，由于 $r$ 很小，附加压力 $P_c$ 很大，气泡很难长大。在焊接时由于熔池内存在很多现成表面，如柱状晶粒和液态金属相接触的地方。这些地方由于界面张力的作用，气泡不呈圆形，而呈椭圆形，有较大的曲率半径，降低了附加压力，有利于气泡的长大。

3）气泡的上浮

气泡形核后，经过短暂的长大过程即脱离其依附的表面而上浮。气泡核脱离表面主要与气泡-液体金属现成表面界面张力及接触角（润湿角）$\theta$ 有关，当 $\theta < 90°$ 时，有利于气泡上浮，气泡形成得快，尚未长到很大尺寸就可以完全脱离现成表面。当 $\theta > 90°$ 时，气泡长大过程中有细颈出现，当气泡脱离现成表面时，会残留一个透镜状的气泡核，作为新的气泡核心。形成细颈过程需要时间，若结晶速度大于气泡脱离现成表面的速度则形成气孔。可见，$\theta < 90°$ 有利于气泡上浮逸出。结晶速度较小时，气泡有充分时间逸出，气泡易上浮，无气孔；结晶速度大时，气泡上浮时间短，可能残余在焊缝内部形成气孔。

气泡的上浮速度与气泡半径、液态金属的密度和黏度等因素有关。气泡上浮速度如下：

$$v = \frac{2}{9} \frac{(\rho_1 - \rho_2) g r^2}{\eta} \tag{2-10}$$

式中，$\rho_1$ 为液态金属密度；$\rho_2$ 为气体密度；$r$ 为气泡半径；$\eta$ 为液态金属黏度。气泡半径 $r$ 越小、液态金属的密度 $\rho_1$ 越小、黏度 $\eta$ 越大，气泡上浮速度就越小。若气泡上浮速度小于结晶速度，气泡就会滞留在凝固金属中而形成气孔。

4. 气孔形成机理

1）析出性气孔形成机理

在结晶前沿，特别是枝晶间的气体溶质聚集区中，气体含量将超过其饱和含量，被枝晶封闭的液相内则具有更大的过饱和含量和析出压力，而液固界面处气体含量最高，并且存在其他溶质的偏析及非金属夹杂物，当枝晶间产生收缩时，该处极易析出气泡，且气泡很难排出，从而保留下来形成气孔。

2）反应性气孔形成机理

液态熔池金属与熔渣相互作用产生的气孔称为渣气孔，这类气孔多数是由反应生成的 CO 气孔。熔池金属凝固过程中，若凝固前沿液相区内存在 FeO 的低熔点氧化夹杂物，则其中的 FeO 可与液相中富集的碳发生反应：

$$(FeO)+[C]\longrightarrow Fe+CO\uparrow \tag{2-11}$$

反应生成的 CO 气体依附在(FeO)熔渣上就会形成渣气孔。

焊接铜和镍时，液态金属中溶解的[O]和[H]如果相遇就会产生 $H_2O$ 气泡，凝固前若来不及析出就会产生气孔。

### 2.3.2 选择性激光熔化中的气孔缺陷

SLM 增材制造方法经常需要在惰性保护气氛中进行，惰性气体一般不溶于液态金属。成形过程中材料熔化和凝固速度极快，熔池内气体在凝固过程中未能有充足的溢出时间。凝固过程中如果气体来不及逸出表面，则会在熔池中形成微气孔。另外，如果熔化过程中熔池温度较高，气体在熔池内部溶解度较大，随着熔池的冷却，温度降低，溶解度减小，增加了气体残留的可能。在真空中进行增材制造可以避免气孔的形成，但由于大部分激光增材制造过程都在大气中进行，很难避免气孔的产生。气雾化的粉末材料在制备过程中容易溶解保护气氛中的气体，经常会导致粉末内部存在气孔[21]。此外，粉末中携带的氢气等也会形成气孔。气孔的形成对构件的高温性能、疲劳性能等具有重要影响，因此气孔是增材制造中的一个需要控制的关键制造参数。

对于铺粉式 SLM 技术，粉床中粉末与粉末之间存在孔隙，会使得部分保护气体填充进粉床孔隙中；而对于送粉式 DED 工艺，保护气体容易卷入熔池内部，成为熔池内气体的来源。国内外的研究学者对激光增材制造过程中缺陷形成的工艺影响因素做了许多研究。发现其中对缺陷形成有显著影响的是激光输入能量、粉末材料及扫描方式等。在参数的选择中，根据打印材料和工件的不同，一般会涉及多个参数之间的优化组合问题，但比较核心的参数主要有扫描速度、激光功率、扫描间距和铺粉层厚度等[14]。针对不同的产品，需要做大量的工艺实验以便确定最优参数。

#### 1. SLM 中气孔缺陷的影响因素

1）激光功率密度的影响

在激光增材制造过程中，激光输入能量直接决定粉末的熔化状况和熔融金属液体的流动状态。当激光输入能量过高时，缺陷形态比较规则，呈随机分布；当激光输入能量不足时，粉末颗粒熔化不足，熔池出现不连续，会产生大量的未熔合缺陷。在一定的激光功率和扫描速度条件下，针对某种材料可以获得一定的优化工艺窗口。因此对某一牌号的钛合金而言，通过改变成形工艺中的扫描速度和激光功率，存在一个合适的工艺窗口可以实现 Ti-6Al-4V 成形件内部几乎无缺陷[22]（图 2-18）。根据 SLM 打印件质量和输入功率以及扫描速度的相互关系，钛合金

SLM 打印的工艺窗口可分为四个熔化区：完全致密区（区域Ⅰ）、过熔区（区域Ⅱ）、不完全熔化区（区域Ⅲ）和过热区（区域 OH）。根据区域工艺参数范围可以寻找到合适的打印参数。采用优化的打印参数就可以获得高质量的打印件。图 2-18 中熔化区的分布意味着孔隙率与能量密度不是线性相关的。无孔隙样品只能在区域Ⅰ中制造。区域Ⅱ和Ⅲ的工艺参数尽管能够打印 Ti-6Al-4V 样品，但是这些部件包含一定的可测量的孔隙率。尽管如此，其仍然属于可以打印的区域。在区域Ⅱ产生缺陷的原因主要是过多的能量输入。当输入能量不足时熔化不足会导致区域Ⅲ缺陷。Ti-6Al-4V 样品不能使用区域 OH 的工艺参数打印，因为样品过热会导致严重的变形而影响打印质量。

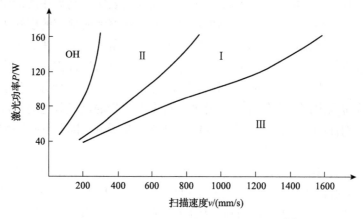

图 2-18　SLM 打印 Ti-6Al-4V 的工艺窗口[22]

　　在其他材料中也存在类似的功率-扫描速度规律。如图 2-19 所示，在不同的线能量密度下，A357 材料中的孔隙也出现了规律性的变化。在线能量密度为 10.8J/mm$^2$ 时，制品中气孔尺寸较大，同时孔的数量较多。随线能量密度降低到 9.9J/mm$^2$，气孔尺寸和数量有所下降。当线能量密度进一步降到 8.3J/mm$^2$ 时，表面气孔大幅度减少。当体积能量密度（VED）值高于阈值（≈7J/mm$^3$）时，平均孔隙率相对较低。这主要是高的 VED 促进形成较大的熔池，易于更好地再熔化层间孔隙。例如，在 Inconel 625 高温合金的 3D 打印中，在低 VED（小于 20J/mm$^3$）条件

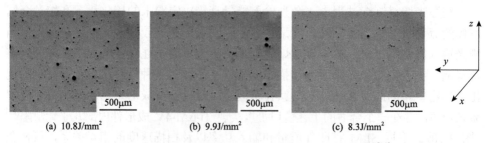

(a) 10.8J/mm$^2$　　　　　　(b) 9.9J/mm$^2$　　　　　　(c) 8.3J/mm$^2$

图 2-19　不同线能量密度下 A357 材料的缺陷截面形貌[11]

时，孔隙率较高。随 VED 的增加，孔隙率不断下降。当 VED 高于 80J/mm³ 以后，可获得低于 1%的孔隙率（图 2-20）。从图中也可以看出，不同的功率和层厚的组合可以获得不同孔隙率的工件，在同一输入功率条件下层厚对孔隙率也存在较大的影响，合适的层厚可以获得理想的孔隙率。目前有人尝试采用有限元方法来模拟激光输入能量和缺陷关系[23]。

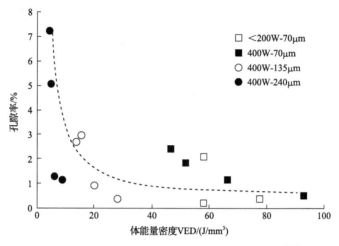

图 2-20　不同 VED 下 Inconel 625 材料的孔隙率[24]

2）粉末材料的影响

激光增材制造工艺对粉末颗粒形状和尺寸具有较高的要求。不同的制粉方式制备出的粉末结构和形貌特征存在一定的差别，其粉末流动性对激光的吸收作用也各有差异，不同的激光吸收率会导致单位输入能量的变化，最终对缺陷形成有显著影响。Ahsan 等对气雾化和 PREP 两种工艺方法制备的 Ti 6Al 4V 钛合金粉末的激光增材制造成形件结构进行了比较分析，发现成形件内部缺陷多为球形气孔缺陷，数量较少，孔隙率在 0.03%以下，多分布在成形件的底部。相对而言，PREP 工艺制备的金属粉末球形度更好，粉末内部缺陷较气雾化技术制备的更少，最终采用该粉末打印出的样品质量更高。

王黎等对不同粒径的 316L 不锈钢粉末成形件的质量进行了研究，研究结果表明在一定成形条件下，平均粒径小的粉末比平均粒径大的粉末成形质量好，粒径越小，粉末的松装密度越高，成形后的缺陷就越少，可达到较高的致密度。而平均粒径为 26.36μm 的粉末经过工艺优化后，成形件致密度可以达到 99.75%[21]。

3）扫描方式的影响

扫描方式对打印件的质量也存在较大的影响，特别是不同扫描轨道的交界处经常会产生各种类型的缺陷，因此不同的扫描策略可以获得不同质量的打印件。图 2-21 为采用岛状扫描策略打印的 316L 不锈钢样品的组织形貌。在图 2-21（a）

中由于没有进行化学侵蚀，仅在表面发现很多气孔缺陷，不能看到组织特征；而在图 2-21(b)中，化学侵蚀后气孔主要分布在不同的岛状扫描的边缘区域，即位于两个扫描"岛"之间的重叠区域。这充分表明打印时的扫描策略会直接影响缺陷的最终分布。

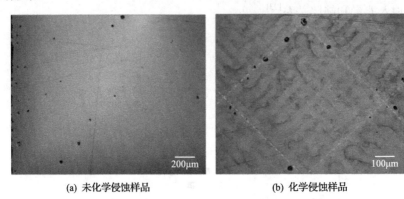

(a) 未化学侵蚀样品　　　　　　　(b) 化学侵蚀样品

图 2-21　不同处理状态气孔表面形貌[25]

### 2. 铝合金中的气孔

在现有的打印材料中，铝合金是比较容易出现气孔缺陷的材料之一。这与铝合金的活性及其对不同气体的溶解度差异有关。氮气是增材制造中常用的保护气氛，但氮气不溶于铝，铝也不含碳，因此，在铝及铝合金的制备过程中不会产生 $N_2$ 和 CO 气孔。平常在铝合金中比较多的气孔是氢气孔。在平衡条件下，氢在液态铝中的溶解度为 0.69mL/100g，而在 660℃ 凝固温度时突然降到 0.036mL/100g，前者是后者的约 20 倍(图 2-22)，而在钢中不到 2 倍，使原来溶于液态铝中的氢大量析出形成气泡。同时铝及铝合金的密度小，气泡在熔池中的上升速度较慢，加上铝及铝合金的导热性很强，在同样的工艺条件下，铝及合金熔合区的冷却速度为高强钢的 4~7 倍，不利于气泡浮出，因此铝及铝合金制备时易产生气孔。

在铝合金中氢的来源比较复杂，有打印过程中氢的掺入，也有粉末中氢的贡献。特别是在粉末的生产、储存或处理过程中不可避免地接触空气中的水分，因此目前普遍认为材料中的水分为氢气的主要来源[26]。由于铝合金为高活性金属，水分($H_2O$)通过以下方式与铝粉接触发生反应：

第一步：

$$3H_2O+2Al \longrightarrow Al_2O_3+3H_2\uparrow$$

第二步：

$$H_2 \longrightarrow 2H_{ab}$$

式中，$H_{ab}$ 为熔体中吸收的氢。

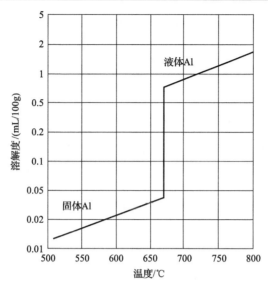

图 2-22　氢在铝中的溶解度

为了降低打印件中氢气孔缺陷,必须阻断作为氢源的水分的来源。

在增材制造过程中,当激光束沿扫描方向持续向前移动时,其能量会被铝合金粉末材料吸收形成熔池,熔池一般比已经打印前一层的厚度更深,导致层与层之间产生冶金结合。熔池中固液界面由前端的熔化前沿和后端的凝固前沿组成。熔池底部的局部凝固速度从零开始,在熔池表面时凝固速度和激光扫描速度接近。熔池前沿激光和粉末颗粒材料发生相互作用,粉末中吸附的氢一部分会排到打印空间中,另一部分会熔入熔池中,如果含气量达到熔体的局部溶解度极限,则开始聚集形成微气泡,当氢的含量较多时将会形成较大的氢气泡(图 2-23)。氢气孔

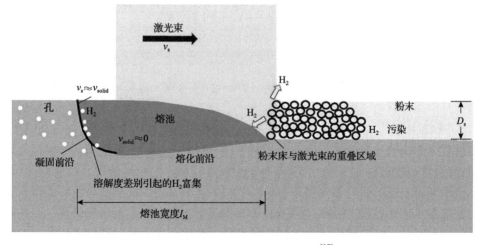

图 2-23　氢气孔缺陷产生示意图[27]

的生长受氢的扩散过程控制，如果氢气泡被凝固前沿捕获，则气泡生长停止，在凝固前沿附近形成氢气孔缺陷[27]。随激光的持续扫描前行，凝固前沿上的氢气孔不断形成，在最终工件中形成可以检测的气孔缺陷。

### 3. 钛合金中的气孔

钛合金是一种非磁性材料，具有密度小($4.5g/cm^3$)、强度高、高温强度和低温韧性较好的特点，此外还具有良好的耐腐蚀性及生物相容性，因此增材制造的钛合金部件在航空航天、生物医学和工业领域引起了科研人员的强烈兴趣。与铝合金类似，钛及钛合金的化学活性也很强，在 400℃以上极易被空气、水分、油脂和氧化介质等污染，会吸收 O、N、H 和 C 等元素，使材料的塑性和冲击韧性大幅度下降，在某些特定条件下易形成气孔。图 2-24 为 SLM 法制备的钛合金制品截面形貌，打印参数为 120W 的激光功率和 360mm/s 的扫描速度。从图中可以看出其存在大量的气孔，气孔尺度小于 200μm，但大小分布不均。

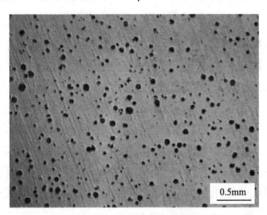

0.5mm

图 2-24　Ti-6Al-4V 样品中的气孔[22]

### 4. 不锈钢中的气孔

不锈钢中通常含有一定质量分数(12%~27%)的 Cr 元素，在某些特定的不锈钢牌号中还会添加一定量的 Ni 元素。另外，出于特定的目的或不可避免的冶炼残留，不锈钢中也存在少量的 C 元素。基于不同的显微结构，不锈钢主要分为两类，即铁素体不锈钢和奥氏体不锈钢[28]，特别是 316L 不锈钢具有优异的耐腐蚀性和相对优越的延展性，在生物医学和海洋领域具有良好的应用前景。目前对 316L 不锈钢增材制造的研究不仅局限于单种材料的加工，还扩展到复合材料领域。例如，细晶 TiC 颗粒和 $TiB_2$ 增强 316L 不锈钢显著提高了材料的力学性能。目前不锈钢增材制品已经应用到叶片、活塞环及植入体中。在增材制造中不同的工艺参数会形成各种类型的气孔(图 2-25(a))。图 2-25(b)和(c)为不锈钢增材样品沿不同的截面切开的形貌，从中可以看到明显的鱼鳞状熔池形貌。

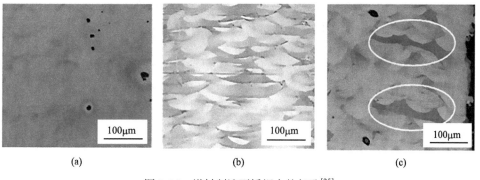

|   | (a) | | (b) | | (c) |

图 2-25　增材制造不锈钢中的气孔[25]

### 5. 高温合金中的气孔

镍基高温合金具有良好的耐高温、耐腐蚀、耐复杂应力等性能，在制作涡轮发动机工作叶片、导向叶片、飞机发动机及工业用燃气轮机等高温零部件方面具有广泛的适用性[29]。随着金属增材制造技术的研究不断取得进展，SLM 制造的高温镍基合金种类也逐渐增多，且日趋成为航空航天领域的重要的增材制造材料[30]。在 SLM 制造的高温合金中，经常会由于工艺设计和控制问题出现不同尺度的气孔（图 2-26），且一般呈圆形或者椭圆形。图 2-26（a）中气孔尺寸较小，为 10～40μm（0.3%的孔隙率）。而图 2-26（b）中靠近表面部位除了存在圆形或者椭圆形气孔，还存在一定数量的大尺度不规则孔洞，它们的平均直径增加到 150μm 和 200μm（2.2%的孔隙率），这是未熔合等较大的缺陷，其形成机制与局部能量密度相关。

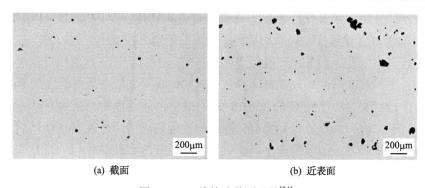

(a) 截面　　　　　　　　　(b) 近表面

图 2-26　二维缺陷截面形貌[24]

## 2.3.3　电子束增材制造中的气孔缺陷

对于采用新技术制造的航空结构件，力学性能的稳定性是比较关键的参数之一。EBM 是一种以 PBF 为基础的增材制造工艺。与 SLM 工艺相比，EBM 工艺由于电子束的高功率和更高的扫描速度而被广泛用于制造各种复杂的航空航天零部件，尤其在航空航天难熔、难加工材料方面有突出优势，包括钛合金、不锈钢和镍基高温合金等，可以打印复杂制品并达到较好的力学性能。

### 1. 功率密度

EBM 中的工艺参数如功率 $P$、束斑直径 $R$、扫描速度 $v$ 和扫描线间距 $s$ 将影响 3D 打印期间材料的冶金行为。这些参数的影响可以通过能量密度进行表征。Beaman 等将能量密度描述为[31]

$$\varepsilon = \frac{P}{\pi R^2} \frac{2R}{v} \frac{2R}{s} \tag{2-12}$$

式中，电子束功率 $P$ 等于加速电压 $U$ 和电子束流 $I$ 的乘积[31]：

$$\varepsilon = \frac{4UI}{\pi vs} \tag{2-13}$$

### 2. 粉末材料

增材制造中与原材料相关的缺陷来源通常是捕获性的气体孔隙，目前普遍认为是在制造过程中原始粉末中的惰性气体(氩)被捕获导致的结果。除了捕获惰性气体，氢气也是 EBM 中形成孔隙的主要影响因素。从图 2-27 中可以看出，在原始材料中，常规等离子体雾化粉末中存在较多的杂质和气孔(图 2-27(a)和(b))，而等离子体旋转电极雾化法制备的材料中杂质和气孔较少(图 2-27(e)和(f))。不同的粉末状态会导致打印制品质量出现较大的差别。粉末中气孔较多，打印件中也存在较多的气孔。而采用气孔较少原材料打印的制品其气孔也相对较少。这表明打印件中的气孔缺陷不仅受打印参数的影响，还受到粉末原料的强烈影响。

对于增材制品中已经形成的气孔，最有效的消除手段就是采用 HIP 方法进行热处理(图 2-27(c)和(g))。如果有特殊组织性能需求，一般在 HIP 处理后还可以采取固溶处理等常规的热处理手段，进一步调控其组织性能(图 2-27(d)和(h))。

图 2-28 为采用计算机 X 射线显微层析成像(μXCT)技术对两种样品检测后的结果，不同生产厂家的粉末制品由于气孔状态不一样导致其制品中检出的缺陷数量存在较大的差别。粉末气孔数和制品气孔数存在良好的对应关系。但制品气孔数要小于粉末气孔数，这主要是因为部分气孔在加工过程中通过熔体池中的结合或逃逸而消除。

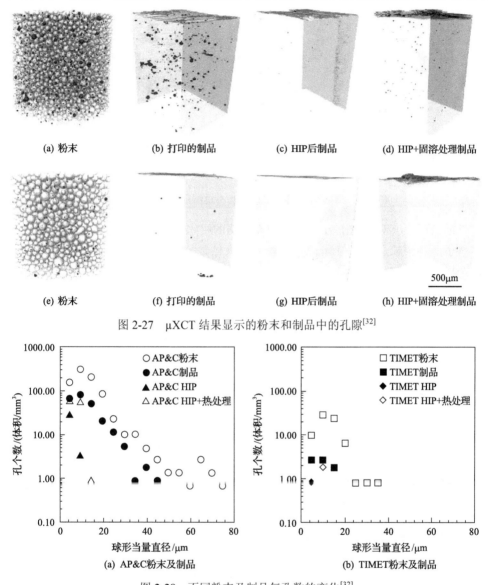

(a) 粉末　　　(b) 打印的制品　　　(c) HIP后制品　　　(d) HIP+固溶处理制品

(e) 粉末　　　(f) 打印的制品　　　(g) HIP后制品　　　(h) HIP+固溶处理制品

图 2-27　μXCT 结果显示的粉末和制品中的孔隙[32]

(a) AP&C粉末及制品　　　(b) TIMET粉末及制品

图 2-28　不同粉末及制品气孔数的变化[32]

## 3. 不锈钢中的气孔

采用 EBM 方法制造的不锈钢中也存在大量的各种类型的缺陷。如图 2-29(a) 所示，截面图上可以观测到大量细小的气孔和一些大的新月形缺陷，其长度通常可达到 200μm，这是典型的层间未熔合缺陷。图 2-29(b) 为未熔合的放大图，在未熔合缺陷中观察到未熔化的颗粒，表明能量输入不足。

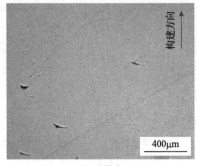
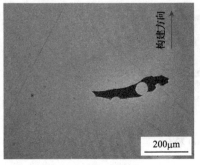

(a) 未熔合　　　　　　　　　　　　(b) 未熔合放大图

图 2-29　EBM 方法制造的 316L 不锈钢部件的内部缺陷[33]

铺粉层厚度对 EBM 方法制造的不锈钢的组织结构也存在较大影响。图 2-30
显示了两种铺粉层厚度打印样品在较高放大倍数下的胞状组织。从图中可以看出
两个样品中的胞状组织具有相似的尺寸，但是在 200μm 铺粉层厚度中打印样品胞
晶边界较厚、胞状组织较粗大。这主要与两种方法的冷却速率有关。当使用 200μm
层厚时，需要熔化更多的粉末颗粒，这意味着电子能量必须通过更大厚度的材料
传递，热量需要覆盖更大的体积，因此峰值温度将降低，整体的冷却速度降低。
冷却速率高是细胞结构更精细的主要原因。200μm 层厚的样品冷却速率更低，因
此胞状结构更大。由于 EBM 的制造过程发生在真空中，与基于激光的方法相比，
制造的组件通常具有更低的孔隙率[34]。

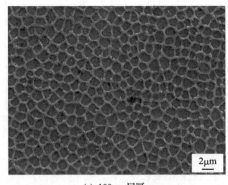

(a) 100μm 层厚　　　　　　　　　　(b) 200μm 层厚

图 2-30　EBM 方法制备工件的机械抛光和刻蚀的亚晶胞状结构[34]

4. 钛合金中的气孔

钛合金增材制造方法有氩弧堆焊、激光堆焊、离子弧堆焊及电子束堆焊等。
与传统方法相比，EBM 制件精度高，同时制备过程中真空度较高，能有效避免零
件的氧化和气孔等缺陷，适合钛合金和铝合金等对气体敏感性较强的金属零件的

制备和修复。在常温下，钛及钛合金性质较为稳定。但随着温度的升高，氧、氮及氢在钛及钛合金中的溶解度逐渐增大。钛从 250℃开始吸收氢，从 400℃开始吸收氧，从 600℃开始吸收氮[26,30]。一般认为氢是钛合金电子束焊接过程中微小气孔的主要成因。钛合金表面的 $TiO_2$ 吸湿性较强，吸附空气中的水分，焊接时如果进入熔池，则会增加焊缝中的氢含量。如果这些氢气不能及时逸出，就会在焊缝中形成气孔(图 2-31)[35]。一般情况下，如果工艺条件合适，采用 EBM 方法制备的钛合金缺陷较少。

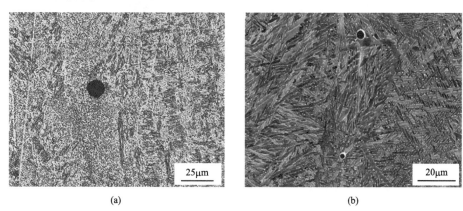

(a)　　　　　　　　　　　　　　　　　　(b)

图 2-31　EBM 方法制造的钛合金中的气孔[36]

在一些打印场合中，EBM 方法制造的钛合金样品的横截面存在直径为 50～100μm 的孔，如图 2-32(a)中的圆圈所示。这表明在 EBM 制造过程中样品中形成了一定数量的孔。为了消除气孔,采用常规热处理后气孔未发生明显变化(图 2-32(b))。但是采用 HIP 处理则能有效地消除样品中的气孔(图 2-32(c))[37]。

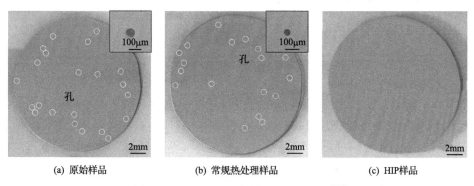

(a) 原始样品　　　　　　(b) 常规热处理样品　　　　　(c) HIP样品

图 2-32　不同后处理条件下气孔的演变[37]

5. 高温合金中的气孔

同其他高能束流增材制造技术相比，EBM 技术在制造高温金属结构件方面具有突出的优势。EBM 制造材料的微观组织结构具有很强的可控性,但在打印过程中,由于材料及工艺原因,制品中经常也会出现各种类型的缺陷,包括未熔合、气孔和缩孔等(图 2-33)。这些缺陷以不同的方式分布在打印件的表面和焊道界面等区域。其中一些缺陷含有铝的氧化物,并在氧化物上沉积氮化钛颗粒[38]。

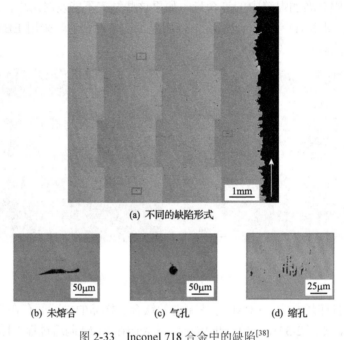

(a) 不同的缺陷形式

(b) 未熔合　　　　　　(c) 气孔　　　　　　(d) 缩孔

图 2-33　Inconel 718 合金中的缺陷[38]

### 2.3.4　电弧增材制造中的气孔缺陷

#### 1. 焊接模式

冷金属过渡(cold metal transfer,CMT)技术是 WAAM 中应用较为广泛的技术,是一种全新的 MIG/MAG 工艺。其输入热量比普通的 MIG/MAG 要低。相比于 TIG,CMT 气孔敏感性更高,这在 ZL114A 铝合金的 WAAM 成形时体现得尤为明显。在 CMT 熔滴过渡过程中,弧柱温度高,熔滴比表面积大,更容易吸收氢。对于WAAM 气孔问题,首先应从焊丝质量控制入手。WAAM 是一个由点到线再到面最后到体的长时间叠加过程,对焊丝的质量要求比焊接过程更严格,因此需要发展 WAAM 用丝材质量标准或规范,从源头上控制 WAAM 成形时的气孔。其次应发展高品质的弧焊工艺。例如,通过复合超高频脉冲电流,在熔池中引入强烈的搅拌作用,使气孔更容易逸出[39]。气孔是材料成形过程中的主要缺陷,会造成应力集中,显著恶化材料的力学性能,铝合金气孔是构件的裂纹源之一,特别是直径大于 50μm 的气孔，会显著降低铝合金的抗疲劳性能和强度，因此有效控制金属 WAAM 部件内部气孔缺陷对提高打印部件质量具有重要意义[40]。

铝合金中的气孔主要是氢气孔。在熔池凝固过程中，氢在固态铝合金中的溶解度显著低于液态铝合金。在 WAAM 过程中氢主要来源于铝基体表面、填丝材料和保护气氛。氢气孔主要通过异质形核并以自主扩散或合并的方式长大，胞状晶或树枝晶凝固界面以及一些夹杂物均可作为异质形核质点，在气孔与枝晶组织之间存在竞争生长关系。研究发现，气孔形核率与晶粒大小存在密切关联，低热输入有助于减少气孔。因此铝合金中的气孔主要形成机制是凝固过程中的析氢。这是因为氢在液体铝和固体铝中的溶解度差异非常大，即随着熔池逐步凝固，溶解的氢析出形成氢气泡，来不及溢出表面的气泡保留到室温形成氢气孔[41]。

通过对比研究发现,标准 CMT、脉冲 CMT（CMT-P）、变极性 CMT（CMT-ADV）、脉冲变极性 CMT（CMT-PADV）4 种典型熔滴过渡模式（图 2-34）对 2219 铝合金 WAAM 成形质量具有显著影响。CMT-PADV 因具有热输入低、焊丝阴极清理效果好等优点，成形的单壁墙内部气孔最少。此外，CMT-PADV 对保护气流量的变化最不敏感，在 10～25L/min 的流量范围内成形时，孔隙率都较低，而其他 3 种模式需保护气流量超过 25L/min 才能有效避免气孔的产生（图 2-35）[39]。

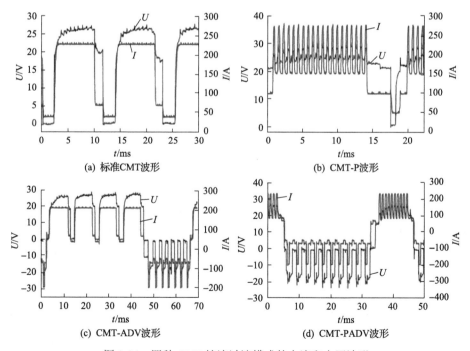

图 2-34 四种 CMT 熔滴过渡模式的电流和电压波形

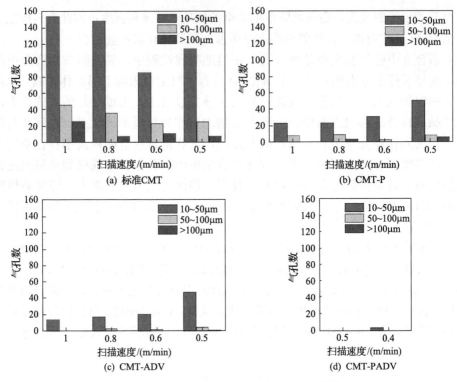

图 2-35　不同 CMT 模式下气孔数统计[42]

## 2. 焊丝质量

铝合金焊接中，微量的氢污染都能引起严重的气孔。控制焊接过程中氢的来源对氢气孔的防范起到重要作用。焊接过程中氢的主要来源有焊接材料及基体金属内部固溶的氢、焊接材料及基体金属表面氧化膜吸附的水分和有机物、弧柱气氛中的水分等含有的氢。目前铝合金焊丝常用生产工艺为：熔炼→挤压→拉拔→表面处理→层绕→包装。铝合金焊丝在挤压、拉拔及退火过程中，表面不可避免地会存在氧化膜(厚度约 0.02mm)和油污垢,在存放过程中可能会吸潮或沾染灰尘和油污等造成焊丝的污染。而焊丝表层的氢污染危害远远超过母材，故消除焊丝表层氢污染对于制品质量非常重要[43]。图 2-36 为不同生产厂家的焊丝表面形貌，从图中可以看出有的焊丝表面布满裂纹，而裂纹对污染物的吸附具有促进作用。

具有良好表面光洁度的线材的孔隙率低于具有差的表面光洁度的线材。表面光洁度差是指带有凹口、划痕和裂缝的线材表面，以及表示污染的暗色。表面光洁度的差异可能影响熔池中的氢含量和电弧稳定性，这两者都会影响气孔形成。

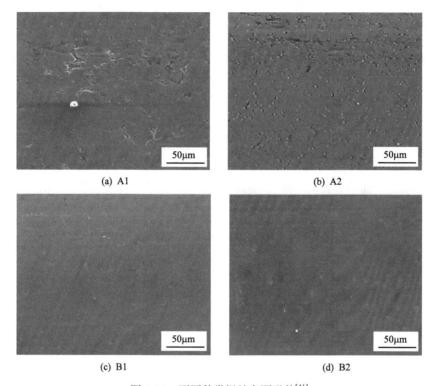

(a) A1　　　　　　　　　　　　　　(b) A2

(c) B1　　　　　　　　　　　　　　(d) B2

图 2-36　不同种类焊丝表面形貌[41]

凹口和粗糙的表面会增加氧化物层的表面积,这将增加氢含量并因此增加孔隙率。表面粗糙度超过 1.0μm 的钢丝比表面粗糙度小于 0.7μm 的钢丝具有多约 50%的烃类有机残留物。线材表面光洁度影响铝和钢成形期间的电弧稳定性。不稳定的电弧会促进孔隙的形成,这主要是由熔池对氢的吸收导致的。除了分析金属丝表面的氢含量, 监测电弧稳定性还可分析表面光洁度、电弧稳定性和孔隙率之间的关系[41]。

### 3. 送丝速度及焊丝直径

对于恒定的热输入,熔合区宽度不随送丝速率和焊丝直径显著变化(图 2-37(a))。然而由较高的送丝速率和较大的焊丝直径导致的增强的质量流速增加了从电弧源到熔池底部的热传递,因此熔合区深度随着送丝速率和焊丝直径的增大而增加(图 2-37(b))。图 2-37(c)显示由于每单位时间沉积的材料量增加,沉积高度随着送丝速率和焊丝直径的增大而增加,沉积高度的增加不利于气泡的逸出,也会增大制件的孔隙率。

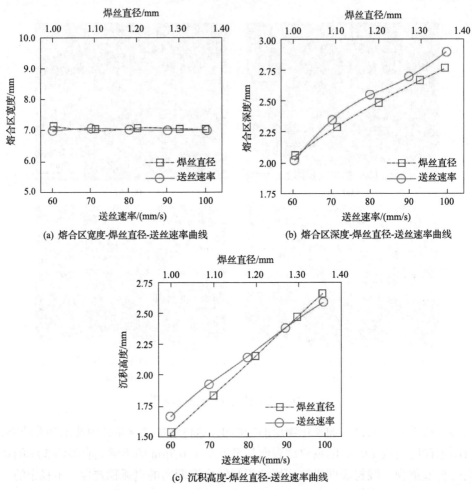

(a) 熔合区宽度-焊丝直径-送丝速率曲线

(b) 熔合区深度-焊丝直径-送丝速率曲线

(c) 沉积高度-焊丝直径-送丝速率曲线

图 2-37　送丝速率和焊丝直径对熔合区及沉积高度的影响[44]

## 4. 保护气体流量和种类

WAAM 中保护气体的成分对气孔形成具有重要影响[40]。通常使用氩气作为保护气体，添加比氩气具有更高解离势和电离势的二氧化碳、氦气、氮气和氢气等活性气体能够提高电弧的温度[45]。采用 CMT-PADV 工艺并降低热输入时，提高纯氩保护气体流量至 25L/min，可显著减少 4043 合金内部气孔（图 2-38）；保护气体的流速太高会导致熔深减小，并且会将空气卷吸进熔池中，提高孔隙率[45]。在低水平保护气体流量时 WAAM 过程的保护气氛减弱，当保护气氛出现扰动时，尽管热输入较小（154.7J/mm）但也极易产生气孔，同时微气孔也可作为新的气孔形核质点并促进气孔长大[46]。研究结果表明，在控制热输入的前提下，提高纯氩保护气体流量有助于减少 WAAM 过程的气孔缺陷[46]。

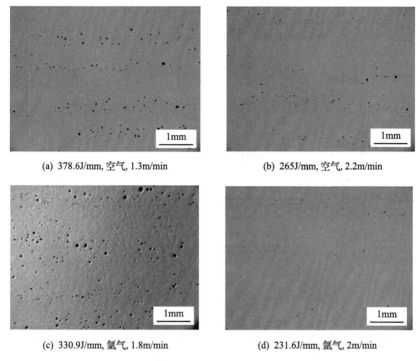

(a) 378.6J/mm, 空气, 1.3m/min　　　　　(b) 265J/mm, 空气, 2.2m/min

(c) 330.9J/mm, 氩气, 1.8m/min　　　　　(d) 231.6J/mm, 氩气, 2m/min

图 2-38　交流 TIG 焊接方法在不同的条件下制备构件的气孔形貌[40]

### 2.3.5　气孔缺陷对材料性能的影响

#### 1. 硬度

硬度是材料力学性能的一个重要指标，表示材料局部抵抗硬物压入其表面的能力，也是材料长期可靠耐用的保证。Vandenbroucke 等提出，对于具有一定孔隙率的样品，如果孔隙率差别较小，显微硬度没有显著变化。但随致密度上升，显微硬度会呈现出上升的趋势，在不同的载荷测试时均表现出类似的规律，如图 2-39 所示。

#### 2. 抗拉强度

降低扫描速度或增加激光功率导致更高的能量密度，可以更好地熔化颗粒，产生更大的熔池和更低的孔隙率，这两者都增强了制造部件的密度。孔隙率较低的材料具有较好的力学性能。表 2-1 表明，抗拉强度增加，伸长率也增加。这主要是孔隙在拉伸过程中可以成为裂纹的起源点导致强度急剧下降。图 2-40 的模拟结果表明孔隙率增加，抗拉强度降低，这与实验结果一致。

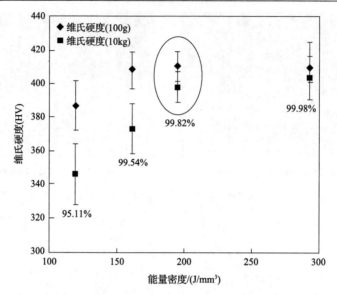

图 2-39　Ti-6Al-4V 材料的硬度和孔隙率的关系[12]

**表 2-1　不同激光功率制备样品的拉伸性能[47]**

| 激光功率/W | 扫描速度/(mm/s) | 屈服强度/MPa | 抗拉强度/MPa | 伸长率/% |
|---|---|---|---|---|
| 129 | 1400 | 265 | 280 | 0.68 |
| 144 | 1400 | 373 | 405 | 1.03 |
| 159 | 1400 | 462 | 555 | 6.44 |
| 189 | 1400 | 524 | 647 | 15.74 |

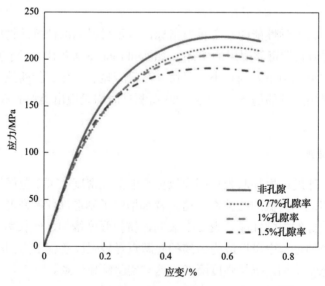

图 2-40　不同孔隙率条件下材料的应力应变曲线[47]

3. 疲劳强度

疲劳强度是指材料在无限多次交变载荷作用下不会产生破坏的最大应力，又称疲劳极限。疲劳破坏是机械零件失效的主要原因之一，因此疲劳强度是高载荷部件中需要重点考虑的一个性能参量，也是金属增材制件能否应用于苛刻环境的一个重要考量参数。疲劳断裂截面形貌分析表明，孔隙充当裂纹起始点从而降低了抗疲劳性能(图 2-41)。同时发现 EBM 过程中形成的气孔对疲劳强度具有显著影响。Santos 等对纯钛粉末和制造的密度高于 95%的样品进行了激光熔化。尽管抗拉强度试验显示出与锻造材料相当的结果，但由于较高的孔隙率导致冲击和扭转疲劳强度较低。后续的机械加工可以改变制品的表面粗糙度，但研究表明粗糙度对疲劳强度影响不大，亚表面孔隙才是疲劳强度最重要的影响因素[11]。

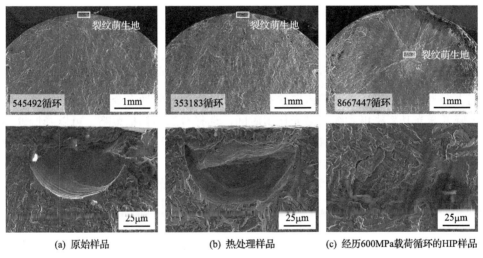

(a) 原始样品　　　　　　(b) 热处理样品　　　　　(c) 经历600MPa载荷循环的HIP样品

图 2-41　不同后处理样品疲劳断裂表面形貌[37]

4. 其他性能

抗弯强度是指材料在弯曲负荷作用下破裂或达到规定弯矩时能承受的最大应力，它反映了材料抗弯曲的能力，用来衡量材料的弯曲性能。一般用三点弯曲试验来测量部件的抗弯强度。这里测试了三种主要的激光方案：连续激光模式、脉冲模式和脉冲+反冲模式。可以发现抗弯强度随材料相对密度的增加而增加(图 2-42)。这表明内部缺陷对抗弯强度具有负面影响[12]。

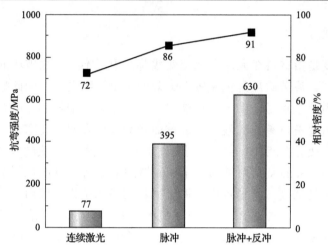

图 2-42　不同激光处理样品抗弯强度和相对密度的关系[12]

# 2.4　本　章　小　结

（1）匙孔缺陷和激光能量密度密切相关。匙孔孔洞一般位于熔池的底部，且孔洞大多为不规则形状，孔洞内壁并不光滑，留有明显的液态金属冲刷的痕迹。通过降低激光功率密度和缩短激光作用时间，选择合适的扫描策略，可以降低匙孔的出现。同时合适的保护气体可以减少匙孔深度的波动，能够有效抑制匙孔孔洞的产生。

（2）气孔气体的主要来源为气雾化粉末在制备过程中吸收的气体，保护气体由熔池扰动而卷入的气体，焊接过程中熔池吸收的可溶性气体，以及焊丝或粉末中的水分、油污和氧化皮等生成的反应气体。气孔一般呈规则圆形，内壁比较光滑。选择合适的工艺窗口和扫描策略，可以有效地减少气孔的产生。电子束增材制造中的气孔与激光增材制造中的比较相似，由于电子束增材制造通常在真空环境下进行，所以孔隙率较低。在 WAAM 中，气孔与焊接方法及焊丝密切相关。其中CMT-PADV 因具有热输入低、焊丝阴极清理效果好等优点，成形的单壁墙内部气孔最少。此外，选择合适的保护气体种类及流量也可以增加熔池的稳定性，减少气孔的形成。

（3）孔洞缺陷对材料的性能有很大影响，当孔洞尺寸较大、材料的孔隙率较高时，材料的硬度将会显著下降。孔隙也可以是裂纹源，导致材料的疲劳性能显著下降，材料的疲劳强度随着致密度的增加而增加，同时孔隙也会导致材料的抗弯强度下降。孔洞缺陷的检测与防治至关重要，也是增材制件应用于苛刻环境的可靠保证。

# 参 考 文 献

[1] ASSUNCAO E, WILLIAMS S, YAPP D. Interaction time and beam diameter effects on the conduction mode limit[J]. Optics and Lasers in Engineering, 2012, 50(6): 823-828.

[2] 陈武柱. 激光焊接与切割质量控制[M]. 北京: 机械工业出版社, 2010.

[3] 崔丽钱, 潘峰, 贺定勇, 等. 焊接速度对钢/铝异种金属激光深熔焊接头特性的影响[J]. 北京工业大学学报, 2018, 44(10): 1347-1352.

[4] 侯培红. 激光点焊薄硅钢片的工艺研究[J]. 焊接技术, 2017, 2: 47-50.

[5] 杨帆, 许璐, 孙建军. 双金属锯条激光焊焊接质量影响因素的研究[J]. 焊接技术, 2014, 11: 66-69.

[6] 魏爱民. 高氮奥氏体不锈钢光纤激光焊接工艺试验研究[D]. 南京: 南京理工大学, 2015.

[7] LIN R, WANG H P, LU F, et al. Numerical study of keyhole dynamics and keyhole-induced porosity formation in remote laser welding of Al alloys[J]. International Journal of Heat & Mass Transfer, 2017, 108: 244-256.

[8] 马正斌, 刘金合, 卢施宇, 等. 电子束焊接技术研究及进展[J]. 电焊机, 2012, 42(4): 93-96.

[9] TENG C, PAL D, GONG H, et al. A review of defect modeling in laser material processing[J]. Additive Manufacturing, 2017, 14: 137-147.

[10] QI T, ZHU H, ZHANG H, et al. Selective laser melting of Al7050 powder: Melting mode transition and comparison of the characteristics between the keyhole and conduction mode[J]. Materials & Design, 2017, 135: 257-266.

[11] YANG K V, ROMETSCH P, JARVIS T, et al. Porosity formation mechanisms and fatigue response in Al-Si-Mg alloys made by selective laser melting[J]. Materials Science and Engineering: A, 2018, 712: 166-174.

[12] GONG H. Generation and detection of defects in metallic parts fabricated by selective laser melting and electron beam melting and their effects on mechanical properties[D]. Louisville : University of Louisville, 2013.

[13] 李永涛. 钛合金激光增材制造缺陷研究[D]. 大连: 大连理工大学, 2017.

[14] ABOULKHAIR N T, EVERITT N M, ASHCROFT I, et al. Reducing porosity in AlSi10Mg parts processed by selective laser melting[J]. Additive Manufacturing, 2014, 1: 77-86.

[15] DAI D, GU D. Effect of metal vaporization behavior on keyhole-mode surface morphology of selective laser melted composites using different protective atmospheres[J]. Applied Surface Science, 2015, 355: 310-319.

[16] KING W E, BARTH H D, CASTILLO V M, et al. Observation of keyhole-mode laser melting in laser powder-bed fusion additive manufacturing[J]. Journal of Materials Processing Technology, 2014, 214(12): 2915-2925.

[17] KEMPEN K, THIJS L, VAN HUMBEECK J, et al. Processing AlSi10Mg by selective laser melting: Parameter optimisation and material characterisation[J]. Materials Science and Technology, 2015, 31(8): 917-923.

[18] ROMETSCH P A, PELLICCIA D, TOMUS D, et al. Evaluation of polychromatic X-ray radiography defect detection limits in a sample fabricated from Hastelloy X by selective laser melting[J]. NDT & E International, 2014, 62: 184-192.

[19] SADOWSKI M, LADANI L, BRINDLEY W, et al. Optimizing quality of additively manufactured Inconel 718 using powder bed laser melting process[J]. Additive Manufacturing, 2016, 11: 60-70.

[20] 张露. 刍议焊接过程中的气孔缺陷及预防措施[J]. 中国新技术新产品, 2015(24): 66.

[21] 李世宪. 增材制造格栅零件磨粒流抛光加工技术研究[D]. 大连: 大连理工大学, 2017.

[22] GONG H, RAFI K, GU H, et al. Analysis of defect generation in Ti-6Al-4V parts made using powder bed fusion additive manufacturing processes[J]. Additive Manufacturing, 2014, 1: 87-98.

[23] RIDOLFI M R, FOLGARAIT P, BATTAGLIA V, et al. Development and calibration of a CFD-based model of the bed fusion SLM additive manufacturing process aimed at optimising laser parameters[J]. Procedia Structural Integrity, 2019, 24: 370-380.

[24] KOUTIRI I, PESSARD E, PEYRE P, et al. Influence of SLM process parameters on the surface finish, porosity rate and fatigue behavior of as-built Inconel 625 parts[J]. Journal of Materials Processing Technology, 2018, 255: 536-546.

[25] YUSUF S M, CHEN Y, BOARDMAN R, et al. Investigation on porosity and microhardness of 316L stainless steel fabricated by selective laser melting[J]. Metals-Open Access Metallurgy Journal, 2017, 7(2): 64.

[26] 熊腊森. 焊接工程基础[M]. 北京: 机械工业出版社, 2007.

[27] WEINGARTEN C, BUCHBINDER D, PIRCH N, et al. Formation and reduction of hydrogen porosity during selective laser melting of AlSi10Mg[J]. Journal of Materials Processing Technology, 2015, 221: 112-120.

[28] 柯伸道. 焊接冶金学[M]. 闫久春, 等译. 北京: 高等教育出版社, 2012.

[29] 王凯博, 吕耀辉, 徐滨士, 等. 基于焊接的镍基高温合金增材再制造技术综述[J]. 装甲兵工程学院学报, 2016, 30(1): 81-86.

[30] 王迪, 钱泽宇, 窦文豪, 等. 激光选区熔化成形高温镍基合金研究进展[J]. 航空制造技术, 2018, 61(10): 49-60.

[31] GUO C, GE W, LIN F. Effects of scanning parameters on material deposition during electron beam selective melting of Ti-6Al-4V powder[J]. Journal of Materials Processing Technology, 2015, 217: 148-157.

[32] CUNNINGHAM R, NICOLAS A, MADSEN J, et al. Analyzing the effects of powder and post-processing on porosity and properties of electron beam melted Ti-6Al-4V[J]. Materials Research Letters, 2017, 5(7): 516-525.

[33] ZHONG Y, R NNAR L E, LIU L, et al. Additive manufacturing of 316L stainless steel by electron beam melting for nuclear fusion applications[J]. Journal of Nuclear Materials, 2017, 486: 234-245.

[34] RÄNNAR L E, KOPTYUG A, OLS N J, et al. Hierarchical structures of stainless steel 316L manufactured by electron beam melting [J]. Additive Manufacturing, 2017, 17: 106-112.

[35] 张建伟, 邢丽, 毛智勇, 等. TA15钛合金电子束焊接气孔的形成分析[J]. 焊接, 2013, 11: 40-42.

[36] ZHAI Y, GALARRAGA H, LADOS D A. Microstructure, static properties, and fatigue crack growth mechanisms in Ti-6Al-4V fabricated by additive manufacturing: LENS and EBM[J]. Engineering Failure Analysis, 2016, 69: 3-14.

[37] MOORE F L. Solvent extraction of cadmium from alkaline cyanide solutions with quaternary amines[J]. Environmental Letters, 1975, 10(1): 37-46.

[38] BALACHANDRAMURTHI A R, MOVERARE J, MAHADE S, et al. Additive manufacturing of alloy 718 via electron beam melting: Effect of post-treatment on the microstructure and the mechanical properties[J]. Materials, 2018, 12(1): 68.

[39] 李权, 王福德, 王国庆, 等. 航空航天轻质金属材料电弧熔丝增材制造技术[J]. 航空制造技术, 2018, 61(3): 74-82.

[40] 从保强, 苏勇, 齐铂金, 等. 铝合金电弧填丝增材制造技术研究[J]. 航天制造技术, 2016, 3: 29-32, 37.

[41] RYAN E M, SABIN T J, WATTS J F, et al. The influence of build parameters and wire batch on porosity of wire and arc additive manufactured aluminium alloy 2319[J]. Journal of Materials Processing Technology, 2018, 262: 577-584.

[42] CONG B, DING J, WILLIAMS S. Effect of arc mode in cold metal transfer process on porosity of additively manufactured Al-6.3%Cu alloy[J]. International Journal of Advanced Manufacturing Technology, 2015, 76(9-12): 1593-1606.

[43] 路全彬, 龙伟民, 杜全斌, 等. 表面处理对铝合金焊丝气孔敏感性的影响[J]. 电焊机, 2016, 46(4): 55-58.

[44] OU W, MUKHERJEE T, KNAPP G L, et al. Fusion zone geometries, cooling rates and solidification parameters during wire arc additive manufacturing[J]. International Journal of Heat and Mass Transfer, 2018, 127: 1084-1094.

[45] CUNNINGHAM C R, FLYNN J M, SHOKRANI A, et al. Invited review article: Strategies and processes for high quality wire arc additive manufacturing[J]. Additive Manufacturing, 2018, 22: 672-686.

[46] 从保强, 丁佳洛. CMT 工艺对 Al-Cu 合金电弧增材制造气孔的影响[J]. 稀有金属材料与工程, 2014, 43(12): 3149-3153.

[47] AHMADI A, MIRZAEIFAR R, MOGHADDAM N S, et al. Effect of manufacturing parameters on mechanical properties of 316L stainless steel parts fabricated by selective laser melting: A computational framework[J]. Materials & Design, 2016, 112: 328-338.

# 第 3 章　金属增材制造的未熔合及夹渣缺陷

未熔合和夹渣缺陷是增材制造中经常存在的大尺度体积型缺陷，通过后续的 HIP 等热处理较难彻底消除，对材料的抗拉强度、疲劳强度和蠕变强度等性能将造成严重的影响，影响部件长期运行的安全性和可靠性。未熔合主要和局部区域输入功率密度及扫描策略等相关，不同制备技术影响因素不同。而夹渣缺陷则主要受原材料和制造环境气氛影响，特别是氧的存在容易形成氧化物夹渣。本章将重点讲述不同金属增材制造技术中未熔合和夹渣缺陷的形成机理及其典型特征。

## 3.1　未熔合缺陷

### 3.1.1　未熔合缺陷的冶金基础

常规焊接中未熔合一般指焊缝金属与母材金属或焊缝金属之间未熔化结合在一起的缺陷，是一种面积型缺陷，分为坡口未熔合、层间未熔合和根部未熔合。坡口未熔合和根部未熔合对承载截面积的减小非常显著，应力集中也比较严重，其危害性仅次于裂纹[1]。目前认为其主要形成原因是焊接热输入能量太低、电弧指向偏斜和坡口侧壁有锈垢等。为了避免未熔合，可以适当地加大焊接电流、正确地选择焊枪移动速度等焊接工艺参数。和常规焊接技术不同，增材制造为叠层制造技术，一般不会出现坡口未熔合和根部未熔合，目前出现最多的是层间未熔合。

铝合金和合金钢在堆焊时经常会观测到层间未熔合。图 3-1 为铝合金堆焊中的未熔合，可以看到焊缝金属与母材之间未完全结合。未熔合在一定环境条件下可能成为脆性断裂的裂纹源，其影响因素复杂，目前认为主要是焊接工艺参数不合理导致的[2]。图 3-2 为 AH32 高强钢堆焊中的未熔合。根据未熔合的位置和形状，可以分为两种类型：一种为在相邻层界面之间的未熔合，如图 3-2 中 A 所示位置，这种缺陷是在堆焊过程中未重新熔化的填充金属导致的；另一种为在填充金属和基板之间的侧壁处出现的未熔合，如图 3-2 中 B 所示位置。焊接参数可以影响多道焊激光焊接过程中凝固金属的表面形状与缺陷，当 $P/v_f$（激光功率与送丝速率的比值）$>1.5$，以及 $v_f/v_w$（送丝速率与焊接速度的比值）$<6$ 时，可以避免形成未熔合[3]。

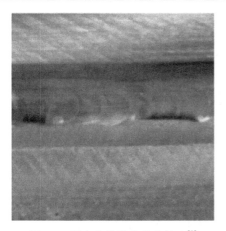
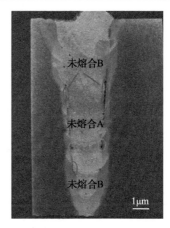

图 3-1　铝合金堆焊中的未熔合[2]　　　　图 3-2　AH32 高强钢堆焊中的未熔合[3]

## 3.1.2　激光选区熔化增材制造中的未熔合缺陷

金属增材制造中未熔合是常见的缺陷类型之一。未熔合的尺度在不同材料和不同部位之间差异较大，有几微米的未熔合，也有大于 200μm 的未熔合。其形状差别也较大，形态各异，有比较完整的裂纹形状未熔合，也有其他形态的未熔合，这和制造工艺参数相关。随着仿真技术的发展，目前可以通过构建几何仿真模型来预测扫描间距、层厚及熔池横截面积对未熔合引起的孔隙率的影响(图 3-3)，一般高的扫描速度、大的扫描间距和铺粉层厚度都会导致孔隙率的增加[4]。此外，如果以给定的速度施加的扫描功率过小，那么熔池将变小，这意味着会发生熔深不足，导致熔池底部粉末未熔合(图 3-4)。

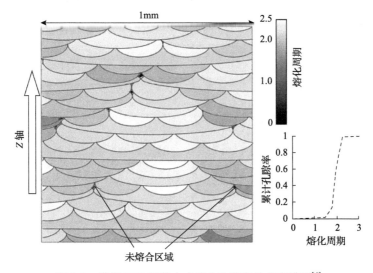

图 3-3　模拟 PBF 部件中未熔合孔隙率的仿真模型[4]

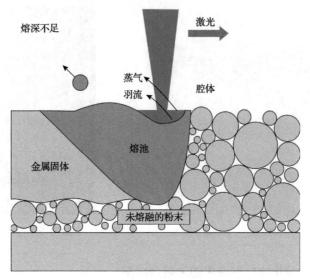

图 3-4　能量输入不足导致的未熔合[5]

## 1. 钛合金中的未熔合

钛合金的未熔合受输入能量的影响较大，随输入能量增加，工件中的缺陷会从圆形气孔缺陷演变到未熔合。在相同的功率下，其输入能量随扫描速度的增加而减少。当输入能量密度低于阈值时，工件中将会出现未熔合现象。未熔合的尺寸和形貌存在较大差异，有 50μm 以下的小未熔合，也存在 200μm 以上的大未熔合。图 3-5 为 SLM 钛合金中两种类型的缺陷。在较高能量输入条件下，未熔合为规则的球形气孔缺陷(图 3-5(a))；而在较低能量输入条件下，呈现不规则的未熔合形貌(图 3-5(b))。

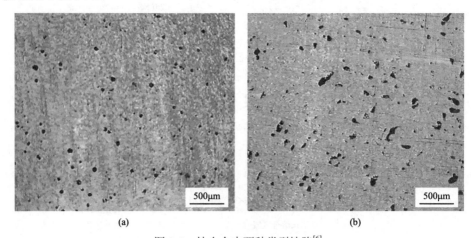

(a)　　　　　　　　　　　　　　　(b)

图 3-5　钛合金中两种类型缺陷[6]

### 2. 铝合金中的未熔合

对铝合金而言，由于其在高温条件下表面容易发生氧化，在增材制造过程中，容易在已经制备的前一层的表面形成氧化物，降低熔池金属的流动性和润湿性，导致不同增材制造层之间的熔合不良，最终导致前一层和打印层之间形成未熔合（图 3-6）。在未熔合部位，能谱分析能够检测到富氧区域（如图 3-6 中位置 2 富氧），表明这种不规则缺陷与氧化层密切相关[6]。

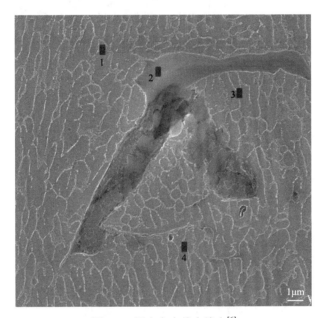

图 3-6　铝合金中的未熔合[6]

### 3. 不锈钢中的未熔合

工艺参数对部件的孔隙率具有重要影响。一般增加激光功率可以产生更高的能量密度，使熔池尺度增加，因此可以减少部件中的未熔合。如图 3-7 所示，当激光功率为 144W 时，制品中存在较大的未熔合，其尺度在 50μm 以上。随功率增加到 159W，尽管样品中还存在未熔合，但其尺度和数量都大幅度降低。当功率增加到 189W 时，可以有效避免未熔合的产生，样品可以获得较好的打印质量，简言之，SLM 制造 316L 不锈钢中的未熔合可通过增加激光功率而得到改善[7]。

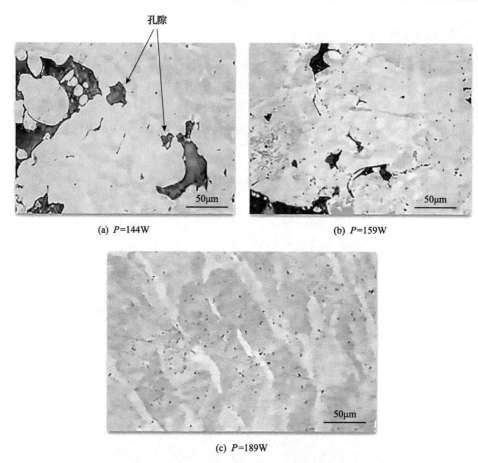

图 3-7　不同激光功率制备的 316L 不锈钢的显微形貌[7]

随着打印件中未熔合的改变，部件的延展性也会发展变化。中、低强度钢在室温下的静拉伸断裂是典型的韧性断裂，其宏观断口呈杯锥状，由纤维区、放射区和剪切唇三个区域组成。试样拉伸断裂的最后阶段形成杯状或锥状的剪切唇。剪切唇表面光滑，与拉伸轴呈 45°。试样的塑性由这三个区域的比例而定。若放射区较大，则材料的塑性低，因为这个区域是裂纹快速扩展部分，伴随的塑性变形也小。反之，塑性好的材料必然表现为纤维区和剪切唇占很大比例，甚至中间的放射区可以消失。图 3-8 为延展性测试中具有不同伸长率的试样的断裂截面。从图中可以发现伸长率为 2%的试样(图 3-8(a)和(b))截面上由于存在较多的未熔合区域，塑性变形区较小，剪切唇较大，材料的延展性差。而在伸长率为 12%的试样(图 3-8(c)和(d))截面上塑性变形区大，剪切唇小，表面材料具有良好的延展性，在截面形貌中也未发现明显的未熔合缺陷。

(a) 2%伸长率样品断裂形貌      (b) 未熔合形貌

(c) 12%伸长率样品断裂形貌      (d) 孔隙形貌

图 3-8 增材制造不锈钢低延展性和高延展性的试样断裂截面形貌 SEM 图[8]

除了增加激光功率，降低扫描速度也可以减少未熔合。图 3-9 为不同扫描速度的 304L 不锈钢试样拉伸断口截面。当扫描速度为 700mm/s 时，样品中未熔合较少；而当扫描速度增加到 1100mm/s 后，样品中出现了大量的未熔合。在恒定的功率条件下，随激光扫描速度的增加，单位面积上激光停留的时间变短，导致输入的平均功率降低，引起断口中未熔合缺陷的增加。为了表征和对比不同功率密度条件下孔隙率的变化，在图 3-10 中采用 CT 测试材料孔隙率，可以发现随着扫描速度的增加，在 700mm/s 时样品几乎完全致密，而随着扫描速度增加，孔隙率几乎线性增加，如图 3-10(a)所示。样品孔隙率逐渐增加，最终影响材料的应力应变曲线，如图 3-10(b)所示。随扫描速度的增加，304L 不锈钢的抗拉强度和伸长率都降低，材料的延展性严重降低。

(a) 700mm/s，220W    (b) 1100mm/s，20W    (c) 1500mm/s，220W

图 3-9　不同扫描速度 304L 不锈钢拉伸断口截面

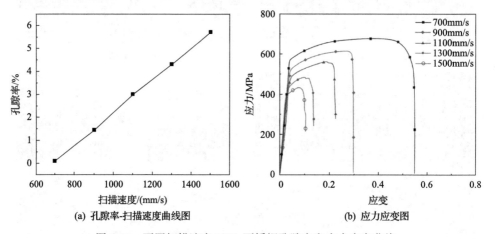

(a) 孔隙率-扫描速度曲线图    (b) 应力应变图

图 3-10　不同扫描速度 304L 不锈钢孔隙率和应力应变曲线

　　扫描策略对增材制件的孔隙率具有一定的影响，因此扫描策略也是增材制造技术研究中的一个重点内容。图 3-11 为不锈钢增材制造中常用的一些扫描策略，六种扫描策略的技术细节如下：

　　(1)六边形图案(hexagon)。由六边形岛组成，在该层内有 100μm 的六边形重叠。在层与层之间，$Z$ 方向上，图案角度在 315° 和 225° 之间交替。

　　(2)同心图案(concentric)。由零件的连续轮廓组成。在这种情况下，首先激光处理部件的周边，并且轮廓朝向部件的中心连续向内移动。

　　(3)90°垂直剖面图案的一个方向(90-BF-F)。该图案在垂直于拉伸杆的加载轴的轴线上是单向的。

　　(4)90/270°垂直填充图案(90-BF-T)。该图案在垂直于拉伸杆的加载轴的轴线上是双向的。

　　(5)0°水平填充图案(0-BF-F)。该图案对于平行于拉伸杆的加载轴的轴是单向的。

　　(6)0/180°水平填充图案(0-BF-T)。

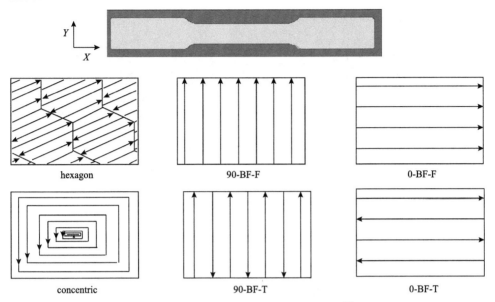

图 3-11　增材制造常用的六种扫描策略[9]

图 3-11 中所列的扫描策略部件中总的孔隙率大致相等。90-BF-F 的扫描策略中更多的是层间脱黏引起的未熔合。

图 3-12 为不同扫描策略下增材制造部件中的缺陷显微形貌。由图 3-12(a)可以观察到沿着扫描轨道的层间未熔合。在空隙内部有部分熔化的粉末和附着在扫描轨道上的各种尺寸的球状混合物。0-BF-T 的扫描策略是六种扫描策略中扫描长度最大的一种。熔池长度的增加会引起瑞利不稳定及马兰戈尼力，由于熔体不能克服表面张力，熔池润湿不完全，产生未熔合。由图 3-12(b)可以观察到由分层引起的孔隙，并且存在未熔化的颗粒及在孔隙内产生的球化。由图 3-12(c)可以看到由气体引起的近似球形的孔，部件中的孔隙经常会成为脆性断裂的起源点。如图 3-12(d)所示，在具有低的伸长率的部件中观察到一些微弹性的区域，这表明部件具有一定的延展性。

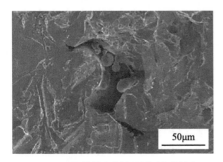

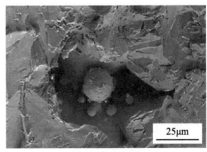

(a) 0-BF-T扫描策略中熔池周围的未熔合　　(b) 0-BF-T扫描策略裂纹起始点，未熔合导致的空隙

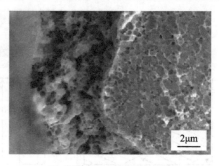

构建方向

(c) 韧性和脆性断裂表面，
气孔作为90-BF-T的脆性断裂的起始点

(d) 断裂表面上的微弹性区域

图 3-12　增材制造部件中缺陷的特征断裂表面[9]

### 4. 高温合金中的未熔合

在 SLM 工艺中，按照扫描策略的不同，一般激光会选择性逐点、逐行、逐层熔化金属粉末以成形整个部件。如果激光输入能量低，则熔池的宽度很小，这导致扫描轨道之间的重叠不足。不充分的重叠是扫描轨道之间形成未熔化粉末的原因之一。在新打印层的沉积过程中，难以完全再熔化前一层打印未熔化的粉末，结果形成不完整的熔合缺陷并保留在 SLM 制造部件中。此外，如果激光输入能量太低而不能产生足够的熔池渗透深度，容易使层间结合不良而产生未熔合[10-12]。因此，未熔合通常分布在扫描轨道之间和上下沉积层之间。在产生缺陷的位置，表面一般会变得粗糙，粗糙表面直接导致熔融金属的不良流动以形成层间缺陷。层间缺陷可以逐渐延伸并向上传播，以在连续沉积中形成大的多层缺陷[13]。SLM镍基高温合金中的未熔合有两种：一种是由在凝固过程中熔融不足导致的未熔合，如图 3-13(a)所示；另一种是由未熔化的金属粉末导致的未熔合，如图 3-13(b)所示。

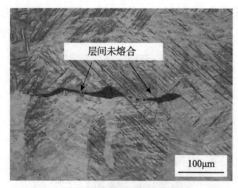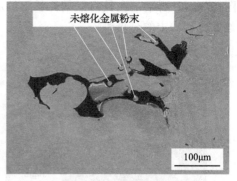

(a) 层间结合不良导致的未熔合

(b) 未熔化金属粉末颗粒导致的未熔合

图 3-13　SLM 制备的镍基高温合金中的未熔合[6]

激光能量密度对未熔合有重要影响，如图 3-14 所示。从图中可以看出，激光能量密度增加，更多材料发生熔化，孔隙率迅速降低，特别是当能量密度超过 70J/mm$^3$ 时，材料中孔隙率达到较低的水平。但是不同材料对应的理想的能量密度是不同的，当能量密度过大时，过多的热量将会产生较大的热应力。因此应当选择合适的能量密度以最小化 SLM 部件中的缺陷是增材制造中工艺优化最为关键的步骤之一[4]。

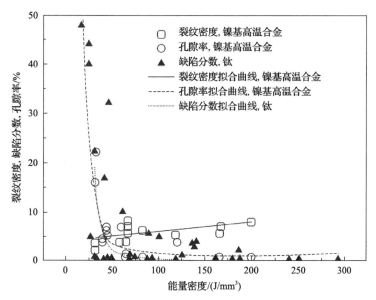

图 3-14 　SLM 制备的镍合金的裂纹密度和孔隙率及钛部件的
缺陷分数与激光能量密度关系散点图[6]

扫描速度一般会影响能量密度，最终也会影响未熔合。在相对较低的扫描速度（200mm/s）下，SLM 制备的镍基高温合金部件横截面光滑，层间冶金结合良好，没有任何孔隙和微裂纹（图 3-15（a））。随着扫描速度增加（300mm/s），层间出现一些小尺寸的未熔合空隙（图 3-15（b））。进一步增加扫描速度（400mm/s），在层间界

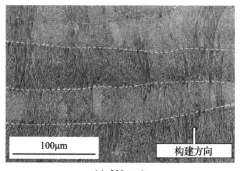

(a) 200mm/s 　　　　　　　　　　　　　　　　　(b) 300mm/s

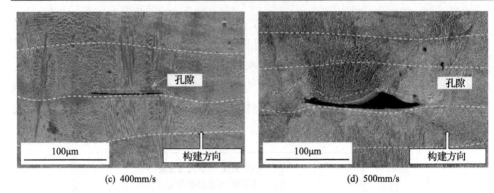

(c) 400mm/s 　　　　　　　　　　　(d) 500mm/s

图 3-15　不同扫描速度下 SLM 制备的镍基高温合金的横截面形貌[14]

面处呈现出狭长的未熔合(图 3-15(c))。在更高的扫描速度(500mm/s)下，层间未熔合孔隙超过 100μm(图 3-15(d))。扫描速度的增加导致部件中未熔合的恶化，这是由激光能量的输入不足引起的。高扫描速度会降低熔池内的温度，因此在熔池内产生有限的高温熔体，随后在高冷却速率下凝固，从而限制完全熔融液体材料的扩散和上一熔覆层的充分再熔化[14]。

### 3.1.3　电子束增材制造中的未熔合缺陷

　　和激光作为热源的增材制造技术类似，在电子束增材制造中，未熔化区域也是由电子束扫描该区域时能量密度不足导致的。而能量密度不足一般是扫描参数(束流密度、扫描速度、线偏移及聚焦偏移等)的不当设计引起的。在这些参数中，聚焦偏移和线偏移是产生未熔颗粒的两种主要原因。

　　线偏移是指两条焊道中心之间的距离，类似于 SLM 中的扫描间距。根据能量密度方程，增加的线偏移将降低局部能量密度。线偏移的增加主要影响熔池的交叠，熔池重叠较小时在两个焊道之间产生空隙(图 3-16(a))。此外两个相邻熔池之间会有未熔化的粉末颗粒，粉末也会增加部件的孔隙率。当线偏移大于 0.18mm 时，孔隙率显著增加(图 3-16(b))。

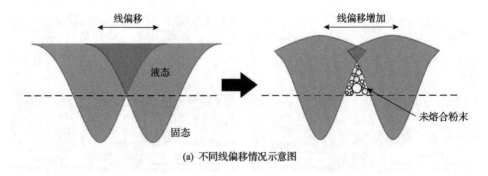

(a) 不同线偏移情况示意图

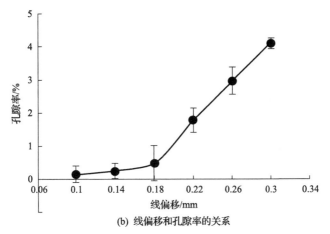

(b) 线偏移和孔隙率的关系

图 3-16 线偏移和部件孔隙率的关系[15]

聚焦偏移是指电子束的焦平面从其零位置的偏移[16]。聚焦偏移的增加会导致 EBM 增材制造过程中产生更大的电子束直径，这增加了束斑面积，降低了能量密度，导致电子束的穿透深度减小。如图 3-17(a)所示，随着聚焦偏移的增加(从左向右)，熔池的水平尺寸增大而垂直深度减小。由于存在未熔化粉末颗粒，即使重叠面积非常大，也会产生不稳定的熔池。聚焦偏移与孔隙率的关系如图 3-17(b)所示。当聚焦偏移大于 16mA 后，聚焦偏移的增加会显著增加部件的孔隙率。

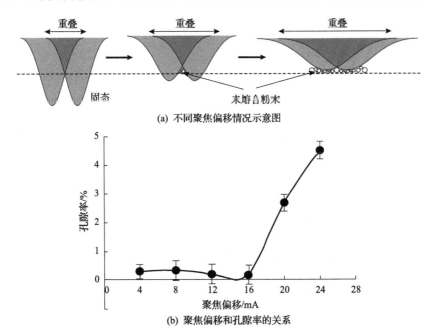

(a) 不同聚焦偏移情况示意图

(b) 聚焦偏移和孔隙率的关系

图 3-17 聚焦偏移和部件孔隙率的关系[15]

**1. EBM 增材制造钛合金**

图 3-18 为 EBM 增材制造 Ti-6Al-4V 中的未熔合。从形态上看，未熔合为平行于扫描层的不规则区域。未熔合的空隙对增材制造部件的力学性能有相当大的影响，特别是在承受循环载荷时，空隙可以作为裂纹起始点导致零件的过早失效。当沿构建方向施加载荷时，这种未熔合对力学性能的影响最为显著。这是因为未熔合区域通常是平面并且垂直于构建方向，相当于在拉伸试验中预制了面积型大裂纹。在拉伸试样的断裂表面上观察到未熔化的粉末颗粒充分证实了这一观点（图 3-19）。

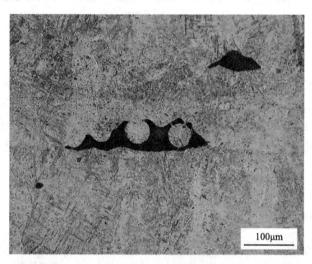

图 3-18　EBM 增材制造 Ti-6Al-4V 中的未熔合区域

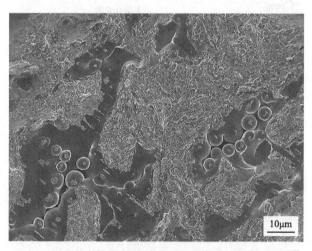

图 3-19　EBM 增材制造 Ti-6Al-4V 拉伸样品断口形貌[17]

夏比冲击试验是用以测定金属材料抗缺口敏感性的检测方法。在夏比冲击试样断裂表面形貌中也能观察与上述类似的结果(图 3-20)，可以看到断裂截面中有未熔合。有缺陷的夏比冲击试样能够吸收一定程度的冲击能量，但在试验中，试样并未按照预期在加工的 V 形缺口处失效，而是在未熔合区域失效[18]。

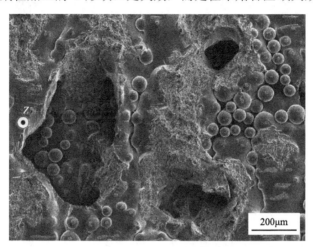

图 3-20　X-Z 方向的 EBM 增材制造 Ti-6Al-4V 夏比冲击试样断裂表面形貌[18]

EBM 增材制造中的未熔合可以通过 HIP 处理减少或消除。如图 3-21 所示，未进行 HIP 处理的 Ti-6Al-4V 样件的横截面微观形貌中可以观察到许多缺陷(图 3-21(a))，其疲劳断裂截面的起源处看到许多形状不规则的未熔合孔隙，其中存在未熔化的颗粒(图 3-21(b)和(c))。当样品进行 HIP 处理后，大部分孔隙和夹渣缺陷消失(图 3-22)。

扫描速度及扫描方向也会影响部件中的未熔合。扫描速度的增加会导致构建部件的层内未熔化的粉末体积增加，从而增加部件中未熔合颗粒缺陷。如图 3-23 所示，在高扫描速度(1000mm/s)条件下，Ti-6Al-4V 制件中存在更多的未熔合的

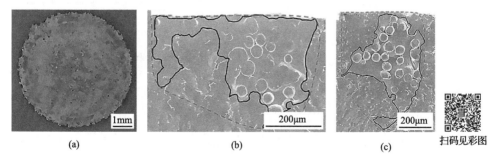

(a)　　　　　　　　　　(b)　　　　　　　　　　(c)　　　　　扫码见彩图

图 3-21　未经过 HIP 处理的 Ti-6Al-4V 横截面微观形貌(a)及其样品的
疲劳断裂起源(b)和(c)[19]

图 3-22　HIP 处理后的 Ti-6Al-4V 横截面微观形貌[19]

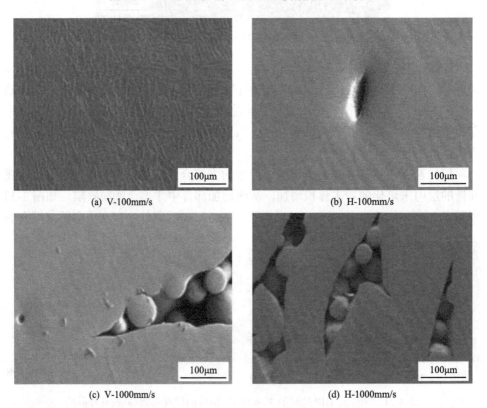

(a) V-100mm/s

(b) H-100mm/s

(c) V-1000mm/s

(d) H-1000mm/s

图 3-23　EBM 增材制造 Ti-6Al-4V 试样垂直扫描（V）和水平扫描（H）时组件的 SEM 图[20]

孔隙区域，空隙中存在未熔化或未烧结的粉末颗粒，其尺寸和数量随扫描速度的增加而增加。此外，相较于垂直扫描，水平扫描的部件孔隙率更高，这是因为这种扫描方式冷却速度更快[20]。

### 2. EBM 增材制造不锈钢

图 3-24 为 EBM 增材制造不锈钢的缺陷形貌。图 3-24(a)中存在一些大的未熔合缺陷。如图 3-24(b)所示，样品中存在尺寸不一的未熔合缺陷。在 EBM 工艺中，如果使用的打印层厚度太大，经常会导致一些熔池难以交叠，交叠较差的区域就会出现未熔合。因此，在 EBM 增材制造过程中应当调整层厚度、扫描速度和制造时间，以便最大限度地减少未熔合[21]。

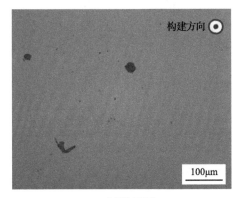
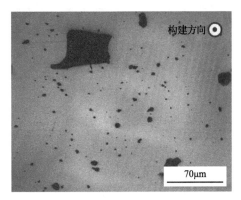

(a) 内部剖面图　　　　　　　　　(b) 样品边缘部分的累积缺陷

图 3-24　EBM 增材制造不锈钢的缺陷形貌[21]

增材制件中的未熔合颗粒会严重影响工件的疲劳性能。图 3-25 为 SLM 和 EBM 方法制备的 SS316L 不锈钢样品的疲劳断口形貌。在 SLM 试样的断口中可以看到多个裂纹起源点，表明断裂时该区域为高应力集中区，在样品中心的过载区发现了未熔化的粉末(图 3-25(b))。在 EBM 试样中也发现单一的裂纹起源点，裂纹生长呈现河流状，在起源点附近也发现一些未熔化的粉末(图 3-25(d))，这些未熔化的粉末导致样品的疲劳断裂失效[22]。

铺粉层厚度对不锈钢增材制造中孔隙的形成具有重要影响。在铺粉层较薄时，相邻电子束扫描轨迹之间熔池可以形成很好的搭接，在搭接区域就不会产生缺陷。随铺粉层厚度的增加，尽管输入功率不变，但所形成的熔池搭接区域较少，在未搭接部位就会形成未熔合区(图 3-26(b))，其形成机制见图 3-26(c)[23]。因此，不恰当的工艺参数会在 EBM 制造 316L 不锈钢中形成未熔合、空隙和气泡等缺陷(图 3-26(a))。

(a) SLM制造 SS316L

(b) (a)对应的局部放大图

(c) EBM制造 SS316L

(d) (c)对应的局部放大图

图 3-25　疲劳断口形貌[22]

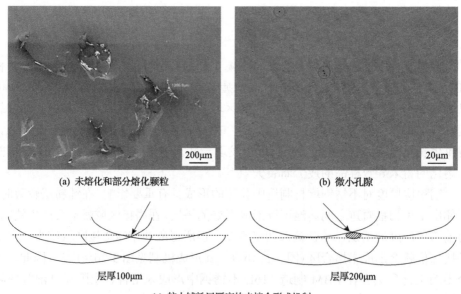

(a) 未熔化和部分熔化颗粒

(b) 微小孔隙

(c) 较大铺粉层厚度的未熔合形成机制

图 3-26　铺粉层厚度为 200μm 的 EBM 制造 316L 不锈钢中的缺陷[22,23]

### 3.1.4 电弧增材制造中的未熔合缺陷

图 3-27 为 WAAM 低碳钢及铝合金部件的形貌图及电导率测试图。两种材料中均存在层间未熔合(图 3-27(a)和(b))。通过对低碳钢和铝合金的电导率测试也可以间接观察到两种样品中的层间电导率显著下降。铝合金样品电导率变化不如低碳钢明显,但也存在层间电导率降低的现象。这是由于层间缺乏熔合,孔隙缺陷较多,限制了电子的迁移而造成的。

(a) 低碳钢中的未熔合          (b) 铝合金中的未熔合

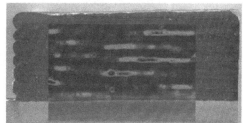

(c) 低碳钢部件中的电导率          (d) 铝合金部件的电导率

图 3-27  WAAM 低碳钢和铝合金中的未熔合及电导率[24]

### 3.1.5 冷喷涂增材制造中的未熔合缺陷

在冷喷涂增材制造中也会出现未熔合,尤其是当颗粒碰撞速度较低时。这些缺陷是由颗粒塑性变形不充分及沉积过程中颗粒间黏合不良引起的。图 3-28 为不同喷射角下冷喷涂增材制造的钛的横截面,可以看出喷射角对部件的缺陷形成有显著影响。随着喷射角的减小,部件中孔隙率增加,出现未熔合。比较理想的喷射角为 90°。这主要因为在该角度喷射时颗粒和基体的撞击力最强,颗粒变形最严重,从而可以获得较高的致密度。

未熔合微孔可以通过增加颗粒冲击速度来增强颗粒塑性变形而消除[25-27]。在较高的冲击速度下,颗粒变形量会增加,从而阻止微孔的形成。后续的热处理也是减少沉积缺陷的有效方法,尤其是可以减轻颗粒边界的缺陷[27-30]。此外,铣削过程也可以增加部件的密度。图 3-29 为经过铣削后的冷喷涂增材制造铝,可以看出铣削影响靠近加工面的材料的微结构，加工过程类似挤压变形过程，挤压过程可以有效地减少缺陷。但应当注意的是，在较大的切削力的作用下，铣削会破坏脆性较大的冷喷涂增材制造的沉积物，而且铣削过程的塑性变形影响深度有限，一般低于 100μm，这限制了其应用。此外，不正确的沉积参数将会导致冷喷涂增材制件的开裂及分层。

(a) 90°　　　　　　　　　　(b) 75°　　　　　　　　　　(c) 45°

图 3-28　不同喷射角下冷喷涂增材制造钛的横截面[25]

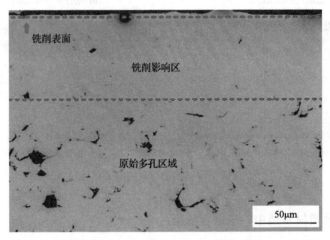

图 3-29　铣削后的冷喷涂增材制造纯铝样品的横截面形貌[25]

## 3.2　夹渣缺陷

由于金属液内各元素的含量是不同的，仅从热力学条件来判断是否形成夹杂物是不够的，还应考虑反应过程的动力学条件。因此，从液态金属中形成非金属夹杂物的难易程度需由反应过程的热力学和动力学条件共同决定。由于夹渣形成涉及溶质的扩散、相反应、形核、长大等复杂的热力学和动力学过程，本节先介绍夹渣相关基础理论，再介绍常见增材制造方法中的夹渣行为。

### 3.2.1　夹渣缺陷的冶金基础

1. 偏析模型

杂质原子容易在晶界处富集，如钢中的 S 和 Mn，当其浓度超过 MnS 热力学平衡溶解浓度时，将会析出 MnS。通过偏析模型，获得杂质原子凝固前沿温度与质量分数，可以为预测夹杂物的析出提供依据，目前针对偏析过程已经建立了多个模型。

1) 杠杆定律

杠杆定律假定溶质在液体和固体中完全扩散。在特定固相分数下，固体及液体中溶质的界面浓度 $C_S^*$ 和 $C_L^*$ 等于远离界面的固体及液体中溶质的界面浓度 $C_S$ 和 $C_L$。质量平衡由式(3-1)给出

$$C_S f_S + C_L f_S = C_0 \tag{3-1}$$

固体和液体中溶质的重新分配由分配系数 $k = C_S^* / C_L^*$ 表征。因此，残留液体中的浓度由式(3-2)获得

$$C_L = \frac{C_0}{1 + k f_S - f_S} \tag{3-2}$$

式中，$C_S$ 为固体中远离界面的溶质浓度；$C_L$ 为液体中远离界面的溶质浓度；$f_S$ 为固相分数；$k$ 为分配系数。

但在实际凝固过程中，溶质难以完全扩散，特别是在固相中。杠杆定律假定溶质原子在固液两相中完全均匀扩散，因此该模型适用于在钢中可以快速扩散的间隙原子，如碳和氮等。

2) Scheil 模型

Scheil 模型和杠杆原理相反，它假定在固体及固液混合中没有扩散。通过界面平衡，可以使用方程(3-3)计算溶质富集。方程(3-3)是 Scheil 模型的微分形式：

$$C_L(1-k)\mathrm{d}f_S = (1-f_S)\mathrm{d}C_L \tag{3-3}$$

在这种情况下，分配系数随着凝固的进行而变化。在大多数后续应用中，为了简化，假定分配系数为常数。此外，对 Scheil 模型进行积分可以得到

$$C_L = C_0(1-f_S)k-1 \tag{3-4}$$

除了残余液体中的浓度，还可以获得固体中的浓度。由于固体中不存在扩散，

所形成的固相的组成保持不变。与杠杆定律的应用条件相比，Scheil 模型更适合扩散速度较慢的置换溶质。

3) BF 模型

杠杆定律和 Scheil 模型函数形式简单，描述的是两种极端条件下的凝固溶质再分布行为。杠杆定律仅适用于非常缓慢的理想凝固过程，Scheil 模型没有考虑形核过冷、枝晶臂粗化、宏观物质运输及气孔形成等，不能对最终的溶质浓度进行准确计算[26]。Brody 和 Flemings 在 Scheil 模型的基础上进一步考虑了溶质在固相中有限扩散的影响，引入了溶质边界层厚度的概念，建立了如下 BF 模型[27]：

$$C'_L = C_0[1 - (1 - 2\alpha k)f_S]^{\frac{k-1}{1-2\alpha k}} \tag{3-5}$$

$$\alpha = \frac{4D_S t_f}{\lambda^2} \tag{3-6}$$

式中，$C'_L$ 为残余液体中溶质浓度；$C_0$ 为残余液体初始溶质浓度；$t_f$ 为局部凝固时间；$\lambda$ 为枝晶臂间距的 1/2；$\alpha$ 为反扩散系数；$D_S$ 为溶质在固体中的扩散系数。

BF 模型对于有显著反扩散的微观偏析计算结果失真，因此 $\alpha$ 取值不宜大于 0.7[28]。

4) Ohnaka 模型

针对 BF 模型的局限性，Clyne 和 Kurz 扩展了上述模型的应用范围，建立了 CK 模型，但此模型按一维空间建立，且将凝固中的枝晶形态简化为板状，造成凝固后期合金的凝固路径模拟计算结果与实际情况差异较大。因此，在模型建立过程中应将不同的枝晶形态考虑进来[29]。为此，Ohnaka 提出一个模型，其差分形式和积分形式如下：

$$\frac{dC_L}{C_L} = \frac{(1-k)df_S}{1 - \left(1 - \frac{\beta k}{1+\beta}\right)f_S} \tag{3-7}$$

$$\frac{C_L}{C_0} = (1 - \Gamma \cdot f_S)^{(k-1)/\Gamma}, \quad \Gamma = 1 - \frac{\beta k}{1+\beta} \tag{3-8}$$

在此模型中将枝晶形态简化为两种基本形态：板状和圆柱状，对于板状枝晶，$\beta = 2\alpha$；而对于圆柱状枝晶，$\beta = 4\alpha$，$\alpha$ 是 BF 模型中的反扩散系数。

2. 夹渣形成热力学

对于钢基体中新的夹杂物，可以使用热力学评估其稳定性。通常使用式(3-9)

描述简单化学计量夹杂物的形成反应：

$$x[P] + y[Q] = P_xQ_y \tag{3-9}$$

式中，$[P]$ 和 $[Q]$ 为夹杂物的形成元素；$x$ 和 $y$ 为分子中的原子数。它们溶解在液态钢中。在给定温度下，反应的吉布斯自由能变化 $\Delta G$ 由式(3-10)给出

$$\Delta G = \Delta G^{\ominus} - RT\ln\left(\frac{a_{P_xQ_y}}{a_{p^x}a_{Q^y}}\right) \tag{3-10}$$

式中，$\Delta G^{\ominus}$ 为标准吉布斯自由能变化，它是温度的函数；$R$ 为气体函数；$a_i$ 为 $i$ 的活度。

对于常见的夹杂物的形成，可以得到液态铁中标准吉布斯自由能变化的经验表达式。

当 $\Delta G < 0$ 时，反应朝右进行，并且夹杂物是稳定的。

当 $\Delta G > 0$ 时，反应向左进行，这表明夹杂物不会沉淀。

当 $\Delta G = 0$ 时，反应达到平衡状态，这时将会发生式(3-11)中的反应：

$$\Delta G^{\ominus} = -RT\ln\left(\frac{a_{P_xQ_y}{}^{eq}}{a_{p^{eq}}{}^x a_{Q^{eq}}{}^y}\right) \tag{3-11}$$

$$\Delta G = RT\ln\left(\frac{a_{p^{eq}}{}^x a_{Q^{eq}}{}^y}{a_{p^x}a_{Q^y}}\right) \approx -RT\ln\left(\frac{K}{K^{eq}}\right) \tag{3-12}$$

式中，$K$ 为夹杂物元素浓度的乘积；上标 eq 表示平衡。

### 3. 夹渣形成动力学

在热力学的基础上，动力学定义了化学反应的速率。特别是可以用动力学描述夹渣形成大小和数量密度的演变，这样可以研究夹杂物的尺寸分布。夹杂物可以在熔体中均匀成核或在现有基质上均匀成核，分别称为均相成核和异相成核。目前广泛使用经典成核理论[30-33]来解释析出相相关的问题。

假设半径为 $r$ 的球成核，系统产生的自由能变化如下：

$$\Delta G_{hom} = \frac{4\pi r^3}{3}\Delta G_V + 4\pi r^2 \sigma_{inL} \tag{3-13}$$

式中，第一项是由成核产生的化学反应引起的吉布斯自由能的变化，是夹杂物形成的体积能量的变化，其通过摩尔吉布斯自由能变化与夹杂物的摩尔体积的比率

来计算；第二项是新界面形成产生的能量障碍。由于 $\Delta G_V$ 和 $\sigma_{inL}$（夹杂物和液态钢的界面能）在当前条件下是常数，通过对式（3-13）求微分可以获得对应自由能变化的可能稳定的夹杂物核的临界半径 $r^*$：

$$r^* = \frac{2\sigma_{inL}}{\Delta G_V} \tag{3-14}$$

进而求得临界自由能变化：

$$\Delta G_{hom}^* = \frac{16\pi\sigma_{inL}^3}{3\Delta G_V^2} \tag{3-15}$$

此外发现，当 $r < r^*$ 时，核溶解成液体以使系统自由能最小化；当 $r > r^*$ 时，晶核倾向于长大并变得稳定。对于具有一定半径的特定夹杂物，成核的驱动力取决于吉布斯自由能变化 $\Delta G$ 或夹杂物元素的过饱和度 $\frac{K}{K^{eq}}$。至于成核速率，Volmer 和 Weber[32]首先提出了一个表达式，Becker 和 Döring[33]进一步改进了它：

$$I = I_A \exp\left(-\frac{\Delta G_{hom}^*}{k_b T}\right) \tag{3-16}$$

式中，$I_A$ 为频率因子，是成核位点的数量、原子或分子扩散到液体和包含晶胚界面的频率以及粒子成功吸附在晶胚上的概率的乘积；$\Delta G_{hom}^*$ 为均相成核的最大吉布斯自由能变化；$T$ 为温度；$k_b$ 为玻耳兹曼常量。为了估计频率因子，Turnbull 和 Fisher 提出了一个表达式：

$$I_A = \frac{N_A k_b T}{h} \exp\left(-\frac{Q_D}{RT}\right) \tag{3-17}$$

式中，$N_A$ 为阿伏伽德罗常数；$h$ 为普朗克常量；$Q_D$ 为扩散的活化能。Turpin 和 Elliott 应用上述方法估算频率因子和铁熔体中几种氧化物的相关数据：$Al_2O_3$ 中频率因子为 $10^{32}$；$FeO·Al_2O_3$ 中频率因子为 $10^{31}$；$SiO_2$ 中频率因子为 $10^{34}$；$FeO$ 中频率因子为 $10^{36}$。Rocaboi 等的研究表明频率因子的范围为 $10^{35} \sim 10^{45}$。Turkdogan 和 Babu 计算得氧化物中频率因子为 $10^{33}$。在计算过程中频率因子可以被认为常数。

另外，基于式（3-15）和式（3-16），成核速率受临界吉布斯自由能变化的强烈影响。同时，界面能也起着重要作用。夹杂物和纯液体的界面能以及接触角都可以通过滴重法测量，并通过数学模型和相图计算。为了简化和使用较少不确定的参数，上述相成核理论应用于大多数模拟工作中。在实践中，由于存在杂质颗粒的边界，异相成核是主要的成核方式。与均相成核相比，异相成核需要的能量较小。假设球形夹杂物在接触角为 $\theta$ 的平面上成核，那么该系统中异相成核的吉布斯自由能变化为

$$\Delta G_{\text{het}} = \left( \frac{4\pi r^3}{3} \Delta G_{\text{V}} + 4\pi r^2 \sigma_{\text{inL}} \right) \cdot f(\theta) \tag{3-18}$$

式中

$$f(\theta) = \frac{(2 + \cos\theta)(1 - \cos\theta)^2}{4} \tag{3-19}$$

通过对方程(3-18)求微分，可以得到方程(3-19)，然后获得临界吉布斯自由能变化 $\Delta G_{\text{het}}^*$ ：

$$\Delta G_{\text{het}}^* = \frac{16\pi \sigma_{\text{inL}}}{3\Delta G_{\text{V}}^2} \Delta f(\theta) = \Delta G_{\text{hom}}^* \Delta f(\theta) \tag{3-20}$$

这表明异相成核比均相成核容易得多，相应的临界半径与均相成核相同。

4. 夹杂物生长

除数量密度外，夹杂物的含量还取决于颗粒的生长速率。颗粒生长有三种机制：扩散主导生长、碰撞以及粗化[34]。当夹杂物在热力学上稳定并且满足成核条件后，核开始生长。核的生长最初是由组分向颗粒以及化学反应扩散来促进的。在液态钢中，单个颗粒的碰撞增加了夹杂物的尺寸，使其数量密度减小，尺寸发生粗化，称为 Ostwald 熟化，通过消耗较小颗粒而生长成为较大的夹杂物[35]。

20 世纪 90 年代，Yamada 等[36]提出了第一个模拟夹杂物成分变化的热力学模型，利用该模型分析了氢致裂纹钢凝固过程中氧化钙和硫化物的形成过程。在这种情况下，可以添加 Ca 以控制钢中硫化物形状，其部分计算结果如图 3-30 所示。图 3-30 显示了夹杂物类型的组成演变和可能的复合氧化物的稳定性。在固相分数达到 0.5 之前，CaS 的量通过消耗 CaO 而逐渐增加。当固相分数为 0.5～0.9 时，各种夹杂物的质量分数变化很小。在凝固过程结束时，由于 S 的强烈偏析和温度的降低，CaO 变得不稳定并转化为 CaS。释放的 O 与 Al 反应形成 $Al_2O_3$。

Choudhary 和 Ghosh[37]描述了一种预测冷却和凝固过程中夹杂物形成的方法。在冷却过程中，使用 FactSage 软件的 Equilib 模块计算夹杂物的变化。通过耦合

Clyne-Kurz 模型和 FactSage 软件进行顺序计算。以这种方式，将分离的溶质浓度（通过微观偏析模型估计）输入 FactSage 软件以预测凝固过程中的夹杂物演变（当将分离的浓度输入 FactSage 软件时，考虑了夹杂物形成的消耗），计算了低碳 Si-Mn 镇静钢的夹杂物变化。凝固结束时的夹杂物为复合液体夹杂物（MnO-SiO$_2$-Al$_2$O$_3$）、SiO$_2$ 和 MnS。图 3-31 显示了液体夹杂物的质量分数和组分变化，发现液体夹杂物在凝固过程中连续沉淀（左轴），其成分随固相分数（右轴）而变化。复合夹杂物中 Al$_2$O$_3$ 的含量随着钢的凝固而降低，这归因于纯氧化铝形成的消耗和随后的偏析较少。

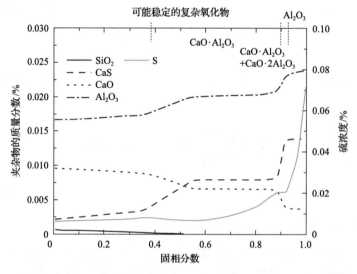

图 3-30　Yamada 等提出的模型计算钙处理钢中夹杂物的结果[36]

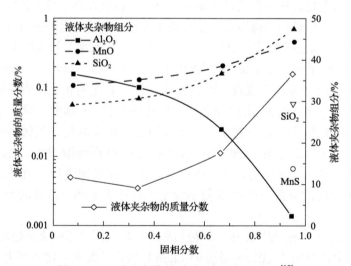

图 3-31　液体夹杂物的质量分数和组分变化[37]

对马氏体时效钢凝固过程中 TiN 生成和生长的模拟研究[38,39]表明，TiN 总是在氧化物上成核，而且 TiN 的成核和生长一般在凝固后期强烈发生(图 3-32)。

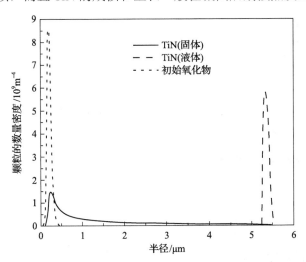

图 3-32　液体中的初始氧化物分布以及凝固最后阶段的液体和固体中 TiN 的分布[39]

### 3.2.2　焊接中的夹渣缺陷

焊接夹渣是指由于焊接工艺不当或者焊接材料不符合要求而在焊缝金属内部或熔合线内部存在非金属夹杂物。夹渣的形状多种多样，有时还会有针状显微夹渣。夹渣对焊缝的危害性和气孔相似，但其尖角所引起的应力集中比气孔更严重，甚至与裂纹相当。焊缝中的针形氮化物和磷化物会使金属发脆，氧化铁和硫化铁使金属形成热脆性。根据夹渣形貌特征，夹渣可分为线状夹渣、孤立夹渣及其他形貌夹渣。夹渣会降低焊缝的塑性和韧性。特别是在淬透性较好的焊缝中，尖角顶点容易形成裂缝。一般情况下铸件在焊缝中夹渣处会先出现裂纹并扩展，这会降低焊缝的强度，导致焊缝开裂。

对低合金钢焊缝中夹杂物的形成目前已经进行了广泛的研究。通过液体钢中多组分相互作用的平衡热力学计算可以预测焊接中夹杂物的形成。图 3-33(c)为计算获得的 1800K 下 H 型钢中 Fe-Al-O、Fe-Al-N 及 Fe-Ti-N 的稳定图。从图中可以看出，在这种焊接成分下，焊缝中形成的夹杂物为 AlN，而不是 $Al_2O_3$。这与焊缝微观结构的观测一致(图 3-33(a)和(b))[40]。

图 3-34(c)为热力学计算获得的 L 型钢焊缝中 Fe-Al-N、Fe-Al-O 和 Fe-Ti-N 的稳定图。L 型钢焊缝中可能会生成 $Al_2O_3$ 和 Ti(CN)，而不会形成 AlN。从 L 型钢焊缝微观结构可以看到球形的 $Al_2O_3$ 夹杂物以及在其表面上异相成核的刻面 Ti(CN)相(图 3-34(a))。其他夹杂物为 Ti(CN)，以及在 Ti(CN)上不均匀的 $Al_2O_3$。

这表明氧化物和氮化物同时形成,并且夹杂物倾向于充当其他相的异质成核位点。这与计算结果一致[40]。

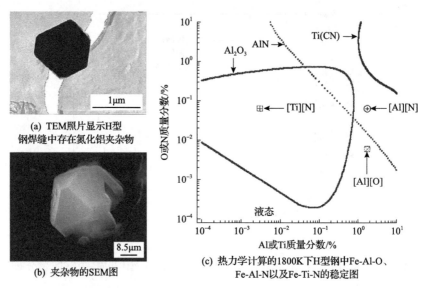

(a) TEM照片显示H型
钢焊缝中存在氮化铝夹杂物

(b) 夹杂物的SEM图

(c) 热力学计算的1800K下H型钢中Fe-Al-O、
Fe-Al-N以及Fe-Ti-N的稳定图

图3-33　焊缝中夹杂物的 TEM、SEM 图及热力学计算的 H 型钢中夹杂物的稳定图[40]

TEM 指透射电子显微镜(transmission electron microscope)

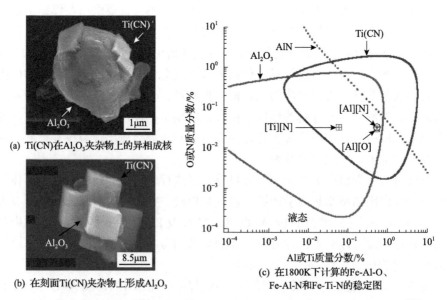

(a) Ti(CN)在Al₂O₃夹杂物上的异相成核

(b) 在刻面Ti(CN)夹杂物上形成Al₂O₃

(c) 在1800K下计算的Fe-Al-O、
Fe-Al-N和Fe-Ti-N的稳定图

图3-34　L 型钢夹杂物的 SEM 图及热力学计算的 L 型钢中夹杂物的稳定图[40]

通过埃林汉姆图也可以预测氧化物夹杂的形成。图 3-35 为镍基合金的埃林汉姆图。从图中可以看出,镍基合金中可能形成 NiO、TiO₂、FeO、Cr₂O₃ 和 Al₂O₃。

但是吉布斯自由能变化表明，$Al_2O_3$ 是最稳定的氧化物，$Cr_2O_3$ 次之，NiO 稳定存在的可能性最低。因此从热力学角度考虑，$Al_2O_3$ 是在镍基合金中最可能形成和存在的氧化物。Rashid 和 Campbell 在真空中含有 3.0%（质量分数）的 Al 铸造的镍基合金涡轮叶片中发现了 $Al_2O_3$，这与预测结果一致。

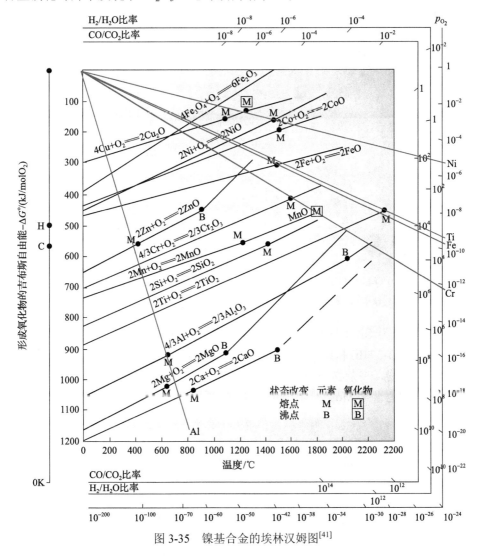

图 3-35    镍基合金的埃林汉姆图[41]

### 3.2.3    激光选区熔化中的夹渣缺陷

SLM 增材制造奥氏体不锈钢在亚晶界处发现合金元素 Mo 富集（图 3-36 中亚晶界处白色区域）。这是由于在熔化金属的晶体快速生长过程中，没有足够时间完成 Mo 原子的扩散和合金化。此外，在奥氏体晶格中发现无定形的含铬硅酸盐的球形纳米夹杂物（图 3-36 中黑色球状物）。这主要是由于 Si 和 Cr 在高温下和氧的亲和力大于其和 316L 钢组分中的其他合金元素的亲和力，Si 和 Cr 容易与粉末内部或激光室内的氧气反应生成氧化物，特别是激光熔化过程中高冷却速率在动力学上有利于非晶的硅酸盐相的形成。

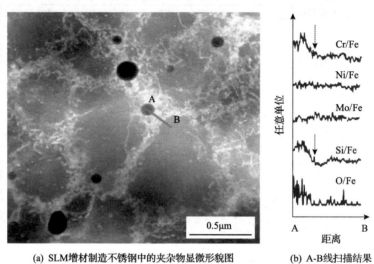

(a) SLM增材制造不锈钢中的夹杂物显微形貌图　　　(b) A-B线扫描结果

图 3-36　SLM 增材制造不锈钢中夹杂物显微形貌及线扫描结果[42]

　　图 3-37（a）为 SLM 增材制造 316L 不锈钢的背散射电子图，从中可以看到等轴晶粒。在图 3-37（b）和（c）中可以看到晶粒内部和沿晶界存在随机并且均匀分布的半球形夹杂物，夹杂物平均尺寸约 300nm，是富 Si 和 Mn 的椭圆形氧化物，其中一些氧化物也富含 Mo。

(a) 低倍背散射电子图

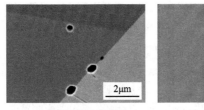

(b) 高倍背散射电子图　　　　　(c) 高倍二次电子图

图 3-37　SLM 增材制造的 316L 不锈钢中的氧化物夹杂[43]

从图 3-38 中可以看出,不锈钢中夹杂物的颗粒尺度大部分集中在 0.1～0.5μm,同时夹杂物以氧化物为主。图 3-39 为 SLM 增材制造 316L 不锈钢的夏比冲击样品断口图。在其断裂表面的凹坑中发现氧化物夹杂,这表明氧化物充当微孔形成的起始位点并导致韧性降低,能量色散 X 射线谱(X-ray energy dispersive spectrum, EDS)表明氧化物夹杂颗粒中富含 Si 和 Mn[43]。

对于马氏体时效钢和 Inconel 718 合金,增材制造中也容易产生氧化物夹杂。这是由于 Al 粉末颗粒对氧有很强的亲和力,可以在表面形成稳定 $Al_2O_3$ 层。在加工过程中氧化物漂浮到熔池顶部。当构建新层时将破坏这些氧化物并将它们中的

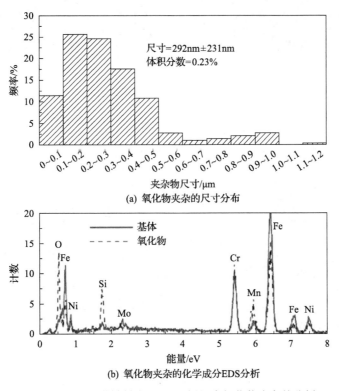

(a) 氧化物夹杂的尺寸分布

(b) 氧化物夹杂的化学成分EDS分析

图 3-38　SLM 增材制造 316L 不锈钢中氧化物夹杂的分析

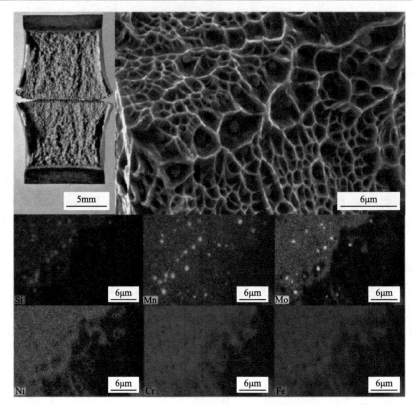

图 3-39　SLM 增材制造 316L 不锈钢夏比冲击断裂面的 SEM 图和 EDS 图[43]

大部分移动到新层的顶部表面，但是有一些颗粒可能会留在凝固的工件中，如图 3-40 所示。这些脆性颗粒使材料内部应力增大并形成缺陷，影响工件的力学性能[44]。

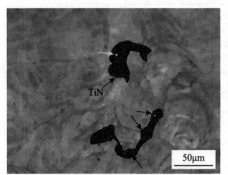

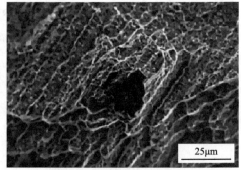

(a) SLM增材制造的马氏体时效钢部件　　　　　　(b) DED增材制造的Inconel 718合金部件

图 3-40　增材制造部件中的夹杂 SEM 图[44]

图 3-41 为 SLM 增材制造 316L 不锈钢的断裂表面形貌图。在断裂表面上可以看到许多直径小于 1μm 的小凹坑(图 3-41(b))，此外还发现较多 5～10μm 的

大凹坑。这些较大的缺陷从 Cr-Mn-Fe 夹杂物开始成核,如图 3-41(c)中箭头所示,这些夹杂为氧化物。在断裂表面上也发现了少量部分熔化的粉末,如图 3-41(d)中箭头所示。在两层之间的界面处形成的部分熔融区是样品过早断裂的主要原因[45]。

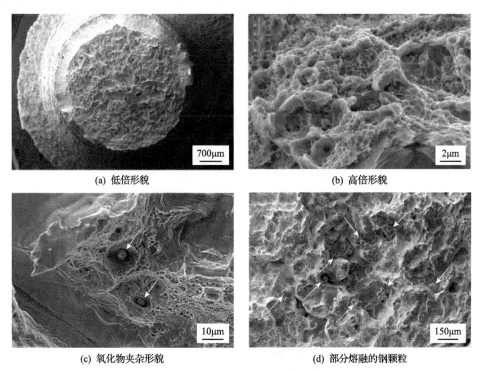

(a) 低倍形貌                   (b) 高倍形貌

(c) 氧化物夹杂形貌            (d) 部分熔融的钢颗粒

图 3-41  SLM 增材制造 316L 不锈钢的断裂表面形貌图[45]

在采用 SLM 增材制造技术制备铝合金时,由于打印腔室内存在氧气,在熔融铝合金上将会形成氧化膜。熔池顶部的氧化物在激光作用下蒸发,产生氧化颗粒烟雾,熔池顶部氧化膜的蒸发会增加其表面张力,在温度及表面张力的共同作用下将会在熔池内产生搅拌。熔池搅拌会破坏熔池底部的氧化物,而熔池侧面的氧化物则保持完整,形成薄弱的多孔区域(图 3-42)。上述过程将会在增材制件中形成氧化物夹渣和少量的未熔颗粒。

粉末原料污染也会使增材制件中产生夹渣。在图 3-43 所示的 Ti-6Al-4V 工件的断裂表面形貌图中可以看到具有脆性外观的嵌入颗粒。EDS 分析表明这些颗粒中钨含量大于 90%,表明是该颗粒来自粉末污染。钨的熔化温度(3422℃)显著高于 Ti-6Al-4V 合金的液相温度(1660℃),因此在制备过程中 W 颗粒未熔化。W 颗粒硬度高、脆性大,因此在试样拉伸过程中成为裂纹的萌生点,大幅度降低部件的抗拉强度。

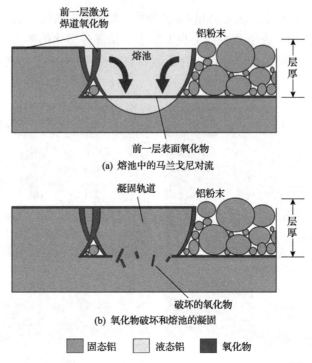

图 3-42　SLM 中马兰戈尼对流对氧化物的破坏示意图[46]

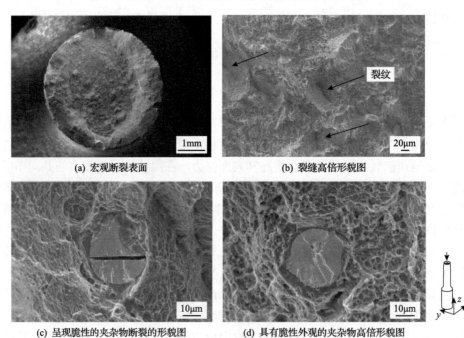

图 3-43　SLM 增材制造 Ti-6Al-4V 合金 Z 方向拉伸试样的断裂表面形貌图[47]

### 3.2.4 激光定向能量沉积中的夹渣缺陷

LSF 已广泛应用于航空航天、能源和电力领域的许多金属材料的制造或修复。在 LSF 制造过程中,熔池在高温下暴露于周围大气。由于环境气氛中总是含有一定程度的氧气,特别是在现场制造或修复的情况下,LSF 中经常会发生氧化,氧化的结果是在最终组分中产生氧化物夹杂,这对于部件的力学性能是有害的。

LSF 环境氧含量对不锈钢中的氧化物夹杂的特性有重要影响。空气中氧化物夹杂呈现多种形态:异形(图 3-44(a))、角形(图 3-44(b))和球形(图 3-44(c))。异形氧化物夹杂相对较大,尺寸通常大于 10μm,而球形夹杂物较小。在大尺寸的异形夹杂中,可以发现黑色的蠕虫状沉淀物。图 3-44(a)中可以看到氧化物夹杂的碰撞和聚结。这种碰撞和聚结导致产生大尺度的氧化物颗粒。当氧分压低于 $1.6 \times 10^{-2}$ atm($1atm = 1.01325 \times 10^5$ Pa)时,氧化物夹杂呈现出球形,其尺寸更小,分布更均匀(图 3-44(e)~(j)),并且没有发生氧化物的碰撞和聚集[48]。

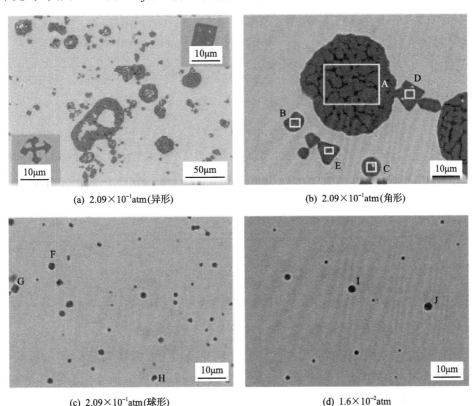

(a) $2.09 \times 10^{-1}$ atm(异形)

(b) $2.09 \times 10^{-1}$ atm(角形)

(c) $2.09 \times 10^{-1}$ atm(球形)

(d) $1.6 \times 10^{-2}$ atm

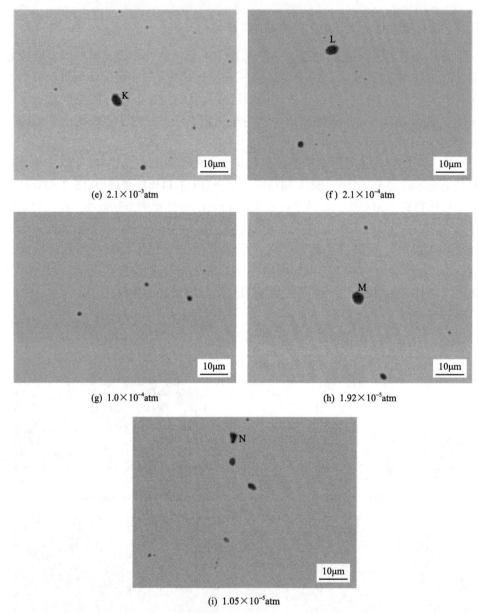

图 3-44　氧分压对 LSF 不锈钢中夹渣形貌的影响[48]

　　对于在空气中沉积的增材制件，氧化物夹杂由尖晶石和尖晶石-硅酸盐的异形或复合氧化物组成，尺寸较大（最大为 100μm）。随着氧分压的降低（低于 $1.6×10^{-2}$atm），氧化物夹杂主要是球状硅酸盐，其尺寸更加均匀，约为 0.8μm。样品中氧含量的增加导致氧化物颗粒数量增加而不是尺寸增加。当氧含量足够高时，氧化物将更容易产生碰撞-聚结，这减少了氧化物夹杂的数量却增加了其尺寸，如图 3-45 所示。

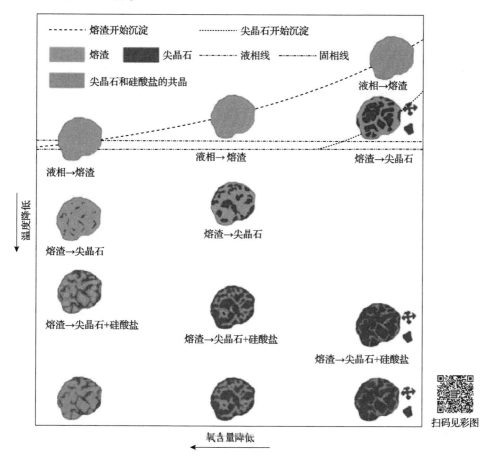

图 3-45　具有不同氧含量的 AISI 420 不锈钢中氧化物转化过程的示意图[48]

　　通过热力学可以预测在 LSF 中氧化物夹杂的转变情况，不同氧含量的 AISI 420 不锈钢中的氧化物转变过程如图 3-45 所示。不锈钢中的氧化物夹杂形成特性主要取决于液态金属凝固前后熔渣的析出和凝固。随着样品中氧含量的增加，熔渣成核的过饱和度增加，这导致氧化物颗粒数量增加。但当氧含量足够高时，大量的氧化物颗粒会促进熔渣颗粒的碰撞和聚集，导致氧化物颗粒的数量减少但尺寸增加。因此降低 LSF 环境中的氧含量可以有效改善氧化物夹杂缺陷。部件中的夹杂物形貌也强烈依赖制造期间的层与层之间的时间间隔，即使在惰性气氛也难以避免氧的存在，当层与层之间的时间间隔较长时，曝光时间的延长将导致形成更多的氧化物夹杂。在不锈钢拉伸断裂表面形貌中可以看到 MnO 和 $SiO_2$ 的氧化物颗粒，如图 3-46(a) 和 (b) 所示。

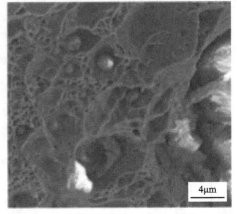

(a) 含有未熔化颗粒的微孔　　　　　　　　(b) 未熔化的粉末和氧化物夹杂颗粒

图 3-46　LENS 增材制造 316L 不锈钢样品的断裂表面形貌图[49]

### 3.2.5　电子束增材制造中的夹渣缺陷

　　EBM 增材制造过程中，沉积材料在数小时内保持高温，然后快速冷却，其冷却速率高达 $10^6$K/s。Inconel 718 合金中的 Al、Ti 和 Nb 在凝固过程中可能会产生与液相分离的非金属颗粒，主要为 TiN 和 NbC。此外，还可能形成 $Al_2O_3$、$TiO_2$ 和 $ZrO_2$ 等氧化物夹杂。通过气雾化工艺生产的粉末氧含量经常高于 100ppm（1ppm=$10^{-6}$)，即使使用惰性气体，通常也会产生氧化物夹杂，这些氧化物颗粒的形成可以增强其他非金属颗粒的形核，当非金属颗粒足够大时，将会显著影响 Inconel 718 合金的力学性能。由图 3-47 可以看到 Inconel 718 合金中的 TiN 和 NbC 颗粒，氮化物和碳化物具有等轴的形貌。由 TiN 和 NbC 颗粒的高倍形貌图(图 3-48) 中可以看到氮化物和碳化物的核心为 $Al_2O_3$，是典型的核-壳结构。

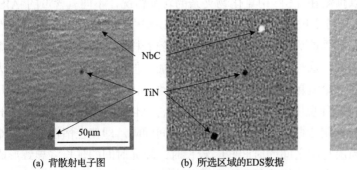

(a) 背散射电子图　　　　　　(b) 所选区域的EDS数据　　　　　　(c) Ni

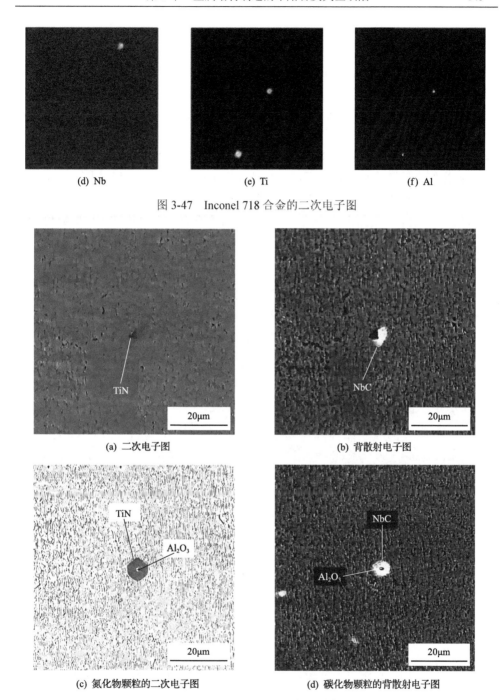

(d) Nb　　　　　　　　　　(e) Ti　　　　　　　　　　(f) Al

图 3-47　Inconel 718 合金的二次电子图

(a) 二次电子图　　　　　　　　　　　　　(b) 背散射电子图

(c) 氮化物颗粒的二次电子图　　　　　　　(d) 碳化物颗粒的背散射电子图

图 3-48　碳氮化物的电子显微图[50]

### 3.2.6　电弧增材制造中的夹渣缺陷

与 SLM 类似，WAAM 也是一个逐层沉积过程，因此也会产生氧化物积累的问题。不同的是 SLM 工艺中的氧化物主要来源于粉末，而在 WAAM 过程中大气是最重要的氧气来源。与 SLM 相比，WAAM 熔池大得多，导致其冷却速度相对较慢，因此有足够的时间使低密度的氧化物从内部熔池中溢出并漂浮到表面上逐层累积。不同层的氧化物形态和成分均有所差别，早期的氧化层表面光滑，颜色较深；当制造层数累积到第九层时，氧化层表面变得粗糙并且形成复合氧化物。早期的氧化物形态和成分相对简单，只有两种区域(图 3-49 (a) 中 A 和 B)，暗区 B 是氧化区，亮区 A 是露出的金属。第九层的表面含有复合氧化物，这些氧化物在 SEM 显示出不同对比度(图 3-49 (b) 中 C、D、E 和 F)[51]。

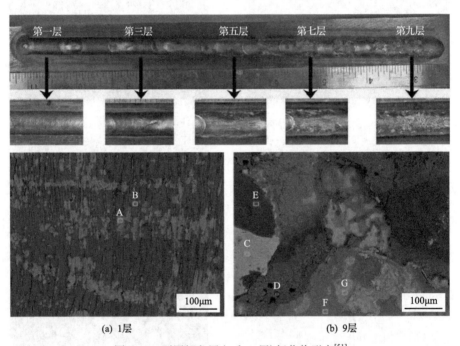

(a) 1层　　　　　　　　(b) 9层

图 3-49　不同打印层(1 和 9 层)氧化物形态[51]

图 3-50 所示 WAAM 样品截面形貌清晰地显示了氧化物的累积过程。当只有一层氧化物沉积时，少量氧化物形成薄层，并不能覆盖整个表面；随着更多氧化层的沉积，氧化层逐渐生长并覆盖整个表面。根据 EDS 结果，马氏体时效钢表面氧化物主要是 Al、Ti 和 Fe 的氧化物，它们根据其密度和扩散速率不同分布在不同氧化层中。

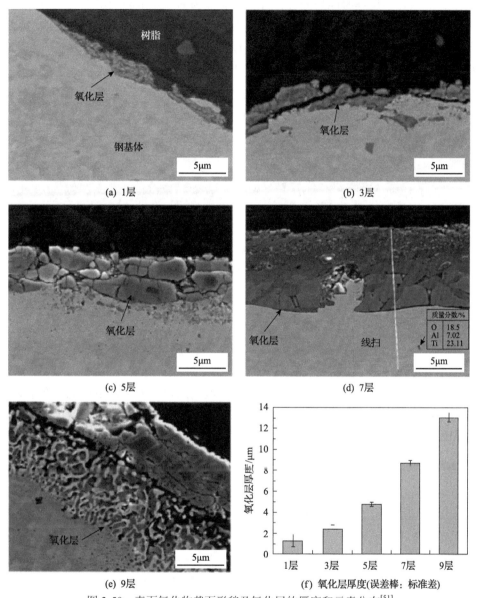

图 3-50　表面氧化物截面形貌及氧化层的厚度和元素分布[51]

可以看出，从基体到氧化层，Al、Ti 和 O 的含量增加，同时 Fe 的含量降低。从氧化层的外表面到基体，依次观察到 Al、Ti 和 Fe 氧化物富集。这可能是由氧化物的密度、扩散方向及扩散速率不同导致的[51]。除了表面氧化物，还会形成层间氧化物，这主要是氧化物密度低于液态金属而漂浮到熔池表面，但熔池的流动可能会将氧化物带入熔池中。当沉积层数增加时，氧化物可能会被截留在两层之间[51]，嵌入在两层连接的界面处，并且从表面延伸到刚沉积的层中。保护气氛不同，增材制品表面的氧化层也会有所差别。在没有保护气体的增材制品的断裂表面中发现了一些分散的球形颗粒(图 3-51)，这些颗粒主要是 Al、Ti 和 Fe 的氧化物，而在有保护气体的样品中则未发现氧化物颗粒。

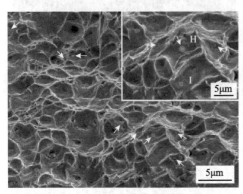

(a) 仅有焊接焰矩保护　　　　　　　　　　(b) 焰矩保护+保护气体

图 3-51　增材制造部件内部的夹渣[51]

## 3.3　本 章 小 结

　　PBF 增材制造中出现的未熔合主要为层间未熔合，未熔合中可能存在未熔化的粉末颗粒，也可能无粉末颗粒。通过提高输入功率或降低扫描速度可以减少这种缺陷。扫描策略会影响未熔合缺陷，例如，扫描长度过长会导致熔池润湿不完全，从而导致未熔合空隙。电子束增材制造中的未熔合与激光比较相似，主要是由局部能量密度不足引起的。线偏移增加会减小熔池之间的重叠面积，而聚焦偏移过大会降低能量集中从而增加部件的孔隙率。WAAM 中层间未熔合尺度一般较大。冷喷涂增材制件中如果颗粒碰撞速度较低，颗粒塑性变形不充分或颗粒间黏合不良将产生未熔合。

　　激光增材制造过程中容易产生氧化物夹杂。LENS 工艺即使在惰性气体中也难以避免氧的存在，当层间间隔较长时，曝光时间的延长将导致形成更多的氧化物夹杂。电子束增材制造在快速冷却过程中可能会析出非金属颗粒，如 EBM 增材制造 Inconel 718 合金时，会产生 TiC 和 NbC 夹杂。WAAM 氧化物累积问题和激光增材制造不同，激光增材制造中氧气来源主要为粉末，而 WAAM 中大气是氧的主要来源。与激光增材制造相比，WAAM 的焊接熔池大得多，冷却速度较慢，因此低密度的氧化物有足够时间从内部熔池溢出漂浮到表面并逐层累积，形成表面氧化物。但熔池的流动也会将氧化物带入熔池，从而形成层间氧化物。

# 参 考 文 献

[1] 刘雪松. 长输管道焊接缺陷预防措施[J]. 电焊机, 2010, 40 (6): 90-92.

[2] 李会, 郭继祥, 何小勃, 等. 铝合金 MIG 焊常见焊接缺陷分析及预防措施[J]. 电焊机, 2013, 43 (4): 72-76.

[3] SHI H, ZHANG K, ZHENG J, et al. Defects inhibition and process optimization for thick plates laser welding with filler wire[J]. Journal of Manufacturing Processes, 2017, 26: 425-432.

[4] TANG M, PISTORIUS P C, BEUTH J L. Prediction of lack-of-fusion porosity for powder bed fusion[J]. Additive Manufacturing, 2017, 14: 39-48.

[5] 中国 3D 打印网. 如何计算金属 3D 打印零件的理想工艺参数. 上篇[EB/OL]. (2019-11-27) [2019-12-3]. https://www.3ddayin.net/xinwenpindao/shendujiedu/38558.html.

[6] ZHANG B, LI Y, BAI Q. Defect formation mechanisms in selective laser melting: A review[J]. Chinese Journal of Mechanical Engineering, 2017, 30 (3): 515-527.

[7] AHMADI A, MIRZAEIFAR R, MOGHADDAM N S, et al. Effect of manufacturing parameters on mechanical properties of 316L stainless steel parts fabricated by selective laser melting: A computational framework[J]. Materials & Design, 2016, 112: 328-338.

[8] SALZBRENNER B C, RODELAS J M, MADISON J D, et al. High-throughput stochastic tensile performance of additively manufactured stainless steel[J]. Journal of Materials Processing Technology, 2017, 241: 1-12.

[9] KUDZAL A, MCWILLIAMS B, HOFMEISTER C, et al. Effect of scan pattern on the microstructure and mechanical properties of powder bed fusion additive manufactured 17-4 stainless steel[J]. Materials & Design, 2017, 133: 205-215.

[10] LIU Q C, ELAMBASSERIL J, SUN S J, et al. The effect of manufacturing defects on the fatigue behaviour of Ti-6Al-4V specimens fabricated using selective laser melting[J]. Advanced Materials Research, 2014, 891-892: 1519-1524.

[11] GONG H, RAFI K, GU H, et al. Analysis of defect generation in Ti-6Al-4V parts made using powder bed fusion additive manufacturing processes[J]. Additive Manufacturing, 2014, 1: 87-98.

[12] VILARO T, COLIN C, BARTOUT J D. As-fabricated and heat-treated microstructures of the Ti-6Al-4V alloy processed by selective laser melting[J]. Metallurgical and Materials Transactions A, 2011, 42 (10): 3190-3199.

[13] ZHOU X, WANG D, LIU X, et al. 3D-imaging of selective laser melting defects in a Co-Cr-Mo alloy by synchrotron radiation micro-CT[J]. Acta Materialia, 2015, 98: 1-16.

[14] XIA M, GU D, YU G, et al. Porosity evolution and its thermodynamic mechanism of randomly packed powder-bed during selective laser melting of Inconel 718 alloy[J]. International Journal of Machine Tools and Manufacture, 2017, 116: 96-106.

[15] GONG H. Generation and detection of defects in metallic parts fabricated by selective laser melting and electron beam melting and their effects on mechanical properties[D]. Louisville: University of Louisville, 2013.

[16] 陈迪, 王燎, 高海燕, 等. 3D 打印钛合金内部孔洞的研究进展[J]. 应用激光, 2019, 39 (1): 72-78.

[17] GALARRAGA H, LADOS D A, DEHOFF R R, et al. Effects of the microstructure and porosity on properties of Ti-6Al-4V ELI alloy fabricated by electron beam melting (EBM)[J]. Additive Manufacturing, 2016, 10: 47-57.

[18] GRELL W A, SOLIS-RAMOS E, CLARK E, et al. Effect of powder oxidation on the impact toughness of electron beam melting Ti-6Al-4V[J]. Additive Manufacturing, 2017, 17: 123-134.

[19] MASUO H, TANAKA Y, MOROKOSHI S, et al. Effects of defects, surface roughness and HIP on fatigue strength of Ti-6Al-4V manufactured by additive manufacturing[J]. Procedia Structural Integrity, 2017, 7: 19-26.

[20] PUEBLA K, MURR L E, GAYTAN S M, et al. Effect of melt scan rate on microstructure and macrostructure for electron beam melting of Ti-6Al-4V[J]. Materials Sciences and Applications, 2012, 3 (5): 259-264.

[21] ZHONG Y, RÄNNAR L E, LIU L, et al. Additive manufacturing of 316L stainless steel by electron beam melting for nuclear fusion applications[J]. Journal of Nuclear Materials, 2017, 486: 234-245.

[22] ZHONG Y, RÄNNAR L E, WIKMAN S, et al. Additive manufacturing of ITER first wall panel parts by two approaches: Selective laser melting and electron beam melting[J]. Fusion Engineering and Design, 2017, 116: 24-33.

[23] RÄNNAR L E, KOPTYUG A, OLSÉN J, et al. Hierarchical structures of stainless steel 316L manufactured by electron beam melting[J]. Additive Manufacturing, 2017, 17: 106-112.

[24] LOPEZ A, BACELAR R, PIRES I, et al. Non-destructive testing application of radiography and ultrasound for wire and arc additive manufacturing[J]. Additive Manufacturing, 2018, 21: 298-306.

[25] YIN S, CAVALIERE P, ALDWELL B, et al. Cold spray additive manufacturing and repair: Fundamentals and applications[J]. Additive Manufacturing, 2018, 21: 628-650.

[26] 冯科, 陈登福, 徐楚韶, 等. 二元合金凝固微观模型的研究现状[J]. 重庆大学学报 (自然科学版), 2004 (10): 79-83.

[27] BRODY H D, FLEMINGS M C. Solute redistribution in dendritic solidification[C]. Solidification and Materials Processing, Cambridge, 2000: 13-22.

[28] 冯妍卉, 张欣欣, 武文斐. 枝晶尺度溶质再分配对连续铸造凝固过程的影响[J]. 热科学与技术, 2003 (3): 215-220.

[29] 闫二虎, 孙立贤, 徐芬, 等. 基于 Thermo-Calc 和微观偏析统一模型对 Al-6.32Cu-25.13Mg 合金凝固路径的预测[J]. 金属学报, 2016, 52 (5): 632-640.

[30] ZELDOVICH Y B. On the theory of new phase formation: Cavitation // BARENBLATT G I, SUNYAEV R A. Selected Works of Yakov Borisovich Zeldovich, Volume I: Chemical Physics and Hydrodynamics[M]. Princeton: Princeton University Press, 1943: 120-137.

[31] TURNBULL D, FISHER J C. Rate of nucleation in condensed systems[J]. The Journal of Chemical Physics, 1949, 17 (1): 71-73.

[32] VOLMER M, WEBER A. Keimbildung in übersättigten gebilden[J]. Zeitschrift Für Physikalische Chemie, 1926, 119 (1): 277-301.

[33] BECKER R, DÖRING W. Kinetische behandlung der keimbildung in übersättigten dämpfen[J]. Annalen der Physik, 1935, 416 (8): 719-752.

[34] SUZUKI M, YAMAGUCHI R, MURAKAMI K, et al. Inclusion particle growth during solidification of stainless steel[J]. ISIJ International, 2001, 41 (3): 247-256.

[35] VOORHEES P W. The theory of Ostwald ripening[J]. Journal of Statistical Physics, 1985, 38 (1-2): 231-252.

[36] YAMADA W, MATSUMIYA T, ITO A. Development of simulation model for composition change of nonmetallic inclusions during solidification of steels[C]. The Sixth International Iron and Steel Congress, Tokyo, 1990: 618-625.

[37] CHOUDHARY S K, GHOSH A. Mathematical model for prediction of composition of inclusions formed during solidification of liquid steel[J]. ISIJ International, 2009, 49(12): 1819-1827.

[38] BELLOT J P, DESCOTES V, JARDY A. Numerical modeling of inclusion behavior in liquid metal processing[J]. JOM, 2013, 65 (9): 1164-1172.

[39] DESCOTES V, BELLOT J P, WITZKE S, et al. Modeling the titanium nitride (TiN) germination and growth during the solidification of a maraging steel[C]. Proceedings of the 2013 International Symposium on Liquid Metal Processing & Casting, Zurich, 2013: 201-206.

[40] SA D. Inclusion formation and microstructure evolution in low alloy steel welds[J]. ISIJ International, 2002, 42 (12): 1344-1353.

[41] ZHANG Y N, CAO X, WANJARA P, et al. Oxide films in laser additive manufactured Inconel 718[J]. Acta Materialia, 2013, 61 (17): 6562-6576.

[42] SAEIDI K, GAO X, ZHONG Y, et al. Hardened austenite steel with columnar sub-grain structure formed by laser melting[J]. Materials Science and Engineering: A, 2015, 625: 221-229.

[43] LOU X, ANDRESEN P L, REBAK R B. Oxide inclusions in laser additive manufactured stainless steel and their effects on impact toughness and stress corrosion cracking behavior[J]. Journal of Nuclear Materials, 2018, 499: 182-190.

[44] BOURELL D, KRUTH J P, LEU M, et al. Materials for additive manufacturing[J]. CIRP Annals, 2017, 66 (2): 659-681.

[45] CASATI R, LEMKE J, VEDANI M. Microstructure and fracture behavior of 316L austenitic stainless steel produced by selective laser melting[J]. Journal of Materials Science & Technology, 2016, 32 (8): 738-744.

[46] LOUVIS E, FOX P, SUTCLIFFE C J. Selective laser melting of aluminium components[J]. Journal of Materials Processing Technology, 2011, 211(2): 275-284.

[47] BRANDÃO A, GERARD R, GUMPINGER J, et al. Challenges in additive manufacturing of space parts: Powder feedstock cross-contamination and its impact on end products[J]. Materials, 2017, 10 (5): 522.

[48] SONG M, LIN X, LIU F, et al. Effect of environmental oxygen content on the oxide inclusion in laser solid formed AISI 420 stainless steel[J]. Materials & Design, 2016, 90: 459-467.

[49] YADOLLAHI A, SHAMSAEI N, HAMMI Y, et al. Quantification of tensile damage evolution in additive manufactured austenitic stainless steels[J]. Materials Science and Engineering: A, 2016, 657: 399-405.

[50] POLONSKY A T, ECHLIN M L P, LENTHE W C, et al. Defects and 3D structural inhomogeneity in electron beam additively manufactured Inconel 718[J]. Materials Characterization, 2018, 143: 171-181.

[51] XU X, DING J, GANGULY S, et al. Oxide accumulation effects on wire+ arc layer-by-layer additive manufacture process[J]. Journal of Materials Processing Technology, 2018, 252: 739-750.

# 第4章 金属增材制造的裂纹缺陷

金属增材制造技术的叠层累加制造方式经常会导致复杂的残余应力，容易使打印零件产生裂纹缺陷，降低零件的疲劳强度等力学性能。裂纹缺陷按照形成机理主要分为凝固裂纹、液化裂纹、冷裂纹和分层。不同材料中裂纹形成机制存在一定的差异，后处理不能有效消除裂纹缺陷，因此对裂纹形成的控制和消除是增材制造的难点之一。在典型增材制造材料中均有可能存在裂纹缺陷，主要通过材料成分和优化制造工艺来尽量避免。本章将介绍各类裂纹的微观形成机理及典型裂纹缺陷的特征。

## 4.1 裂纹缺陷的冶金基础

### 4.1.1 残余应力

残余应力是指当物体在没有外部因素作用时，物体内部保持平衡而存在的应力。导致增材制造部件产生残余应力的关键物理因素包括行进热源的局部加热和冷却引起的空间温度梯度、加热和冷却引起的材料热膨胀以及力平衡和应力-应变本构行为等。温度梯度主要由不均匀的加热导致。金属各部分受热不均匀，其膨胀的位置就不同，从而各部位之间的相互制约就会形成残余应力。特别是增材制造中常用的金属的热膨胀系数高于 $1\times10^{-5}K^{-1}$。温度变化为几百开时，产生的热应变就可能超过弹性应变极限，导致在进一步加热或冷却过程中累积塑性应变。目前适用并且有效减少残余应力的方法是热梯度控制，如预热基板[1-3]或粉末[4-6]。预热可以有效减小温差，从而减小热应变而导致应力降低。预热基板不仅可以降低制造后部件中的最终残余应力，还可以降低打印期间部件中的应力。此外，机械控制方法也可以降低残余应力，该方法是通过引入原位压缩应力来平衡高拉伸残余应力的，如激光冲击强化[7-9]或轧制[10, 11]。

### 4.1.2 凝固行为

如图 4-1 所示，高温金属熔体的凝固过程分为四个阶段[12,13]。

(1)第一阶段为液相区(liquid area)，合金温度在液相线以上，合金可以自由流动，不会产生裂纹。

(2)第二阶段为悬浮区(slurry area)，合金温度在液相线以下，固相析出，但固相并未形成骨架，固相可以自由流动。在这个阶段产生裂纹，自由流动的液体可以进行填充。

（3）第二阶段为糊状区（mush area），合金温度降低至液相线以下的某个温度，固相析出，并相互连接形成骨架。在拉应力作用下，枝晶容易产生晶间裂纹，此时液体较少，流动困难，难以愈合裂纹，因此此阶段容易产生裂纹。

（4）第四阶段为固相区（solid area），合金处于固态，在应力作用下很容易产生塑性变形，形成裂纹的概率较小。

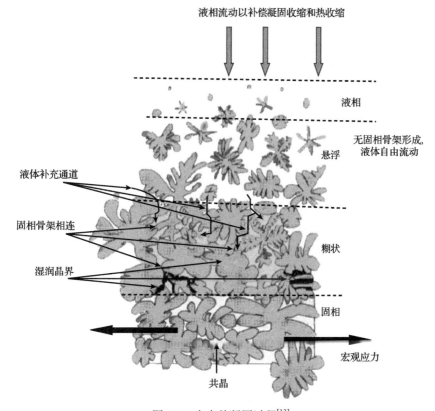

图 4-1　合金的凝固过程[13]

增材制造涉及许多加工参数，如扫描速度、功率、热源的光斑尺寸、粉末尺寸分布、粉末流速或粉末层厚度等。此外，粉末工艺和扫描策略也会影响部件的完整性。对于特定的增材制造工艺，各种沉积材料的凝固微观组织由几个关键参数确定，即温度梯度 $G$、凝固速率 $R$ 和过冷度。使用 $G$ 和 $R$ 以及 $GR$ 和 $G/R$ 构建金属材料凝固模式图（图 4-2）。其中 $G/R$ 决定凝固模式，而 $GR$ 决定凝固微观结构尺寸[14]。随着 $G/R$ 的降低，凝固微观结构发生平面—胞状—柱状—等轴的转变。这四种微观结构的尺寸都随着冷却速率的增加而减小。

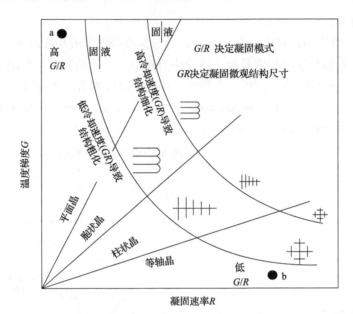

图 4-2　温度梯度 $G$ 和凝固速率 $R$ 对凝固模式与微观结构尺寸的影响[15]

在增材制造部件中最常出现的微观结构是枝晶和等轴晶(图 4-3)。除了枝晶结构，增材制造部件的微观凝固组织结构还可能由大量的沉淀相组成，特别是对于那些沉淀强化合金(如 Ni 基超合金)。这主要是由于高度局部熔化的熔池中快速冷却经常会形成非平衡凝固条件。与平衡凝固相比，在非平衡凝固条件下，固体中的扩散十分有限，没有足够的时间将溶质合金元素分配到液体中再流回到固体中，因此随着这些合金元素在剩余液体中浓度的增加，在凝固阶段末期可能发生共晶凝固而形成沉淀相。在 Inconel 718 合金的各种增材制造过程中，由于这类溶质元素存在微观偏析，通常在枝晶间区域观察到 Laves 相和富 Nb 的 MC 型碳化物[16]。

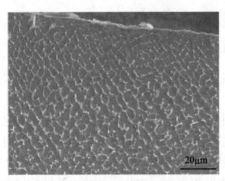

(a) 金属增材制造中的等轴晶结构

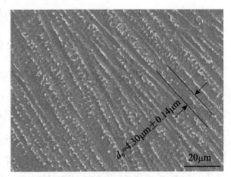

(b) 金属增材制造中的枝晶结构

图 4-3　金属增材制造中的等轴晶及枝晶结构[17]

# 4.2　凝 固 裂 纹

在增材制造部件中经常可以观察到沿晶界产生的凝固裂纹(solidification crack)。一般凝固裂纹是在冷却过程中的凝固温度附近,结晶区域的液相或脆弱的杂质较多的液体薄膜不能支撑由于凝固进行而发生的收缩应力引发的。金属液体存在凝固收缩和热收缩,也就是凝固的沉积层趋于收缩。然而,基板或前一沉积层的温度低于沉积层温度,因此沉积层的收缩大于其下层的收缩,导致固化层的收缩受到基板或前一沉积层的阻碍,在凝固层处产生拉应力。如果该拉应力超过凝固金属的强度,将会沿着晶界产生裂纹。

## 4.2.1　微观机制

凝固裂纹的产生有多种机理,包括强度理论、液膜理论、综合作用理论和回流愈合理论。

(1) 强度理论[18,19]。强度理论认为在金属凝固过程中存在一个脆性温度区间,在此区间内金属具有较低的力学性能(图4-4)。当金属的强度不足以支撑金属在凝固过程中受到的相变应力、热应力和收缩应力时,就会产生凝固裂纹。根据强度理论,凝固裂纹总是发生在脆性温度区间。对于合金来说,脆性温度区间越大,凝固裂纹敏感性越大。

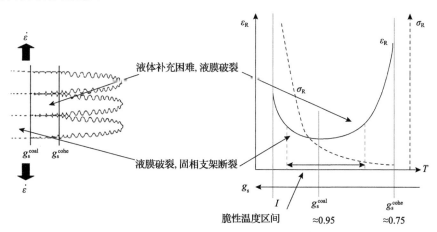

图 4-4　合金凝固过程中的脆性温度区间力学性能[20]

$\dot{\varepsilon}$ 为应变速率; $g_s^{coal}$ 为固相开始聚结的固相分数; $g_s^{cohe}$ 为固相骨架开始形成的固相分数; $\varepsilon_R$ 为应变; $\sigma_R$ 为应力; $g_s$ 为固相分数

(2) 液膜理论[21,22]。液膜理论认为在金属凝固后期,合金中剩余少量的液体,这些液体包覆在晶界上,形成一层液体薄膜。随着合金的冷却,薄膜不断变薄,液膜受到拉伸，当拉应力超过液膜的最大强度时，液膜破裂。

(3)综合作用理论[23]。综合作用理论和液膜理论都适用于凝固裂纹发生在凝固后期的情况。综合作用理论认为凝固裂纹是在固相搭接已经形成、液膜极端薄的情况下形成的。凝固裂纹由局部应力造成的液膜开裂或者固相搭桥断裂引起。局部应力和液膜或者固相搭桥的临界强度决定裂纹的产生与否。综合作用理论认为晶间液体是影响凝固裂纹的重要因素。分布在晶间的液体越多、越薄，越容易产生凝固裂纹[24]。

(4)回流愈合理论[25-27]。回流愈合理论适用于裂纹发生在凝固前期的情况。该理论认为当液体填充裂纹的速度大于合金凝固收缩的速度时，凝固裂纹不会形成，反之，若凝固收缩导致的液膜断裂不能被液体及时补充将会产生裂纹。

上述理论对于开裂模型的描述具有较大差异，但其理论核心都是沿着凝固边界需要存在某种形式的液膜。这种液膜在凝固冷却过程中无法支撑由收缩导致的应变，导致与这些边界分离，从而形成凝固裂纹。

图 4-5 为凝固裂纹的产生及扩展模型，主要分为三个阶段。

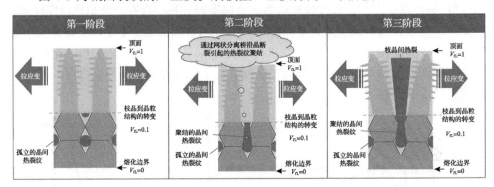

图 4-5　凝固裂纹模型[28]

$V_{fl}$ 为液体体积分数

(1)在第一阶段，晶间裂纹在低熔点相上成核。在凝固过程中，当 $V_{fl}<0.1$ 并且温度接近固相温度时，枝晶向晶界结构转变后，部分溶质元素和杂质元素偏析到晶界。因此在晶粒间形成了低熔点共晶液体。在拉应变作用下，裂纹在晶粒间形成亚表面。

(2)第二阶段，随着应变的增加，热裂纹在晶间通过断裂聚结，有些裂纹无法聚结，因此仍是孤立的，一些裂纹相互聚结，但仍与大块裂纹隔离，最终裂纹通过晶粒结构扩展到枝晶结构。

(3)第三阶段，一旦晶粒间热裂纹的聚集扩展到凝固的枝晶，就会产生热撕裂。应变是裂纹扩展的驱动力，并且随着凝固而继续发展。如果凝固和应变无限制地继续发展下去，裂纹将继续扩展。凝固速率和应变将影响裂纹的扩展速率。如果完全失去驱动力，裂纹将失去传播和生长的能力。在这种情况下，如果裂纹尖端存在较高体积分数的液体，共晶液体可以愈合部分裂纹。

### 4.2.2　裂纹微观特征

在增材制造的冷却过程中，凝固过程从熔池底部开始，终止于熔池顶部区域。因此，凝固裂纹只在每一层的顶部产生，但可以在打印下一层的熔合中重新熔化并消除。只有在沉积的最后一层中产生的凝固裂纹可以保留在最终的部件中[29]。由于凝固过程中溶质浓度差异，凝固裂纹通常沿凝固晶界发生并且具有树枝状结构，断裂表面呈现光滑的特征。在断口表面裸露的凝固晶胞或枝晶的尖端使表面呈现卵石状外观。凝固裂纹的树枝状形态使得这种裂纹具有相对容易辨认的特征。在金相中，凝固裂纹几乎都是沿着凝固晶界产生的。在开裂严重的合金中，沿着亚晶界(胞晶和枝晶)可能也会出现凝固裂纹，但这种情况不常见。图 4-6 为焊接中凝固裂纹的典型形貌，凝固裂纹沿焊缝中枝晶的交界处产生，裂纹表面具有明显的树枝状形态。在增材制造中，特别是高温合金的增材制造中也容易产生凝固裂纹(图 4-7)。

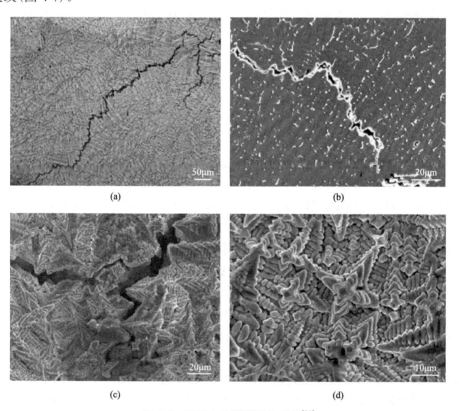

(a)　　　　　　　　　　　(b)

(c)　　　　　　　　　　　(d)

图 4-6　焊接中的凝固裂纹形貌[30]

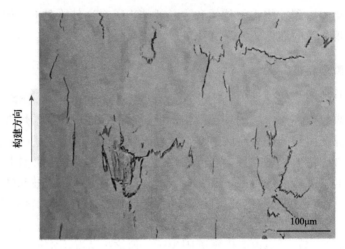

图 4-7　激光增材制造 Inconel 718 合金中的凝固裂纹[31]

### 4.2.3　凝固裂纹的影响因素

成分对于凝固裂纹敏感性有着显著影响。在液-固相转变期间发生体积收缩，因此在凝固过程中产生约束作用是固有的，周围热影响区冷却时发生的热收缩进一步增加了这种约束。通过控制焊缝的几何形状和基底金属的强度，可以在一定程度上影响约束水平。此外，焊接热输入和焊道尺寸、形状等其他因素也会影响约束水平，最终影响工件中的应力状态。

**1. 冶金元素**

一般凝固温度区间越宽，固液相混合区间越大，凝固裂纹的敏感性区域就会越大。杂质元素(如钢及镍基合金中的 S、P 杂质)或某些添加的合金元素都会加大合金的凝固温度区间。硫、磷、碳、镍都是增加凝固裂纹倾向的元素。硫和磷容易在晶界处形成低熔点化合物；碳含量增加可使材料初生相从 δ 相转为 γ 相，降低硫和磷的溶解度，从而导致材料凝固裂纹倾向增大；而镍会与硫形成低熔点化合物，从而增加凝固裂纹敏感性。锰也是影响凝固裂纹的元素。锰具有脱硫作用，可以降低材料的凝固裂纹敏感性。因此，为了降低材料的凝固裂纹敏感性，Mn/S 比应当随钢中碳含量增加而增加，图 4-8 为 Mn/S 比和碳含量对钢凝固裂纹的影响。少量的 Si 可以降低裂纹敏感性，但硅含量较高(>0.4%)时会形成硅酸盐夹杂从而增加开裂倾向[32]。图 4-9 为不同元素成分对结构钢的裂纹敏感性的影响。形成硅酸盐夹杂从而增加开裂倾向[32]。图 4-9 为不同元素成分对结构钢的裂纹敏感性的影响。图中 Ni$_{eq}$ 为镍当量，是反映焊缝组织中奥氏体化程度的指标。其量值是根据焊缝金属组织中参与奥氏体化元素促进奥氏体形成的强烈程度，并折算成 Ni 的总和。$Cr_{eq}$ 为铬当量，是反映焊缝中铁素体化程度的指标，其量值也是将参与铁素体化各元素折算成 Cr 的总和。

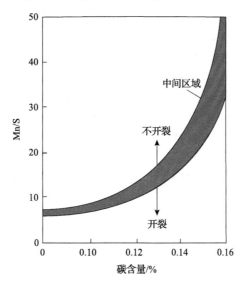

图 4-8　Mn/S 和碳含量对钢凝固裂纹的影响

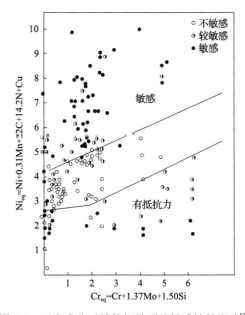

图 4-9　元素成分对结构钢的裂纹敏感性的影响[33]

## 2. 初生相

对于奥氏体不锈钢，如果在凝固初期形成的是铁素体而不是奥氏体，那么形成凝固裂纹的敏感性将大大降低。影响初生相的因素有很多：Cr/Ni 增加，初生相会由奥氏体变为铁素体(图 4-10)；激光束焊和电子束焊冷却速度很快，过冷会导致焊缝金属不形成铁素体而形成奥氏体初生相；有害合金元素 S 和 P 等在铁素体中的固溶度远大于在奥氏体中的固溶度。因此，足够的铁素体可以避免杂质元素在晶界的富集，从而降低凝固裂纹倾向。此外，如果初生相为铁素体，那么铁素体与奥氏体之间的晶界位置就会作为一个消耗杂质的区域，降低奥氏体晶界上有害杂质的含量，可减少凝固裂纹。通常奥氏体不锈钢中铁素体含量为 5%～10%时，其凝固裂纹倾向要比全奥氏体不锈钢显著降低。但铁素体含量一般不超过 10%，否则会降低不锈钢的抗腐蚀性能。

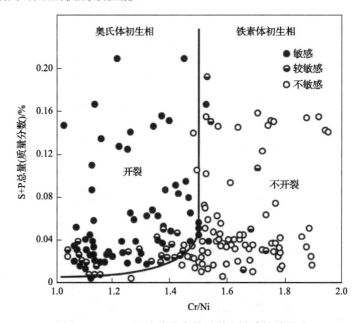

图 4-10　Cr/Ni 及硫磷总含量对裂纹敏感性的影响

### 3. 组织形态

组织的晶粒大小及取向都会影响凝固裂纹敏感性。晶粒越大，结晶取向方向性越强，裂纹敏感性越大。因此细化晶粒组织可以降低开裂倾向。

### 4. 易熔共晶化合物

晶间存在的易熔共晶化合物会大大增加凝固裂纹倾向，但当易熔共晶化合物增多到一定程度时，较多的易熔共晶化合物可以在晶粒间自由流动，填充晶粒间由拉应力形成的裂缝，反而降低了凝固裂纹倾向。但要注意的是，晶间存在过多的易熔相会增加材料的脆性，影响材料性能。

### 5. 应力应变

凝固裂纹呈现高温沿晶断裂特征。当金属在高温阶段的塑性和强度小于凝固收缩产生的应力时，发生沿晶断裂。凝固收缩的应力受多种因素影响，如温度梯度和金属热膨胀系数等[34]。

### 6. 几何约束

在增材制造中几何约束是不易改变的因素，但可以通过控制扫描模式来缓解由几何约束造成的高应力水平[35]。

### 7. 熔池宽深比

熔池宽深比也会影响凝固裂纹。当熔池收缩凝固时，在熔池的边界处可能形成残余应力。更深和更窄的熔池将会具有更高的残余应力(图 4-11)。

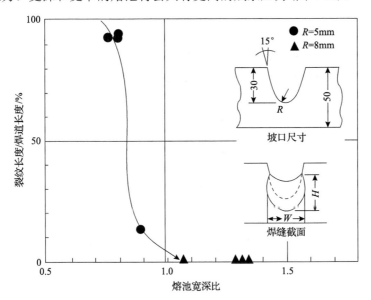

图 4-11　熔池宽深比与凝固裂纹敏感性的关系[36]

## 4.2.4　预防措施

### 1. 成分控制

尽量限制金属材料中 S、P 和 C 等有害杂质的含量。此外，可以在焊缝或母材中加入一些细化晶粒的元素，如 Mo、V、Ti、Zr 和 Al 等元素。

**2. 工艺控制**

通过调整工艺参数，控制熔池形状，从而降低熔池的残余应力。对于电子束增材制造，在相同的扫描速度和功率下，增加光斑直径通常会降低熔池长度。对于给定的光斑直径，熔池的宽度通常随着扫描速度的降低及功率的增加而增加。熔池的深度通常随着光斑直径及扫描速度的增加而减小，随功率的增加而增加[37, 38]。在激光增材制造中也观察到类似结果，熔池宽度随扫描速度的增加而减小[39]。WAAM 中，减小焊接电流、增大电弧电压都可以提高宽深比。此外，还要控制焊接速度。焊接速度过快，会导致熔池宽深比降低，在焊缝处形成柱状晶，造成焊缝中心线上形成偏析层，从而增加开裂倾向。此外，通过预热降低冷却速度也可以降低热裂倾向。增加热输入也能降低冷却速度，但要注意的是，热输入的增加能促进晶粒长大，增加偏析倾向[40]。

# 4.3　液化裂纹

在增材制造中，在糊状区或部分熔化区中可以观察到液化裂纹[41]。在部分熔化区，合金在液相线以下快速加热，使某些晶界析出相(如低熔点碳化物)熔化。随后冷却期间，部分熔化区由于打印层的凝固收缩及热收缩而承受拉应力。在这种力的作用下，在晶界相或碳化物周围的液膜可能会成为开裂点[42]。具有较宽的糊状区(液相线和固相线差异很大，如镍基高温合金)、大的凝固速度(具有较大的熔池，如 Ti-6Al-4V)以及较大的热收缩(具有高的热膨胀系数)的合金最容易受到液化裂纹的影响[42]。

## 4.3.1　产生机理

液化裂纹的产生分为三个阶段，图 4-12 为液化裂纹模型示意图。

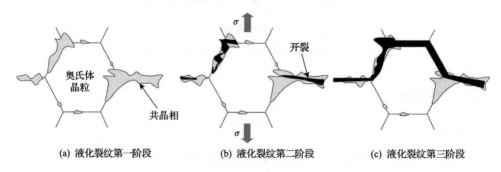

(a) 液化裂纹第一阶段　　　　(b) 液化裂纹第二阶段　　　　(c) 液化裂纹第三阶段

图 4-12　液化裂纹模型[43]

　　第一个阶段是晶界处的液化过程。在热循环的影响下，低熔点共晶相或杂质相在晶界析出，由此产生的液态金属填充晶界。在该阶段，热输入和热应力较小，晶体通过塑性变形来适应应力变化，结果导致晶界再次被凝固金属覆盖。尽管晶界产生液化，但收缩应力较小，因此不产生裂纹，如图 4-12(a)所示。

　　第二阶段是液化开裂的开始阶段。随着热输入的增加，越来越多的晶界出现液化。冷却过程中产生的热应力也增加，大大削弱了相邻晶界之间的结合力。当应力超过晶粒塑性变形的极限时，就会在晶界产生离散的微裂纹(图 4-12(b))。离散裂纹的出现不仅是由热应力引起的，还归因于成分偏析。

　　第三阶段是裂纹的扩展阶段。当热应力超过晶界结合力时，微裂纹将会沿晶界不受约束地扩展。随着裂纹扩展和集聚，产生明显的裂纹，如图 4-12(c)所示。

　　目前晶界液膜的产生有两种机理：渗透机理和偏析机理。

### 1. 渗透机理

　　由渗透机理导致的液化裂纹有三个条件：首先，必须在微观结构中发生局部液化；其次，必须有晶粒长大的热驱动力，从而使晶界可以与液体相互作用；最后，液体必须能够润湿或渗透晶界，以使其易于开裂。渗透机理的示意图如图 4-13所示。液化和晶界运动必须同步。当晶界与包裹着粒子的液体区域相碰撞时，晶界运动受到限制。液体可以沿晶界处渗透，这样就产生了晶界液膜。渗透程度取决于温度场、润湿特性及液体量。

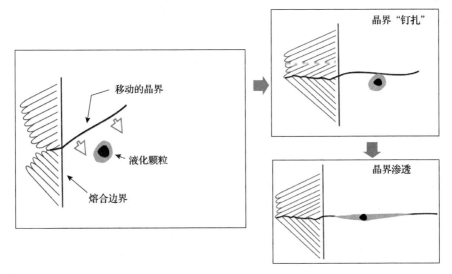

图 4-13　液化裂纹渗透机理示意图

2. 偏析机理

没有组分液化这一过程的材料中也会发现液化裂纹，这时用渗透机理已经无法解释，因此必须用其他机理解释晶界液化现象。合金中添加的合金元素或杂质在凝固过程中在晶界处偏析，从而降低了晶界处的熔化温度，因此在晶界处产生液体薄膜(图 4-14)。

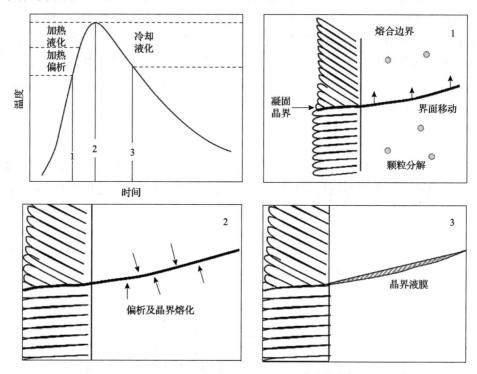

图 4-14　液化裂纹偏析机理示意图

### 4.3.2　典型微观形貌

液化裂纹一般出现在热影响区，但液化裂纹一旦产生便会保留在打印后的热影响区中，并且随着下一层的打印，液化裂纹逐层变大[29]。和凝固裂纹一样，液化裂纹也是沿晶的，但在裂纹表面上没有树枝状结构。液化裂纹光滑，无明显撕裂组织。图 4-15 为焊接镍基合金中的液化裂纹形貌，可以看出液化裂纹沿着热影响区中的液化晶界产生，具有典型的液化裂纹的不规则和锯齿形态。热影响区裂纹是晶间裂纹，有些裂纹延伸到熔化区。此外，液化裂纹和一些晶界成分的液化有关，如镍基合金中的 γ-γ′共晶体和碳化物等。

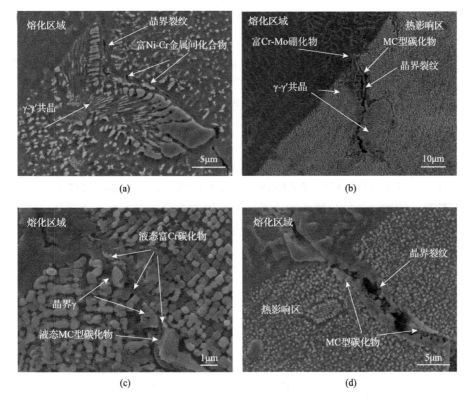

图 4-15　焊接中的液化裂纹[44]

图 4-16 为增材制造镍基合金液化裂纹典型形貌，其形貌与焊接中的液化裂纹形态类似，沿裂纹同样可以观察到低熔点相，这表明沉积过程中存在液膜。

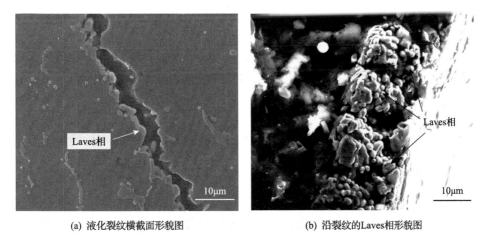

(a) 液化裂纹横截面形貌图　　　　　(b) 沿裂纹的Laves相形貌图

图 4-16　增材制造镍基合金的液化裂纹典型形貌[45]

### 4.3.3　影响液化裂纹敏感性的因素

影响液化裂纹敏感性的因素可以分为两大类：一类是应力，另一类是液膜厚度。应力的增大和液膜厚度的增加会加剧液化裂纹敏感性，包括成分、晶粒尺寸、基材金属的热处理条件、热输入和填充金属的选择。

**1. 应力**

(1)晶粒尺寸及取向差。晶粒尺寸增加，晶界面积减小，作用在单位晶界上的应力变大，因此粗晶材料更容易破裂。如图 4-17 所示，在 Inconel 718 合金中，随着晶粒尺寸的增加，液化裂纹敏感性增加。通常来说，液化裂纹敏感性随晶粒尺寸的增加而增大。此外，晶界取向差也会影响材料的液化裂纹敏感性。大角度晶界的液化裂纹敏感性较低，而小角度晶界易液化开裂[38]。

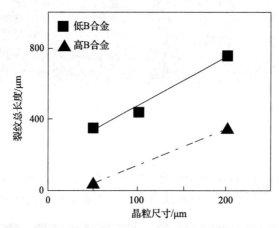

图 4-17　晶粒尺寸对 Inconel 718 合金热影响区液化裂纹的影响[46]

(2)基材金属的硬度。基材金属的硬度影响液化裂纹敏感性。基材金属硬度较大时，应力集中在液化晶界上，将会增加开裂倾向。对基材进行固溶热处理可以溶解一些可能在焊接过程中液化的成分，并且通过降低基材的强度水平降低热影响区的约束。

(3)热输入。热输入的增加会造成很大的温度梯度，从而增加部件的热应力[47]。

**2. 液膜厚度**

(1)成分。对于易出现液化裂纹的高强度钢、不锈钢和耐热合金，除了 S、P、C 的有害作用，Ni、Cr 和 B 也会影响液化裂纹倾向。Ni 会显著降低硫和磷的溶解度，容易在晶界处形成低熔点化合物，增加开裂倾向。Cr 含量不高时，对液化裂纹没有不良影响，但当其含量高时，在晶界可能引起偏析，增加热裂倾向。B 在铁和镍中的溶解度很小，只要微量的 B 就能产生明显的晶界偏析。除了能形成硼化物和硼碳化物，还与铁、镍形成低熔点共晶化合物，因此微量 B 就能引起液化裂纹。对于添加 Nb 的镍基合金及含 Ti 的不锈钢，合金中的 Nb 或 Ti 会形成 MC 型碳化物，其易在热影响区中结构液化，从而易于产生液化裂纹。

（2）热输入。激光功率的增加或扫描速度的降低会增加液膜厚度。

### 4.3.4　预防措施

#### 1. 控制成分

成分对液化裂纹敏感性影响最大，应尽可能降低母材金属中的 S、P、Si 等易形成低熔点共晶化合物组成元素的含量。Nb 和 Ti 在合金中易形成 MC 型碳化物，凝固过程中易于组分液化，但在某些材料中，如镍基合金、含 Ti 的不锈钢，有意添加 Nb、Ti 来强化合金的性能。因此对于这些材料来说，通过组分控制防止液化开裂是不可行的，需要采取其他手段。

#### 2. 工艺参数控制

通过调整工艺参数降低部件中的热应力，减小液膜厚度。例如，激光扫描速度的增加会增加热应力从而增加液化裂纹敏感性。热输入的增加也会增加开裂倾向，因为热输入的增大导致应力较大。此外，热量增多，晶界低熔点相的熔化严重，液膜厚度增大，导致液化裂纹倾向增大[43, 45]。

## 4.4　冷　裂　纹

冷裂纹是在金属冷却到较低温度时产生的裂纹。这类裂纹是中碳钢、高碳钢、低合金高强钢、工具钢及钛合金等成形加工中易出现的一类缺陷。

### 4.4.1　微观机制

具有淬硬倾向的材料在增材制造过程中近缝区加热温度很高，在凝固过程中冷却速度较快时，将生成马氏体组织。该组织具有良好的硬度和强度，但塑性和韧性较差。在凝固后期产生的残余应力大于材料的抗拉强度，将会产生裂纹[48]。

### 4.4.2　典型微观形貌

裂纹可沿晶扩展，也可以穿晶扩展，呈现脆断特性。图 4-18 为激光增材制造 TC4 钛合金部件中冷裂纹形貌，从中可以看出冷裂纹两侧的针状组织具有连续性，说明裂纹产生于晶粒内部，呈现出典型的穿晶开裂特性。裂纹的扩展区具有阶梯状或河流状的形貌。

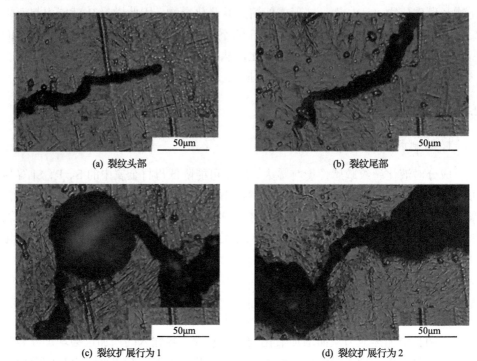

| (a) 裂纹头部 | (b) 裂纹尾部 |
| (c) 裂纹扩展行为 1 | (d) 裂纹扩展行为 2 |

图 4-18 激光增材制造 TC4 钛合金部件中的冷裂纹形貌[49]

### 4.4.3 冷裂纹的影响因素

1. 组织

晶粒相互交错成网篮状马氏体组织。这种组织具有较高的强度和硬度，但塑性和韧性低，容易产生冷裂纹。

2. 残余应力

增材制造过程中局部热输入会导致温度场不均匀，温度梯度会增加部件中的残余应力，从而导致部件开裂。

### 4.4.4 预防措施

通过控制成形的工艺参数(如扫描速度、扫描策略)来控制晶粒大小和生长方向，从而控制微观组织[49, 50]，调整和消除部件中的残余应力，如调整加工工艺、对部件进行预热、施加静载荷或动载荷等[50]。

# 4.5　分　　层

分层是层间的不完全熔化而在部件内相邻层间产生的分离，主要是由粉末的不完全熔化或下层固体重新熔化不完全导致的。分层也是一种特殊的裂纹。裂纹产生并在相邻层间传播，当残余应力超过上层与下层之间的结合力时，就会发生分层[51]。凝固裂纹和液化裂纹是发生在部件内部的微观裂纹，而分层属于宏观裂纹，无法通过后处理来修复。

## 4.5.1　形成原因

热应力的产生有两种机制[52]：一种是在熔化层下面的固体基底中产生的应力；另一种是熔化顶层在冷却阶段引起的应力。

第一种现象称为温度梯度机制(图 4-19)，是由热源下方的固体材料中的陡峭的热梯度引起的。由于固体基底的上层温度高，将会产生膨胀，而下层温度低，将会限制这种膨胀，这将导致在基底的上层中产生压应力，其大小可能会超过材料的屈服强度并导致上层中产生塑性变形。当塑性变形层冷却时，在残余拉应力作用下，它们从压缩状态转变为拉伸状态，并可能产生开裂。

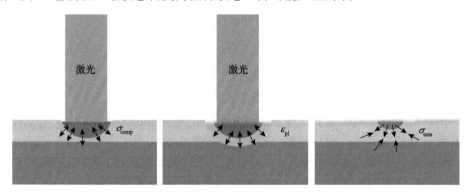

图 4-19　温度梯度机制[52]

第二种机制中，熔化的顶层由于热收缩而趋于收缩，下层将会限制这种变形，从而在顶层中引入拉应力，在下层中引入压应力。

## 4.5.2　预防措施

降低部件中的热应力可以减轻或避免分层。对基底进行均匀的预热，可以降低部件中的热梯度和应力[52-54]。

层间的结合力受扫描方向的影响。如图 4-20 所示，光束在各层中沿 $x$ 方向扫描，以及在 $x$ 和 $y$ 方向交替扫描的模式下，部件中都出现了严重的分层现象。而

在每层中 $x$ 和 $y$ 方向同时进行扫描的模式下，各层间的结合更好[55]。

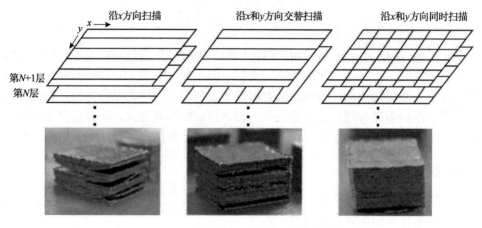

图 4-20　扫描方向对层间结合的影响[55]

减小各层的厚度可以有效降低残余应力。此外，提高热输入也是降低残余应力的有效手段，但要注意的是，热输入的增加会导致热变形加重，因此要在变形和残余应力之间找到一个合适的热输入参数[51]。

# 4.6　典型增材制造材料中的裂纹

## 4.6.1　镍基高温合金中的裂纹

### 1. 概述

增材制造中使用的镍基合金主要为 Inconel 718 和 Inconel 625，因为这两种合金具有较好的可焊性。增材制造过程中，初级热影响区中的一些低熔点相重新熔化，形成晶间液膜。液膜降低了晶界的强度[56, 57]，尤其是对具有高取向角的晶界。同时由于快速凝固收缩和二次 $\gamma'$ 相的快速再沉淀，产生垂直于沉积方向的强拉应变和应力。一旦拉应力超过晶界强度，就会从初级热影响区(第一层沉积层与基板之间的热影响区)开始产生裂纹。在随后沉积过程中无法避免微观偏析，因此在每个沉积层凝固的最后阶段沿晶界和枝晶区域都会形成低熔点相，在下一层沉积时重新熔化，从而在晶界间形成液膜。因此热裂纹在垂直于枝晶生长方向的拉应力作用下会继续传播。但是由于凝固路径复杂，包括熔化、再熔化、部分重熔和循环退火等，很难确定裂纹是由凝固裂纹的扩展还是由液化裂纹的扩展引起的。晶间液膜和强应力应变是镍基合金产生热裂纹的必要条件。

#### 1) 晶间液膜

镍基合金中合金元素较多，而其组织为单相奥氏体，对合金元素溶解度有限，因此这些元素容易在晶界处形成低熔点化合物，在凝固过程中晶界处形成晶间液膜，在应力作用下，极易产生裂纹[58]。S、P 和 Si 是造成晶间低熔点液膜的主要元素。如图 4-21 所示，镍基合金热裂纹周围分布有 γ/γ'共晶、粗晶 γ'及 MC 低熔点相。

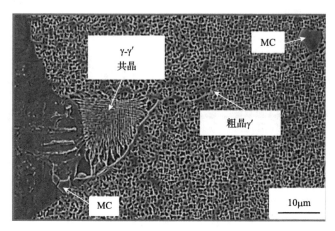

图 4-21　激光增材制造镍基合金热裂纹区域[59]

2）残余应力

在冷却过程中，热收缩和凝固收缩会引起高应力应变以及严重的弹性塑性变形。基板中的应变相对较低且均匀，在沉积层中观察到更多不均匀应变，在枝晶间区域附近具有特别大的应变集中。这是由于位错的运动被枝晶间尤其是纳米尺寸的 MC 颗粒阻碍。由于位错运动困难，对开裂的敏感性会更加明显[60]。

镍基合金液化裂纹影响因素如下：

（1）成分。降低硼含量，可以减少晶界周围硼化物，从而限制富含硼的液膜的形成[61]。

（2）晶粒尺寸。相对于粗晶来说，小尺寸晶粒提供的高密度晶界可以降低作用在单位晶界上的应力，有助于提高合金的抗裂纹敏感性[53]。但应当注意，在晶粒取向高度混乱的细晶区域也容易产生裂纹[57]。

（3）晶粒取向。镍基合金中的热裂纹总是沿着晶界的方向，并且高角度晶界（取向差＞15°）比低角度晶界更容易产生热裂纹。晶界取向对凝固行为的影响机制需要借助一个理论模型[15, 62]。这里要提出吸引性晶界和排斥性晶界[54]的概念（图 4-22）。将晶界能 $\gamma_{gb}$ 与固液界面能 $\gamma_{sl}$ 的两倍作比较。当 $\gamma_{gb}<2\gamma_{sl}$ 时，这种晶界称为吸引性晶界，这时液膜不能稳定存在并且枝晶次臂间发生搭接，这种情况下不易产生热裂纹；相反，当 $\gamma_{gb}>2\gamma_{sl}$ 时，这种晶界称为排斥性晶界，这时液膜能够在枝晶间稳定存在，在应力的作用下，就容易产生热裂纹。此外，混乱度高的晶粒取向也会增加裂纹敏感性。在沉积期间增加基材的冷却效果可以获得高度有序的柱状枝晶，从而大大降低部件的裂纹敏感性[45]。

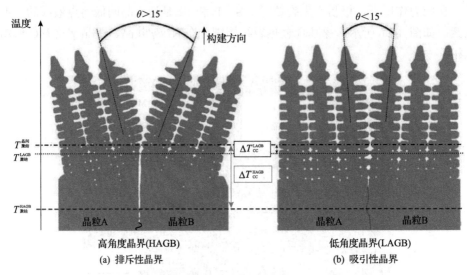

图 4-22　枝状晶凝固过程最后阶段示意图[61]

白色部分为液体，灰色部分为固体

**2. 激光增材制造中的裂纹**

图 4-23 为激光增材制造 Inconel 718 合金中凝固裂纹形貌，可以明显看到裂纹两侧呈现明显的树枝状结构。

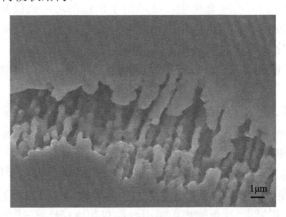

图 4-23　激光增材制造 Inconel 718 合金中的凝固裂纹形貌[31]

图 4-24 为激光增材制造 Inconel 625 合金中的液化裂纹形貌，可以看出在裂纹边界位置处有大量白色沉淀物质，裂纹光滑，无明显撕裂组织。由图 4-25 可以清楚地看到裂纹从晶界处开始并且沿着晶界延伸。这是由于晶界处偏析严重，大量的 Nb、Mo 和其他元素在晶界处富集，形成低熔点相，增加液化裂纹敏感性。

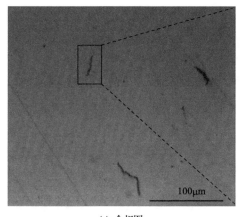
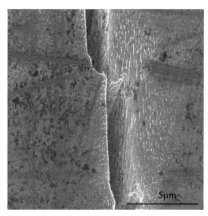

(a) 金相图　　　　　　　　　　　(b) 扫描形貌图

图 4-24　激光增材制造 Inconel 625 合金的液化裂纹形貌[63]

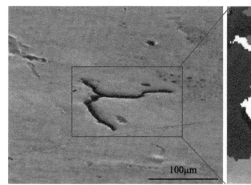

(a) 液化裂纹形貌　　　　　　　　(b) 裂纹周围晶粒的反极(IPF)图

图 4-25　激光增材制造 Inconel 625 合金的液化裂纹及晶粒[63]

晶间液膜和强热应变应力同时存在是引发热影响区裂纹的必要条件，因此最小化甚至消除基材中存在的容易引起热裂纹的因素并减少增材制造过程中的热应变应力是防止热裂纹的关键点。

(1)调整工艺参数。激光功率、扫描速度和热输入对部件性能影响较大。激光功率密度过小，没有足够的能量使金属粉末充分熔化再凝固会造成未熔化部分成为夹杂物，在部件中形成空洞，容易产生裂纹。过高的扫描速度也会导致晶体取向差增大，此外高扫描速度产生的温度场更加不均匀，容易造成部件开裂[45]。但扫描速度太慢会造成增材制造层的合金烧损，热影响区增大，同样会导致液化裂纹的产生。大的热输入会导致晶体取向差增大，增加液化裂纹敏感性，此外热输入的增大也会增加部件中的热应力，导致部件开裂[45]。因此，应当将激光功率密度和扫描速度控制在合理范围内[64]。

(2)预热基板。应力与热影响区中的温度梯度成正比[65]，因此降低温度梯度的方法有利于制造过程中热裂纹的减少。预热基材[66,67]和降低能量输入[68]都可以降低热应力。根据 Li 等[69]的实验，当预热温度达到 300℃时，残余应力降低 50%，并且裂纹的数量和长度显著减少。

（3）成形后热处理。对于增材制造部件，可以用 HIP 技术进行后处理来减少部件中的裂纹。但这种方法只能封闭部件内部的裂纹，无法消除制造部件表面的裂纹（图 4-26）。

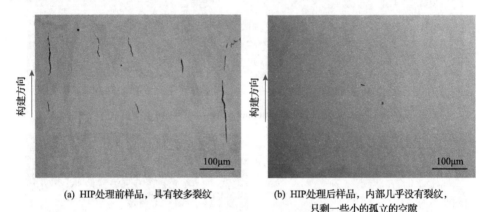

　　(a) HIP处理前样品，具有较多裂纹　　　　(b) HIP处理后样品，内部几乎没有裂纹，
　　　　　　　　　　　　　　　　　　　　　　　　　只剩一些小的孤立的空隙

图 4-26　激光增材制造镍基合金[31]

### 3. 电子束增材制造中的裂纹

图 4-27 为电子束增材制造镍基合金的背散射扫描电镜（BSE-SEM）图和背散射衍射反极（IPF-EBSD）图。由图中可以看出镍基合金部件沿晶界产生了液化裂纹，晶体取向差对裂纹敏感性有影响，裂纹更容易沿高角度晶界产生并传播，而低角度晶界的裂纹敏感性较低[61]。

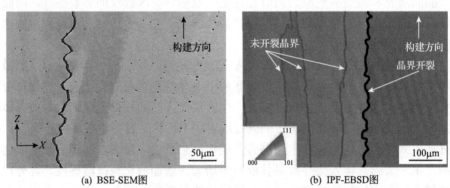

　　　　　(a) BSE-SEM图　　　　　　　　　　　　(b) IPF-EBSD图

图 4-27　电子束增材制造镍基合金[61]

消除措施如下：

（1）粉末预热。对于电子束增材制造，高能量的电子束可以在短时间内对大面积的粉末进行预热，可以增加部件温度场的均匀性，降低部件中的残余应力，从而降低部件的开裂倾向[70,71]。

（2）调整扫描策略。相较于水平方向扫描，垂直方向扫描可以缩小裂纹敏感温度区间，从而降低裂纹敏感性。垂直方向扫描的敏感温度区间较小，可以避开高张力区域，因此抑制了裂纹的产生[72]。

**4. WAAM 中的裂纹**

图 4-28 为 WAAM 镍基合金中裂纹的扫描形貌。液化裂纹呈现光滑断口，而凝固裂纹两侧具有树枝晶结构。

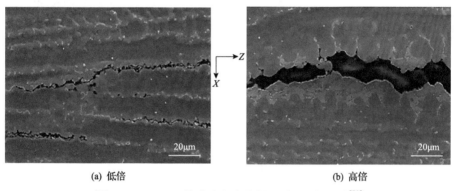

(a) 低倍　　　　　　　　　　　　　　(b) 高倍

图 4-28　WAAM 镍基合金中的凝固裂纹扫描形貌[73]

填充金属对 WAAM 镍基合金中裂纹敏感性具有重要影响。焊接金属的硬度以及焊接金属中 γ 与 γ′ 的晶格错配度影响裂纹敏感性。使用硬度较高、γ 与 γ′ 的晶格错配度较大的填充金属（如 C-263 和 RENE 41），将会提高部件的开裂倾向[74]。通过预焊热处理可以提高基体合金的延展性，并且使沉淀物离散分布，以致晶间裂纹的扩展，降低热裂倾向[74]。

## 4.6.2　钛合金中的裂纹

钛合金增材制造中产生热裂纹的可能性比较小。这是因为钛合金中的杂质元素如硫、磷、碳等较少，晶界上不易出现低熔点化合物。此外钛合金的有效结晶温度区间较小，凝固过程中收缩量较小，因此不易产生热裂纹[75,76]，但在热影响区可能出现冷裂纹。图 4-29 为不同技术制备的 Ti-6Al-4V 的典型微观结构及伸长率。可以看出激光增材制造技术所制备的合金由于快速冷却，形成了 α′ 马氏体。而 EBM 技术制备的合金由于冷却过程在真空中进行，冷却速率较慢，呈现出 α-β 双相结构，导致较低的抗拉强度和较高的伸长率。相比之下，铸造材料晶粒较为粗大，而锻造材料为等轴的 α-β 双相结构。WAAM 技术制备的合金组织和铸造合金组织类似，但是前者的晶粒更加细长。

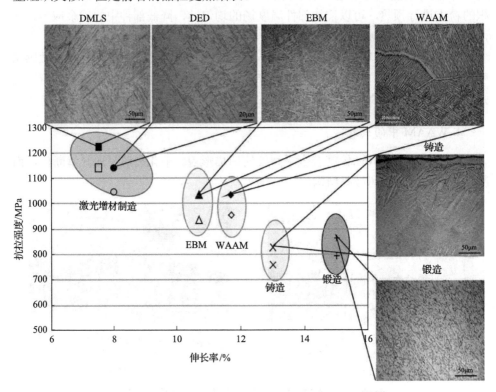

图 4-29　不同技术制备的 Ti-6Al-4V 的显微组织[77-80]

　　SLM 成形的 Ti-6Al-4V 部件中的裂纹主要为冷裂纹 (图 4-30)，裂纹从部件边缘开始扩展，终止于部件内部。裂纹具有穿晶开裂的特点 (图 4-31)，其裂纹断口处可以观察到解理特征 (图 4-32)。Ti-6Al-4V 冷裂纹产生是由于在 SLM 成形过程中部件内部产生了大量的残余应力，而部件由于快速冷却形成了脆而硬的马氏体组织，在应力作用下，容易产生冷裂纹，释放部件内部残余应力[49, 50]。

图 4-30　SLM 成形的 Ti-6Al-4V 部件中裂纹形貌[50]

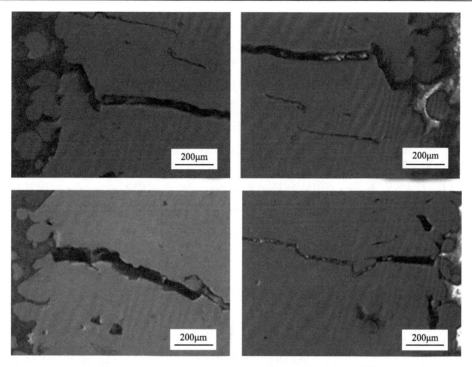

图 4-31　Ti-6Al-4V 纵截面上不同位置处的裂纹形貌[50]

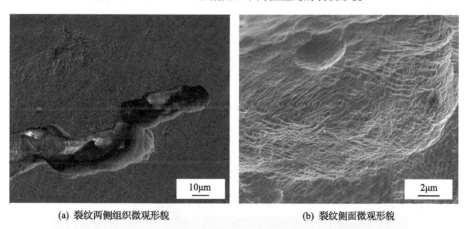

(a) 裂纹两侧组织微观形貌　　　　　　(b) 裂纹侧面微观形貌

图 4-32　Ti-6Al-4V 裂纹扩展区纵截面微观形貌[50]

在 SLM 成形 TC4 钛合金部件中，局部热输入造成的不均匀温度场而产生的残余应力是成形件开裂的主要因素。因此，降低残余应力对减少或消除裂纹具有重要意义，热处理可以降低部件内部的残余应力[49]。此外，施加静载或动载，可以逐步使残余应力在抵抗载荷的过程中释放。但如果在成形过程中已经产生裂纹，那么加热或施加载荷的方法都不能使部件中的裂纹消除。调整工艺参数(如控制激光能量输入、扫描速度及熔滴的体积等)可以控制部件的组织，同时减小成形过程中的温度梯度，从而控制部件的开裂问题[50]。此外，可以通过调整扫描策略减小应力集中[81]。岛状扫描后的温度场更加均匀，而蛇式扫描后的温度场分布不均。岛状扫描策略中扫描完成的"岛"将热量传递给相邻"岛"，可以达到预热效果，其边缘受到相邻"岛"的影响会再次升温。因此，这种方式扫描结束后部件整体温度场分布与蛇式扫描相比更为均匀对称，有利于减小应力集中[81]。

### 4.6.3　铝合金中的裂纹

增材制造铝合金中的主要裂纹类型为液化裂纹和凝固裂纹。液化裂纹通常发生在可热处理铝合金中，这是因为这类合金中添加大量低熔点相形成元素，如果存在足够的应力，将会产生裂纹，特别是在高热输入条件下。

#### 1. 影响因素

铝合金的凝固裂纹受凝固温度范围及凝固过程中可用液体的类型和数量的影响[23]。当合金具有宽的凝固温度范围时，凝固收缩应变较大，导致凝固裂纹敏感性高。此外，凝固温度范围越大，凝固时产生的枝晶越长，枝晶间隙缺乏液体补充，热裂倾向增大。添加合金以缩小凝固温度范围可以有效地降低凝固裂纹敏感性[82]，如在铝合金中添加适量的 Si，可以增加熔融 Al 的流动性并缩小凝固温度范围，从而降低凝固裂纹敏感性。大多数铝合金在凝固结束时会形成一部分共晶液体，这种共晶液体会润湿晶界并促进开裂。但可以控制共晶的含量，通过液体回填使得裂纹愈合。如图 4-33 箭头显示的区域，部分裂纹已经被共晶液体愈合或回填[47]。

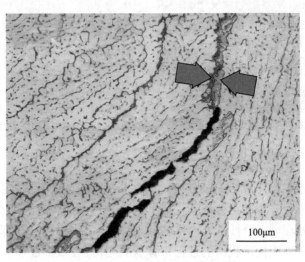

图 4-33　铝合金中的凝固裂纹[47]

　　如图 4-34 所示，与传统增材制造铝合金 AlSi10Mg 相比，高强铝合金 7075 存在更大的温度凝固范围，因此 7075 凝固过程中产生的枝晶较长，液体很难进行填充，热裂纹敏感性较大。而 AlSi10Mg 的凝固温度范围较小，其产生的枝晶较短，液体容易回填，热裂纹倾向较小[73]。

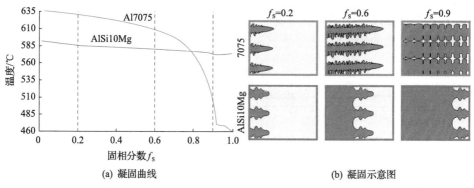

(a) 凝固曲线　　　　　　　　　　(b) 凝固示意图

图 4-34　铝合金 7075 和 AlSi10Mg 的凝固曲线和凝固示意图[83]

### 2. 激光增材制造铝合金中的裂纹

　　由于铝合金粉末具有流动性差、对激光吸收率低、反射率高、热导率高和氧化性强等特点，限制了激光增材制造铝合金的广泛应用。目前使用激光作为热源的铝合金主要为铸造铝合金系列或焊接性较好的铝合金，如 AlSi10Mg[61, 84, 85]、AlSi12Mg[86]。这些合金焊接性较好，液相线和固相线差异小，因此在凝固过程中开裂倾向低[73]。与这类合金相比，高强铝合金 2XXX 系和 7XXX 系凝固温度范围更宽，合金元素含量更高，热导率更高，因此具有很高的热裂倾向 (图 4-35)[87-91]。从图中可以看出开裂为典型的热裂纹，裂纹平行于制造方向。SLM 制备的部件通过调整工艺降低部件的热应力等，可以获得很高的致密度[26, 92]。

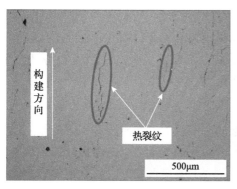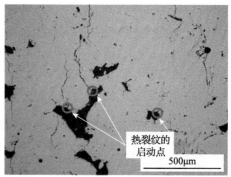

图 4-35　SLM 制备的铝合金 7075 中的裂纹[87]

图 4-36 为扫描速度和离焦量对 SLM 制备的铝合金 7050 结构的影响。离焦量改变了裂纹的形态和分布，随着离焦量的减小，裂纹从与构建方向平行的近似直线的裂纹变倒无序分布的短裂纹；扫描速度的减小也会减少部件中的裂纹，在热传导模式下，随扫描速度的增加，裂纹密度增加。在过渡模式下，裂纹和扫描速度对裂纹影响不大，但随扫描速度增加，裂纹数量有增加的趋势。而在匙孔模式下，在低扫描速度时，制品中出现少量的表面裂纹；高扫描速度时，样品中出现较多的无序分布的裂纹[93]。

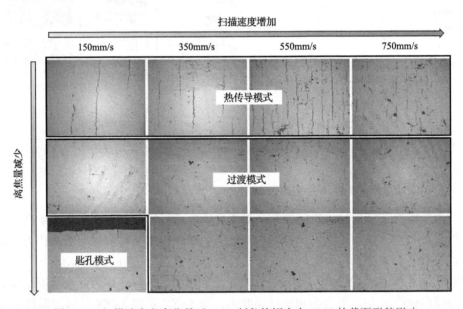

图 4-36　扫描速度和离焦量对 SLM 制备的铝合金 7050 的截面形貌影响

对于增材制造铝合金，液态金属的凝固温度范围和冷却速率是决定热裂纹的两个主要因素，可以通过如下措施对开裂进行控制。

1) 调整工艺参数

通过调整工艺参数来降低冷却速率和凝固速率，可以降低热裂纹形成倾向。减小热输入、保持焊缝处于压缩状态及最小化粉末床/基体上的耗散能量密度，可以在激光增材制造的铝合金部件中减少液化裂纹的产生。

2) 添加成核剂

添加纳米颗粒成核剂可以改变铝合金的凝固行为，在凝固过程中控制晶粒生长为等轴晶而不是柱状晶(图 4-37)，提高合金耐应变能力，从而提高抗裂纹敏感性。利用这种方法，在高强铝合金 7075 和 6061 中加入 Zr，可以获得无裂纹的铝合金部件[83]。

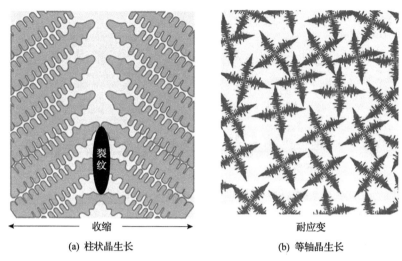

(a) 柱状晶生长　　　　　　　　　　(b) 等轴晶生长

图 4-37　不同形核状态下铝合金 7075 结晶示意图

　　包括铝合金 7075 在内的许多合金在凝固时倾向于通过树枝状生长,凝固收缩时易产生裂纹。合适的纳米颗粒可以诱导异相成核并促进等轴晶生长,从而降低凝固应变的影响。没有添加 Zr 的部件出现裂纹,而添加 Zr 的部件中无裂纹[83](图 4-38)。

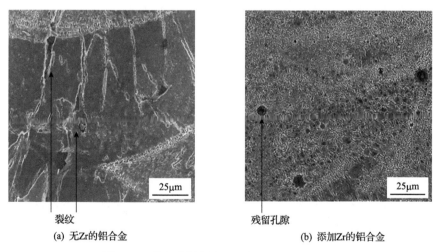

裂纹　　　　　　　　　　　　　　　残留孔隙

(a) 无Zr的铝合金　　　　　　　　　(b) 添加Zr的铝合金

图 4-38　激光增材制造铝合金 7075 的 SEM 图

3) 预热粉末床

　　预热粉末床可以降低残余应力(图 4-39),减少或消除激光增材制造铝合金部件中的裂纹[94,95]。

(a) 未预热　　　　　　　　　　　　　(b) 500℃预热

图 4-39　激光增材制造铝合金部件的显微形貌图[94]

4) 扫描策略

扫描策略直接影响传热、粉末熔化和凝固，最终影响缺陷的位置和分布。通常在 SLM 过程中有三种扫描策略，即单向、"之"字形和正交扫描。单向和"之"字形扫描策略在扫描轨道的开始和结束时，激光功率通常是不稳定的，并且扫描速度逐渐降低，这将导致相对较高的激光能量输入。正交扫描策略可以使激光能量在整个层面上更加平衡，从而有效地防止缺陷的累积和传播。现在已经开发出用于零件制造的岛状扫描策略，如图 4-40 所示。将沉积层分成几个"岛"，每个"岛"随机连续制造，然后连续的层在一定距离内位移。这种方法可以避免在同一位置累积缺陷，同时能够降低制造部件中的残余热应力以减少裂纹的产生和扩展。

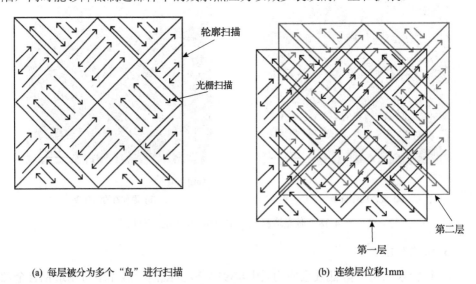

(a) 每层被分为多个"岛"进行扫描　　　　　　(b) 连续层位移1mm

图 4-40　岛状扫描策略示意图 [96]

除了凝固裂纹和液化裂纹，在 SLM 制造的铝合金部件中还会出现分层缺陷

（图 4-41）。铝粉末活性高，容易氧化，因此在激光增材制造中在固体和熔融材料上容易产生氧化铝膜。氧化铝的熔点高于铝合金粉末，未熔化的氧化铝在熔池中会破坏两个连续层之间的结合并导致分层。激光增材制造铝合金无法避免氧化膜的形成，如果要获得致密无分层的部件，必须破坏这些氧化物。使用高激光功率能够蒸发氧化膜，从而获得高密度部件[97]。

图 4-41 SLM 制造铝合金 6061 中的分层缺陷[97]

### 3. WAAM 铝合金中的裂纹

组分是影响开裂敏感性的主要因素。Cu 含量为 4.2%～6.3%、Mg 含量为 0.8%～1.5% 的 Al-Cu-Mg 合金不易开裂。热输入对裂纹敏感性有着显著影响。在相同的行进速度下，较高的送丝速度导致高热输入，增加部件开裂倾向。较大的聚焦光斑尺寸和较低的扫描速度有利于提高抗裂性能[98]。此外，较高的硬度通常会降低合金开裂敏感性，主要是因为硬质材料中的细小颗粒和大量第二相析出有利于抑制裂纹。当硬度较低而热输入较大时，会显著增加合金的热裂倾向（图 4-42）[99]。

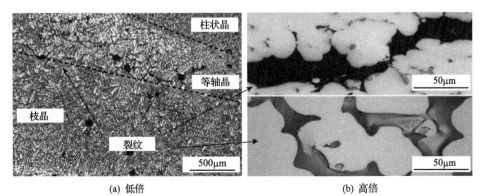

(a) 低倍          (b) 高倍

图 4-42 WAAM Al-Cu-Mg 合金的显微组织[100]

### 4.6.4　不锈钢中的裂纹

316L 不锈钢的导热系数仅为低碳钢导热系数的 1/3，而线膨胀系数为低碳钢的 1.3 倍左右，因此在焊接中易于在焊缝中形成较大的拉应力，具有较高的热裂敏感性。此外，钢中合金成分多，成分之间具有不同的导热系数，在加热时可能产生应力的热失配，从而导致裂纹的生成。

图 4-43 为激光熔覆快速沉积（laser cladding rapid manufacturing, LCRM）316L 不锈钢的开裂图。很明显看出，微观结构由外延柱状树枝晶组成。在凝固过程中，柱状树枝晶接触面积较小，容易形成大面积的液体层，并容易发生液膜分离。316L 不锈钢的裂纹沿柱状树枝晶边界分布，具有明显的晶间裂纹特征。在断裂位置可以看到明显的氧化产物，这表明裂纹是在高温下形成的凝固裂纹。

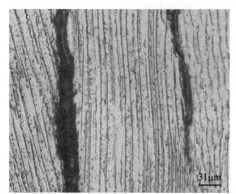 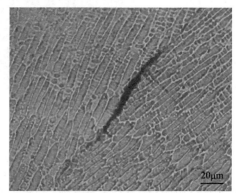

图 4-43　LCRM 制备的 316L 不锈钢的裂纹形貌[100]

在 LCRM 的非平衡凝固条件下，P、S 和 Si 等元素形成低熔点共晶化合物，这些组分在枝晶的边界偏析，具有很高的裂纹敏感性。在凝固初期，液相比例大，并且可以自由流动，枝晶可以自由生长。随着固相比例增加，固相骨架形成，残余液相不能自由流动。凝固期间收缩，应变集中发生在非连续枝晶边界的位置，将产生局部开裂。由于这个过程冷却速度和凝固速度较快，起始裂纹不能通过多余的液相补充。因此随着小裂纹的扩展，将形成凝固裂纹。激光增材制造 316L 不锈钢的裂纹是高温下枝晶边界弱化引起的凝固裂纹，可通过如下措施进行预防。

（1）优化工艺参数。扫描速度、送粉速率、激光功率、能量密度都是影响激光增材制件开裂的重要因素[101]。

（2）增加保护气氛。加工环境对 316L 不锈钢的开裂有重要影响。在空气中沉积时，氧化作用相当严重，杂质和熔渣将成为潜在的开裂源。因此增加保护气氛，将熔池与空气隔开，可大幅降低不锈钢的氧化。

（3）预热和保温。对基材进行预热和保温，可以降低温度梯度，从而降低部件中的热应力，有效地控制裂纹。图 4-44 为采用优化方法制备的 316L 不锈钢及其微观结构，可以看出部件组织致密，没有裂纹和空隙。

图 4-44　LCRM 316L 不锈钢部件及其微观形貌[100]

（4）成形后热处理。HIP 技术进行后处理可以减少部件中的裂纹。由图 4-45 可以看出，经过 HIP 处理后部件中的裂纹显著减少[102]。

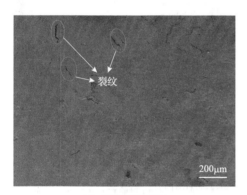

(a) 未经过HIP处理　　　　　　　　　　(b) 经过HIP处理

图 4-45　激光增材制造 316L 不锈钢的显微形貌[102]

M2 高速钢具有优异的力学性能，即使在高温下仍能保持其硬度。M2 高速钢中高碳含量导致四方马氏体晶体结构严重变形，从而产生高硬度。但马氏体相比铁素体更脆，在受到相同应力时，脆性马氏体比铁素体更容易开裂。在 SLM 制造 M2 高速钢过程中可能会产生高残余应力，如果不对工艺或材料进行改进，M2 高速钢几乎无法避免裂纹及分层问题[2]（图 4-46）。

为了消除 M2 高速钢中的裂纹，可以通过预热基板降低热梯度从而降低应力。图 4-47 为不同温度预热基板生产的 M2 高速钢部件，可以看出 200℃预热时，制备的部件没有裂纹产生。

图 4-46　SLM 制造的 M2 高速钢中的分层现象[2]

(a) 90℃　　　　　　　　　(b) 150℃　　　　　　　　　(c) 200℃

图 4-47　不同温度预热的 M2 高速钢部件[2]

## 4.7　本 章 小 结

增材部件中裂纹形式主要有热裂纹、冷裂纹和分层。镍基合金、铝合金和不锈钢中容易出现的裂纹为热裂纹。钛合金中杂质含量少，结晶温度区间较窄，因此增材制造中出现热裂纹的可能性较小。但钛合金具有淬硬倾向，快速冷却时生成硬度高、脆性大的马氏体组织，容易出现冷裂纹。

热裂纹包括凝固裂纹和液化裂纹。凝固裂纹通常沿晶界产生并且具有树枝状结构，液化裂纹也是沿晶的，但在液化裂纹的表面上没有树枝状结构。对于热裂纹，液膜和应力是其主要影响因素，减少液膜数量、降低残余应力可以降低热裂纹敏感性。预热基板可以降低制件过程中的温度梯度，从而降低残余应力。对成形件进行 HIP 处理，可以减少或消除制件中已经出现的热裂纹。电子束增材制造可以通过预热粉末、调整扫描策略来降低残余应力；WAAM 则可以通过适当降低热输入，采用较大的聚焦光斑及较低的扫描速度降低残余应力。此外，预焊热处理可提高基体的延展性，选择硬度适中、晶格错配度相差不大的填充金属也可以降低制件过程中的残余应力。

　　冷裂纹是在制件后期冷却过程中产生的裂纹。当制件组织的抗拉强度不足以抵抗内部的残余应力时，部件内部就产生冷裂纹。冷裂纹可以沿晶扩展，也可以穿晶扩展，裂纹呈现脆断特征。冷裂纹的产生受组织和应力的影响，晶粒交错的网篮状马氏体组织是冷裂纹产生的重要原因。此外，制造过程中的残余应力也是成形件开裂的重要因素。因此，通过控制成形工艺参数，如扫描速度、扫描策略等控制晶粒的大小和生长方向，可以控制微观组织，降低部件中的残余应力。

　　分层是层间因不完全熔合而在部件内相邻层间产生的分离，主要是由粉末的不完全熔化或下层固体重新熔化不完全导致的。分层也是一种特殊的裂纹。裂纹产生并在相邻层间传播，当残余应力超过上层和下层之间的结合力时，就会产生分层。

## 参 考 文 献

[1] BUCHBINDER D, MEINERS W, PIRCH N, et al. Investigation on reducing distortion by preheating during manufacture of aluminum components using selective laser melting[J]. Journal of Laser Applications, 2014, 26(1): 012004.

[2] KEMPEN K, VRANCKEN B, BULS S, et al. Selective laser melting of crack-free high density M2 high speed steel parts by baseplate preheating[J]. Journal of Manufacturing Science and Engineering, 2014, 136(6): 061026.

[3] LI W, LIU J, ZHOU Y, et al. Effect of substrate preheating on the texture, phase and nanohardness of a Ti-45Al-2Cr-5Nb alloy processed by selective laser melting[J]. Scripta Materialia, 2016, 118: 13-18.

[4] VRANCKEN B, BULS S, KRUTH J P, et al. Influence of preheating and oxygen content on selective laser melting of Ti6Al4V[C]. Annual International Conference on Rapid Product Development Association of South Africa, Pretoria, 2015.

[5] MERTENS R, VRANCKEN B, HOLMSTOCK N, et al. Influence of powder bed preheating on microstructure and mechanical properties of H13 tool steel SLM parts[J]. Physics Procedia, 2016, 83: 882-890.

[6] ALI H, MA L, GHADBEIGI H, et al. In-situ residual stress reduction, martensitic decomposition and mechanical properties enhancement through high temperature powder bed pre-heating of selective laser melted Ti6Al4V[J]. Materials Science and Engineering: A, 2017, 695: 211-220.

[7] SEALY M, MADIREDDY G, LI C, et al. Finite element modeling of hybrid additive manufacturing by laser shock peening[C]. Solid Freeform Fabrication Symposium, Austin, 2016.

[8] KALENTICS N, BOILLAT E, PEYRE P, et al. Tailoring residual stress profile of selective laser melted parts by laser shock peening[J]. Additive Manufacturing, 2017, 16: 90-97.

[9] GU J, WANG X, BAI J, et al. Deformation microstructures and strengthening mechanisms for the wire+ arc additively manufactured Al-Mg4.5Mn alloy with inter-layer rolling[J]. Materials Science and Engineering: A, 2018, 712: 292-301.

[10] SEALY M P, MADIREDDY G, WILLIAMS R E, et al. Hybrid processes in additive manufacturing[J]. Journal of Manufacturing Science and Engineering, 2018, 140(6): 060801.

[11] KREITCBERG A, BRAILOVSKI V, TURENNE S. Effect of heat treatment and hot isostatic pressing on the microstructure and mechanical properties of Inconel 625 alloy processed by laser powder bed fusion[J]. Materials Science and Engineering: A, 2017, 689: 1-10.

[12] 郝施奇. 呋喃自硬砂生产大型薄壁铸钢件主要缺陷成因及解决措施[D]. 哈尔滨: 哈尔滨理工大学, 2005.

[13] Bö LLINGHAUS T, HEROLD H, CROSS C E, et al. Hot Cracking Phenomena in Welds II[M]. Berlin: Springer Science & Business Media, 2008.

[14] KURZ W, GIOVANOLA B, TRIVEDI R. Theory of microstructural development during rapid solidification[J]. Acta Metallurgica, 1986, 34(5): 823-830.

[15] WANG N, MOKADEM S, RAPPAZ M, et al. Solidification cracking of superalloy single- and bi-crystals[J]. Acta Materialia, 2004, 52(11): 3173-3182.

[16] TIAN Y, MCALLISTER D, COLIJN H, et al. Rationalization of microstructure heterogeneity in Inconel 718 builds made by the direct laser additive manufacturing process[J]. Metallurgical and Materials Transactions A, 2014, 45(10): 4470-4483.

[17] ZHANG Y, LI Z, NIE P, et al. Effect of cooling rate on the microstructure of laser-remelted Inconel 718 coating[J]. Metallurgical and Materials Transactions A, 2013, 44(12): 5513-5521.

[18] PUMPHREY W I. A consideration of the nature of brittleness at temperatures above the solidus in castings and welds in aluminium alloys[J]. Journal of the Japan Institute of Metals, 1948, 75: 235-256.

[19] 董志波, 魏艳红, 刘仁培. 焊接凝固裂纹数值模拟的研究及其进展[J]. 焊接, 2005(11): 19-23.

[20] BELLET M, CERRI O, BOBADILLA M, et al. Modeling hot tearing during solidification of steels: Assessment and improvement of macroscopic criteria through the analysis of two experimental tests[J]. Metallurgical and Materials Transactions A, 2009, 40(11): 2705-2717.

[21] LAHAIE D J, BOUCHARD M. Physical modeling of the deformation mechanisms of semisolid bodies and a mechanical criterion for hot tearing[J]. Metallurgical and Materials Transactions B, 2001, 32(4): 697-705.

[22] LANGLAIS J, GRUZLESKI J E. A novel approach to assessing the hot tearing susceptibility of aluminium alloys[J]. Materials Science Forum, 2000, 331-337: 167-172.

[23] FARUP I, DREZET J M, RAPPAZ M. In situ observation of hot tearing formation in succinonitrile-acetone[J]. Acta Materialia, 2001, 49(7): 1261-1269.

[24] 李一楠. 紫铜厚板 GTAW 热裂纹形成机理及抑制研究[D]. 哈尔滨: 哈尔滨工业大学, 2010.

[25] GHAINI F M, SHEIKHI M, TORKAMANY M J, et al. The relation between liquation and solidification cracks in pulsed laser welding of 2024 aluminium alloy[J]. Materials Science and Engineering: A, 2009, 519(1): 167-171.

[26] HATAMI N, BABAEI R, DADASHZADEH M, et al. Modeling of hot tearing formation during solidification[J]. Journal of Materials Processing Technology, 2008, 205(1): 506-513.

[27] FEURER U. Influence of alloy composition and solidification conditions on dendrite arm spacing, feeding and hot tearing properties of aluminum alloys[C]. Quality Control of Engineering Alloys and the Role of Metals Science, Delft, 1977: 131-145.

[28] AUCOTT L, HUANG D, DONG H B, et al. A three-stage mechanistic model for solidification cracking during welding of steel[J]. Metallurgical and Materials Transactions A, 2018, 49(5): 1674-1682.

[29] CHEN Y, LU F, ZHANG K, et al. Dendritic microstructure and hot cracking of laser additive manufactured Inconel 718 under improved base cooling[J]. Journal of Alloys and Compounds, 2016, 67: 312-321.

[30] UNFRIED J, DA FONSECA E B, AFONSO C, et al. Numerical modeling and experimental analysis during weld solidification of ni-cr-fe alloys with hf additions[C]. Cerjak H. Mathematical Modelling of Weld Phenomena, Graz, 2009: 983-996.

[31] CARTER L N, ATTALLAH M M, REED R C. Laser powder bed fabrication of nickel-base superalloys: Influence of parameters; characterisation, quantification and mitigation of cracking[J]. Superalloys, 2012, 2012: 577-586.

[32] 刘振伟, 田鹏, 王志太, 等. X80 螺旋埋弧焊管内焊缺陷研究[J]. 焊管, 2014, 37(12): 27-31.

[33] KARJALAINEN L P, KUJANPAA V P, SUUTALA N. Hot cracking in iron base alloys: Effect of solidification mode[C]. Advances in Welding Science and Technology: Proceedings of an International Conference on Trends in Welding Research, Gatlinburg, 1986: 145-149.

[34] 满达虎, 王丽芳. 奥氏体不锈钢焊接热裂纹的成因及防止对策[J]. 热加工工艺, 2012, 41(11): 181-184.

[35] TIAN X, SUN B, HEINRICH J G, et al. Scan pattern, stress and mechanical strength of laser directly sintered ceramics[J]. The International Journal of Advanced Manufacturing Technology, 2013, 64(1-4): 239-246.

[36] PHAONIAM R, SHINOZAKI K, YAMAMOTO M, et al. Solidification cracking susceptibility of modified 9Cr1Mo steel weld metal during hot-wire laser welding with a narrow gap groove[J]. Welding in the World, 2014, 58(4): 469-476.

[37] CHENG B, CHOU K. Melt pool geometry simulations for powder-based electron beam additive manufacturing[C]. 24th Annual International Solid Freeform Fabrication Symposium: An Additive Manufacturing Conference Proceedings, Austin, 2013: 644-654.

[38] SOYLEMEZ E, BEUTH J L, TAMINGER K. Controlling melt pool dimensions over a wide range of material deposition rates in electron beam additive manufacturing[C]. 21st Annual International Solid Freeform Fabrication Symposium: An Additive Manufacturing Conference Proceedings, Austin, 2010: 571-582.

[39] CHENG B, LYDON J, COOPER K, et al. Melt pool sensing and size analysis in laser powder-bed metal additive manufacturing[J]. Journal of Manufacturing Processes, 2018, 32: 744-753.

[40] 张辉. 浅谈钢材焊接裂纹成因与防治措施[J]. 科技创新与应用, 2012(13): 74.

[41] ZHOU Z, HUANG L, SHANG Y, et al. Causes analysis on cracks in nickel-based single crystal superalloy fabricated by laser powder deposition additive manufacturing[J]. Materials & Design, 2018, 160: 1238-1249.

[42] KOU S. Welding Metallurgy[M]. 2nd ed. Hoboken: John Wiley & Sons, 2003.

[43] YAN F, LIU S, HU C, et al. Liquation cracking behavior and control in the heat affected zone of GH909 alloy during Nd: YAG laser welding[J]. Journal of Materials Processing Technology, 2017, 244: 44-50.

[44] MONTAZERI M, GHAINI F M. The liquation cracking behavior of IN738LC superalloy during low power Nd: YAG pulsed laser welding[J]. Materials Characterization, 2012, 67: 65-73.

[45] CHEN Y, ZHANG K, HUANG J, et al. Characterization of heat affected zone liquation cracking in laser additive manufacturing of Inconel 718[J]. Materials & Design, 2016, 90: 586-594.

[46] GUO H, CHATURVEDI M C, RICHARDS N L. Effect of nature of grain boundaries on intergranular liquation during weld thermal cycling of nickel base alloy[J]. Science and Technology of Welding and Joining, 1998, 3(5): 257-259.

[47] LIPPOLD J C. Welding Metallurgy and Weldability[M]. New York : John Wiley & Sons, 2015.

[48] 张升. 医用合金粉末激光选区熔化成形工艺与性能研究[D]. 武汉: 华中科技大学, 2014.

[49] 刘延辉, 瞿伟成, 朱小刚, 等. 激光 3D 打印 TC4 钛合金工件根部裂纹成因分析[J]. 理化检验(物理分册), 2016, 52(10): 682-685.

[50] 张升, 桂睿智, 魏青松, 等. 选择性激光熔化成形 TC4 钛合金开裂行为及其机理研究[J]. 机械工程学报, 2013, 49(23): 21-27.

[51] MUKHERJEE T, ZHANG W, DEBROY T. An improved prediction of residual stresses and distortion in additive manufacturing[J]. Computational Materials Science, 2017, 126: 360-372.

[52] KEMPEN K, THIJS L, VRANCKEN B, et al. Producing crack-free, high density M2 HSS parts by selective laser melting: Pre-heating the baseplate[C]. 24th Annual International Solid Freeform Fabrication Symposium: An Additive Manufacturing Conference Proceedings, Austin, 2013: 131-139.

[53] MERCELIS P, KRUTH J P. Residual stresses in selective laser sintering and selective laser melting[J]. Rapid Prototyping Journal, 2006, 12 (5): 254-265.

[54] SHIOMI M, OSAKADA K, NAKAMURA K, et al. Residual stress within metallic model made by selective laser melting process[J]. CIRP Annals-Manufacturing Technology, 2004, 53 (1): 195-198.

[55] ZAEH M F, KAHNERT M. The effect of scanning strategies on electron beam sintering[J]. Production Engineering, 2009, 3 (3): 217-224.

[56] ZHONG M, SUN H, LIU W, et al. Boundary liquation and interface cracking characterization in laser deposition of Inconel 738 on directionally solidified Ni-based superalloy[J]. Scripta Materialia, 2005, 53 (2): 159-164.

[57] CARTER L N, MARTIN C, WITHERS P J, et al. The influence of the laser scan strategy on grain structure and cracking behaviour in SLM powder-bed fabricated nickel superalloy[J]. Journal of Alloys and Compounds, 2014, 615:338-347.

[58] 李红军. Inconel 718 焊接材料的熔敷实验及其组织与性能的研究[D]. 沈阳: 沈阳工业大学, 2006.

[59] LI Y, CHEN K, TAMURA N. Mechanism of heat affected zone cracking in Ni-based superalloy DZ125L fabricated by laser 3D printing technique[J]. Materials & Design, 2018, 150: 171-181.

[60] WANG X, CARTER L N, PANG B, et al. Microstructure and yield strength of SLM-fabricated CM247LC Ni-Superalloy[J]. Acta Materialia, 2017, 128: 87-95.

[61] CHAUVET E, KONTIS P, GAULT B, et al. Hot cracking mechanism affecting a non-weldable Ni-based superalloy produced by selective electron beam melting[J]. Acta Materialia, 2018, 142: 82-94.

[62] RAPPAZ M, JACOT A, BOETTINGER W J. Last-stage solidification of alloys: Theoretical model of dendrite-arm and grain coalescence[J]. Metallurgical and Materials Transactions A, 2003, 34 (3): 467-479.

[63] WEI Q, SHI Y, ZHANG J, et al. Micro-crack formation and controlling of Inconel 625 parts fabricated by selective laser melting[C]. 27th Annual International Solid Freeform Fabrication Symposium: An Additive Manufacturing Conference Proceedings, Austin, 2016: 520-529.

[64] 邵玉呈, 陈长军, 张敏, 等. 关于 Deloro 40 镍基合金粉末激光增材制造成形件裂纹问题研究[J]. 应用激光, 2016, 36 (4): 397-402.

[65] EGBEWANDE A T, BUCKSON R A, OJO O A. Analysis of laser beam weldability of Inconel 738 superalloy[J]. Materials Characterization, 2010, 61 (5): 569-574.

[66] LI Q, LIN X, LIU F, et al. Microstructural characteristics and mechanical properties of laser solid formed K465 superalloy[J]. Materials Science and Engineering: A, 2017, 700: 649-655.

[67] RAMSPERGER M, SINGER R F, RNER C K. Microstructure of the nickel-base superalloy CMSX-4 fabricated by selective electron beam melting[J]. Metallurgical & Materials Transactions A, 2016, 47 (3): 1469-1480.

[68] BI G, SUN C N, CHEN H, et al. Microstructure and tensile properties of superalloy IN100 fabricated by micro-laser aided additive manufacturing[J]. Materials & Design, 2014, 60: 401-408.

[69] LI S, WEI Q, SHI Y, et al. Microstructure characteristics of Inconel 625 superalloy manufactured by selective laser melting[J]. Journal of Materials Science & Technology, 2015, 31 (9): 946-952.

[70] CABRINI M, LORENZI S, PASTORE T, et al. Evaluation of corrosion resistance of Al-10Si-Mg alloy obtained by means of direct metal laser sintering[J]. Journal of Materials Processing Technology, 2016, 231: 326-335.

[71] 汤慧萍, 王建, 逯圣路, 等. 电子束选区熔化成形技术研究进展[J]. 中国材料进展, 2015, 34 (3): 225-235.

[72] LEE Y, KIRKA M M, KIM S, et al. Asymmetric cracking in Mar-M247 alloy builds during electron beam powder bed fusion additive manufacturing[J]. Metallurgical and Materials Transactions A, 2018, 49(10): 5065-5079.

[73] CLARK D, BACHE M, WHITTAKER M T. Shaped metal deposition of a nickel alloy for aero engine applications[J]. Journal of Materials Processing Technology, 2008, 203(1-3): 439-448.

[74] BANERJEE K, RICHARDS N, CHATURVEDI M. Effect of filler alloys on heat-affected zone cracking in preweld heat-treated IN-738 LC gas-tungsten-arc welds[J]. Metallurgical and Materials Transactions A, 2005, 36(7): 1881-1990.

[75] 赵红凯. 钛合金焊接的研究进展[C]. 重庆: 2007 高技术新材料产业发展研讨会暨《材料导报》编委会年会论文集, 2007: 342-343, 348.

[76] 陈娟. 钛及钛合金的焊接[J]. 盐业与化工, 2013, 42(10): 52-54.

[77] WANG F, WILLIAMS S, COLEGROVE P, et al. Microstructure and mechanical properties of wire and arc additive manufactured Ti-6Al-4V[J]. Metallurgical and materials transactions A, 2013, 44(2): 968-977.

[78] KOIKE M, GREER P, OWEN K, et al. Evaluation of titanium alloys fabricated using rapid prototyping technologies—Electron beam melting and laser beam melting[J]. Materials, 2011, 4(10): 1776-1792.

[79] DUTTA B, FROES F H S. The Additive Manufacturing (AM) of Titanium Alloys[M]. Titanium Powder Metallurgy: Science, Technology and Applications. Oxford:Butterworth-Heinemann, 2015: 447-468.

[80] FROES F H, DUTTA B. The additive manufacturing (AM) of titanium alloys[J]. Metal Power Report, 2016, 72: 96-106.

[81] 陈德宁, 刘婷婷, 廖文和, 等. 扫描策略对金属粉末选区激光熔化温度场的影响[J]. 中国激光, 2016, 43(4): 74-80.

[82] YANG Y P, DONG P, TIAN X, et al. Prevention of welding hot cracking of high strength aluminum alloys by mechanical rolling[C]. Headquarters: Proceedings of the 5th International Conference, 1998: 700-709.

[83] MARTIN J H, YAHATA B D, HUNDLEY J M, et al. 3D printing of high-strength aluminium alloys[J]. Nature, 2017, 549(7672): 365-369.

[84] 朱小刚, 孙靖, 王联凤, 等. 激光选区熔化成形铝合金的组织、性能与倾斜面成形质量[J]. 机械工程材料, 2017, 41(2): 77-80.

[85] MASKERY I, ABOULKHAIR N T, CORFIELD M R, et al. Quantification and characterisation of porosity in selectively laser melted Al-Si10-Mg using X-ray computed tomography[J]. Materials Characterization, 2016, 111: 193-204.

[86] LEARY M, MAZUR M, ELAMBASSERIL J, et al. Selective laser melting (SLM) of AlSi12Mg lattice structures[J]. Materials & Design, 2016, 98: 344-357.

[87] KAUFMANN N, IMRAN M, WISCHEROPP T M, et al. Influence of process parameters on the quality of aluminium alloy EN AW 7075 using selective laser melting (SLM)[J]. Physics Procedia, 2016, 83: 918-926.

[88] RESCHETNIK W, BRÜGGEMANN J P, AYDINÖZ M E, et al. Fatigue crack growth behavior and mechanical properties of additively processed EN AW-7075 aluminium alloy[J]. Procedia Structural Integrity, 2016, 2: 3040-3048.

[89] MONTERO-SISTIAGA M L, MERTENS R, VRANCKEN B, et al. Changing the alloy composition of Al7075 for better processability by selective laser melting[J]. Journal of Materials Processing Technology, 2016, 238: 437-445.

[90] ÇAM G, KOÇ AK M. Progress in joining of advanced materials[J]. International Materials Reviews, 1998, 43(1): 1-44.

[91] ÇAM G, KOÇAK M. Progress in joining of advanced materials Part 2: Joining of metal matrix composites and joining of other advanced materials[J]. Science and Technology of Welding and Joining, 1998, 3(4): 159-175.

[92] KARG M, AHUJA B, KURYNTSEV S, et al. Processability of high strength aluminium-copper alloys AW-2022 and 2024 by laser beam melting in powder bed[C]. 25th Annual International Solid Freeform Fabrication Symposium: An Additive Manufacturing Conference Proceedings, Austin, 2014: 4-6.

[93] QI T, ZHU H, ZHANG H, et al. Selective laser melting of Al7050 powder: Melting mode transition and comparison of the characteristics between the keyhole and conduction mode[J]. Materials & Design, 2017, 135: 257-266.

[94] UDDIN S Z, MURR L E, TERRAZAS C A, et al. Processing and characterization of crack-free aluminum 6061 using high-temperature heating in laser powder bed fusion additive manufacturing[J]. Additive Manufacturing, 2018, 22: 405-415.

[95] 刘颖. 镁合金与钢接触反应钎焊工艺研究[D]. 镇江: 江苏科技大学, 2018.

[96] READ N, WANG W, ESSA K, et al. Selective laser melting of AlSi10Mg alloy: Process optimisation and mechanical properties development[J]. Materials & Design, 2015, 65: 417-424.

[97] LOUVIS E, FOX P, SUTCLIFFE C J. Selective laser melting of aluminium components[J]. Journal of Materials Processing Technology, 2011, 211(2): 275-284.

[98] CAO X, WALLACE W, IMMARIGEON J P, et al. Research and progress in laser welding of wrought aluminum alloys. II. Metallurgical microstructures, defects, and mechanical properties[J]. Materials and Manufacturing Processes, 2003, 18(1): 23-49.

[99] GU J, BAI J, DING J, et al. Design and cracking susceptibility of additively manufactured Al-Cu-Mg alloys with tandem wires and pulsed arc[J]. Journal of Materials Processing Technology, 2018, 262: 210-220.

[100] SONG J L, LI Y T, DENG Q L, et al. Cracking mechanism of laser cladding rapid manufacturing 316L stainless steel[J]. Key Engineering Materials, 2010, 419: 413-416.

[101] SUN Z, TAN X, TOR S B, et al. Selective laser melting of stainless steel 316L with low porosity and high build rates[J]. Materials & Design, 2016, 104: 197-204.

[102] WANG Z G, SHI Y S, LI R D, et al. Manufacturing AISI316L components via selective laser melting coupled with hot isostatic pressing[J]. Materials Science Forum, 2011, 675: 853-856.

# 第5章　金属增材制造的表面缺陷

金属增材制造的表面缺陷会对制造过程及制件的质量造成较大影响。表面缺陷主要表现为球化和表面粗糙度变化。球化形成机理复杂，主要受材料的物性、输入功率和扫描速度的影响；表面粗糙度会影响制件的尺寸精度，不同增材制造技术和工艺会导致不同的粗糙度，合适的后处理技术是改变粗糙度的有效手段。本章将介绍球化的基础理论、典型材料的球化现象及表面后处理技术。

## 5.1　增材制造中的球化

### 5.1.1　增材制造球化的理论基础

增材制造表面缺陷和材料表面参数密切相关，主要包括表面能、表面张力、润湿性和黏度等。

#### 1. 表面能

物体表面的粒子和内部粒子所处的环境不同，因而所具有的能量不同。例如，在液体内部，每个离子都均匀地被邻近粒子包围着，使来自不同方向的吸引力相互抵消，处于力平衡状态。处于液体表面的粒子却不同，液体的外部是气体，气体的密度小于液体，故表面离子受到气体分子吸引力较小，而受到液体内部粒子吸引力较大，使它在向内、向外两个方向受到的力不平衡。这样使表面分子受到一个指向液体内部的拉力。因此，液体表面有自动收缩到最小的趋势。要形成一个新表面，外界必须对体系做功，表面粒子的能量高于体系内部粒子的能量，高出的部分能量通常称为表面过剩能，简称表面能。表面能的含义是每增加单位表面积时体系自由能的增量。与固体内部相比，固体表面上的质点处于较高的能量状态，所以表面积增加，体系的自由能就增加。狭义的表面自由能定义为

$$\gamma = \left( \frac{\partial G}{\partial A} \right)_{p, T, n_B} \tag{5-1}$$

保持温度、压力和组成不变，每增加单位表面积时吉布斯自由能的增加值称为表面吉布斯自由能，或简称表面自由能或表面能，单位为 $J/m^2$。

广义的表面自由能定义为：保持相应的特征变量不变，每增加单位表面积时

相应热力学函数的增值。

### 2. 表面张力及润湿性

液体表面任意两相邻部分之间垂直于它们的单位长度分界线相互作用的拉力称为表面张力。表面张力的形成同处在液体表面薄层内的分子的特殊受力状态密切相关。在三种介质的边界面相交于一点的情形中，接触线受到三个边界面的表面张力。因为接触线没有质量，所以要在所有能自由运动的方向上维持平衡，表面张力的合力在这些方向上的分量必须等于零，这就要求三个边界面交成一定的角度。

固体与液体接触后，体系(固体+液体)的吉布斯自由能降低时，就称润湿。润湿是固液界面上的重要行为，是近代很多工业技术的基础。机械的润滑、金属焊接、陶瓷与搪瓷的坯釉结合、陶瓷与金属的封接等工艺和理论都与润湿作用有密切的关系。根据润湿情况可分为附着润湿、铺展润湿及浸渍润湿。固液润湿性与固液界面张力($\gamma_{sl}$)、固气界面张力($\gamma_{sv}$)和液气界面张力($\gamma_{lv}$)有关(图 5-1)，且润湿性可用接触角 $\theta$ 表征：

$$\cos\theta = \frac{\gamma_{sv} - \gamma_{sl}}{\gamma_{lv}} \tag{5-2}$$

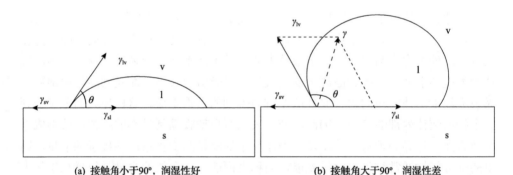

(a) 接触角小于90°，润湿性好　　　　　　　(b) 接触角大于90°，润湿性差

图 5-1　接触角示意图

可见，润湿性与接触角 $\theta$ 有关，而 $\theta$ 则与各界面张力的相对大小有关。如果 $\gamma_{sv} > \gamma_{sl}$，$\cos\theta > 0$，则 $\theta < 90°$，液相能较好地润湿固相。随着 $\theta$ 的减小，液相对固相的润湿性提高，当 $\theta$ 达到 0° 时实现完全润湿。如果 $\gamma_{sv} < \gamma_{sl}$，$\cos\theta < 0$，则 $\theta > 90°$，液相对固相的润湿性有限，在此条件下液相易发生球化[1]。烧结时可通过下列途径提高润湿性。

(1)选择适当的多组分材料体系，对基体金属进行微量合金化。

(2)改变烧结温度、烧结气氛等工艺条件。

(3)添加稀释剂或脱氧剂[2]。

在液滴铺展过程中，气液界面张力起着重要作用。当该界面的表面张力分布因外界作用而改变时，将形成张力梯度，产生的剪切力会驱使液体从表面张力低的区域流动到表面张力高的区域，这种现象称为马兰戈尼(Marangoni)效应。该效应根据成因可分为两种：一种为组分效应，也称为溶质效应，即由表面活性剂浓度分布不均而引起的界面流动，其导致的表面张力变化称为马兰戈尼力；另一种为热效应，即由温度变化引起的界面流动，其导致的表面张力变化称为热毛细力。

将液滴置于固体表面进行铺展时，在互不相溶的气液固三相界面将形成移动的接触线，称为三相接触线。液滴与固体表面之间的接触角称为动态接触角。若不考虑接触角滞后现象，根据式(5-2)，气液、液固、气固三个界面的表面张力可确定一个平衡接触角。当动态接触角大于平衡接触角时，液滴将会铺展，并且铺展速度与二者的差值有关。因此，平衡接触角可以用来描述壁面的润湿性[3]。针对 SLM，熔滴在同种材料基板上润湿和铺展，如果界面无氧化物和其他杂质，则熔滴趋向于完全铺展，平衡接触角 $\theta$ 趋向于 0。

完全铺展所需要的时间为

$$\tau = \left(\frac{\rho_{\mathrm{m}} a^3}{\sigma}\right)^{0.5} \tag{5-3}$$

铺展速度为

$$U = \left(\frac{\sigma}{\rho_{\mathrm{m}} u}\right)^{0.5} \tag{5-4}$$

式中，$\rho_{\mathrm{m}}$ 为材料密度；$a$ 为熔滴直径；$\sigma$ 为表面张力。

对球化机制要全面进行分析，不仅要考虑熔滴的铺展，还要考虑熔滴的凝固速度。

### 3. 黏度

黏度(viscosity)又称黏滞系数，是量度流体黏滞性的物理量。流体中相距 $\mathrm{d}x$ 的两平行液层由于内摩擦使垂直于流动方向的液层间存在速度梯度 $\mathrm{d}v/\mathrm{d}x$，当速度梯度为一个单位时，相邻流层接触面 $S$ 上所产生的黏滞力 $F$(亦称内摩擦力)即黏度，以 $\eta$ 表示：

$$\eta = \frac{F/S}{\mathrm{d}v/\mathrm{d}x} \tag{5-5}$$

其大小与物质的组成有关,分子间相互作用力越大,黏度越大。组成不变时,固体和液体的黏度随温度的上升而降低(气体与此相反),当温度升高时,分子间的引力降低,$\eta$ 减小,其关系可粗略地用 $\eta = \eta_0 \exp(E/(KT))$ 表示,式中,$\eta_0$ 为常数,$E$ 为激活能,$K$ 为玻耳兹曼常量,$T$ 为热力学温度。黏度越大,熔体的流动性越差。黏度越小,流动性越佳,熔体越容易产生飞溅。

### 4. 熔滴铺展/凝固竞争模型

SLM 的熔滴铺展行为属于同源润湿(homologous wetting)过程,即激光束辐照作用下粉体受热熔化形成熔滴,熔滴在同种材料基底上润湿、铺展和凝固,聚点成线、聚线成面,最后聚面成体。但实际上 SLM 熔滴的铺展行为非常复杂:一方面是毛细驱动力与惯性阻力竞争;另一方面是铺展过程与高温度梯度下的快速凝固过程竞争。在这样的竞争过程中,一旦发生铺展受阻现象,就会造成熔滴球化。

不考虑温度梯度的影响,熔滴在等温条件下的凝固、铺展行为主要受控于两个无量纲参数 $We$(韦伯数,Weber number)和 $Z$(奥内佐格数,Ohnesorge number)[4],其中,$We$ 描述驱动力,$Z$ 描述铺展阻力。

$We$ 的表达式如下:

$$We = \frac{\rho_{\mathrm{m}} \cdot V^2 \cdot a}{\sigma} \tag{5-6}$$

$Z$ 的表达式如下:

$$Z = \frac{\eta}{(\rho_{\mathrm{m}} \cdot \sigma \cdot a')^{0.5}} \tag{5-7}$$

式中,$\rho_{\mathrm{m}}$ 为熔体密度;$V$ 为熔滴相对基底的法向速度;$a'$ 为球形熔滴半径;$\sigma$ 为熔体表面张力;$\eta$ 为熔体黏度。对于 SLM 设备,熔滴与基底产生黏附,几乎没有法向速度($V \approx 0$),通过计算可得,$We \leqslant 1$,$Z \leqslant 1$,说明 SLM 熔滴的铺展过程由毛细力驱动,而阻碍铺展的主要是惯性力(非黏性力)。

但是在实际情况中,由于存在巨大的温度梯度,熔滴铺展行为十分复杂,是典型的非平衡过程。熔滴铺展流动、熔滴向基底传热和熔滴-基底界面凝固将同时发生,铺展过程与凝固过程存在显著的竞争关系。

如图 5-2 所示,熔滴与基板之间具有一个动态接触角 $\theta_{\mathrm{a}}$,此后熔滴在基板上同时发生两个过程:在毛细力作用下的润湿铺展(伴随着 $\theta_{\mathrm{a}}$ 减小)和在热量耗散下的凝固(伴随着凝固角 $\theta_{\mathrm{s}}$ 增大)。只有在 $\theta_{\mathrm{a}} > \theta_{\mathrm{s}}$ 的条件下熔滴铺展才有可能发生,但铺展速度控制的动态接触角 $\theta_a$ 趋近于温度梯度控制的凝固角 $\theta_s$ 时，熔滴底部完全凝固而不再铺展。定义临界凝固角（ $\theta_a = \theta_s$ ）为 $\theta^*$ ，针对给定材料，这个临界角 $\theta^*$ 取决于斯特藩数[5]（Stefan number, $S$ ）：

$$\theta^* = f(S) \tag{5-8}$$

$$S = C(T_f - T_t) / L \tag{5-9}$$

式中， $C$ 为材料比热； $L$ 为材料潜热； $T_f$ 为固相线温度； $T_t$ 为基板温度。可见，临界凝固角 $\theta^*$ 不仅取决于材料性能，还取决于实际温度梯度（ $T_f - T_t$ ），说明基板预热可以减小临界凝固角，从而提高熔体铺展能力。

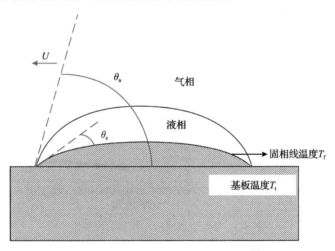

图 5-2　熔滴铺展和凝固竞争关系[6]

　　熔滴铺展和凝固过程的铺展时间和凝固时间进行比较。如果铺展时间明显长于凝固时间，说明熔滴尚未完全铺展就被凝固，球化趋势明显；如果铺展时间短于凝固时间，说明此种材料熔滴铺展过程较快，完全铺展后才被凝固，不易在成形过程中球化。在一维散热条件下，熔滴凝固时间为[7]

$$\tau_s = 2\left(\frac{a^2}{3\alpha}\right)\ln\left(\frac{T_0 - T_t}{T_f - T_t}\right) \tag{5-10}$$

式中， $\alpha$ 为热扩散系数； $T_t$ 为基板温度。凝固时间是熔滴从熔体温度 $T_0$ 降低到 $T_f$ 的时间。

　　如图 5-3 所示，Ti 和 Fe 的凝固时间-熔滴温度曲线的斜率较大，在一定的温度梯度下，凝固时间较长，不易发生球化，通过合适的工艺窗口可以使凝固时间长于熔滴的铺展时间。在偏离最佳工艺窗口的情况下，当激光移动速度过慢或输入功率较大时,热输入较高,此时虽然熔滴温度升高延缓了凝固过程,但熔滴体积增大反而减慢了铺展过程,凝固过程占优而导致球化。当激光移动速度过快或输入功率较小时,热输入较低,此时熔滴温度较低,温度梯度较小,凝固时间缩短,凝固过程占优因而也会产生球化。对于 Cu 和 W,凝固时间-熔滴温度曲线的斜率较小,即使在很大的温度梯度下,凝固时间也非常短,在较高的温度下,凝固时间仍短于铺展时间,比较容易造成球化。从图 5-3 可以看出,Al 的凝固时间-熔滴温度的曲线斜率也较小,但其极易铺展,故可以实现致密成形。因此,不同材料熔滴的铺展和凝固过程的竞争关系直接决定了其球化行为。

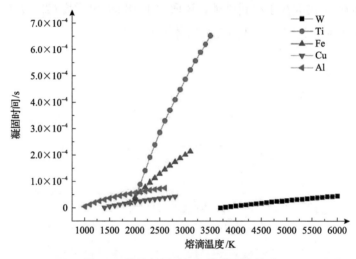

图 5-3　熔滴凝固时间与熔滴温度关系

### 5.1.2　增材制造中的球化机制

激光增材制造中的球化是指高能激光束扫描金属粉末时,粉末吸收激光能量迅速熔化后,在表面张力、重力及周边介质共同作用下收缩成断续的球形颗粒物的过程。球化会导致成形件表面粗糙度及内部冶金缺陷增加,降低制造件的成形精度、致密度和综合力学性能,严重球化还会导致后续的加工无法正常进行[8]。SLM 增材制造过程的球化问题是目前增材制造中普遍存在的现象。球化分为两种类型:第一类为椭圆形的多颗粒熔合形成的大尺度球化,尺寸为几百微米量级(图 5-4(a));第二类为增材制造过程中高温引起的材料蒸发冷凝形成的小尺度球化,尺度为几微米量级(图 5-4(b))。小尺度缺陷对增材制造过程影响较小,一般不会引起关注。大尺度球化问题是增材制造中重点需要解决的问题,不但会造成缺陷,还会使铺粉过程无法进行。

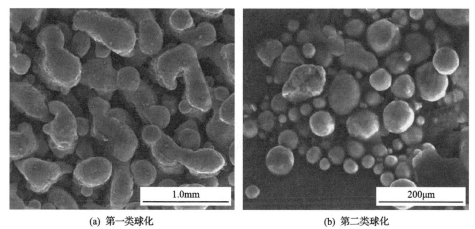

(a) 第一类球化　　　　　　　　　(b) 第二类球化

图 5-4　增材制造中的球化[9]

金属增材制造时，为了使熔化的金属液表面与周边介质表面构成的体系具有最小自由能，在液态金属与周边介质的界面张力共同作用下，金属液表面形状自发向球形转变，条件合适时将会形成球形颗粒。由于单组元金属粉末在液相烧结阶段的黏度相对较高，铺展困难，球化效应尤为严重。球化过程影响机理较为复杂，目前缺乏统一的理论解释。在 SLS 中也存在球化问题，其球化机理和 SLM 具有一定的类似之处，当激光被颗粒吸收时，表面发生熔化，表面能降低，颗粒会出现聚集。随着温度的进一步升高，颗粒出现进一步的粗化行为，导致大颗粒尺度的熔化金属球出现，这就是 SLS 中的球化行为(图 5-5)。

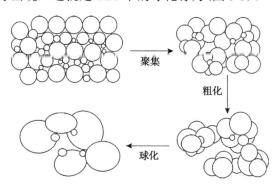

图 5-5　SLS 中的球化行为示意图[10]

DMLS 通过使用高能量的激光束再由三维模型数据控制来局部熔化金属基体，同时烧结固化粉末金属材料并自动地层层堆叠，以生成致密的几何形状的实体零件[11]。在 DMLS 技术中，一般采用高熔点金属和低熔点金属混合材料，当激光束作用于粉末颗粒时，熔合粉末形成与光斑直径比较接近的球状熔体，当激光输入线能量较低时，产生的液相较少，球状熔体之间缺乏足够的熔体形成烧结颈，造成严重的球化行为。当激光输入足够能量时，球状熔体之间形成烧结颈，就能获得连续的焊道(图 5-6)。随扫描速度增加，焊道变窄，在焊道边缘出现飞溅，形成 10μm 左右的第二类球化(图 5-7)。

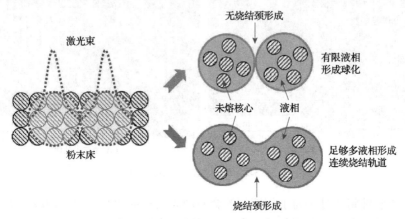

图 5-6 DMLS 中第一类球化示意图[12]

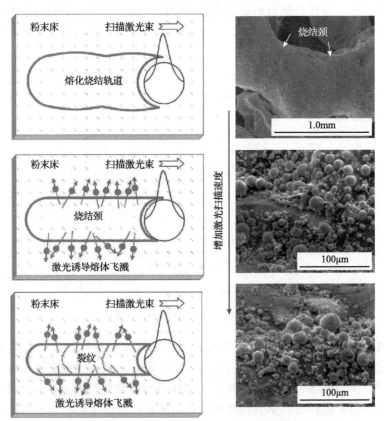

图 5-7 DMLS 中第二类球化示意图[12]

SLM 技术和 SLS 技术以及 DMLS 技术具有一定的相同之处和差别。与 SLS 技术及 DMLS 技术相比，SLM 技术中不需要添加低熔点金属或者高分子材料，但均为铺粉逐层制造，球化过程具有一定的相似之处，与前一层之间的相互润湿问题密切相关，影响因素复杂。与 PBF 技术不同，DED 技术采用的激光功率较大，颗粒的粗化过程有一定的差别。但由于 DED 制件表面粗糙，球化问题关注较少。在 SLM 增材制造过程中，当扫描速度过快时，熔池会变得不稳定，高表面张力梯度会导致在激光束后面形成空隙，这些空隙会随着激光的移动而扩大，从而导致熔池分离，并最终固化成多个不相连的球体，这就是球化(图 5-8)。球化对 SLM 铺粉过程有影响，第一层铺粉结束后，当激光扫描时，如果形成较大尺度的球化，球化颗粒的尺度大幅度超过层厚，当第二层铺粉时，刮刀不可避免会碰到球化颗粒的顶部，由于球化颗粒强度高，可能引起刮刀运动轨迹的变化，导致铺粉层平面度差。随着增材制造过程的进一步进行，当球化程度更高时，表面粗糙度超过刮刀承受的极限，也可能导致刮刀损坏，阻止铺粉过程的正常进行[9]。

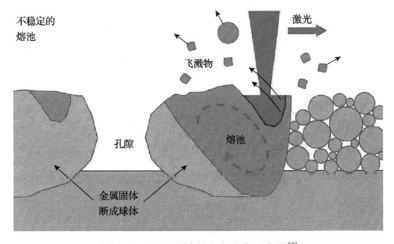

图 5-8 SLM 增材制造中球化示意图[9]

### 5.1.3 增材制造工艺参数对球化的影响

1. 氧含量

在 SLM 增材制造中开启激光器熔融粉末之前，一般要求打印腔室内的氧含量降到一定程度。目前采用将氮气或者氩气等惰性气体注入打印腔室进行强制对流循环，同时对打印腔室内的混合气体进行排出，打印腔室内的氧含量被不断稀释和降低。打印腔室一般要求氧含量低于 100ppm，但排气时间长，效率低，很难完全去除。尽管存在保护气体，但打印腔室中还存在大量的氧，制造过程中，氧会和熔融颗粒发生反应生成氧化物。氧化物不但会形成夹渣等缺陷，也会对球化过程造成明显影响。低氧含量时，焊道交叠较好，表面平整。当氧含量增加到 1%时，扫描轨迹界限模糊，表面出现了明显的球化现象，出现球化颗粒。在更高的氧含量时，扫描轨迹不连续加剧，球化更为严重(图 5-9)。打印腔室中氧含量的增加将会引起熔体中氧含量的增加。当熔融金属表面存在氧化物污染时，将显著降低其润湿性，引起球化效应。与氧类似，钢中过高的碳含量也会降低润湿性，导致熔体铺展性降低而引起球化。

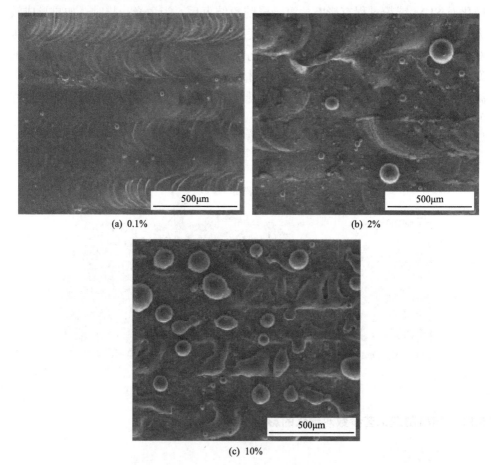

(a)　0.1%　　　　　　　　　　　　　　　(b)　2%

(c)　10%

图 5-9　氧含量对球化的影响[9]

扫描速度为 50mm/s，激光功率为 190W，扫描间距为 0.2mm，层厚为 0.05mm

表面氧化对成形过程的影响主要表现在改变熔池内的表面张力梯度并引发反常的热毛细对流。温度越高，熔滴的表面张力越低。正常情况下，熔池中心温度较高，边缘温度较低，表面张力温度系数$\partial\sigma/\partial T<0$，在马兰戈尼效应的作用下，熔滴从熔池中心向边缘流动，形成的熔池浅而宽，如图 5-10(a)所示；如果熔池发生氧吸附或含有其他表面活性元素，表面张力将成为温度和其他活性元素含量共同作用下的复杂函数[13]：

$$\frac{\partial\sigma}{\partial T}=-A-R\Gamma_s\ln(1+K_{seg}a_i)-\frac{K_{seg}a_i}{1+K_{seg}a_i}\frac{\Gamma_s\Delta H^\ominus}{T} \tag{5-11}$$

式中，$\dfrac{\partial\sigma}{\partial T}$ 为与温度、活性元素浓度相关的表面张力温度系数；$A$ 为常数；$R$ 为气体常数；$\Gamma_s$ 为饱和表面过剩；$K_{seg}$ 为活性元素平衡吸附系数；$a_i$ 为表面活性元素的活度；$-\Delta H^\ominus$ 为标准吸附热。可见，随着 $a_i$ 升高，$\dfrac{\partial\sigma}{\partial T}$ 会显著减小。在温度较低的熔池边缘，表面张力显著降低，从而引发反常的热毛细对流，由熔池外侧边缘流向熔池中心[6]（图 5-10(b)）。

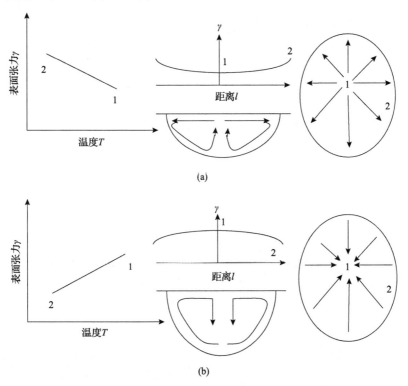

(a)

(b)

图 5-10　氧化较轻的正常热毛细对流(a)和氧化较重的反常热毛细对流(b)

### 2. 激光扫描速度

扫描速度是 SLM 增材制造工艺中极为重要的参数,直接影响激光的线能量密度和体积能量密度,最终影响熔池的形貌、凝固后的组织结构和表面形貌。在不同的扫描速度下,熔池形貌会发生明显的改变。低扫描速度时熔池较宽较深,而高扫描速度时熔池较窄较浅。熔池中的温度场也会受到明显的影响,熔池中的流动特性会发生一定的变化。尤其是当扫描速度增加到一定的数值时,焊道将会发生不连续的现象,引起严重的球化问题(图 5-11)。不同的材料、不同的增材制造工艺下发生球化的临界速度,受到材料物理性能及激光输入能量的综合影响,存在一定的差别。在高速钢的 SLS 增材制造中,随扫描速度和功率的变化,其焊道轮廓出现明显的变化。功率的增加引起焊道宽度的增加,而扫描速度的增大引起了明显的球化现象。在焊道边界上出现了小尺度的球化颗粒形成的球化(图 5-12)。

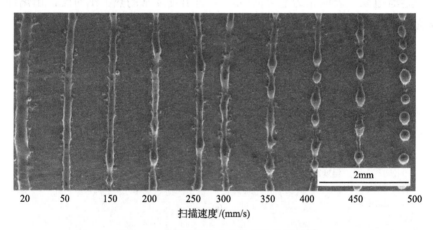

图 5-11　扫描速度对球化行为的影响[9]

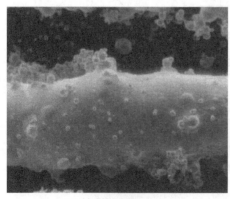

(a) 50W, 5.0mm/s

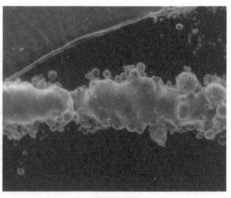

(b) 50W, 20.0mm/s

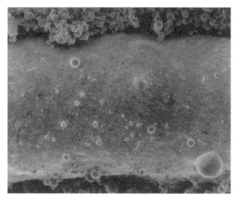 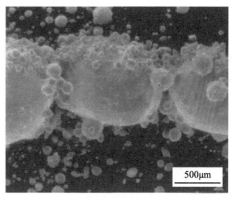

(c) 150W, 5.0mm/s　　　　　　　　　(d) 150W, 20.0mm/s

图 5-12　SLS 高速钢在不同功率和扫描速度下的球化行为[14]

　　球化主要是多个颗粒的熔合粗化形成的。球的大小随着扫描速度的降低而增加。在较低的扫描速度下，每个颗粒上的激光照射持续时间延长，导致形成更大量的具有更长寿命的液体(图 5-13)。在这种情况下，通过形成具有更大尺寸的球

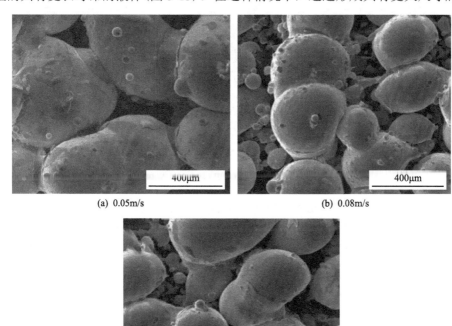

(a) 0.05m/s　　　　　　　　　　　(b) 0.08m/s

(c) 0.1m/s

图 5-13　300W 功率条件下扫描速度对 316 不锈钢球化的影响[10]

体，可以减少表面能。但是，在更高的扫描速度下，入射能量密度和伴随的热影响区急剧下降，导致液体形成不足和颗粒间黏合不良。在适度范围内增加激光功率和扫描速度可以降低球化。但是应注意控制可以使用的激光功率和扫描速度，因为其过度增加可能会产生不利影响[10]。

### 3. 曝光时间

曝光时间指的是在每个作用斑点上激光的停留时间，直接决定增材制造过程中的能量输入，进而影响熔池的轮廓和内部流场的传质过程。对于 200μs 的短曝光时间，熔化的激光扫描轨道是不连续的，并且通过球化现象形成较大的金属钨球（图 5-14(a)），这种表面形态的形成可归因于不完全润湿和铺展。通过将曝光时间延长到 300μs，可以将球化趋势抑制到一定程度（图 5-14(b)）。输入激光能量的增加导致熔体温度的增加，改善了润湿行为，但也增加了与氧杂质反应的亲和力。然而，进一步将曝光时间延长到 400μs，球化现象加剧（图 5-14(c)）。

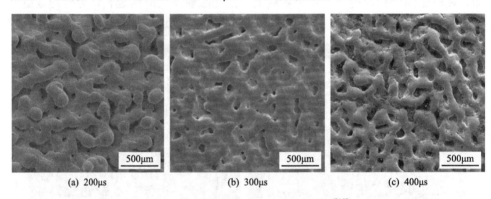

|  (a) 200μs | (b) 300μs | (c) 400μs |

图 5-14　不同曝光时间对球化的影响[15]

曝光时间和氧化密切相关。表面氧化的严重缺点是异常的热毛细对流，这将改变各个熔池/液滴内的表面张力梯度并阻碍润湿和铺展。在理想情况下，对流将从具有低表面张力的区域(熔池中心)至具有高表面张力的区域(熔池边缘)之间发生，称为马兰戈尼流。熔池中马兰戈尼流的运动方向由表面张力梯度确定，该表面张力梯度是由激光束产生的温度梯度的直接函数。实际上，理想的马兰戈尼流很少存在，不均匀的温度梯度会受到周围环境(固体金属、粉末、气孔)的影响，并导致更复杂的流体流动。通过控制制备室中的氧污染物保持在极低水平，可以降低球化发生的概率。

### 4. 激光功率

激光输入功率和扫描速度是两个相互影响的参数，两者决定了输入的能量密度。能量密度较小时，由于能量低于形成连续焊道的门槛值，焊道上将会形成不连续的球化颗粒。在不同的能量密度条件下，打印件表面呈现不同的形貌。当激光能量密度为 89J/mm$^3$ 时，可以清楚地观察到部分熔化的粉末颗粒，粉末颗粒是椭圆形和球形，尺寸为 50～100μm（图 5-15（a））。这主要是液体熔体黏度高、激光能量密度低导致的流动性和润湿性差。在这种情况下，没有足够的液体来渗透粉末，导致冶金结合不良并形成一些半熔化的粉末颗粒。较高的激光能量密度可以提高熔池的温度并具有较好的表面张力和润湿性，这有利于形成稳定的熔池和光滑的轨道表面。当激光能量密度增加到 109J/mm$^3$ 和 131J/mm$^3$ 时，由于粉末颗粒吸收的能量增加，增加了熔池的深度和宽度，可以获得光滑和致密表面（图 5-15（b）和（c））。随着激光能量密度的进一步增加，焊道不连续，出现球化现象（图 5-15（d）和（e））。这主要是过量激光输入能量在熔池的中心和边缘之间产生陡峭的温度梯度，从而引起马兰戈尼流导致的球化效应[16]。

5. 扫描间距

图 5-16 显示了不同扫描间距的表面形态，其使用的激光功率为 190W，扫描

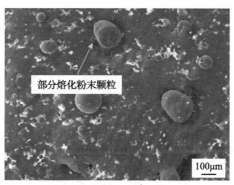

(a) 89J/mm$^3$

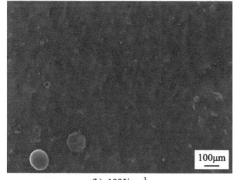

(b) 109J/mm$^3$

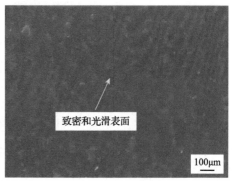

(c) 131J/mm$^3$

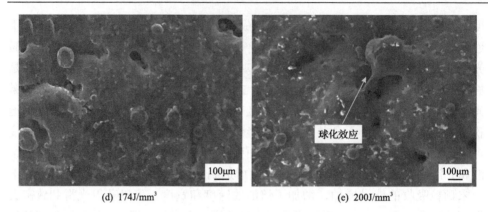

(d) 174J/mm³　　　　　　　　　　　　　(e) 200J/mm³

图 5-15　能量密度对球化的影响[16]

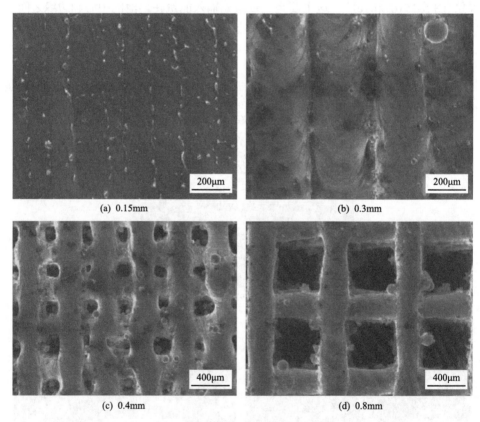

(a) 0.15mm　　　　　　　　　　　　　(b) 0.3mm

(c) 0.4mm　　　　　　　　　　　　　(d) 0.8mm

图 5-16　扫描间距对球化的影响[1]

速度为 100mm/s。当使用 0.15mm 的窄扫描间距时，扫描轨道紧密重叠，从而形成完全致密且相对光滑的表面。当扫描间距增加到 0.3mm 时，扫描轨迹是连续的，但在相邻焊道之间存在一定的缺陷。随着扫描间距进一步增加到 0.4mm，形成了许多规则的孔隙，这些孔隙被连续的扫描轨道分开。类似地，当扫描间距进一步增加到 0.8mm 时，表面产生大量的方形空隙。扫描间距对球化现象没有明显影响。

## 6. 铺粉层厚度

铺粉层厚度对球化具有明显的影响，如图 5-17(a)所示，铺粉层厚度从左向右逐渐增加，扫描轨道随之变宽。在较厚的铺粉层下，单位体积粉末吸收的层能量不足，熔池温度低，导致流动能力弱。其次，尽管较厚的铺粉层使得大熔池成为可能，但是熔池远离基板，导致熔池和基板之间相对小的接触面积，小的润湿区域不能支撑大的熔池，因此熔化的轨道更倾向于破碎成球状。

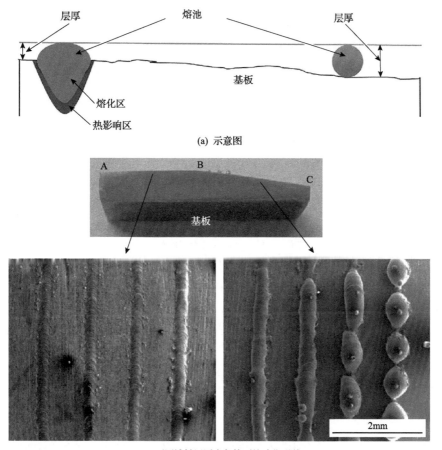

(a) 示意图

(b) 不同铺粉层厚度条件下的球化形貌

图 5-17　SLM 中铺粉层厚度不同引起的熔池结构变化[17]

7. 表面重熔

当 SLM 样品在没有重熔的情况下制造时，在表面形态中存在少量的球化，为了进一步消除表面的球化颗粒，采用重熔工艺可以获得无球化颗粒污染的理想表面(图 5-18)。

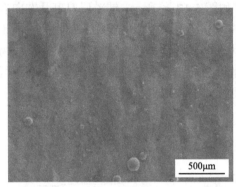 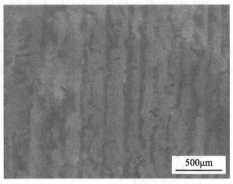

(a) 未重熔样品                     (b) 重熔样品

图 5-18　表面重熔对球化的影响[9]

从上述论述可以知道，SLM 成形过程中的球化现象主要归结为金属粉末物性及成形工艺的影响。金属粉末粒径分布及球形度会影响粉末的松装密度，从而导致在激光作用的熔池区域有较大的温度梯度，产生的熔体量较少，不利于形成连续的熔池，熔池易断裂导致球化。同时氧或碳等活性元素使得熔池从正常毛细对流转变到反常毛细对流，不利于熔滴的铺展。对氧敏感性较高的铝合金在 SLM 成形过程中，杂质氧元素与高温熔体反应形成氧化膜，改变熔池中心与边缘的表面张力，产生的内对流导致球化的形成。此外，激光能量密度也显著影响球化的产生，当能量密度较高时，熔滴易于聚集长大，不利于熔滴的铺展而产生球化；当能量密度过低时，熔体的温度梯度太小，凝固时间过短也会出现球化。因此，合理匹配金属粉末特性及采用合适的工艺窗口，有利于实现对球化效应的精确调控及有效抑制[8]。

### 5.1.4　典型增材制造材料中的球化

1. 钛合金中的球化

在 SLM 制造的钛合金中，在恒定的功率下，不同的扫描速度会影响其球化过程，低扫描速度时焊道较宽，高扫描速度时焊道较窄。一般在焊道的中心或者边缘部位都有可能出现第二类球化现象，表面存在较小的球化颗粒(图 5-19)。

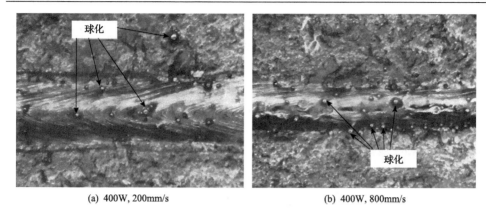

(a) 400W, 200mm/s　　　　　　　　(b) 400W, 800mm/s

图 5-19　SLM 制造的钛合金扫描速度对熔池中球化的影响[17]

## 2. 铝合金中的球化

图 5-20 显示了随着激光功率的增加，增材制造的 AlSi10Mg 样品的表面结构的变化。在 150W 的低激光功率下，颗粒倾向于部分熔化并且大量颗粒保持其原始形状(图 5-20(a))。随着激光功率增加到 250W，熔池趋于稳定(图 5-20(b))，

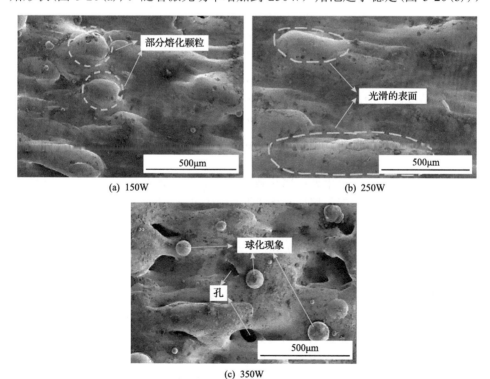

(a) 150W　　　　　　　　　　　(b) 250W

(c) 350W

图 5-20　不同功率条件下 AlSi10Mg 的球化现象[18]

表面质量变好。随着激光功率进一步增加到 350W（图 5-20(c)），大量颗粒完全熔化并且相邻的粉末颗粒黏附到熔池中，导致邻近区域缺少粉末，孔隙在球形液滴周围形成。

# 5.2　增材制造部件的表面形貌及后处理

## 5.2.1　表面粗糙度基础知识

表面粗糙度指加工表面上具有的较小间距和峰谷所组成的微观几何形状特性。表面粗糙度对机械零件的配合、耐磨性、疲劳强度、接触刚度、振动和噪声起到重要作用。增材制造部件的表面粗糙度和制备过程输入参数密切相关，最终影响工件的性能。输入参数一般包括送入的粉末或者丝材、工件设计、工艺选择和后处理等。过程参数如输入功率、扫描速度、层厚及路径规划等对表面粗糙度也有较大的影响。表面粗糙度是增材制造中最为关键的参数之一，一般采用轮廓仪或者 SEM 等进行表征和分析。平均表面粗糙度采用式 (5-12) 进行计算[19]：

$$Ra = \frac{1}{N} \sum_{n=1}^{N} |f_n| \tag{5-12}$$

式中，$f_n$ 为表面峰高或者谷深，在单位长度上选择 $N$ 个位置测试 $f_n$ 值。一般希望表面粗糙度低于 1μm，但打印件表面粗糙度未经后处理很难达到要求，所以一般采用抛光、重熔、加工等手段提高表面光洁度以达到使用要求。后处理会大幅度增加打印成本，为此对表面粗糙度产生原因的深入探索已经成为目前研究的重点之一。

表面粗糙度有两个最主要的影响参数。一个是台阶效应，主要受不同层端面的形貌影响。表面粗糙度与层厚 $t_l$ 及打印方向角度 $\varphi$ 之间关系如下[19]：

$$Ra = 1000 t_l \sin\left(\frac{90° - \varphi}{4}\right) \tan(90° - \varphi) \tag{5-13}$$

式中，$Ra$ 为具有特定构建角度的区域的表面粗糙度的算术平均值。层厚一般会导致表面粗糙度的增加。减少层厚可以降低表面粗糙度，但会降低制造速率。

表面粗糙度的另一个影响因素是表面球化或者表面颗粒的熔化程度。功率不足时，颗粒未熔化，残留在表面上。当功率过大时，熔池被拉长，由于瑞利不稳定性，熔池可能会分裂成多个"小岛"，引起球化。

### 5.2.2 增材制造部件表面粗糙度影响因素

#### 1. 扫描速度

从图 5-21 可以看出扫描速度对样品的表面粗糙度影响较为显著。在 2300mm/s 时 (图 5-21(a))，激光扫描轨道均匀排列并且与相邻轨道有规律地重叠，而在

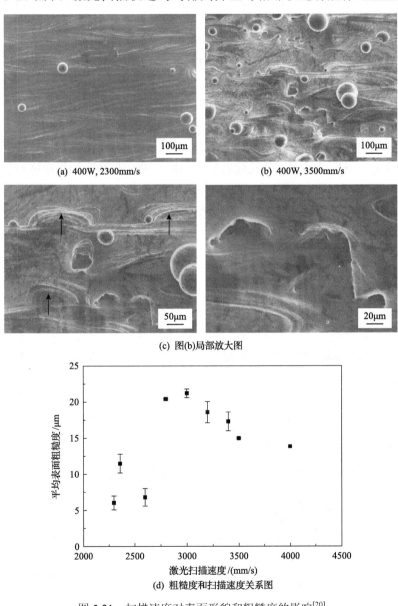

(a) 400W, 2300mm/s

(b) 400W, 3500mm/s

(c) 图(b)局部放大图

(d) 粗糙度和扫描速度关系图

图 5-21 扫描速度对表面形貌和粗糙度的影响[20]

3500mm/s 时(图 5-21(b)),轨道越来越不规则,甚至包含一些开孔。图 5-21(c)是图 5-21(b)的局部放大图。在高激光扫描速度下,熔体流动极不稳定。样品表面存在不连续性可能是由于局部位置缺少材料填充或局部熔池中材料飞溅。洞穴状的孔隙似乎是由不稳定的熔体流动远离激光扫描方向形成的,这主要是熔体在与前一层黏合之前在空气中凝固,从而在下面形成一个洞。此外还发现顶部样品的表面粗糙度在高扫描速度下比在较低扫描速度(<2700mm/s)下更大(图 5-21(d))。

### 2. 层厚

不同层厚样品的表面结构如图 5-22 所示。表面结构随层厚变化显著。层厚为 20μm 时,激光扫描轨道通常均匀布置并与相邻轨道均匀重叠(图 5-22(a)),而层厚为 40μm 时,轨道变得不规则,这表明熔体越来越不稳定(图 5-22(b))。层厚为 60μm 时,顶部表面开始显示开口的孔隙(图 5-22(c))。当层厚超过 60μm 时,表面结构的不规则性变得更加明显(图 5-22(d)和(e)),其中激光扫描轨道上的不连续性变得更加频繁并且洞穴状孔隙的数量急剧上升。与激光扫描速度对表面粗糙度的影响相比,层厚对表面粗糙度具有更强的影响(图 5-22(f))。显然随着层厚的增加,顶部表面粗糙度迅速增加。当层厚从 20μm 增加到 100μm 时,其表面粗糙度从 15μm 左右增加到 55μm 左右。

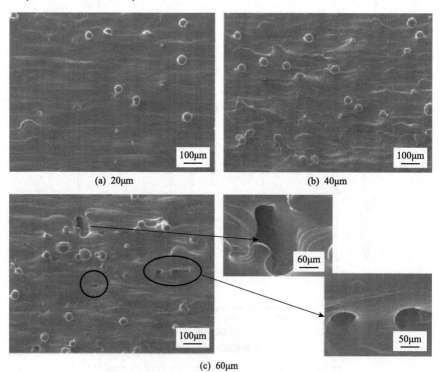

(a) 20μm

(b) 40μm

(c) 60μm

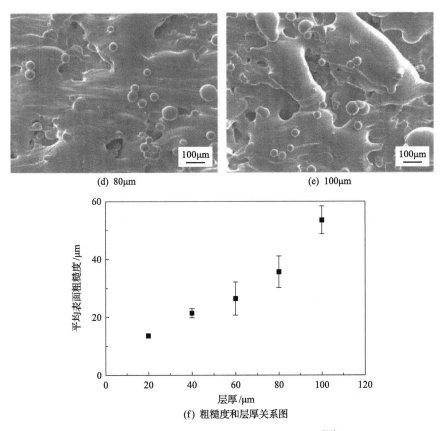

(d) 80μm

(e) 100μm

(f) 粗糙度和层厚关系图

图 5-22　层厚对表面形貌和粗糙度的影响[20]

### 3. 热输入

高激光功率和低扫描速度实现的高热输入可以完全熔化所有粉末颗粒并减少球化现象。因此随着线能量密度的增加，表面粗糙度减小(图 5-23)。增加与合金系统无关的，可以使增材制造部件的表面粗糙度最小化。但功率的增加需要综合考虑材料、扫描策略和制造方法等多因素之间的相互影响。

### 4. 粉末尺度

对于常规的增材制造材料，随着使用颗粒尺度的增加，打印件的表面粗糙度增加。使用更细的粉末颗粒制造组件可以实现更光滑的表面(图 5-24)。不同的材料的颗粒尺度和表面粗糙度之间存在一定的关系，均可以通过工艺试验获取最佳的打印材料颗粒尺度。

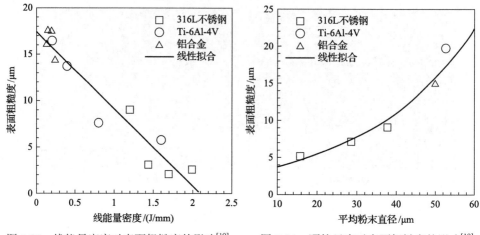

图 5-23　线能量密度对表面粗糙度的影响[19]　　　图 5-24　颗粒尺度对表面粗糙度的影响[19]

**5. 球化**

图 5-25 显示，使用 100mm/min 的较慢扫描速度处理的样品中存在高度球化，

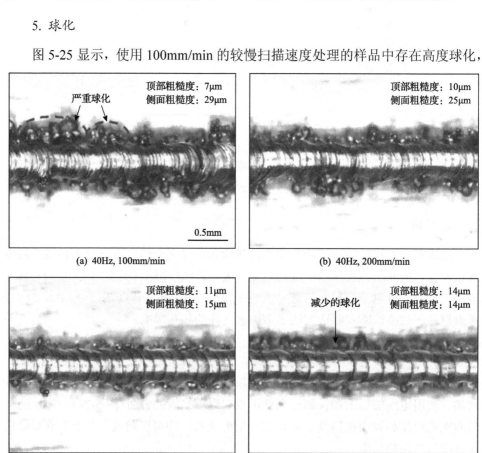

(a) 40Hz, 100mm/min　　　　　　　　(b) 40Hz, 200mm/min

(c) 40Hz, 300mm/min　　　　　　　　(d) 40Hz, 400mm/min

图 5-25　扫描速度对球化程度及表面粗糙度的影响[21]

而在 400mm/min 的较高扫描速度下产生的样品中球化较小。球化减少导致侧面粗糙度 $Ra$ 从 29μm 下降到 14μm。由于热量从熔池中心径向传导的时间较短，样品的宽度随着扫描速度的增加而降低。

### 5.2.3　典型增材制造方法的表面形貌

#### 1. SLM 增材制造的表面形貌

增材制造的表面在高倍电镜下观察均可以看到明显的熔融形成的球状或者山丘状颗粒。一般制造后的样品均会进行进一步的表面处理，所以其打印后的表面形貌对最终使用的影响并不明显，但其形貌特征可以间接反映打印过程的表面材料熔化情况。如图 5-26 所示，在低倍电镜下观察时表面比较平整，表面颗粒较小，随放大倍数的进一步增大，可以明显看到第一类球化和第二类球化的特征。

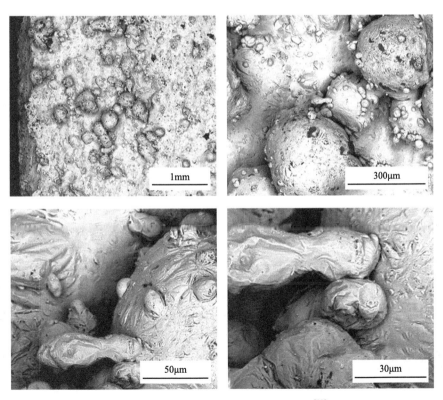

图 5-26　SLM 制造的铝合金表面形貌[22]

图 5-27 显示了采用 SLM 方法制备的 AlSi10Mg 工件的侧面和顶部正表面形貌。侧面分层现象不明显，在顶部正表面可以清楚地看到扫描轨迹。

(a) 侧视　　　　　　　　　　　　　　(b) 俯视

图 5-27　AlSi10Mg 增材制件侧面和顶部正表面的形貌[22]

### 2. WAAM 的表面和侧面形貌

基于 MIG 的增材制造的多层单通道薄壁部件的典型表面形貌如图 5-28 所示。由于沉积工艺的分层性质,在部件的侧面可以清楚地看到楼梯台阶。这种现象也称为阶梯效应。由于基于 MIG 的增材制造产生的层高较大,这种效应比 SLM 工艺更严重。

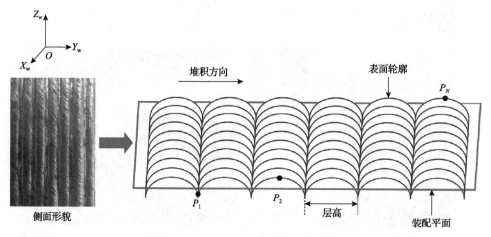

图 5-28　WAAM 表面形貌示意图[23]

层间温度直接影响制备层的散热。其他过程变量相同,升高层间温度将导致热扩散条件减弱。在薄壁部件制造过程中,热量传播包括辐射、对流和传导。现有层对后一层具有预热效果。当层间温度保持在较低值时，熔池能够随着层间温度的升高而保持稳定。然而如果层间温度太高，则沉积层的热传导受到很大限制。熔池中的过多热量不能及时传导到先前制造的沉积层，导致熔池表面的不稳定性恶化。因此，随着层间温度进一步升高，熔池的凝固时间和流动性增加，导致表面粗糙度显著增加。

　　图 5-29 显示了层间温度分别为 20℃、120℃、300℃和 450℃的部件的表面形貌。当层间温度升高到 300℃时，某些区域的相邻层没有明显的边界，并且出现混合层现象，如图 5-29(c)所示。这表明在制造过程中熔池形状在沉积层中不能很好地控制。当层间温度控制在 450℃时，可以在表面观察到几个扇形，并且混合层的现象更为突出，如图 5-29(d)所示。这表明熔池在层中随机溢出。当薄壁部件冷却至室温时，产生不良的表面外观，导致在精加工过程中需要大量切削金属材料。

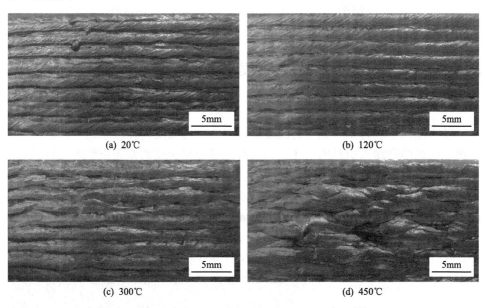

(a) 20℃　　　　　　　　　　　　　　(b) 120℃

(c) 300℃　　　　　　　　　　　　　　(d) 450℃

图 5-29　不同层间温度下 WAAM 的表面形貌[23]

送丝速率为 3.73m/min，扫描速度为 0.3m/min

　　图 5-30 为在不同激光辅助功率下沉积的薄壁部件的表面形貌。可以看出，当激光功率为 0W 时，存在强烈的熔池溢流，如图 5-30(a)所示。一旦前一层存在溢出，下面的层将变得粗糙，这导致更差的成形质量。不同的功率下表面粗糙度变化明显。激光的加入在一定温度范围时可以有效地提高打印件的表面质量(图 5-30(b)~(d))。

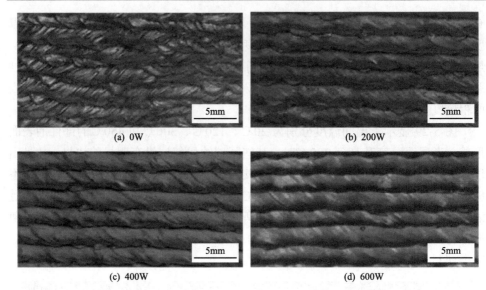

(a) 0W　　　　　　　　　　　　(b) 200W

(c) 400W　　　　　　　　　　　(d) 600W

图 5-30　不同激光辅助功率下 WAAM 的表面形貌[24]

### 5.2.4　后处理对增材制造部件表面形貌的影响

1. 激光抛光

激光抛光被认为是降低增材制造金属表面粗糙度的潜在方法之一。它主要基于激光辐射的热输入引起的熔化。当具有足够能量密度的激光束照射在材料表面上时，形态表面达到熔化温度并快速熔化。在形成熔池之后，由于表面张力和重力，液体材料倾向于重新分布到相同的水平面。当激光束离开时，激光照射区域的表面温度会迅速下降，导致熔池凝固，表面粗糙度相应减小。激光抛光后 Ti-6Al-4V 表面的宏观照片如图 5-31(a)和(b)所示。粗糙的原样表面被很好地抛光，在 Ti-6Al-4V 表面上观察到激光熔化轨迹(图 5-31(c)和(d))。这表明在激光

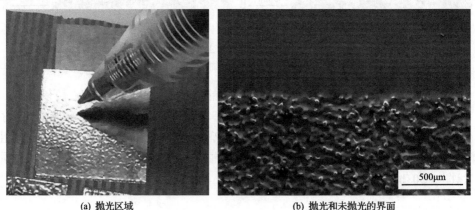

(a) 抛光区域　　　　　　　　　　(b) 抛光和未抛光的界面

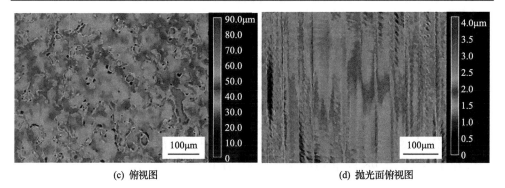

(c) 俯视图　　　　　　　　　　　　　(d) 抛光面俯视图

图 5-31　激光抛光 Ti-6Al-4V 合金材料[25]

抛光过程中 Ti-6Al-4V 在很短的时间内达到熔化温度。当激光束离开时，液体材料以高冷却速率固化，导致峰谷高度显著降低。在激光抛光后，Ti-6Al-4V 表面的峰谷高度从 90μm 减小到 4μm；表面粗糙度从超过 5μm 减小到小于 1μm。

激光抛光过程中，抛光熔化层厚度约为 170μm（图 5-32(a)）。熔化过程会引起

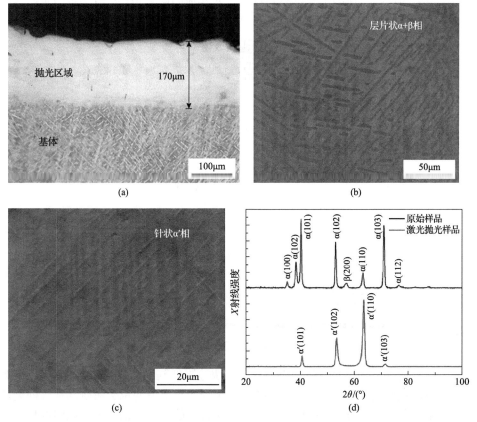

图 5-32　Ti-6Al-4V 增材制造表面激光抛光对组织的影响[26]

组织结构的变化。例如，Ti-6Al-4V 材料基体为层片状 α+β 相(图 5-32(b))，在抛光区可以观察到激光加工过程中快速熔化和冷却后形成马氏体 α′ 相(图 5-32(c))，与微观结构分析一致。晶体结构测试(图 5-32(d))表明，原样 Ti-6Al-4V 由 α 相和 β 相组成，而激光抛光表面主要由马氏体 α′ 相组成，没有 β 相。对于 α+β 双相 Ti-6Al-4V，当温度升高到转变的起始点时发生相变 α→β。当温度升高到 β 相转变温度(约 1273K)时，α+β 双相完全转变为 β 相。在激光束离开的冷却过程中，β 相会根据冷却速率分解为次级 α 相或马氏体 α′ 相，临界冷却速率约为 410K/s。如果冷却速率高于 410K/s，β 相将转变为马氏体 α′ 相[26]。

### 2. 飞秒激光微加工

飞秒激光具有持续时间短、瞬时功率高、作用斑点小等优点。通过飞秒激光去除材料的过程非常有效，从而使热影响区最小化。当飞秒脉冲与材料相互作用时，多个光子同时被吸收，引起电离，从而使材料击穿。脉冲持续时间(≤200fs)与热扩散时间(大约 10ps)相比要小得多。在这种超短脉冲状态下，激光能量主要用于去除材料。由于飞秒激光器的中心波长和打印用激光器的波长相似，可以将两个激光源合并到单个光束线中，这将使部件能够同时被打印和飞秒激光处理(图 5-33)。

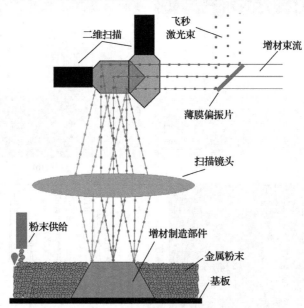

图 5-33　飞秒激光和 AM 激光联合系统示意图[27]

飞秒激光是一种很容易将金属增材制件快速降低到所需参数的途径，飞秒激光处理后表面粗糙度从 4.22μm 降到 0.82μm。不同的扫描方向也会影响部件表面光洁度。平行于构建方向的激光扫描比垂直于构建方向的激光扫描处理获取的部件表面光滑(图 5-34)。

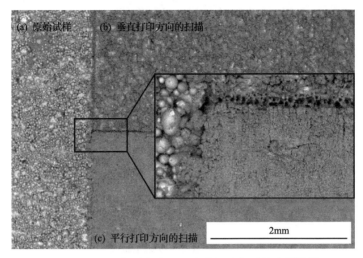

(a) 原始试样　　(b) 垂直打印方向的扫描

(c) 平行打印方向的扫描　　2mm

图 5-34　不同作用方式下飞秒激光对表面的作用效果

### 3. 激光冲击

激光冲击强化技术具有非接触、无热影响区、可控性强和强化效果显著等突出优点。当短脉冲(几十纳秒)的高峰值功率密度的激光辐射金属表面时，金属表面吸收层(涂覆层)吸收激光能量并发生爆炸性汽化蒸发，产生高压(吉帕量级)等离子体。该等离子体受到约束层的约束，爆炸时产生高压冲击波，作用于金属表面并向内部传播(图 5-35)。在材料表层形成密集、稳定的位错结构的同时，使材料表层产生应变硬化，残留很大的压应力，显著提高材料的抗疲劳和抗应力腐蚀等性能[29]。激光冲击强化对增材制件表面的处理可以提高其抗疲劳性能。激光冲击后的样品疲劳极限提高了 46%(图 5-36)。

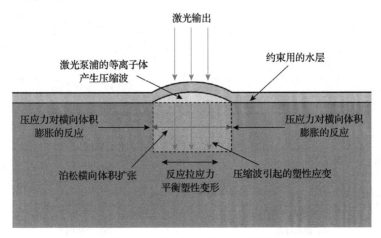

图 5-35　激光冲击原理示意图[28]

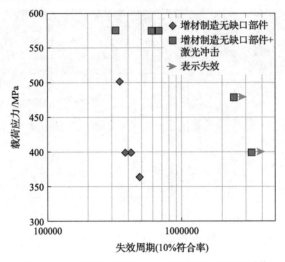

图 5-36　不同处理方式 316L 不锈钢疲劳极限[28]

#### 4. 化学抛光

化学抛光是靠化学试剂的化学侵蚀作用对样品表面凹凸不平区域的选择性溶解以消除磨痕、侵蚀整平的一种方法。电解抛光是指金属制品在一定组成的溶液中进行特殊的阳极处理，以获得平滑、光亮表面的精饰加工过程。未抛光的增材制造部件表面具有不规则的特征，表面上的高点和低点表现出显著差异（图 5-37(a)）。在化学抛光后，表面的主要不均匀性消失（图 5-37(b)），浅碗状亚微观区域出现。电解抛光产生一些含有零星孔或空穴的更光滑的纹理（图 5-37(c)）。

化学抛光增材制造样品显示出亚微观区域内部的优先蚀刻（图 5-38(a)）。电解抛光的增材制造样品产生平坦表面（图 5-38(b)）。增材制造样品化学抛光的表面粗

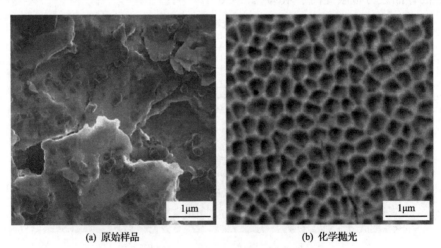

(a) 原始样品　　　　　　　　　　　　　　　(b) 化学抛光

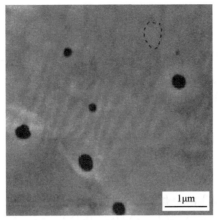

(c) 电解抛光

图 5-37　不同表面处理方式的 316L 不锈钢表面形貌[30]

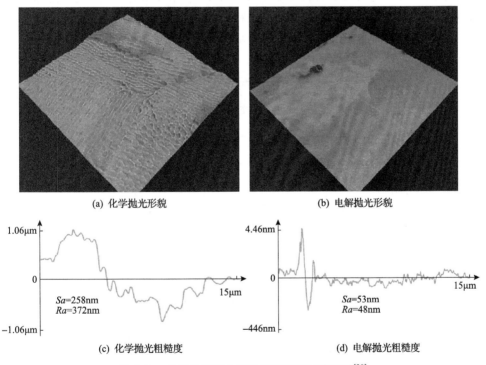

(a) 化学抛光形貌

(b) 电解抛光形貌

(c) 化学抛光粗糙度

(d) 电解抛光粗糙度

图 5-38　化学抛光和电解抛光的表面三维形貌[30]

糙度参数 $Ra$ 和 $Sa$ 分别为 372nm 和 258nm。电解抛光的增材制造样品的表面粗糙度参数 $Ra$ 和 $Sa$ 分别为 48nm 和 53nm。与化学抛光相比，电解抛光产生了非常光滑的表面形态。然而电解抛光受限于对电极在复杂形状的狭窄空间中的可接近性。在这种情况下，化学抛光更有用并且可以显著降低表面粗糙度。

5. 超声波抛光

超声波抛光是由超声波主机控器将超声波电信号经功率放大器处理后输出到超声波换能器工作手柄上，超声波换能器工作手柄再将超声波电信号转换成一个20kHz以上的高能高速机械振动，最后经手柄前端的变幅杆传递到工具头的末端，并带动工具头上的研磨材料悬浮液以20000次/s以上的速度高速冲击被抛光工件的表面，从而快速达到镜面效果。超声波抛光已被用于材料去除过程，如超声波加工和去除水垢。

在增材制造部件的超声波抛光过程中，无论是否添加微磨料，大多数部分熔化的粉末都被除去。因此部分熔化的粉末的去除主要是空泡效应。试样表面比较粗糙，粗糙表面会包含许多裂缝（如部分熔化的粉末和表面之间的黏合颈部），可以捕获气体并充当气泡成核位点。空化气泡从裂缝中成核并生长，然后在正压循环中崩溃。来自气泡的塌陷的反复冲击指向部分熔化的粉末，最终会将它们从表面上移开。如果抛光液中存在磨料，磨料还会受到空化气泡坍塌发出的冲击波的加速，在样品表面产生微耕和微切痕。这种机制有助于去除较大尺寸的颗粒，从而使整个表面更光滑（图5-39）。

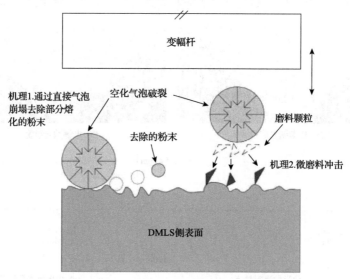

图 5-39　DMLS 工件的超声波抛光示意图

图 5-40 显示了在各种处理时间下样品表面形貌的变化。在最初的 5min 期间，通过空泡效应除去了与表面具有弱连接的大多数球形部分熔融粉末。尽管如此，一些较大尺寸的球化熔体和完全熔化的颗粒仍然保留在表面上（图 5-40(b)）。随后的 5min 通过空泡效应导致更大尺寸颗粒的移除（图 5-40(c)）。从 10min 到 30min，空泡效应（机理 1）导致的材料去除正在减少。这是由于在相对光滑的表面上没有

足够的裂缝和不连续性使气泡从中成核。在此阶段中的任何材料去除都受微磨损影响(机理 2)。

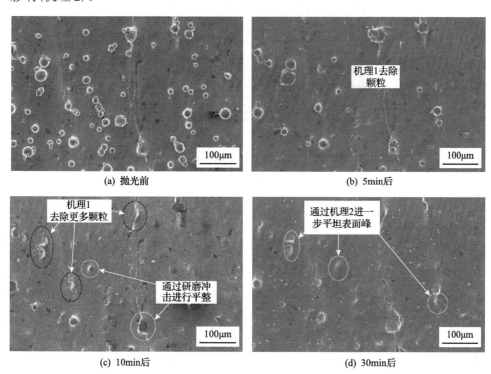

(a) 抛光前　　　　　　　　　　　(b) 5min后

(c) 10min后　　　　　　　　　　(d) 30min后

图 5-40　超声波抛光样品表面形貌[31]

## 5.2.5　增材制造部件表面形貌和性能关系

增材制造工艺参数与表面形貌之间的关系非常复杂,并且会影响材料的疲劳强度等力学性能。表面的缺陷是疲劳裂纹起源的地方,经常会成为疲劳裂纹的萌生地(图 5-41)[32]。

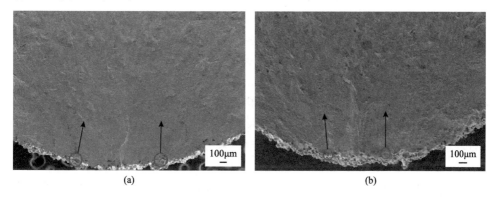

(a)　　　　　　　　　　　　　　(b)

(c)

图 5-41　裂纹萌生位置[32]

# 5.3　本章小结

　　球化分为两种类型，第一类为椭圆形的多颗粒熔合形成的大尺度球化，尺寸为几百微米量级；第二类为增材制造过程中高温引起的材料蒸发冷凝形成的小尺度球化，尺度为几微米量级。球化效应是高能激光束扫描金属粉末时，粉末吸收能量迅速熔化后，在表面张力、重力以及周边介质共同作用下，收缩成断续的球形颗粒物。熔滴存在铺展/凝固竞争机制，在偏离最佳参数窗口时，激光移动速度过慢时热输入较高，此时虽然熔滴温度升高延缓了凝固过程，但熔滴体积增大反而减慢了铺展过程，凝固过程占优而导致球化。当激光移动速度过快时，热输入较低，此时熔滴温度较低，温度梯度较小，凝固时间缩短，凝固过程占优而产生球化现象。不同的材料也会导致最佳工艺窗口存在差异。最佳工艺窗口越窄，越易球化。

　　球化的影响因素有制备环境中的氧含量、扫描速度、激光功率、扫描层厚度、曝光时间和表面重熔等。氧含量的增加会改变熔体的表面张力，进而使熔池由外对流转变为内对流，导致球化的产生；激光功率和扫描速度是两个相互影响的参数，两者决定了能量密度，线能量密度较小时，由于能量低于形成连续焊道的门槛值，焊道上将会形成不连续的球化颗粒，当线能量密度过大时，也会导致球化效应的产生。较大的层厚会使得熔池与基板的接触面积过小，小的润湿区域不能支撑较大熔池，造成熔池破碎成球。曝光时间也与熔池的能量输入直接相关，在曝光时间较短时，能量输入不足扫描轨道不连续而成球，曝光时间过长时，增加了材料与氧杂质的反应亲和力，导致球化的产生。激光表面重熔可以进一步消除材料表面的球化颗粒，获得无球化颗粒污染的理想表面。

　　通过减小层厚可以降低表面粗糙度，但会使打印效率降低。热输入的增加也可以减小表面粗糙度，但当热输入过大时，熔池被拉长，由于瑞利不稳定性，可能熔池会分裂成多个"小岛"，引起球化，增加表面粗糙度。此外，较细的粉末尺寸可以提高表面的光洁度。目前常用的降低材料表面粗糙度的方法有激光抛光、飞秒激光微加工、化学抛光、超声波抛光，通过对增材制造材料表面进行后处理，可以显著提高材料的表面光洁度。

# 参 考 文 献

[1] 顾冬冬, 沈以赴, 潘琰峰, 等. 直接金属粉末激光烧结成形机制的研究[J]. 材料工程, 2004 (5): 42-48.

[2] 顾冬冬. 激光烧结铜基合金的关键工艺及基础研究[D]. 南京: 南京航空航天大学, 2007.

[3] 李永康. 液滴在受热固体壁面上的润湿、铺展和传热特性研究[D]. 北京: 华北电力大学, 2017.

[4] SCHIAFFINO S, SONIN A A. Molten droplet deposition and solidification at low Weber numbers[J]. Physics of Fluids, 1997, 9 (11): 3172-3187.

[5] SCHIAFFINO S, SONIN A A. Motion and arrest of a molten contact line on a cold surface: An experimental study[J]. Physics of Fluids, 1997, 9 (8): 2217-2226.

[6] 周鑫. 激光选区熔化微尺度熔池特性与凝固微观组织[D]. 北京: 清华大学, 2016.

[7] GAO F, SONIN A A. Precise deposition of molten microdrops: The physics of digital microfabrication[J]. Proceedings Mathematical & Physical Sciences, 1994, 444 (1922): 533-554.

[8] 顾冬冬, 戴冬华, 夏木建, 等. 金属构件选区激光熔化增材制造控形与控性的跨尺度物理学机制[J]. 南京航空航天大学学报, 2017, 49 (5): 645-652.

[9] LI R, LIU J, SHI Y, et al. Balling behavior of stainless steel and nickel powder during selective laser melting process[J]. The International Journal of Advanced Manufacturing Technology, 2012, 59 (9): 1025-1035.

[10] SHEN Y F, GU D D, PAN Y F. Balling process in selective laser sintering 316 stainless steel powder[J]. Key Engineering Materials, 2006, 315-316: 357-360.

[11] 杨磊鹏, 李淑娟, 焦盼德, 等. 低温沉积成形过程温度场建模与仿真分析[J]. 机械强度, 2017, 6: 1418-1422.

[12] GU D, SHEN Y. Balling phenomena in direct laser sintering of stainless steel powder: Metallurgical mechanisms and control methods[J]. Materials & Design, 2009, 30 (8): 2903-2910.

[13] 赵玉珍. 焊接熔池的流体动力学行为及凝固组织模拟[D]. 北京: 北京工业大学, 2004.

[14] NIU H J, CHANG I T H. Instability of scan tracks of selective laser sintering of high speed steel powder[J]. Scripta Materialia, 1999, 41 (11): 1229-1234.

[15] ZHOU X, LIU X, ZHANG D, et al. Balling phenomena in selective laser melted tungsten[J]. Journal of Materials Processing Technology, 2015, 222: 33-42.

[16] WANG L, WANG S, WU J. Experimental investigation on densification behavior and surface roughness of AlSi10Mg powders produced by selective laser melting[J]. Optics & Laser Technology, 2017, 96: 88-96.

[17] TOWNSEND A, SENIN N, BLUNT L A, et al. The effect of laser power and scan speed on melt pool characteristics of pure titanium and Ti-6Al-4V alloy for selective laser melting[J]. Additive Manufacturing, 2017, 14 (1): 1-7.

[18] YU G, GU D, DAI D, et al. On the role of processing parameters in thermal behavior, surface morphology and accuracy during laser 3D printing of aluminum alloy[J]. Journal of Physics D: Applied Physics, 2016, 49 (13): 135501.

[19] STRANO G, HAO L, EVERSON R M, et al. Surface roughness analysis, modelling and prediction in selective laser melting[J]. Journal of Materials Processing Tech, 2013, 213 (4): 589-597.

[20] QIU C, PANWISAWAS C, WARD M, et al. On the role of melt flow into the surface structure and porosity development during selective laser melting[J]. Acta Materialia, 2015, 96: 72-79.

[21] HOPKINSON N, MUMTAZ K. Top surface and side roughness of Inconel 625 parts processed using selective laser melting[J]. Rapid Prototyping Journal, 2009, 15 (2): 96-103.

[22] TOWNSEND A, SENIN N, BLUNT L, et al. Surface texture metrology for metal additive manufacturing: A review[J]. Precision Engineering, 2016, 46: 34-47.

[23] XIONG J, LI Y, LI R, et al. Influences of process parameters on surface roughness of multi-layer single-pass thin-walled parts in GMAW-based additive manufacturing[J]. Journal of Materials Processing Technology, 2018, 252: 128-136.

[24] ZHANG Z, SUN C, XU X, et al. Surface quality and forming characteristics of thin-wall aluminium alloy parts manufactured by laser assisted MIG arc additive manufacturing[J]. International Journal of Lightweight Materials and Manufacture, 2018, 1 (2): 89-95.

[25] 宋杨, 王海鹏, 王强, 等. 激光精细表面制造工艺研究及应用: 清洗与抛光[J]. 航空制造技术, 2018, 61 (20): 78-86.

[26] MA C P, GUAN Y C, ZHOU W. Laser polishing of additive manufactured Ti alloys[J]. Optics and Lasers in Engineering, 2017, 93: 171-177.

[27] WORTS N, JONES J, SQUIER J. Surface structure modification of additively manufactured titanium components via femtosecond laser micromachining[J]. Optics Communications, 2019, 430: 352-357.

[28] HACKEL L, RANKIN J R, RUBENCHIK A, et al. Laser peening: A tool for additive manufacturing post-processing[J]. Additive Manufacturing, 2018, 24: 67-75.

[29] 谭海波. 激光冲击强化控制系统的研究[D]. 镇江: 江苏大学, 2010.

[30] TYAGI P, GOULET T, RISO C, et al. Reducing the roughness of internal surface of an additive manufacturing produced 316 steel component by chempolishing and electropolishing[J]. Additive Manufacturing, 2019, 25: 32-38.

[31] TAN K L, YEO S H. Surface modification of additive manufactured components by ultrasonic cavitation abrasive finishing[J]. Wear, 2017, 378: 90-95.

[32] PEGUES J, ROACH M, SCOTT WILLIAMSON R, et al. Surface roughness effects on the fatigue strength of additively manufactured Ti-6Al-4V[J]. International Journal of Fatigue, 2018, 116: 543-552.

# 第 6 章　金属增材制造的光学检测

金属增材制造的光学检测技术包括光学测温、高速相机成像、红外成像、光学相干成像及 3D 视觉传感技术等。光学检测技术既可以用于熔池温度和熔池形貌的在线测量，也可以用于熔覆面表面缺陷、粗糙度以及零件变形监测。借助相关的图像处理算法，还可以实现未熔、气孔等埋藏型缺陷的检测。目前已经形成的商业化在线检测模块大多基于光学检测技术实现金属增材制造系统的闭环控制，从而得到高质量的打印部件。

## 6.1　基于高温计和高速相机的熔池监测

高温计和高速相机原本是各自独立的监测模块，与增材制造装备集成后，可以分别实现温度测量和熔池表面观察。但是两者均基于光学测量技术，当与激光和振镜的 PBF 增材制造装备集成时，其特有的光路系统可以集成一种或者多种光学检测装置，使之与加工激光同轴，从而实现打印与检测的同步，如基于高温计的熔池温度测量光路、基于高速相机的熔池形貌测量光路、集成高温计与高速相机的温度-视频监控系统。此类同轴在线检测装备发展最为成熟，目前已经应用到 Concept Laser、DM3D Technology 等公司的主流设备，涵盖了 PBF 和同轴送粉/丝系列，可以同步实现熔池温度测量、熔池形貌及熔覆面的缺陷状态监测。

### 6.1.1　基于高温计的熔池温度测量

非接触式测温方法包括辐射测温、激光测温和声学测温等。金属增材制造主要采用辐射测温方法，利用对红外波段敏感的光敏元件，实现熔池辐射热的拾取。金属增材制造熔池温度为 1000～2000℃，根据普朗克定律，其主要辐射能量位于近红外波段(800～3000nm)，如图 6-1 所示。激光增材制造的功率激光常用波长为 1064nm，在测量过程中，为了避免激励激光的影响，通常有两种处理方式：一种是选择敏感范围低于 1000nm 波长的光敏元件，而当波长太小时，熔池的辐射强度降低，因此测量时一般选择大于可见光的波长(780nm)；另一种是采用滤光片，如锗玻璃，滤除加工激光影响[1,2]。常用辐射高温计包括单色高温计、双色高温计、多光谱测温计等[3]，测量温度范围可大于 2000℃。

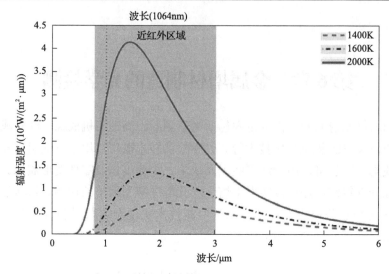

图 6-1　黑体的辐射强度、温度与波长关系

1. 单色高温计

　　单色高温计依靠敏感元件(如光电二极管)来测量物理辐射温度，被测物体辐射的热量通过滤波透镜和反射镜等导入元件，引起元件输出电压的微弱变化，通过前置放大器对输出信号进行放大，并完成信号测量，然后标定温度与元件输出信号关系，即可实现温度测量。单色高温计基于辐射定律，对于黑体来说，可以依据辐射定律直接进行温度读取，但是对于实际物体，则需要知道其发射率才能够进行准确的测量。单色高温计不同于传统光学高温计，是靠敏感元件进行温度测量的，因而不存在主观误差，且能够自动、快速地指示和记录温度数值，所以在工业上得到广泛的应用。

　　光电二极管是半导体，可以把光转换成电流或电压，而且光电二极管非常容易与不同类型的设备集成，对光强有非常快速的响应，因而非常适用于对材料热加工过程(特别是激光等光学热源的加工过程)进行监控，具有广泛的应用前景。光电二极管可用于不同的波长范围，以监测不同等级的温度。典型的硅光电二极管用于紫外波长和可见光波长，铟镓砷(InGaAs)光电二极管用于可见光波长和红外波长。光电二极管感知的波长范围常常有意地受到光学滤波的限制。目前市面上已经出现很多基于光电二极管的在线监测系统，用于监测激光焊接、等离子焊缝和增材制造过程。

　　图 6-2 为利用单色高温计对金属增材制造过程的监测，所用传感器为带放大器的平面光电二极管，其敏感区域为 $13mm^2$，在光谱 $780\sim950nm$ 的响应率为 $0.45A/W$。从试样打印质量图的对比来看，当试样基本致密时，光电二极管的输

出电压基本不变，而当存在粉末未熔时，光电二极管的输出电压急剧增加。这与实际情况较为吻合，因为未熔粉末的热传导性能远低于致密部件，所以当存在未熔粉末时，会由于热累积而导致局部温度升高[4]。

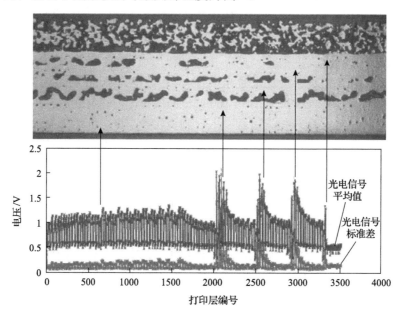

图 6-2　基于光电二极管的温度测量

## 2. 比色高温计

比色高温计利用辐射物体光谱成分中两种波长对应的辐射能量之比与相同波长上黑体辐射的能量之比进行温度测量。同样地，比色高温计基于辐射定律，将被测对象的辐射滤出两束频率分量，分别由两个光电二极管接收，然后利用两者的比值对标称温度进行测量。由于采用两种波长比对，该方法具有消除发射率影响、响应速度快、无人为主观判读误差、不需要黑度修正等优势。比色高温计不只限于两波长的测量，除了常见的双色高温计，还有三波长、四波长、六波长、八波长的比色测温仪器。

双色高温计已经普遍应用于增材制造的在线监测。典型结构如图 6-3 所示，该高温计由光纤、聚焦镜、滤光片和两种红外探测器组成[5]。被检对象辐射的红外光经由光线导入双色探测器，所用光纤为硫化物玻璃，直径为 $380\mu m$，长度为 $1\sim 6\mu m$。两个红外探测器为砷化铟(InAs)探测器和锑化铟(InSb)探测器。这些探测器叠合为夹层结构，每个探测器具有不同的可接收波长范围。InAs 探测器对波长在 $1\sim 3\mu m$ 的辐射光有响应，而可以通过波长大于 $3\mu m$ 的辐射光，InSb 探测器则对波长在 3～5.5μm 的辐射光有响应。红外能量转换为电信号，放大后由示波器显示。该高温计具有非常明显的效果：①辐射响应频率快，由于 InAs 探测器在 10～400Hz 响应平缓，所使用的双色高温计采样时间为 1μs，具有足够的速度来测量激光照射面积；②利用输出信号的比值，消除激光辐照区表面特性中发射率的影响；③能量不依赖于光纤尖端与物体之间的距离，用双色高温计测得的温度与目标区域的大小无关。

　　为保护双色高温计不受加工激光照射，采用厚度为 1mm 的锗滤光片滤除。因为锗滤光片可以滤除几乎所有小于 1600nm 的波长，而增材制造常用的光纤激光器的波长为 1070nm，所以加工过程中入射到金属粉末表面的激光束没有到达这些探测器。即使将激光直接照射到硫化物玻璃纤维尖端，双色高温计也不能检测到激光。

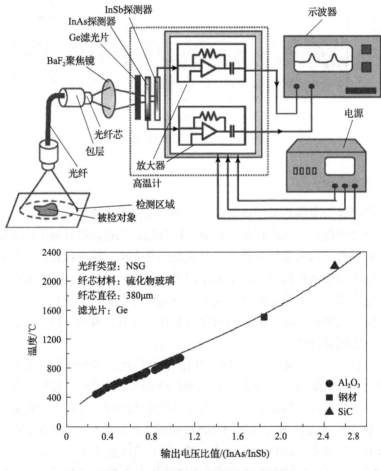

图 6-3　双色高温计原理图及校准曲线

双色温度计的校准有两种方法：当温度在 1000℃以下时，直接用热电偶来校准；当温度高于 1000℃时，采用目标材料的熔点来校准。例如，选择两种材料，钢材的熔点为 1510℃，碳化硅的熔点为 2200℃，测量激光辐照在目标材料使其表面熔化的辐射光。图 6-3 为 InAs 与 InSb 探测器输出电压比值得到的校准曲线。输出电压比值消除了激光辐照区表面特性中发射率的影响。实线表示双色高温计的灵敏度曲线。可以看到，校准实验测量结果与灵敏度曲线吻合较好，双色高温计测温范围为 400～2400℃[6]。

双色高温计与增材制造装备集成时，既可以固定在某一位置，实现对固定点温度随时间变化的监测，又可以集成为与打印激光同轴的探测光路，通过振镜实现对移动熔池的测量。图 6-4 为固定点监测的集成案例，双色高温计的光纤头距离监测点 4.2mm，光纤与打印面呈 45°夹角，光纤测量覆盖角度为 24°，覆盖的目标区域为 4.1mm[5]。

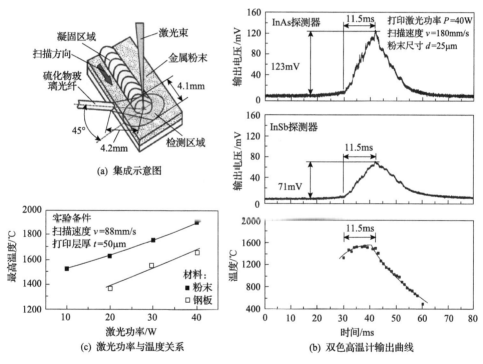

(a) 集成示意图

(c) 激光功率与温度关系

(b) 双色高温计输出曲线

图 6-4　离轴集成方案

图 6-4(b) 为双色高温计的典型输出曲线，分别表示两个探测器的输出电压和由两者之比得到的温度。当激光束到达双色高温计的靶区时，各探测器立即检测到激光照射产生的红外能量，并将其转换为电信号。当激光束接近目标区域中心时，输出信号增加，并在激光束到达中心时达到最大值。当激光束经过中心后，

这些信号迅速减少。采用输出信号比值得到的温度变化趋势与两台探测器的输出信号变化趋势相似。

图 6-4(c)为通过观测目标区域来研究激光功率对最高温度的影响,分别测定了两种材料:一种是冷轧钢板;另一种是粉末。随着激光功率的增大,两种材料的最高温度显著升高。粉末表面的最高温度在激光功率为 10W 时达到 1500℃,并在 40W 时增加到 1900℃。在所有功率下,粉末表面的最高温度均比钢板高约 200℃。这是由于粉末的导热系数比钢板的导热系数小(金属粉末导热系数为 0.14W/(m·K),钢板导热系数为 56W/(m·K))。

双色高温计的同轴集成方案如图 6-5 所示。图 6-5(a)中,由光纤激光器(1)、扩束器(2)、分束镜(3)、振镜(4)、场镜(5)和粉末床(6)构成打印装备的基本框架,由高温计(11)、光纤(10)、光纤接头(9)、棱角(8)构成测温模块,测温模块的光路通过反射镜(7)和分束镜(3)耦合,从而使得测量光路随着打印光路一起扫描,实现熔池温度的逐点测量[7]。双色高温计与加工激光同轴扫描,在扫描的同时,双色高温计按照时间顺序记录其时域响应信号。当将每一个焊道的数据组合

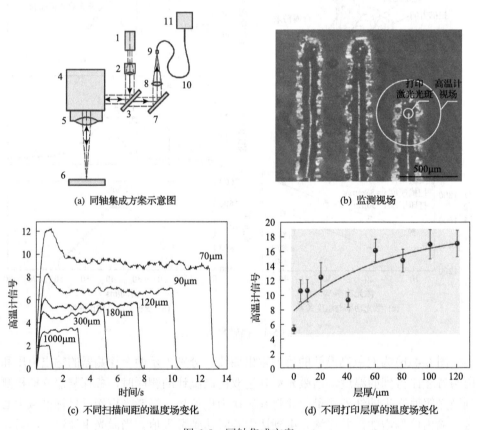

(a) 同轴集成方案示意图  (b) 监测视场

(c) 不同扫描间距的温度场变化  (d) 不同打印层厚的温度场变化

图 6-5  同轴集成方案

之后，得到加工平面的温度变化数据。由于增材制造过程本是一个温度场变化的过程，所有的变化都可以体现在温度场的变化之中，温度变化可以用来表征激光能量、扫描速度、扫描间距、层厚等参数的影响。

在增材制造时，测量得到的温度一般不采用真实值，而读取高温计响应的任意单位数值。其主要原因是，高温计校准必须通过整个光学系统进行，过程较为复杂。而任意单位的读数已足以反映工艺参数等造成的加工平面上的温度变化。另外一个原因是高温计所用的光纤直径一般大于特征温度变化区域，因而所测出的温度即使经过校准，也不会是特征区域的准确温度。例如，对于 SLM，如果激光光斑直径为 70μm，引起的重熔粉末熔池直径为 100～120μm，而所用高温计光纤直径为 400μm，为避免色差诊断误差，在放大了 1.4 倍之后，实际观察区域直径为 560μm，如图 6-5(b)所示。

图 6-5(c)和(d)分别是不同扫描间距和不同层厚的温度场变化曲线，打印尺寸为 10mm×10mm，扫描速度为 120mm/s。随着扫描间距的变化，各个温度曲线持续的时间不同。扫描间距越小，扫描次数越多，扫描时间越长；随着扫描时间的缩短，高温计的信号增大。当扫描间距不到 180μm，在高温计配准开始时，可以观察到信号的显著增加。这是由于粉末层的热传导能力较差，在加热初期，热量会在粉末层聚集，当加工进行一段时间之后，热传导进入块体区域，信号进一步稳定，所以信号的变化反映出传热过程。当扫描间距为 180～300μm 时，熔覆轨道之间正好连接，高温计信号在整个激光扫描周期内是稳定的，传热是通过位于各个轨道之间的粉末进行的。当扫描间距为 1000μm 时，扫描间距远大于熔覆轨道的宽度，高温计信号曲线显示出轨道与轨道之间没有交互。

粉末层厚度是加工精度的重要影响因素，相对较小的厚度具有较高的加工精度，但生产率低。从图 6-5(d)可以看到，随着粉末层厚度的增加，高温计信号增大。高温计信号是粉末熔化与传递到基体的热损失之间的能量平衡的结果。基体的导热系数是粉末的 20 倍左右，当粉末层厚度小时，激光能量主要用于基体熔化；当粉末层较厚时，粉末累积的热量大；当粉末层厚度达到某一临界厚度时，高温计信号达到最大稳定值，此时熔化粉末和基体失去热传导，所有的激光能量被粉末吸收。

### 6.1.2　基于高速相机的熔覆面监测

高温计单次测量只能够获得熔池的单点信息，而高速相机则可以观测扫描区域的图像，进而实现熔池尺寸测量，以及表面球化、未熔合等缺陷检测。高速相机结构如图 6-6 所示，包括图像传感器、缓冲存储器、时钟控制和数字接口等模块。图像传感器是高速相机的核心半导体器件，其作用是将光学图像转换为电子信号，目前高速相机常用的两类为电荷耦合器件(charge coupled device，CCD)图像传感器和互补金属-氧化物-半导体(complementary metal oxide semiconductor, CMOS)图像传感器,均用于探测近红外波长的光线。两种图像传感器的区别在于, CMOS 图像传感器可以将一些有源电路集成到像素结构中, 从而直接实现数字信号的获取。对于金属增材制造这种特殊应用场合, 还需要引入 LED 等外部光源, 对目标区域进行照射, 从而获得高质量的图像信息。

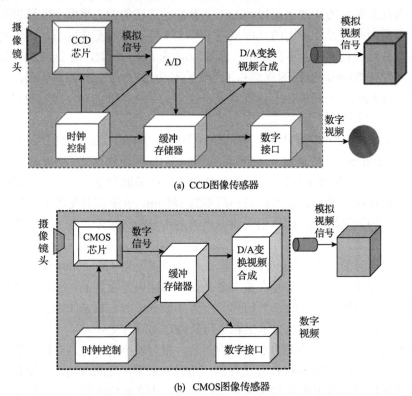

(a) CCD图像传感器

(b) CMOS图像传感器

图 6-6 高速相机

## 1. CCD 图像传感器

CCD 图像传感器于 1969 年在贝尔实验室研制成功, 之后由日商等公司开始量产, 其采用高感光度的半导体材料作为光敏材料, 将光信号转变成电荷信号。当光线照射到 CCD 阵列的表面上时, 每个感光阵元受激产生电荷; 所有阵元产生的信号组合成一幅完整的画面。CCD 以电荷作为信号源, 其成像过程实质就是信号电荷的产生、存储、传输和输出过程: 当光入射到 CCD 的光敏面时, 便产生了光电荷, 随着入射光强增加, 累积的电荷量增大; CCD 的金属-氧化物-半导体(metal-oxide-semiconductor structure, MOS)结构通过势阱和反型层实现电荷存储功能; 电荷的传输是指施加具有特定时序的高低电平到电极上, 实现光电荷在相邻势阱间的转移；光电荷的输出是指在光电荷转移通道的末端，将电荷信号转换为电压或电流信号输出，也称为光电荷的检测。CCD 可以分为线阵和面阵等多种形式，增材制造在线监测主要采用面阵形式，如法国将 CCD 可视化系统集成到 Phoenix Systems 公司的型号为 PM-100 的 SLM 设备。

2. CMOS 图像传感器

CMOS 图像传感器本质上是一个包含图像阵列逻辑寄存器、存储器、定时脉冲发生器和转换器的图像系统。由于把整个图像系统集成到一个芯片，CMOS 图像传感器具备体积小、重量轻、功耗低、集成度高、价位低等优点。根据像素的不同结构，CMOS 图像传感器可以分为无源像素被动式传感器(passive pixel sensor, PPS)和有源像素主动式传感器(active pixel sensor, APS)。由于无源像素结构信噪比低、成像质量差，有源像素结构成为 CMOS 图像传感器的主流。在 APS 中，每一个像素都包含一个放大器，而且每个放大器仅在数据读出期间被激发，像素内引入放大器可以改善像素的性能。APS 可以分为光敏二极管型和光栅型两种：对于光敏二极管型像素结构，由于光敏面没有多晶硅叠层，其量子效率较高，读出的噪声受复位噪声限制，典型值为 75~100 个均方根电子，而且每个像素采用 3 个晶体管，典型的像素间距为 15μm，所以光敏二极管型像素结构适宜于大多数低性能应用；光栅型像素结构的每个像素采用 5 个晶体管，典型的像素间距为 20μm，采用 0.25μm CMOS 工艺可实现 5μm 的像素间距，读出噪声一般为 5~20 个均方根电子，所以可以用于高性能科学成像和低光照成像。

20 世纪 70 年代，CCD 图像传感器和 CMOS 图像传感器同时起步。CCD 图像传感器由于灵敏度高、噪声低，一度成为图像传感器的主流，但一直存在体积大、功耗大的问题。CMOS 图像传感器尽管具备体积小、功耗低等优势，但是其光照灵敏度和图像分辨率均低于 CCD 图像传感器。随着 APS 工艺的不断成熟，CMOS 图像传感器的图像质量已经接近甚至超过 CCD 图像传感器，金属增材制造监测所用的图像传感器也以 CMOS 图像传感器为主，日本、芬兰、德国和法国等国家的主流设备均采用 CMOS 高速相机[2]。

3. 照明系统

增材制造的过程监测最常用的光在三个波段范围：散射激光(λ=1030nm)、等离子体辐射(λ=400~650nm)和热辐射(λ=900~2300nm)。现有以 CCD 图像传感器和 CMOS 图像传感器为代表的被动探测方法只能提供有限的材料表面结构信息。通常需要借助照明系统，对图像传感器的作用区及其邻域进行照明，以捕获熔池的表面结构和形状。照明系统可以提高图像分辨率和扫描速度。照明系统通常采用增加波段范围的方式，如芬兰采用工作波长为 810nm 的照明系统；或者采用增加光的强度的方式，如法国的 LED 照明系统工作波长为 440nm，发射光的强度高于工件表面的散射激光和热辐射，但是低于熔池区域的发射强度[8]。

高速相机性能参数包括帧率、像素数和像素尺寸。增材制造的高速监测，相机的帧率必须要大于激光扫描速度与熔池宽度的比值，假设扫查速度为 2.5m/s，熔池宽度为 150μm，则帧率需要达到 16666fps，扫描速度越大，需要的帧率越高。高速相机的分辨率取决于视场与像素的比值，假设像素数为 2000×2000，粉末床为 250mm×250mm，若是对整个视场进行监测，则对应的分辨率为 125μm×125μm。如果熔池宽度为 150μm，在这样的分辨率下，一个熔池可能由 4～9 个像素点构成，如图 6-7(a) 所示。为了实现熔池的高分辨观察，可以调小视场范围，通过光学系统的放大功能，实现摄像机的成像尺寸与加工平面上的像斑的比例调节。例如，监控视场范围要在 0.2mm×0.2mm 到 5mm×5mm 之间变化的参数是可能的，选用相机的像素尺寸 14μm，可调像素数为 128×128 像素到 256×256 像素，根据相机的成像面积由像素尺寸乘以像素数计算，对应的成像尺寸为 1.79mm×1.79mm 到 3.58mm×3.58mm。因此光学系统的放大倍数必须在 0.35 到 18 之间。如果空间分辨率为 10μm，即放大倍数为 1.4，则宽度为 150μm 的熔池，其面积由 15×15 个像素点构成，如图 6-7(b) 所示。

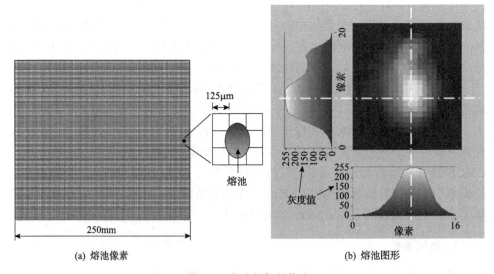

(a) 熔池像素　　　　　　　　　(b) 熔池图形

图 6-7 高速相机的像素

高速相机与增材制造装备的集成可以采用同轴扫描视场的方式，也可以采用固定视场观察的方式。典型的同轴系统如图 6-8(a) 和 (b) 所示。打印激光通过双色滤镜进入振镜。振镜根据从 CAD 模型获得的几何信息构建光束的偏转路径。最后，利用场镜将光束聚焦到加工平面上。处理区域通过照明激光束照明。光束通过分光镜发生偏转，并通过双色滤镜进行传输，根据加工激光束实现定位和聚焦。处理区域的图像信息通过场镜、振镜、双色滤镜和分光镜向后传输到整个系统。光路的设计必须避免虚像，使图像信息能够聚焦在高速相机上。分光镜、双色滤镜和单光学器件只需要设计一个波长，而振镜和场镜则需要设计两个波长（照明和加工）[9]。

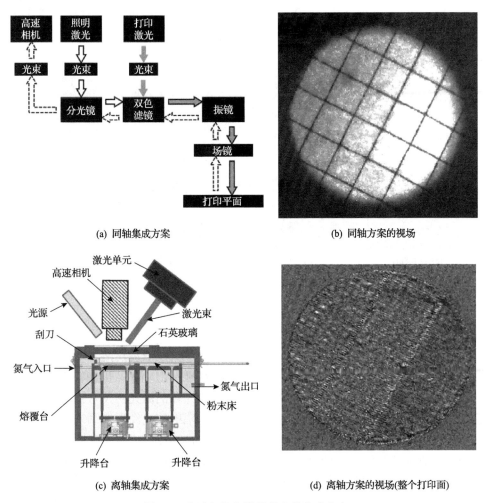

(a) 同轴集成方案

(b) 同轴方案的视场

(c) 离轴集成方案

(d) 离轴方案的视场(整个打印面)

图 6-8　高速相机与增材装备的集成方案

典型的离轴系统如图 6-8(c) 和 (d) 所示，高速相机和外加照明系统置于打印腔体的顶部或者侧面，其视场一般可以照射到整个打印面，从而实现对熔池及表面缺陷的直接观察[10,11]。高速相机外加照明系统已被证明是直接获得熔池图像的有效方法。连续动态的高分辨率图像可以用于研究熔池的熔化凝固过程，也可以直接观察熔覆面可能出现的球化、飞溅等缺陷，通过图像处理算法或机器视觉技术还可以直接提取熔池形貌特征。

图 6-9 是利用 SLM 打印 17-4PH 不锈钢材料的加工平面图像，激光功率为 200W，扫描速度为 1000mm/s，每隔 0.2ms 记录一帧图形，可以看到起始时刻 ($t$ = 0ms) 熔池的行为正常；在 $t$ = 0.2ms 时，熔池中出现扰动，熔池形状发生变化；在 $t$ = 0.6ms 时，熔池移动，在熔池后方可见一些球化，周围还形成多个大的飞溅；在 $t$ = 1ms 时，熔池保持稳定，仍可见成球现象。高速相机可以用来检测打印过程中的异常。但是这些异常是由工艺参数还是由粉末杂质等因素引起的需要进一步的论证[12]。

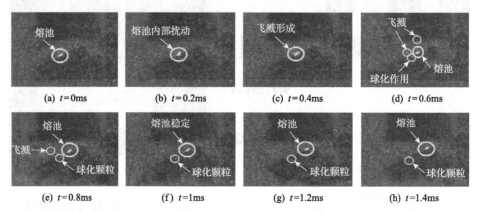

图 6-9　高速相机观察打印面缺陷

### 6.1.3　高温计与高速相机熔池同轴监测

高温计可以实现温度测量，高速相机可以测量熔池形貌，两者均基于光路测量技术，因此可以集成为同轴模块。典型结构如图 6-10 所示，由加工激光器、高速相机和光电二极管构成同轴光路系统，加工激光器的激光由反射镜反射后进入振镜系统，由振镜系统扫描形成移动熔池；移动辐射的光经振镜系统原路返回，然后经过分光镜分别到达高速相机和光电二极管，高速相机负责获取熔池图像，光电二极管完成熔池温度的测量。由于高速相机和光电二极管是随着振镜系统一起扫描的，可以获得整个打印面的温度场和视场。在这个同轴光路系统中，反射镜只能反射功率激光，但是可以穿透熔池辐射光。一般来说，大功率激光光束波长为 1064nm，熔池辐射发光的波长为 780～900nm，所以可以通过带滤波功能的透镜来实现功率与探测光的分离[1,13]。

高温计和高速相机配合使用集成了两者的优点。高温计的主要优点是吸收了熔池各点的辐射，并将其集成为一个代表熔池大小(面积)的传感器值，而且响应速度非常快，然而这样也导致该高温计只有一个温度值来描述每个移动熔池。高速相机可以捕获熔池的整个几何形状。

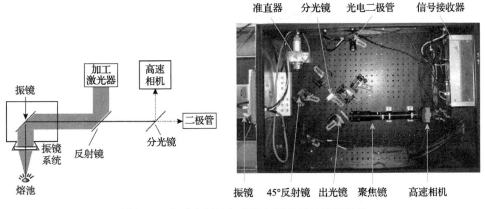

图 6-10　集成高温计与高速相机的同轴监测系统

为了实现闭环控制，必须采用高响应速率的传感器和快速的数据处理工具，才能够实现高采样率，进而达到实时反馈。图像分析系统首先将捕获的图像存储在内存中，然后由专用的图像处理软件对存储的图像进行分析，由于图像数量过大，一般处理速度比较慢。例如，如果以 10kHz 的采样频率来采集 60 像素× 60 像素的相机图像样本，这样数据传输流的速率需要达到 36Mbit/s，计算机从读取数据到处理数据花费的时间大于 0.1ms，即无法与 10kHz 的采样频率相匹配。

熔池和温度场数据的解释是关键。在监测过程中可能会监测到异常数据，如熔池尺寸的变化。这些变化可能是熔池自身动力学的结果，也可能是外部因素的干扰，如粉末层未熔合、灰尘、氧含量过高、零件几何形状导致的传热不规则等。建立监测图像与这些因素的关联是一个难题。现有的数据处理方法主要依靠参考数据，即通过打印对象的几何模型及可能的几何形成数据，构建可以与现场采集数据进行比对的参考值，实现质量控制。针对参考数据比对方法，准确记录传感器控制位置与打印对象几何模型的关联，实现时间和空间上的配准将至关重要。

数据增材制造在线监测的终极目标是通过监测移动熔池的质量状态来反馈调节工艺参数，以获得高质量的打印部件。然而，增材制造质量的影响因素众多，以 SLM 为例，除了激光能量、扫描速度、扫描间距等可调的工艺参数，还包括熔池自身动力学、熔覆不良、激光器灰尘、氧含量高、几何结构导致的不规则传热等影响熔池稳定性的因素。因此，通过解析高温计和高速相机所获得的数据来反演增材制造过程中的影响因素，是实现反馈调节的核心。

高温计和高速相机直接记录的数据包括移动熔池位置温度在时域上的变化和移动熔池及其周边的可视化图像。为了更好地利用这些数据，学者针对具体的应用需求，提出了很多数据解析算法，如拼接算法，实现了熔池过热监测、表面状况监测、内部缺陷检测等，并应用于研究移动熔池的熔化凝固过程，以及工艺参数的反馈调节等。

　　拼接算法首先利用图像传感器测量得到熔池区域所占据的像素点的数量，以像素点的数量作为熔池的当量尺寸，如图 6-11(a)所示；在增材制造在线监测时，将每个熔池点的像素数量转换为灰度值，按照位置对应填入扫描网格中，形成拼接图像，如图 6-11(b)所示。由于事先通过大量的实验获得正常熔池所对应的像素点数量的置信范围，若拼接图像中某一网格位置的像素点数量超出该置信范围，则可以判断该位置的熔池出现异常。当扫描完一层时，可以依据每个熔池点的数据拼接成二维图像；当扫描完多层时，可以依据每一层的数据堆积为三维图像，从而分析任意截面上的质量状态。

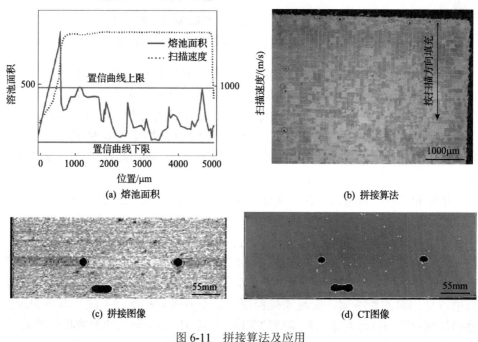

(a) 熔池面积　　　　　　　　　　　(b) 拼接算法

(c) 拼接图像　　　　　　　　　　　(d) CT图像

图 6-11　拼接算法及应用

　　利用熔池的当量尺寸，可以实现多种参数的检测，例如，熔池过热监测，当熔池由于热输入过多或者热源与粉末作用时间较长时，即呈现较大的当量尺寸；再如，内部缺陷检出，当连续多个熔池出现尺寸超标时，拼接图像就会出现一个缺陷显示。目前该算法已经应用到多种打印材料，并利用光学显微镜及工业 CT 对检测结果进行了对比，具有较好的一致性。图 6-11(c)和(d)为AlSi10Mg 增材制造的拼接图和 CT 图。可以看到，对于较大尺寸的孔洞等缺陷，两种方法具有很好的一致性。对于一些小尺寸的缺陷，拼接算法可以检出，而工业 CT 没有检出。这主要是由拼接算法的图像分辨率确定的，拼接算法的图像像素为 $100\mu m \times 100\mu m$。

　　尽管拼接算法可以很直观地显示缺陷形貌，但仍然存在明显的劣势，就是不能对小尺寸缺陷进行检出，熔池尺寸为 120~150μm，需要连续多个熔池都存在尺寸超标问题，才会在拼接图像上显示一个缺陷。对于小于 100μm 的缺陷，现有的仅依赖经验数据的置信区域的算法不能适用，需要开发更为精密的算法[1]。

# 6.2 增材制造过程的红外热像监测

金属增材制造实质是一个热过程，通过检测整个熔覆层的温度分布及其时间演化过程，可以获得大量的熔覆过程信息和熔覆质量信息。红外热像法是一种非接触式监测热过程的重要手段，可以直接对熔覆面进行大面积的观察，监测熔池移动过程及凝固区域的温度分布，并基于所获取的温度图像，实现熔池和热影响区的尺寸测量、未熔合和气孔等孔隙监测。红外热像仪易于与增材制造装备集成，并形成闭环控制系统，通过精准的温度反馈调节，实现对材料晶粒尺寸等微结构参数和缺陷的控制。目前，红外热像仪已经广泛应用于金属增材制造的过程监测与控制反馈。

## 6.2.1 红外热像技术及其与增材制造装备的集成

红外线指波长为 0.78~1000μm 的电磁波，其中波长为 0.78~2.5μm 的部分称为近红外，波长为 2.5~4.0μm 的部分称为中红外，波长为 4.0~1000μm 的部分称为远红外。温度在 0K 以上的任何物体，都会因自身分子运动辐射出红外线。

金属增材制造的典型红外热像如图 6-12 所示。热像视场可以是整个打印平面，也可以是局部区域，但一般都会覆盖熔池区域，如图 6-12(c)所示；沿着熔池移动方向拾取温度的水平位置曲线，可以看到熔池附近的温度分布，从左至右先增大，增加至最大值后迅速减小，如图 6-12(b)所示；如果对熔池点的温度进行时域测量，可以得到分布曲线，如图 6-12(a)所示。

当金属增材制造熔覆层存在未熔粉末或者气孔等缺陷时，缺陷处的热传导性能远差于熔覆完好区域，因此在熔覆层表面温度不一致，在缺陷区域产生温度梯度，从而使熔覆面红外线辐射量产生差异。通过红外热像仪探测熔覆面的辐射量分布，即可形成热像并推断内部缺陷情况。

红外热像并不是直接对缺陷的测量，缺陷导致热传导差异性，热传导差异性导致温度分布差异性，温度分布差异性再导致红外辐射量差异性。因此，为了准确地实现缺陷的测量，必须找出热传导性和红外图像之间的关联机理，从而利用热像信息实现缺陷的评定，例如，根据图像温度梯度测量缺陷位置、形状、大小，根据温度梯度变化速率确定缺陷深度[14-16]。

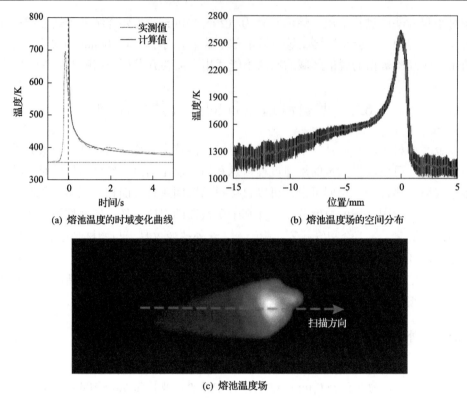

(a) 熔池温度的时域变化曲线　　　　　(b) 熔池温度场的空间分布

(c) 熔池温度场

图 6-12　红外热像图

　　传统的红外热像技术分为主动红外热像技术和被动红外热像技术两种。主动红外热像技术主要是指利用外加热源，对被检工件进行加热，然后利用红外热像仪接收工件表面的红外辐射。根据所选热源的不同，它分为脉冲红外热像技术、超声红外热像技术、激光红外热像技术、锁相红外热像技术等。金属增材制造过程本身伴随着强烈的温度变化，因而在线监测通常不需要外加热源，直接采用红外热像仪来观察熔覆面的温度分布。主动红外热像技术则更多用于打印完成部件的离线检测。

　　与传统的测量仪器相比，红外热像仪具有结构简单、灵敏度高等特点，尤其是在高温区段具有精度更好、分辨率高、操作简便等优势，可以实现高速变化的温度场的动态采集，动态响应时间<1ms，可以实现增材制造装备工艺参数的实时反馈控制。现代红外探测器种类较多，包括非本征半导体探测器、窄禁带化合物半导体探测器、半导体红外探测器阵列、非致冷探测器等。目前的红外热像仪广泛使用的是 InSb 检测单元，其噪声等效温差≤0.025℃，极大地提升红外热像仪的检测速度和图像像素。

　　根据光谱响应范围，红外热像仪可以分为近红外热像仪和中、远红外热像仪。

近红外热像仪一般直接采用 CCD 和 CMOS 图像传感器，因为此类图像传感器的波长响应范围为 $0.45\sim1.05\mu m$，图像传感器也可以直接用于近红外辐射的测量，但是为了避免可见光的影响，一般需要配合滤波器使用，如滤除波长小于 $0.9\,\mu m$ 的光谱成分。中、远红外热像仪一般采用非致冷焦平面技术。该技术是第三代红外热成像系统的核心，具有成本低、体积小、重量轻、工作可靠、寿命长等特点，从而成为增材制造的主流。

非致冷焦平面探测器的核心部件是红外焦平面阵列，其表面的吸收材料可以将红外辐射转换为热能，其内部的热敏材料再将热信号转变为电信号输出。焦平面是由敏感材料组成的二维探测像素阵列，每个像素连接一个敏感单元，每个敏感单元的输出信号构成热像。根据敏感单元对热量转换的机理，非致冷红外探测器可以分为热电堆、热释电和微测辐射热计三种，其中增材制造在线监测主要用的是微测辐射热计，其利用敏感材料电阻随温度变化的特点实现探测功能。常用的敏感材料为氧化钒和非晶硅，当红外光照射在敏感材料上时，温度变化引起敏感材料电阻变化，通过测量其阻值变化便可计算红外辐射信号。

非致冷焦平面探测器实质上是 CMOS-MEMS 单体集成的大阵列器件。以非晶硅为敏感材料的探测器的信号产生的过程如下：首先，由红外吸收层吸收辐射引起温度变化，进而引起非晶硅热敏电阻变化；其次，CMOS 电路将非晶硅热敏电阻变化转变为差分电流并进行积分放大，经采样后得到红外热图像中单个像元的灰度值。MEMS 绝热微桥用于支撑非晶硅热敏电阻，并连接 CMOS 电路。为了提高探测响应率和灵敏度，还要求微桥具有良好的热绝缘性。像元的热容尽量小以保证足够小的热时间常数，从而提高红外成像帧率。衬底铝镜与微桥形成谐振腔以提高红外吸收效率。

红外热像仪并不是直接测量温度的，而是依靠探测器接收的辐射来测温的。红外探测器接收的辐射包括被测对象自身的辐射、环境辐射在被测对象表面的反射、大气辐射及热像仪内部的热辐射等。因此，红外热像仪反馈的热图像并不是其表面的真实温度分布。如果需要对增材制造过程的温度进行准确测量，则必须掌握多种误差来源，在熔覆过程中，测量距离、环境温度、气氛温度等因素都已经确定，最为关键的影响因素是物体表面发射率。

金属材料发射率受到材料材质、表面光洁度、表面颜色及状态等因素的影响：不同材料的发射率不同，如铜的发射率高于铝；粗糙表面的发射率高于光洁表面；深色表面的发射率高于浅色表面；表面具有凸凹不平整部位的发射率高于平整部位。发射率的准确测量比较困难，如果要实现温度的准确测量，则需要在测量过程中对熔覆表面的发射率进行标定。

对于增材制造过程，发射率标定环境条件要与实际测量过程完全一致，然后基于热电偶等测温仪器的读数进行标定。以合金钢打印为例，为了减少外部环境对发射率的影响，需要选择与打印腔体一样的氛围，利用电阻丝对打印得到的合金钢薄壁件进行加热，利用热电偶测量得到打印件的温度，然后调整红外热像仪中的发射率参数，直到红外热像仪显示的温度与热电偶温度读数一致，此时红外热像仪中的反射率即熔覆面发射率。为了提高标定精度，通常在需要测量的温度范围内，多次标定求取平均值。

红外热像系统非常易于与金属增材制造系统集成，现已成功应用于各类增材制造方法，如 SLM[17]、EBM[18,19]和 DED[20]。红外热像仪与增材制造装置的集成示意图如图 6-13 所示，一般红外接收器都装配在腔体外部，以一定的角度照射到打印平面，这样做既避免了腔体内部的空间限制，又保护红外镜头免受粉尘和飞溅的干扰。锗玻璃既用来保护红外接收器，又是滤波器，对红外光具有较高的透射率（＞80%）。红外热像系统的不足之处是其监测区域一般会小于铺粉面，不能够一次性对整个打印面来监测。另外，红外热像系统的帧频一般在 50Hz 以内，也

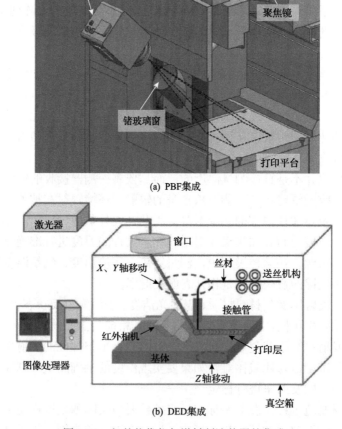

图 6-13　红外热像仪与增材制造装置的集成

就是说每隔 20ms 才能够获得一幅红外图像,因而不适用于具有较高时域分辨率需求的监测场合。

红外热像系统与增材制造系统集成之后,可以用于观察熔覆面的温度空间分布和时间演化,从而研究打印工艺,也可以通过热像来直接监测粉末未熔、孔隙率等质量缺陷。

### 6.2.2　未熔合缺陷的红外热像检测

德国将远红外热像系统集成到 SLM 设备,用于监测热影响区的温度场以实现粉末未熔合的检出,所选热像仪为非制冷辐射热计检测器,具体参数如下:像素数为 640×480,帧率为 50Hz,探测波长为 8~14μm,观测距离为 0.5m,探测器空间分辨率为 250μm,可以监测的区域为 160mm×120mm。由于发射率的影响因素众多,取决于视角、波长和温度本身,未进行温度校准,而是直接采用绝对辐射强度作为测量值。

对埋藏型粉末未熔合缺陷(图 6-14(a))的检出是通过测量当前打印层在打印

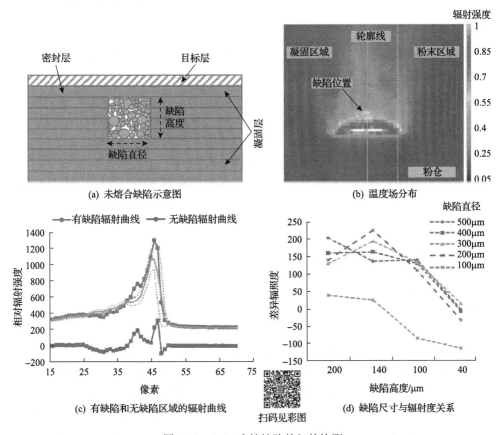

(a) 未熔合缺陷示意图　　　　(b) 温度场分布

(c) 有缺陷和无缺陷区域的辐射曲线　扫码见彩图　(d) 缺陷尺寸与辐射度关系

图 6-14　SLM 未熔缺陷的红外检测

过程中的红外辐照来实现的，通过分析辐照度的时间演化和空间分布来进行缺陷的定位。图 6-14(b) 是在所设计的打印缺陷产生 120ms 之后的辐照度的空间分布图，缺陷直径为 300μm，高度为 140μm。热像图的左侧为打印完成区域，右侧为未打印的松散粉末，亮度区域为熔池及热影响区，随着打印的进行，热影响区图像随着扫描过程向下移动，当存在缺陷时，缺陷部位会留下一个辐照度较高的区域。缺陷区域的辐射强度曲线如图 6-14(c) 所示，通过与无缺陷区域的基准曲线相比，可以看到有明显的峰值出现，并以此来判定缺陷信息。

　　红外热像是有探测极限的。图 6-14(d) 为不同缺陷尺寸下缺陷部位最大辐照度与基准值的差异曲线。最大辐照度的获得是通过设定一个特定的时间差，即缺陷出现的时间与热像图记录之间的特定时间偏移，以获得热像仪信号的最大可见性。从图中可以看到，首先，这种差异随着缺陷高度的减小而减小，当缺陷高度接近 40μm 时，差异曲线均接近负值，也就是说缺陷最大辐照度与无缺陷区域的辐照度已经无法明显分辨。当缺陷直径为 100μm 时，无论缺陷高度为多少，其差异值均趋于负值。曲线图很直接地揭示了红外热像系统存在探测极限[21,22]。

### 6.2.3　孔隙率的红外热像测量

　　美国橡树岭国家实验室将中波红外热像仪集成到 EBM 系统中，用于监测打印件的孔隙率。EBM 增材制造装备集成最核心的问题是观察窗口的改造。一般 EBM 增材制造装备都会留有一个观察窗口，用于调整电子束和观察打印进程。红外热像仪最为方便的集成方式就是直接利用这个窗口进行改造，然而这个窗口在开启时会由于金属粉末中较轻元素的蒸发或溅射而导致内表面金属化，从而影响热像仪的监测精度，甚至由于内表面金属的长时间堆积，红外线无法透过而不能获得热像。薄膜切换法是解决窗口内表面金属化的有效方法，通过在窗口内侧绕一层薄膜，每完成一层打印之后，胶片旋转一次，这样部分金属化的胶片区域被卷绕到胶片卷取机上，而新的胶片继续用来保护窗口。薄膜切换法的缺点是其有效透射率只有 0.73%左右，极大地限制了热像动态范围。单镜潜望镜也被用于窗口改造，通过反射镜将热像仪视场引入腔体，这样金属化只在反射铝镜上完成，对反射率影响较小，这种方法可以将光路有效透射率提升到 37.1%左右，比薄膜切换法提升两个数量级。

　　红外热像系统用于在打印过程中连续监测孔隙率，从而为工艺参数的反馈调整提供依据，以消除或降低孔隙率。增材制件的结构(如悬垂结构的前几层)特别容易因沉积的能量不足以引起熔化而产生孔隙。当零件设计要求粉末熔化时，所需的能量部分取决于粉末下方的材料。如果熔池下面的层是固体金属，则需要更多的能量。这是由于固体金属具有较高的导热系数，起着散热片的作用。然而，如果在感兴趣的区域以下的材料是未熔化的粉末，那么由于粉末床的导热系数较低，所需的能量就会显著降低。这种单位面积能量沉积的突然阶跃变化通常是通过调节扫描速度来实现的。此外，添加热支撑结构也可以改善悬垂结构下方的粉末床的导热系数。

图 6-15(a) 是为研究孔隙率检测而设计的悬垂结构件，打印层厚度为 0.05mm。图 6-15(b) 是在不同的电子束聚焦参数 FO 下由热像仪所监测到的前四层的孔隙率分布。FO 表示电子束的聚焦度，FO 越小，表示电子束聚焦度越好。矩形框为悬垂区域，白色区域为孔隙，当打印到第一层时，FO=3 和 FO=15 的孔隙率几乎没有差异，但当打印到第二层和第三层时，FO=3 的孔隙率显著减小，而 FO=15 的孔隙率依然很高，有近 40 个孔隙分布在悬垂结构区域，当打印到第四层时，FO=3 已经不形成孔隙，而 FO=15 的孔隙率依然还有大量孔隙。以上结果表明，红外热像系统是检测孔隙率的有效方法[23]。

(a) 悬垂结构件

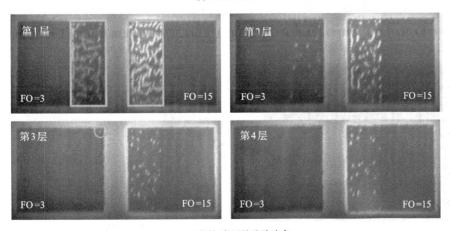

(b) 不同打印层的孔隙分布

图 6-15　孔隙缺陷的红外监测

#### 6.2.4　熔池尺寸的红外热像测量

利用红外热像系统得到的温度分布图,可以实现熔池及热影响区尺寸的测量,根据测量精度的需求可以分别采用离轴和同轴集成方案。

当采用离轴集成方案时,红外热像仪一般用于观察较大的区域。美国 NASA 采用近红外热像系统对 EBM 过程进行检出。热像系统参数如下:分辨率为 640 像素×480 像素,探测光谱为 0.78~1.08μm,最大帧率为 60Hz,测温范围为 600~3000℃,分为低(735~1108℃)、中(1057~1485℃)、高(1503~2446℃)三个标称范围,对应的图像捕捉时间分别为 16.25ms、1.7ms 和 50μs,镜头最小工作距离为500mm,在 500mm 下的视场为 31mm×23mm。

利用热像仪监测到的熔覆图像如图 6-16(a)所示,该区域的尺寸是 30.48mm×25.4mm,可以明显看到熔池形貌图像。图 6-16(b)是通过截取每一层热像中最高温度位置所在的行数据绘制而成的温度分布曲线,峰值为熔池中心温度,峰值左边为冷却侧温度,右边为熔化侧温度,当打印工艺适当的时候,随着打印层的增加,EBM 每一层的热特性几乎不变。通过在测量的液相线下生成等温线,可以

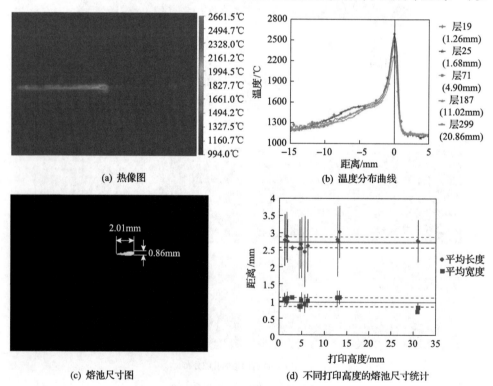

(a) 热像图　　　　　　　　　　(b) 温度分布曲线

(c) 熔池尺寸图　　　　　　　(d) 不同打印高度的熔池尺寸统计

图 6-16　离轴集成方案的熔池尺寸测量

得到熔池的形貌及尺寸，如图 6-16(c) 所示。通过多次测量不同打印高度的熔池，得到其平均长度为 2.73mm，标准差为 0.16mm，平均宽度为 0.98mm，标准差为 0.13mm[24]。

当采用同轴集成方案时，热像仪视场一般略大于熔池尺寸。美国宾夕法尼亚大学利用 752 像素×480 像素的热像仪对熔池进行同轴观察，视场为 2.0mm× 3.1mm。工作距离设置为 9.3mm，每个像素为 4.1μm×4.1μm，温度测量范围为 1500~2500℃，液固界面处的温度为 1620~1640℃，因此，可以在温度图上标记出液固界面区域。为了实现熔池轮廓的精确描述，还可以对温度进行滤波处理，再测量熔池区域的尺寸，如图 6-17 所示[25]。

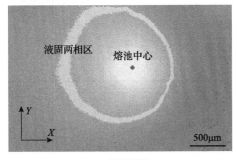

(a) 原始图像                (b) 滤波后图像

图 6-17　同轴集成方案的熔池尺寸测量

## 6.2.5　基于红外热像反馈的材料晶粒度控制

红外热像仪可以与增材制造装备集成，形成闭环控制的加工系统。通过实时测量和反馈打印平面的温度场信息，从而实现加工参数的调节，确保打印质量的一致性。以电子束增材制造为例，工艺参数包括射束电流、速度、聚焦及加热时间等，有的参数可以直接通过红外热像进行测量，如电子束的聚焦尺寸，有的参数则需要建立与温度、材料晶粒度等打印参数的关联。

图 6-18 中电子束打印钛合金试样总高度为 60mm，分三个区域设置加热时间参数：第一区域为 0~20mm 高度范围，设置标准加热时间为 11s；第二区域为 20~40mm 高度范围，设置加热时间为 22s；第三区域为 40~60mm 高度范围，设置加热时间为 11s。打印装备集成红外热像仪，记录每一层的打印温度，如图 6-18(b) 所示，可以看到，划分的三个打印区域的温度变化明显，在标准加热时间，温度稳定在 700℃左右，当加热时间延长时，随着打印进程的推进，温度也越来越高，当再次调低加热时间至标准加热时间时，温度快速下降并基本稳定在 800℃左右。

打印完成之后，沿着高度为 10mm、30mm 和 50mm 的三个截面剖开，如图 6-18(a) 所示，这三个高度面分布对应三个打印参数区域。三个截面的形貌如

图 6-18(c)所示，以 α 晶粒的宽度作为晶粒尺寸，可以看到，当标准加热时间为 11s 时，平均晶粒尺寸为 1.6μm；当加热时间为 22s 时，平均晶粒尺寸增加至 2.8μm；当加热时间减小时，平均晶粒又降为 2.1μm，长时间的热累积会导致晶粒尺寸的增加[26, 27]。

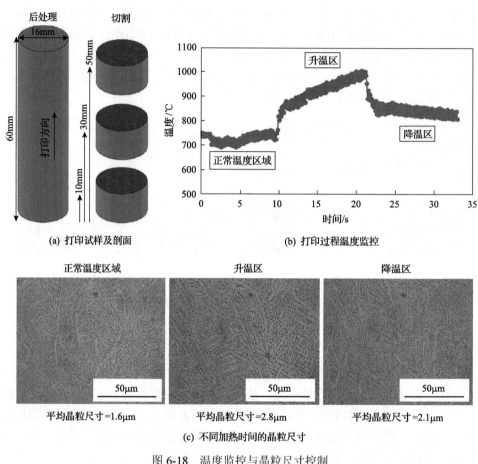

(a) 打印试样及剖面　　　　　　　　　　　　(b) 打印过程温度监控

(c) 不同加热时间的晶粒尺寸

图 6-18　温度监控与晶粒尺寸控制

## 6.3　表面缺陷的光学相干成像检测

　　光学相干层析成像(optical coherence tomography，OCT，简称光学相干成像)技术也称为低相干干涉成像(inline coherent imaging，ICM)技术，是近些年开始应用于金属增材制造的监测方法。与以温度测量为基础的热像不同的是，该方法可以用于监测熔覆面的表面形貌信息，包括粉末、焊道、熔池及球化缺陷的纵向信息(即深度方向的信息)，并具有较高的纵向和横向分辨率及灵敏度等优势。如果打印具有一定透光性能的材料，如某些 SLS 打印聚合物，则还可以对打印件内部缺陷进行高分辨检出。

### 6.3.1　适用于增材制造的典型光学相干成像方法

OCT 是一种利用低相干干涉原理进行成像的方法，其基本构成是迈克耳孙干涉仪。根据产生干涉的机理，OCT 可以分为时域 OCT 和频域 OCT 两类，频域 OCT 又分为扫频 OCT 和光谱 OCT 两种。

#### 1. 时域 OCT

时域 OCT 的原理图如图 6-19 所示。宽光谱光源发出的激光经过光纤耦合器分为两路：一路作为参考光照射到反射镜；另一路作为探测光照射到样品。两路光返回之后在光纤耦合器处汇合，通过控制两路光的光程差在相干长度以内，两束光在汇合之后会产生干涉信号，由探测器接收。如果通过位移平台前后移动参考光反射镜，则改变了参考臂和信号臂的光程差，探测器接收的信号就代表了样品在深度方向的信息，这就是通过纵向扫描获得 A 扫描信号，即深度方向背散射光的光强；如果对样品进行横向扫描，则可以获得二维的 B 扫描图像和三维图像[28]。

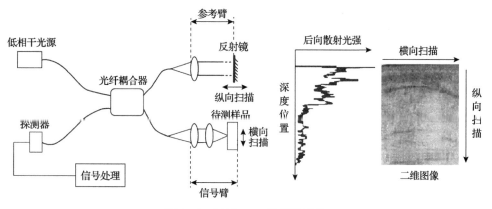

图 6-19　时域 OCT 原理及图像

从样品返回的探测光强度一般较小，容易湮没在系统噪声之中，因而很难进行直接探测。时域 OCT 易于实现光外差探测。采用时域参考臂进行纵向扫描时，可以通过控制反射镜的移动速度，引用一个多普勒频移，使参考光和探测光之间产生固定频差，当这两路光汇合发生干涉时，干涉信号会被调制到较高的频段，并且干涉信号的强度由参考光和探测光的强度共同决定，因而易于进行探测、滤波、降噪等信号处理过程。利用参考臂的纵向扫描，实际上就是把干涉信号调制到载波信号上，后期信号解调处理即可得到干涉信号的包络。

时域 OCT 系统的两个重要指标分别是纵向分辨率和横向分辨率,而且这两个分辨率相互独立。纵向分辨率表示在深度方向上能够分辨出两个相邻点的能力,其数值为光源的相干长度。为了得到较高的纵向分辨率,一般采用宽频带光源。因为光源的相干长度与光源的光谱宽度成反比。光源的光谱宽度越大,相干长度越小,则时域 OCT 系统的纵向分辨率越好。横向分辨率则是在垂直于探测光平面上能够分辨出两个相邻点的能力,其数值取决于光的焦点状态[29]。

### 2. 扫频 OCT

与时域 OCT 通过改变参考臂长度来直接探测干涉信号的方法不同,扫频 OCT 的原理是采用波长可变的扫频激光光源,以一定的时间间隔发射不同波长的光线,光线经过迈克耳孙干涉仪干涉之后,形成具有时间间隔的干涉信号,由点探测器探测,并经过高速数据采集卡获得不同波长的干涉数据,最后通过傅里叶变换得到待测样品的深度信息图像(A 扫描信号),如图 6-20 所示。傅里叶算法是数据处理的核心,对采集到的干涉光谱信号进行傅里叶变换,实质上就是把波数空间的信号转换到深度坐标,即得到样品各层的散射强度信息,从而对样品深度结构成像。扫频 OCT 的二维 B 扫描及三维图像的数据采集则与时域 OCT 相同。与时域 OCT 相比,扫频 OCT 不需要纵向扫描机构,因而在成像速度等性能上有很大提升,但是对扫频激光光源、高速数据采集卡,以及后续的数据和图像处理算法等具有更高的要求。

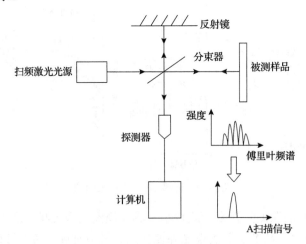

图 6-20　扫频 OCT 原理

### 3. 光谱 OCT

光谱 OCT 的原理如图 6-21 所示,其基本结构与时域 OCT 类似,由宽带光源发射光线,然后经过迈克耳孙干涉仪产生干涉光谱。与时域 OCT 不同的是,对于干涉光谱的探测采用光学敏感元件的光谱仪来实现。同扫频 OCT 一样，光谱 OCT 也不需要移动参考臂中的反射镜来完成样品的纵向扫描，因此成像速度更快；同时，在光谱 OCT 系统中所有的返回光都能够与参考光干涉，参与干涉的光谱成分要远多于时域 OCT 系统，因此具有更高的信噪比和灵敏度，在增材制造中的应用也最为广泛[29-31]。

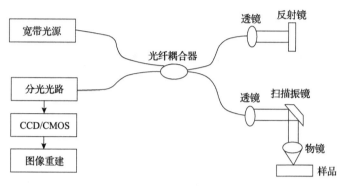

图 6-21　光谱 OCT 原理

### 6.3.2　光学相干成像系统与增材制造装备的集成

OCT 系统在早期应用于激光加工工程的监测和医学监测等，因而已经开发出较为成熟的模块。由于 OCT 系统采用光路系统实现非接触式探测，非常易于与增材制造装备集成。根据监测的需求，主要有同轴和离轴两种集成方案。

离轴集成方案主要用于监测熔池及其周边的区域，其结构如图 6-22(a) 所示，探测光由光学相干模块发出之后，直接利用振镜进行控制，从而实现探测光在熔池及其周围扫描。这种方案的缺点是获得一幅熔池及其周围图像的时间较长，因而更多地用于每一层打印完成之后，关闭打印激光器再进行扫描检测。

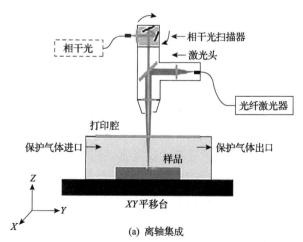

(a) 离轴集成

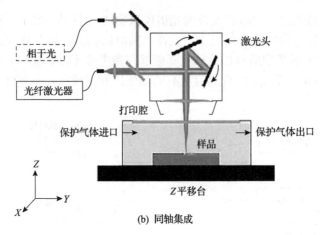

(b) 同轴集成

图 6-22　OCT 与增材制造装备的集成

　　同轴集成方案如图 6-22（b）所示,光学相干模块发出的探测光与打印激光同时进入振镜系统,这样可以实现在扫描打印的同时对熔池中心区域进行监测,从而具有与打印同步的扫描速度,实现实时的在线监测[32,33]。

### 6.3.3　熔覆面缺陷的光学相干成像监测

　　与热像监测技术相比,OCT 技术的最大优势在于可以直接获得熔覆层表面的形貌信息,特别是在深度方向的信息。因此,该技术可以用于监测熔覆层表面粉末、熔池、焊道的高度,表面粗糙度,以及球化和飞溅等表面缺陷的高度信息。此外,该技术还可以用于监测 SLS 过程内部缺陷。

　　1. OCT 应用于表面粗糙度和飞溅的监测

　　美国劳伦斯国家实验室将原用于激光焊接和微机械加工监测的光谱 OCT 系统应用到 SLM 过程。光谱 OCT 模块包含一个照射到样品表面且功率为 8mW 的宽带光源、一个重复频率为 300kHz 的线性阵列光谱仪和一个基于光纤的迈克耳孙干涉仪。如图 6-23 所示,由超辐射发光二极管（super luminescent diode, SLD）发出中心波长为 840nm、带宽为 60nm 的光纤耦合光,首先通过用来防止反射和保护光源的法拉第光隔离器,然后用 50∶50 的分光镜将光分成样品臂和参考臂。参考臂中的光通过光纤偏振控制器和色散匹配器,以补偿单模光纤引起的偏振变化和样品臂中的光学元件引起的色散,在准直之后,光通过反射镜耦合进入干涉仪。样品臂中的光由安装在定制光学支架上的准直器聚焦,并通过双色滤镜与加工激光束同轴对齐,同时导入振镜完成打印和监测的同步,如图 6-23 所示,样品臂到构建平面的工作距离为 0.7m。为了实现某一区域的观察,在功率激光打印完成之后,开始光谱 OCT 扫描,以 1m/s 的速度扫描熔覆面表面,捕捉一个 4.4cm×4.4cm 正方形区域的二维表面形貌,扫描期间以 100kHz 的采样率不断收集数据[34]。

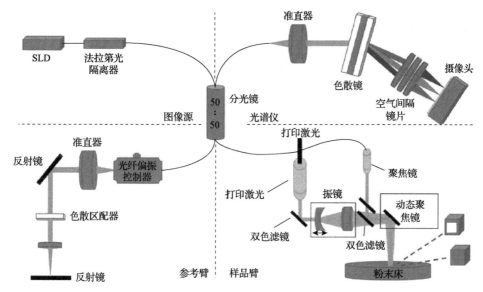

图 6-23　OCT 与 SLM 集成示意图

宽带光源所发射的波长变化会引起干涉的变化,这种变化实际上编码了被探测表面的高度信息。为了快速地获得高度信息,采用零差滤波技术代替传统的标准插值和傅里叶变换技术进行数据处理。该方法将合成干涉图与原始数据混合,以缩短高度数据的处理时间,从而有望实现实时反馈。处理之后获得每个空间像素所对应的 A 扫描数据,实质上就是背散射强度与距离数据。对于具有较高反射率的光洁表面,信号出现的最高峰位置为样品高度反射的表面;通过对样品表面的横向扫描,获得高度分布的 B 扫描及 C 扫描图像。

高度分布图的质量是由信号与深度测量中的峰值信噪比决定的。当入射角度较大时,接收的背向散射较小,从而降低信噪比。金属粉末床的信噪比相对较低,这是因为金属粉末颗粒是小的球形反射器,只有很小的区域将 OCT 探头光束反射回采集光学。为了改善信噪比,利用 10 个采样率为 100kHz 的 A 扫描信号进行平均,当扫描速度为 1m/s 时,空间采样间隔为 100μm。当积分时间为 5μs 时,允许扫描速度高达 1000mm/s,同时保持足够的图像对比度,一幅尺寸为 4.4cm×4.4cm、像素为 100μm×100μm 的图像的采集时间约为 20s。

图 6-24 为利用不同功率、速度和扫描策略的组合工艺打印得到的立方差,分别获得第 5 层、25 层、50 层和 100 层的 C 扫描高度分布图。打印参数如表 6-1 所示。在不同的扫描策略下,没有观察到粗糙度的显著变化;激光功率对粗糙

度的影响最大，激光功率小于 260W 时，将不足以实现层与层之间的完全熔覆，如图 6-24 中方框所示区域，光谱 OCT 可以非常容易地捕捉到该区域的高度较低。图 6-24 还显示出熔覆面存在很多的小突起，如图 6-24 中箭头所示。这些较高的区域对应的是较大的飞溅所形成的颗粒。它们难以用简单的光学成像检测出来，而在扫描过程中往往只能发生部分重熔而导致缺陷的产生，较大的飞溅还会对铺粉过程产生影响。利用光谱 OCT 可以很容易地估算出粉末床上飞溅颗粒的粒径分布。图 6-24（f）是打印 100 层后统计的球形飞溅颗粒直径的直方图。收集的检测下限是直径 200μm 的飞溅，直径大致遵循伽马分布，集中在 250～300μm，最大飞溅直径大约 600μm。

表 6-1　不同区域的扫描策略

| 编号（行，列） | 功率/W | 扫描速度/(mm/s) | 间距/μm | 扫描策略 |
| --- | --- | --- | --- | --- |
| (c,III) | 259 | 400 | 100 | 双向 |
| (b,III) | 320 | 400 | 100 | 双向 |
| (a,III) | 382 | 400 | 100 | 双向 |
| (c,II) | 382 | 400 | 75 | 双向 |
| (b,II) | 382 | 400 | 125 | 双向 |
| (a,II) | 382 | 400 | 175 | 双向 |
| (c,I) | 382 | 400 | 200 | 双向 |
| (b,I) | 382 | 400 | 100 | 棋盘 |
| (a,I) | 382 | 400 | 100 | 条纹 |

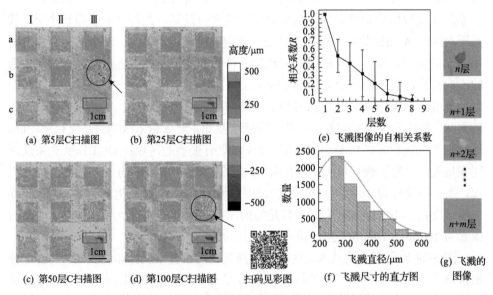

(a) 第5层C扫描图　　(b) 第25层C扫描图　　(e) 飞溅图像的自相关系数

(c) 第50层C扫描图　　(d) 第100层C扫描图　　扫码见彩图　　(f) 飞溅尺寸的直方图　　(g) 飞溅的图像

图 6-24　不同打印参数下 OCT 得到的 C 扫描图像

2. OCT 应用于表面熔覆高度和球化的监测

加拿大利用光谱 OCT 形成的 B 扫描图像观察表面熔覆状态。所用的 OCT 模块与前述类似，包括一个低功率宽带光源、一个高速光谱仪和一个基于光纤的迈克耳孙干涉仪。然后以同轴和离轴两种方式集成在 SLM 设备上面[35]。

图 6-25 显示了 SLM 过程中 OCT 形成的 B 扫描图像，在 0～400μm 位置为未熔粉末区域，由于粉末的背向散射信号较低，得到的图像颜色较暗；紧随其后的为高散射区域(425～490μm)，该区域为基体区域，即上一熔覆层；由于辐射散射、热传导和毛细管现象等机制的作用，邻近熔池会形成没有信号的区域(490～640μm)；从 640μm 位置往后，出现稳定而明亮的焊道区域。

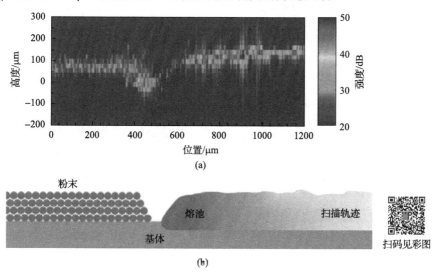

图 6-25　SLM 过程 OCT 扫描图像

图 6-26 为利用光谱 OCT 监测得到的打印形成的光滑熔覆面和具有球化特征熔覆面的 B 扫描对比图，光滑面的高度为 80μm±20μm，球化面的高度为 430μm±20μm。首先利用光谱 OCT 验证加工前的粉末层，如图 6-26(a1)和(b1)所示；在较厚的粉末层的打印过程中，由于周围较厚的粉末层导致的不利润湿条件，熔池表现出高度波动的行为，如图 6-26(a2)所示，测量高度的巨大变化也表明熔池高度的波动。相反，相同打印参数下的薄层粉产生稳定的熔池,高度维持在 20～100μm，如图 6-26(b2)所示。熔池稳定性对合成轨迹质量的影响在凝固后监测的图像和(图 6-26(a3)和(b3))和焊道照片(图 6-26(a4)和(b4))中都可以看到。高度不稳定的熔池在打印过程中产生的层厚在 80～700μm 一个较大的范围内波动。粉末层越薄，熔池越稳定，熔池轨迹越规则、越平滑(图 6-26(b3))。凝固轨迹与熔

池高度相似，所以在加工过程中监测到的熔池形态可以作为凝固轨迹的显示。相应的焊道照片进一步证实了焊道质量(图 6-26(b4))。

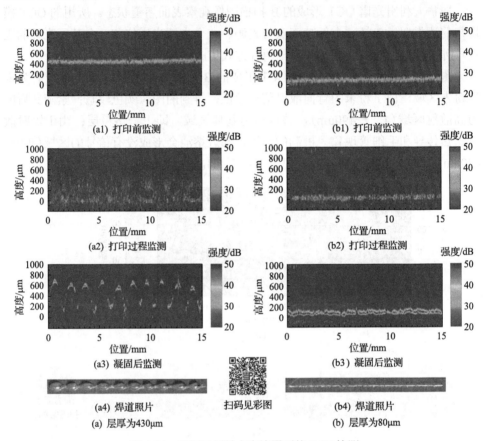

图 6-26　不同层厚粉末床熔覆面的 OCT 检测

### 3. 利用 OCT 观察非金属内部缺陷

OCT 的优势是可以得到纵向信息，然而对于金属增材制造而言，因为光在金属的穿透距离仅为纳米量级，所以无法获得内部缺陷信息。但对于具有一定光穿透性的非金属材料的打印来说，OCT 是一种可以提供高分辨检测图像的方法，现在已经用于聚合物的 SLS 打印检测[36,37]。如图 6-27(a)所示，OCT 系统采用中心波长为 1305nm、扫频带宽为 150nm、轴向分辨率达 10μm、横向分辨率达 7.5μm 的宽带光源，OCT 系统通过扫频可以获得 B 扫描图像。

SLS 打印的聚合物部件设计为 3cm×3cm×1cm 立方体，其中包含三角形、长方形和圆形 3 种形状的通孔，位于固体表面以下约 100μm，每个通孔的间隙为 2mm，如图 6-27(b)所示。为了进一步研究 OCT 的检出能力，将扫描区域切片为一系列 4mm×3mm 图像，如图 6-27(c) 和 (d) 所示，图 6-27(c) 可以很容易地观察到三角形和正方形的孔隙，并测量它们的深度分辨尺寸。此外，$x$ 方向的孔洞尺寸和 $z$ 方向到表面的距离也很容易测量。圆形通道的尺寸如图 6-27(d) 所示。为了验证 OCT 的测量结果，图 6-27(e) 和 (f) 分别为三角形空洞和正方形空洞边缘的对应 SEM 图像。从 SEM 和 OCT 图像可以看到，缺陷距离表面均为 185μm 左右，尽管与设计的 100μm 相差较大，但是证明了 OCT 测量的准确性。

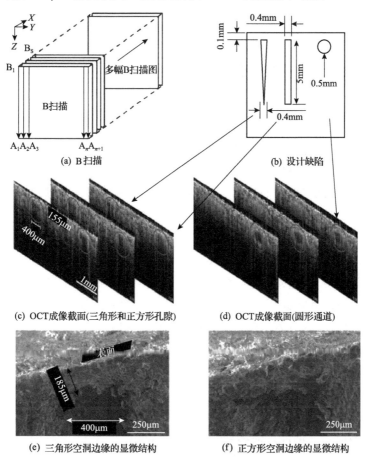

(a) B 扫描　　　　　　　(b) 设计缺陷

(c) OCT成像截面(三角形和正方形孔隙)　　　(d) OCT成像截面(圆形通道)

(e) 三角形空洞边缘的显微结构　　　(f) 正方形空洞边缘的显微结构

图 6-27　聚合物增材制造的 OCT 检测

## 6.4　增材制件三维形貌的视觉传感检测

随着基于机器视觉的三维形貌测量技术的发展，增材制造过程工件表面三维信息的监测得以实现。根据成像照明方式，可以分为主动三维形貌测量技术和被动三维形貌测量技术两类。主动三维形貌测量技术的典型代表是结构光

（structure light）三维形貌测量技术，利用投射装置将结构光照射到待测物体表面，然后利用图像接收器来获取并保存待测物体表面反射后而发生形状畸变的图像，再利用一定的算法将畸变图像信息转换为待测物体的三维形貌数据。被动三维形貌测量技术的典型代表是双目立体视觉（stereo vision）测量技术和数字图像相关（digital image correlation，DIC）技术，不需要借助任何外在光源的照射，直接从摄像系统捕获二维图像，再利用一定的算法将二维图像还原出物体表面的三维形貌。在三维形貌测量的基础上，通过相机拍摄变形前后被测平面物体表面图像的相关运算，实现物体表面变形、位置、应力等的测量。数字图像相关技术不仅用于变形监测，还可以在所测应变数据的基础上，通过计算的方式得到应力数据，并通过临界应变的监测实现缺陷检测，目前这些方法都已经应用于金属增材制造的在线监测。

### 6.4.1　基于结构光的主动三维形貌测量技术

结构光三维形貌测量技术包括激光扫描法、傅里叶变换轮廓法、轮廓测量法、格雷码条纹法等多种方法，其中基于相移条纹投影的轮廓测量法（简称相移法）以其形式灵活、分辨率高、帧频高而成为结构光三维形貌测量的重要发展方向。

相移条纹投影的基本原理如图 6-28 所示，用计算机产生结构光图案（如正弦投影条纹），经投影仪投射到物体表面，条纹经物体表面调制产生变形，用 CCD 或者 CMOS 摄像机采集变形条纹图像，再利用计算机进行相位场提取、相位去包裹，解调得到反映物体表面变化的解包裹相位图。最后，经系统标定，利用相位、图像及三维坐标变换可得物体表面的三维数据。如果摄像机与投影仪光束被遮挡而产生未覆盖区域，可以采用多个摄像机或者投影仪的方式解决（图 6-28(b)）[38]。

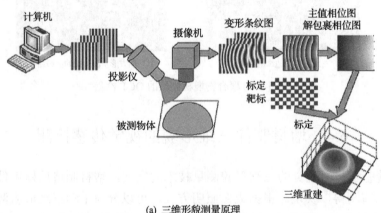

(a) 三维形貌测量原理

**(b) 多投影仪系统**

图 6-28　相移条纹投影的原理及硬件布局

目前已有多种相移条纹投影技术应用到三维形貌测量，包括正弦条纹、格雷码条纹、周期性黑白条纹、黑白条纹+正弦条纹、彩色条纹、三角条纹等。现以正弦条纹为例，介绍相移法的工作流程。

用计算机产生如图 6-29 所示的正弦条纹，光强分布为

$$I(m,n) = \frac{M}{2}\left[1 + \cos\left(\frac{2\pi n}{p} + \delta\right)\right] \tag{6-1}$$

式中，$I(m,n)$ 为像素 $(m,n)$ 的光强；$M$ 为光强最大值；$p$ 为条纹间距；$\delta$ 为相移。条纹投射到物体表面上发生调制，调制后的变形条纹光强分布为

$$I_k(i,j) = I_0(i,j)\left[1 + \gamma(i,j)\cos(\varphi(i,j) + \delta_k)\right] \tag{6-2}$$

式中，$I_0(i,j)$ 为背景光强；$\gamma(i,j)$ 为调制度；$\varphi(i,j)$ 为待求的相位函数，包含被测物体表面高度信息；$\delta_k$ 为相移；$k$ 为相移的步数，$\delta_k = 2\pi / k$。

一般采用 $N$ 步相移算法进行相位函数的求解，由于式(6-2)存在三个未知数，至少要三个方程联合求解，所以 $N \geqslant 3$。常用的有三步法、四步法、五步法等，得到的相位函数的表达式为

$$\varphi(i,j) = \arctan\left(\frac{\sum_0^{N-1} I_n(i,j)\sin(2n\pi / N)}{\sum_0^{N-1} I_n(x,y)\cos(2n\pi / N)}\right) \tag{6-3}$$

采用三步法获得三组正弦条纹分布，如图 6-29(a)所示。某一行的正弦分布线如图 6-29(b)所示。由于相位函数是正切函数，相位图像是截断的、均在主值相位

范围[−π,π]、呈阶跃分布的不连续的相位分布，如图 6-29(c)和(d)所示，即相位被包裹(phase wrapped)。为了得到连续相位值，使用解包裹(unwrapping)算法进行相位的解包裹,得到连续解包裹相位图,如图 6-29(e)和(f)所示,可以恢复 $\varphi(i,j)$ 原有的连续分布形式。

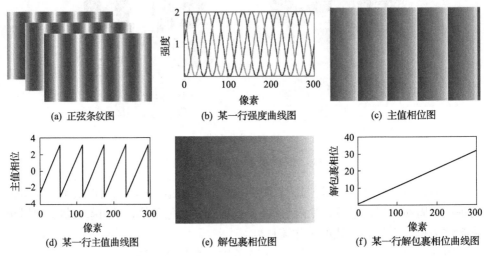

（a）正弦条纹图　　　（b）某一行强度曲线图　　　（c）主值相位图

（d）某一行主值曲线图　　　（e）解包裹相位图　　　（f）某一行解包裹相位曲线图

图 6-29　相移法正弦条纹工作原理

解包裹算法是相移法测量非常重要的环节。许多学者对解包裹算法进行研究，按照处理方式，可以分为空间相位解包裹算法和时间相位解包裹算法；按照积分方法，可以分为整体法和局部法。整体法是将解包裹问题直接转换为范数极值问题，从而用最小二乘法、最小二乘有限元法和格林函数法等典型算法进行求解；局部法则是通过选择不同积分路径将噪声隔绝到局部区域，从而实现较高的信噪比，代表性算法有枝切线法、改进枝切线法、区域增长法等。

在利用解包裹算法实现相位展开之后，为了进一步获得被测物体的三维轮廓信息，最重要的就是要建立起高度和相位变化量之间的关系，即系统的标定过程。通过标定，确定一个或者多个摄像机的内部参数、外部参数和畸变系数，建立空间中的三维物体通过工业相机成像映射为二维图像的映射关系，从而实现像素图像与世界坐标系的转换。

目前，结构光三维形貌测量系统已经在增材制造变形检测中应用[39,40]。图 6-30为集成结构光三维形貌测量系统实现 PBF 增材制造过程在线监测的案例。一个投影仪用于投射计算机产生的正弦结构光到熔覆面，分辨率为 2592 像素×1944 像素的两个 CCD 摄像机用于接收结构光条纹图像，投影仪和摄像机的同步重复帧频为 30Hz。

相移法可以很好地测量三维形貌，图 6-31 为在线监测得到不同激光功率(28W、30W、32W、28W)下的熔覆面高度图。图 6-31(a)为激光功率为 28W 时的高度图，28W 是通过实验优化得到的最佳激光功率参数，可以看到在最佳激光功率参数下，熔覆和未熔覆区域的高度小于 0.1mm，标准差(STD)为 0.0682mm。当增加激光功率时，高度和标准差都会增加。如图 6-31(b)、(c)所示，当功率为30W 时，高度为 0.3mm，标准差为 0.0729mm；当功率为 32W 时，高度为 0.4mm，标准差为 0.1014mm。从这些图中还可以获取丰富的熔覆信息。从单幅图像来说，熔覆区域的平均高度低于未熔覆区域，这是因为粉末凝固会造成高度下沉。从多幅图像的对比来说，下沉高度会随着激光功率的增加而增加。通过熔覆和未熔覆区域的表面粗糙度计算，可以很容易地区分熔覆边界。图 6-31(d)是人工设计的一个缺陷，通过降低腔内温度而产生翘曲，从整个三维高程图上可以清晰地观察到翘曲现象，所选翘曲区域高度变化大于 0.3mm，沿虚线得到所选区域的线廓。通过计算线廓的峰谷值，可以很容易地得到翘曲的定量表征[41,42]。

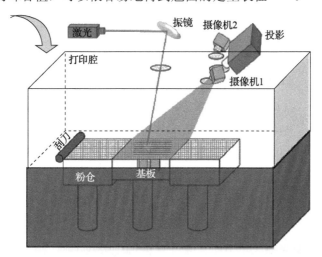

图 6-30　PBF 集成结构光三维形貌测量系统

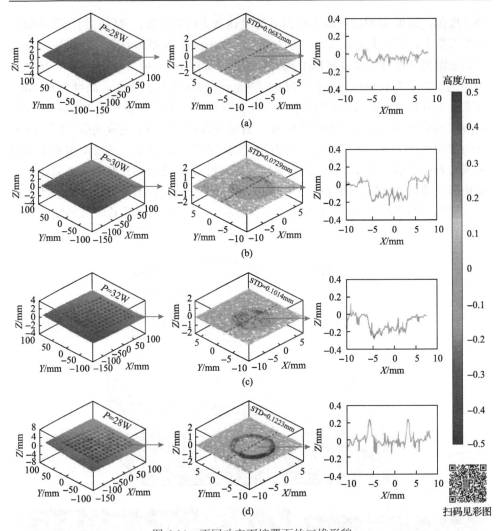

图 6-31　不同功率下熔覆面的三维形貌

### 6.4.2　基于数字图像相关的被动三维形貌测量技术

　　数字图像相关技术是物体的变形量、位移或者应力等物理量测量的重要手段，其主要过程是，首先利用摄像机获得物体表面的形貌，然后对被测物体变形或位移前后的表面图像进行相关运算，得到材料变形等信息。在增材制造中，数字图像相关算法可以用来进行变形监测、应力监测及缺陷监测。

　　数字图像相关算法与双目立体成像的匹配算法有类似之处。双目立体成像的左右摄像机之间的立体匹配可以理解为数字图像在空间上的相关性，通过立体匹配实现两个摄像机中像素点的对应，从而计算出被测物表面各个点的空间坐标，重建其三维空间形貌[43]；数字图像相关算法的变形和位移测量实质上是两个摄像机在不同时刻采集的被测物表面一系列图像的时序匹配，利用相关算法可以计算出物体变形前后图像像素的位置变化，从而实现物体的变形测量和三维重构，如图 6-32 所示[44]。

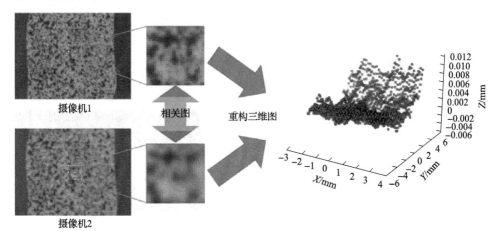

图 6-32　数字图像相关方法原理

数字图像相关算法分为两个步骤：整像素定位和亚像素精确计算。整像素定位的结果是亚像素精确计算的基础。整像素定位是否准确决定了最终结果的精度。目前，已存在许多整像素定位算法，如早期的逐点法、十字搜索法、爬山搜索法、粒子群算法等。亚像素精确计算则主要针对所用 CCD 摄像机分辨率不够高的情况，通过算法保证测量精度。常用的亚像素精确计算算法包括曲面拟合法、牛顿-拉斐逊偏微分修正方法、反向组合方法等。以提高计算精度和速度为目标的各类改进算法也在研究中。

### 1. 在 DED 打印件变形检测中的应用

图 6-33 是集成到 DED 装备的数字图像相关系统，一个单色激光作为照明光源照射在目标检测区域，两个摄像机用于接收动态图像，作为三维形貌的数据源，单色激光照明和窄带通滤光片有效地抑制了熔池发出的光和激光辐射电离气体，实现了现场测量。基板尺寸为 30mm×100mm×8mm，材料为 316L 不锈钢。打印功率为 400W，扫描速度为 600mm/min，光斑直径为 0.6mm，扫描策略为双向扫描，每层打印完毕之后冷却 30s，送粉速度为 7.5g/min。最终打印 20 层，每层厚度为 0.6mm，总厚度为 12.4mm[45]。

在数字图像相关测量过程中，将功率为 3W 的照明激光直接照射到样品表面，摄像机以 10fps 的速度进行采集，采集时间为 550s，因此拍摄到的数据为 5500 帧，每一帧数据的曝光时间为 1ms。每次测量后，定义一个统一的坐标系统，计算出打印件在平面上的长、高方向位移。采用时间和空间移动平均滤光器对一个点的两个最近邻进行平滑处理，减小了离群值的影响。

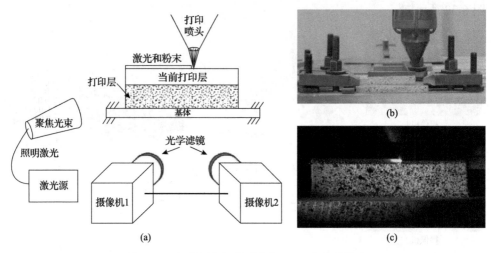

图 6-33　数字图像相关系统与 DED 装备的集成

图 6-34 是 5500 帧数据的处理结果。通过使用滤波器对时间域和空间域邻近的数据进行过滤和取均值，获得图像噪声水平恒定且远小于±0.006mm 的测量值。图 6-34(a) 和 (c) 为第一层熔覆冷却之后 $x$ 方向和 $z$ 方向的畸变图，图中清晰地显示了热输入和冷却引起的膨胀与收缩；在打印过程中，墙体的边缘向 $x$ 方向延伸，尺寸沿 $z$ 方向增大。每次冷却都会导致边缘沿 $x$ 方向向内弯曲，并使样本向 $z$ 方向收缩。当完全冷却之后，样品形成了永久性的变形，如图 6-34(b) 和 (d) 所示，壁面沿 $x$ 方向向内弯曲，沿 $z$ 方向收缩。虽然数字图像相关系统能够测量离面外

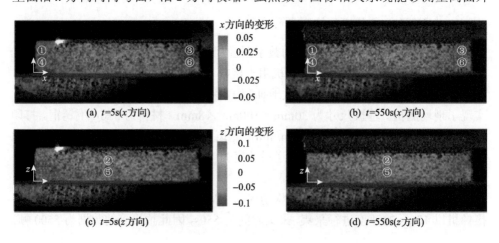

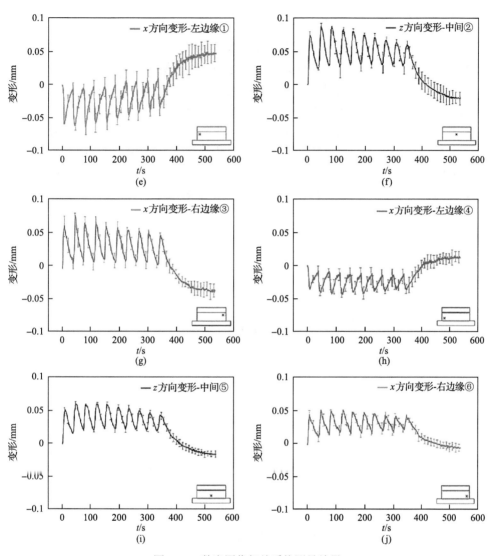

图 6-34　数字图像相关系统测量结果

畸变，但没有观察到明显的 $y$ 畸变。因为这面墙是一个平面的、接近二维的样品，没有热量在 $y$ 方向流动。利用调幅过程的实验数据，可以对整个过程的结果质量进行评价和讨论。图 6-34(e)～(j) 为点沿边缘 $x$ 方向和中心 $z$ 方向的暂态运动的图。图中清楚地显示了由于热输入和冷却而产生的膨胀与收缩。焊接时，壁面沿 $x$ 方向延伸(根据坐标系定义，第一点为负值，第三点为正值)，尺寸在 $z$ 方向增大。每一次冷却都会使边缘在 $x$ 方向向内弯曲，并使样品在 $z$ 方向收缩。

**2. 在增材制件的残余应力检测中的应用**

利用数字图像相关技术并不能直接测量残余应力，而是先分别测量材料的应变和弹性模量，然后计算得到残余应力的分布。由于数字图像相关技术只能测到表面应变，计算得到的只是表面的残余应力分布，还需要与中子衍射等内部残余应力的测试结果综合，从而得到材料的三维残余应力分布[46]。

数字图像相关技术已被证明为有效的形变测量方法。图 6-35 为利用数字图像相关技术测量得到的三棱柱打印件的形变，棱柱材料为 316L 不锈钢，打印功率为 400W，扫描速度为 1800mm/s。可以看到打印件产生了翘曲，在 $XY$ 面产生收缩，边缘离开基板平面，变形测量精度达到微米级别。

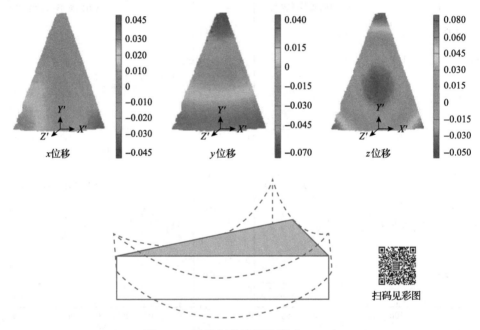

图 6-35　增材制件的变形(单位：mm)

弹性模量的测量是计算残余应力的前提。为了准确计算基于实测变形/应变的残余应力，有必要对增材试样的力学性能进行表征。增材金属残余应力通常高于平均屈服应力，可能是加工过程中(熔化/膨胀和凝固/收缩)产生的极端应力驱动的位错成核所致，分别采用共振超声频谱、机械轴向压缩载荷、阿基米德原理测量增材金属的弹性模量、屈服应力和孔隙率测量。为了最小化残余应力的干扰，采用小尺寸试样进行测试，试样尺寸为 5mm。

图 6-36 是利用形变和弹性模量计算得到的应力分布。图 6-36(a)是利用数字图像相关测量和中子衍射测量综合得到的 L 形打印件的应力分布，可以看到 L 形

结构在转角位置表现为拉应力，而在边缘处表现为压应力，在内转角位置内应力几乎为零。这充分表明了增材制件的几何结构对应力分布的影响。图 6-36(b)是采用不同扫描策略下的增材制件表面的拉应力分布，可以看到，当扫描区域减小(由 5mm×5mm 到 3mm×3mm)时，部件表面的拉应力有减小的趋势，当采用连续扫描时，得到的拉应力最小。

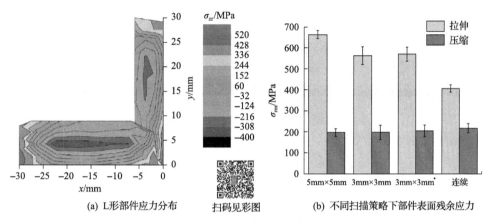

(a) L形部件应力分布        扫码见彩图        (b) 不同扫描策略下部件表面残余应力

图 6-36    利用数字图像相关技术测量材料残余应力

\* 层与层之间偏移 0.6mm

### 3. 在增材制造的缺陷监测中的应用

当打印过程存在缺陷时，必然改变打印件的形变规律，因此，利用数字图像相关技术测量材料表面的形变也可以反映出其缺陷信息。图 6-37 为数字图像相关系统与激光焊接装备的集成方案，同轴的 CMOS 摄像机与功率激光集成实现同步

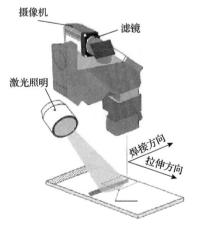

图 6-37    数字图像相关系统与激光焊接装备的集成

扫描，相机的帧率为 800fps。波长为 808nm、最大功率为 100W 的半导体激光器用于照明，以得到均匀的光场。滤波镜头只允许照明光穿过。视场为 300 像素×250 像素。Lucas-Kanade 算法用于计算位移场，然后计算应变场[47]。

图 6-38 给出了冷却过程中的横向位移和应变场分布图。$t$=0s 时的图像（图 6-38（a））表示测量的初始状态，假设熔池的尾部位于裂纹形成的位置。当继续施加外部应变时，在裂纹形成前不久（$t$=0.05125s），位移沿拉伸方向持续增加。

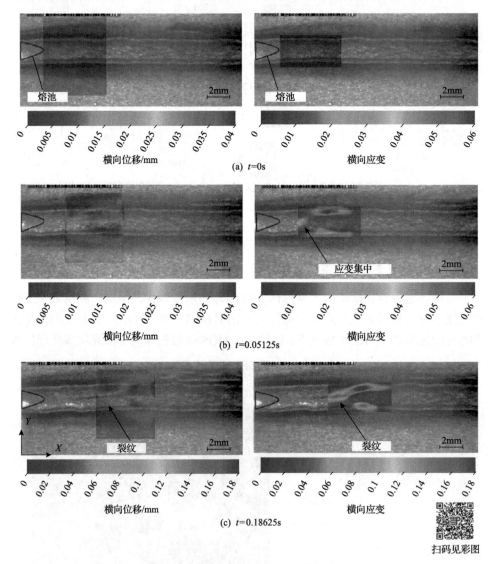

图 6-38　数字图像相关系统的缺陷检测

扫码见彩图

在熔池两侧可以看到材料位移场有一个跳跃。基于位移场计算得到的应变场也呈现类似的规律。在裂纹形成前不久显示出局部的应变集中。该应变被认为是凝固裂纹形成的临界应变。在凝固裂纹后，焊缝区域位移场开始变化，焊缝下半部分位移大于上半部位移。这种现象可能与横向收缩有关，横向收缩的影响垂直于焊缝中心线。在进一步荷载作用下，凝固裂纹沿糊状区扩展，此时焊缝表面裂纹清晰可见。

# 参 考 文 献

[1] CLIJSTERS S, CRAEGHS T, BULS S, et al. In situ quality control of the selective laser melting process using a high-speed, real-time melt pool monitoring system[J]. The International Journal of Advanced Manufacturing Technology, 2014, 75(5): 1089-1101.

[2] CRAEGHS T, CLIJSTERS S, KRUTH J P, et al. Detection of process failures in layerwise laser melting with optical process monitoring[J]. Physics Procedia, 2012, 39: 753-759.

[3] PURTONEN T, KALLIOSAARI A, SALMINEN A. Monitoring and adaptive control of laser processes[J]. Physics Procedia, 2014, 56: 1218-1231.

[4] BERUMEN S, BECHMANN F, LINDNER S, et al. Quality control of laser- and powder bed-based additive manufacturing(AM)technologies[J]. Physics Procedia, 2010, 5: 617-622.

[5] FURUMOTO T, UEDA T, KOBAYASHI N, et al. Study on laser consolidation of metal powder with Yb: fiber laser-evaluation of line consolidation structure[J]. Journal of Materials Processing Technology, 2009, 209(18): 5973-5980.

[6] FURUMOTO T, UEDA T, ALKAHARI M R, et al. Investigation of laser consolidation process for metal powder by two-color pyrometer and high-speed video camera[J]. CIRP Annals, 2013, 62(1): 223-226.

[7] PAVLOV M, DOUBENSKAIA M, SMUROV I. Pyrometric analysis of thermal processes in SLM technology [J]. Physics Procedia, 2010, 5: 523-531.

[8] DOUBENSKAIA M, PAVLOV M, CHIVEL Y. Optical system for on-line monitoring and temperature control in selective laser melting technology[J]. Key Engineering Materials, 2010, 437: 458-461.

[9] LOTT P, SCHLEIFENBAUM H, MEINERS W, et al. Design of an optical system for the in situ process monitoring of selective laser melting (SLM)[J]. Physics Procedia, 2011, 12: 683-690.

[10] KLESZCZYNSKI S, ZUR JACOBSM HLEN J, SEHRT J, et al. Error detection in laser beam melting systems by high resolution imaging [C]. 23rd Annual International Solid Freeform Fabrication Symposium—An Additive Manufacturing Conference, Austin, 2012: 975-987.

[11] FURUMOTO T, ALKAHARI M R, UEDA T, et al. Monitoring of laser consolidation process of metal powder with high speed video camera[J]. Physics Procedia, 2012, 39: 760-766.

[12] ISLAM M, PURTONEN T, PIILI H, et al. Temperature profile and imaging analysis of laser additive manufacturing of stainless steel[J]. Physics Procedia, 2013, 41: 835-842.

[13] MATILAINEN V P, PIILI H, SALMINEN A, et al. Preliminary investigation of keyhole phenomena during single layer fabrication in laser additive manufacturing of stainless steel[J]. Physics Procedia, 2015, 78: 377-387.

[14] KARNATI S, MATTA N, SPARKS T, et al. Vision-based process monitoring for laser metal deposition processes [C]. 24th Annual International Solid Freeform Fabrication Symposium—An Additive Manufacturing Conference, Austin, 2013: 88-94.

[15] CERNIGLIA D, MONTINARO N. Defect detection in additively manufactured components: Laser ultrasound and laser thermography comparison[J]. Procedia Structural Integrity, 2018, 8: 154-162.

[16] MONTINARO N, CERNIGLIA D, PITARRESI G. Defect detection in additively manufactured titanium prosthesis by flying laser scanning thermography[J]. Procedia Structural Integrity, 2018, 12: 165-172.

[17] RODRIGUEZ E, MEDINA F, ESPALIN D, et al. Integration of a thermal imaging feedback control system in electron beam melting[C]. 23rd Annual International Solid Freeform Fabrication Symposium—An Additive Manufacturing Conference, Austin, 2012: 945-961.

[18] ZALAMEDA J N, BURKE E R, HAFLEY R A, et al. Thermal imaging for assessment of electron-beam freeform fabrication (EBF3) additive manufacturing deposits[C]. Thermosense: Thermal Infrared Applications XXXV, Washington, 2013: 87050M.

[19] BOONE N, ZHU C, SMITH C, et al. Thermal near infrared monitoring system for electron beam melting with emissivity tracking[J]. Additive Manufacturing, 2018, 22: 601-605.

[20] DING X P, LI H M, ZHU J Q, et al. Application of infrared thermography for laser metal-wire additive manufacturing in vacuum[J]. Infrared Physics & Technology, 2017, 81: 166-169.

[21] KRAUSS H, ZEUGNER T, ZAEH M F. Layerwise monitoring of the selective laser melting process by thermography[J]. Physics Procedia, 2014, 56: 64-71.

[22] KRAUSS H, ESCHEY C, ZAEH M F. Thermography for monitoring the selective laser melting process[C]. 23rd Annual International Solid Freeform Fabrication Symposium—An Additive Manufacturing Conference, Austin, 2012: 999-1014.

[23] DINWIDDIE R B, DEHOFF R R, LLOYD P D, et al. Thermographic in-situ process monitoring of the electron-beam melting technology used in additive manufacturing[C]. Thermosense: Thermal Infrared Applications XXXV, Washington, 2013: 87050K.

[24] PRICE S, LYDON J, COOPER K, et al. Experimental temperature analysis of powder-based electron beam additive manufacturing[C]. 24th International Solid Freeform Fabrication Symposium—An Additive Manufacturing Conference, Austin, 2013: 162-173.

[25] KRICZKY D A, IRWIN J, REUTZEL E W, et al. 3D spatial reconstruction of thermal characteristics in directed energy deposition through optical thermal imaging[J]. Journal of Materials Processing Technology, 2015, 221: 172-186.

[26] MIRELES J, TERRAZAS C, GAYTAN S M, et al. Closed-loop automatic feedback control in electron beam melting[J]. The International Journal of Advanced Manufacturing Technology, 2015, 78(5): 1193-1199.

[27] MIRELES J, TERRAZAS C, MEDINA F, et al. Automatic feedback control in electron beam melting using infrared thermography[C]. 24th International Solid Freeform Fabrication Symposium—An Additive Manufacturing Conference, Austin, 2013: 708-717.

[28] 汪薇波. 光纤 OCT 成像系统的研究及其与光声全光探测的结合[D]. 成都: 电子科技大学, 2018.

[29] 曹蛟. 扫频 OCT 系统关键技术研究[D]. 成都: 电子科技大学, 2017.

[30] WEBSTER P J L, WRIGHT L G, JI Y, et al. Automatic laser welding and milling with in situ inline coherent imaging [J]. Optics Letters, 2014, 39(21): 6217-6220.

[31] WEBSTER P J L, JOE X Z, LEUNG B Y C, et al. In situ 24 kHz coherent imaging of morphology change in laser percussion drilling[J]. Optics Letters, 2010, 35(5): 646-648.

[32] WEBSTER P J L, WRIGHT L G, MORTIMER K D, et al. Automatic real-time guidance of laser machining with inline coherent imaging[J]. Journal of Laser Applications, 2011, 23(2): 749-760.

[33] NEEF A, SEYDA V, HERZOG D, et al. Low coherence interferometry in selective laser melting[J]. Physics Procedia, 2014, 56: 82-89.

[34] DEPOND P J, GUSS G, LY S, et al. In situ measurements of layer roughness during laser powder bed fusion additive manufacturing using low coherence scanning interferometry[J]. Materials & Design, 2018, 154: 347-359.

[35] GARDNER M R, LEWIS A, PARK J, et al. In situ process monitoring in selective laser sintering using optical coherence tomography[J]. Optical Engineering, 2018, 57(4): 041407.

[36] HIRSCH M, PATEL R, LI W, et al. Assessing the capability of in-situ nondestructive analysis during layer based additive manufacture[J]. Additive Manufacturing, 2017, 13: 135-142.

[37] GUAN G, HIRSCH M, LU Z H, et al. Evaluation of selective laser sintering processes by optical coherence tomography [J]. Materials & Design, 2015, 88: 837-846.

[38] 毛翠丽, 卢荣胜, 董敬涛, 等. 相移条纹投影三维形貌测量技术综述[J]. 计量学报, 2018, 39(5): 628-640.

[39] LAND W S, ZHANG B, ZIEGERT J, et al. In-situ metrology system for laser powder bed fusion additive process[J]. Procedia Manufacturing, 2015, 1: 393-403.

[40] ZHANG B, ZIEGERT J, FARAHI F, et al. In situ surface topography of laser powder bed fusion using fringe projection[J]. Additive Manufacturing, 2016, 12: 100-107.

[41] GARMENDIA I, LEUNDA J, PUJANA J, et al. In-process height control during laser metal deposition based on structured light 3D scanning[J]. Procedia CIRP, 2018, 68: 375-380.

[42] LI Z, LIU X, WEN S, et al. In situ 3D monitoring of geometric signatures in the powder-bed-fusion additive manufacturing process via vision sensing methods [J]. Sensors, 2018, 18(4): 1180.

[43] 黄安琪. 基于数字图像相关的双目视觉测量技术研究[D]. 合肥: 合肥工业大学, 2018.

[44] HOLZMOND O, LI X. In situ real time defect detection of 3D printed parts[J]. Additive Manufacturing, 2017, 17: 135-142.

[45] BIEGLER M, GRAF B, RETHMEIER M. In-situ distortions in LMD additive manufacturing walls can be measured with digital image correlation and predicted using numerical simulations[J]. Additive Manufacturing, 2018, 20: 101-110.

[46] WU A S, BROWN D W, KUMAR M, et al. An experimental investigation into additive manufacturing-induced residual stresses in 316L stainless steel[J]. Metallurgical and Materials Transactions A, 2014, 45(13): 6260-6270.

[47] BAKIR N, GUMENYUK A, RETHMEIER M. Investigation of solidification cracking susceptibility during laser beam welding using an in-situ observation technique[J]. Science and Technology of Welding and Joining, 2018, 23(3): 234-240.

# 第 7 章　金属增材制造的超声检测

超声波检测技术是一种广泛应用于材料内部缺陷的有效检测方法。根据超声换能方式，超声检测包括以压电传感器为主的接触式检测技术，以及激光超声、电磁超声、空气耦合超声等非接触式检测技术，这些为增材制件缺陷的在线及离线检测提供了丰富的选择。超声波同时也是一种广泛应用的材料结构与性能测量技术，通过材料声速、声衰减系数、背散射系数、非线性系数等声学特征量，可以实现增材制件材料残余应力、表面粗糙度、孔隙率、弹性常数、晶粒度等众多参数的测量。此外，以声发射为代表的被动式检测技术可以用于监测增材制造过程中的缺陷的产生及分类识别。

## 7.1　增材制件的离线超声检测

超声检测是增材制件打印完成之后质量检验的重要手段方法，其中最为常用的是以接触式压电传感器为主的超声检测方法，包括相控阵超声和水浸超声。其主要原理是利用压电晶片激励出某一类型的超声波，超声波在被检对象中传播时遇到缺陷而产生反射或者衍射回波，再利用压电传感器实现缺陷回波的接收，并通过数据处理分析实现缺陷的定位、定性和定量。

### 7.1.1　常规超声检测

常规超声检测主要是指以单一晶片进行超声波发射和接收的检测方式，通过缺陷回波出现的时间、超声传播速度、传播方向等数学物理关系实现缺陷的定位，通过缺陷回波、工件结构回波等的波幅与当量缺陷的对比，以及通过测量数据与先验数据的融合分析，实现缺陷的定量，如图 7-1 所示。

目前常用的数字式超声检测系统包括仪器主机和探头两部分。仪器主机主要用来收发脉冲信号，其基本工作过程如图 7-2 所示，由中央处理器发射出脉冲信号(一般为负方波信号)，经过高压模块放大后，加载到压电传感器的两端，利用逆压电效应产生超声波振动，一般所用的电压幅值为 100～400V，产生的超声波进入被检介质，所产生的回波由压电传感器接收，并通过正压电效应将超声振动信号转换为电信号导入接收通道，此时所产生的微弱电信号需要通过前置放大、滤波等处理，再由模数转换器转换之后进入微处理器，并实现数据的显示、存储和打印等。通过控制器可以实现激励参数、接收参数、显示参数等的设置。

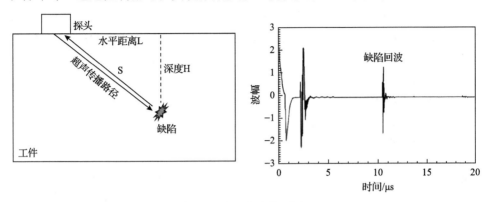

图 7-1　常规超声检测原理

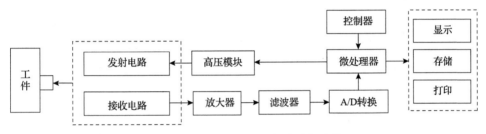

图 7-2　典型超声仪器主机的功能结构

现有的仪器种类较多，如果根据频率来划分，有适用范围达到几百兆赫兹（MHz）甚至吉赫兹（GHz）的脉冲发射接收器，可以实现浅表层微米级缺陷的检测，工业检测常用的频率为 1～15MHz，导波检测使用的频率通常在千赫兹（kHz）级别。

压电超声波传感器探头的结构如图 7-3 所示，主要有晶片、电极、保护膜、阻尼块、外壳和接头等构成，晶片由压电材料制作，用于产生和接收超声波，应用较多的压电材料主要有五大类：压电单晶体、压电陶瓷、压电半导体、压电聚合物和压电复合材料。在压电材料选择时，需要综合考虑压电常数、电压常数、介电常数、机电耦合系数、机械品质因子、频率常数、声阻抗和居里温度等物理性能参数。阻尼块一般由具有高声衰减的复合材料制作，如重金属与环氧树脂的复合，通过对反向传播超声振动的吸收，减少超声脉冲信号的余振。保护膜包括声能匹配和电能匹配，主要通过一定的结构和材料设计，实现超声能量向被检介质的最大化传输。

在实际检测中，为了实现超声波在被检介质中按照预设的角度和波型的检出，常用做法是基于斯涅耳定律，计算楔块与被检介质之间的波型转换及角度，从而实现探头设计以保证检测工艺的有效实施。例如，为了得到一定角度的横波斜探头，通常选择有机玻璃作为楔块，并控制有机玻璃与被检介质界面的入射角度在第一和第二临界角之间；如果要得到表面波探头，则控制入射角度大于第二临界角。

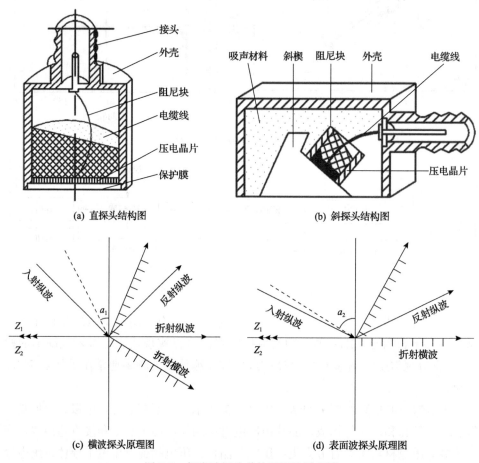

(a) 直探头结构图

(b) 斜探头结构图

(c) 横波探头原理图

(d) 表面波探头原理图

图 7-3　超声波探头结构及设计原理图

　　数据的显示方式包括 A 型、B 型、C 型以及三维成像模式等。A 型显示如图 7-1 所示，即以波形显示信号，横坐标为超声波传播时间，纵坐标为超声波波幅，利用扫描机构在检测面进行二维扫描，获得每一位置的 A 型显示数据，从而可以构建被检对象数据的三维超声成像显示，而其他类型的显示实际上是某一部分三维数据在不同平面上的投影。图 7-4 所示 B 型显示为纵向界面的投影，横坐标表示机械扫描轨迹，纵坐标表示超声传播距离，因而能够直观显示纵向界面的缺陷分布及深度位置。C 型显示为水平界面的投影，所显示的是水平截面上的缺陷分布及尺寸等信息。

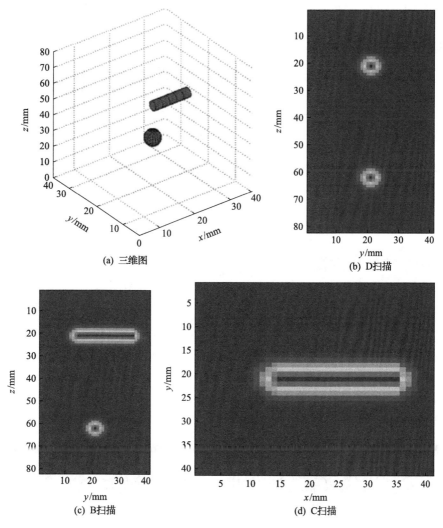

(a) 三维图　　　　　　　(b) D扫描

(c) B扫描　　　　　　　(d) C扫描

图 7-4　超声波形信号显示模式

　　常规超声检测主要用于增材制造的离线检测，仅在条件允许时才能作为在线检测手段[1-4]。增材制件的离线超声检测与其他方法制造的零部件类似，但是也具有一定的特殊性：首先，增材制件一般结构较为复杂，如拓扑结构、网格结构等异形结构，超声传播规律较为复杂；其次，增材制件的表面一般较为粗糙，会影响接触式探头的耦合；最后，增材制件的材料微观结构与传统锻造和铸造有一定差异，从而影响超声传播速度，因此在检测之前必须进行声速校准。

　　图 7-5 为利用常规超声对 WAAM 铝合金和低碳钢进行检测。试样的总厚度为

30mm，如图 7-5（a）所示，铝合金成型之后的表面状态如图 7-5（b）所示。为了验证打印之后所产生的缺陷，对试样进行切割后再进行渗透检测，检测结果如图 7-5（c）和（d）所示，可以看到，无论是铝合金还是低碳钢，内部缺陷都非常明显，特别是低碳钢试样，存在严重的层间未熔合缺陷。

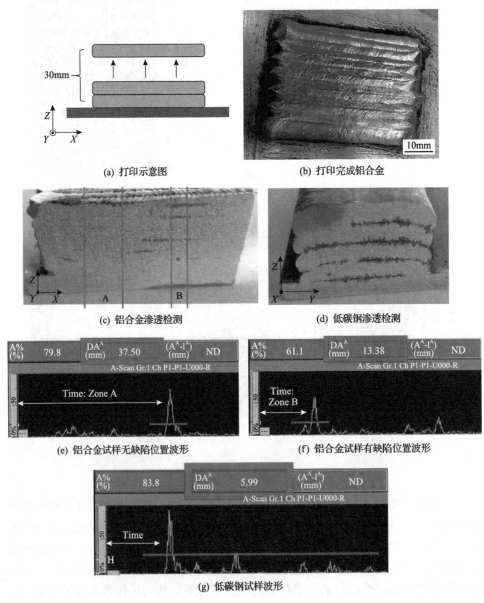

(a) 打印示意图　　　　　　　　　　(b) 打印完成铝合金

(c) 铝合金渗透检测　　　　　　　　(d) 低碳钢渗透检测

(e) 铝合金试样无缺陷位置波形　　　(f) 铝合金试样有缺陷位置波形

(g) 低碳钢试样波形

图 7-5　增材制件的常规超声检测

利用 4MHz 和 5MHz 的超声波探头对打印完成的试样进行检测，结果如

图 7-5(e)～(g)所示。WAAM 打印件的表面较为粗糙，常规超声探头难以耦合，因此选择在基板侧进行检测。图 7-5(e)为铝合金试样无缺陷位置的波形图，可以看到，在 37.5mm 位置有一清晰的回波，该回波为打印件表面的回波；图 7-5(f)为铝合金试样有缺陷位置的波形图，可以看到，在 13.38mm 位置出现缺陷信号，同时，来自表面的回波信号变弱，这说明存在缺陷，遮挡部分超声信号，从而减弱了到达试样表面的回波；图 7-5(g)为低碳钢的波形图，从渗透检测结果可以看到，低碳钢打印存在较大尺寸的层间未熔合缺陷，而这些缺陷可以近似为大平底面，从而具有较高的回波，出现在 5.99mm 位置，正是这些大尺寸缺陷阻碍了超声波的传播，从而无法探测更深的缺陷。

### 7.1.2　水浸超声检测

水浸超声检测是以一定厚度的水层作为耦合介质的检出方法，超声波在进入工件之前，先经过水层，如图 7-6 所示。这种方法能够消除常规超声检测难以控制的因素，具有众多优势：对试样表面粗糙度要求低、波形稳定、易于实现自动化；通过调节探头角度，可以实现发射声束入射角度的改变；水浸超声可以缩小检测盲区，实现工件近表面缺陷检测以及薄壁件的检测；由于探头不与工件直接接触，探头不会受到磨损；容易使用聚焦探头，从而提高缺陷检出的分辨率。因此，水浸超声检测特别适用于一些结构复杂的增材制件。

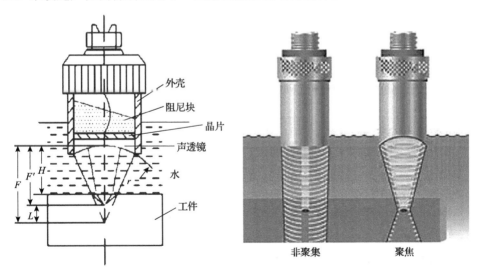

图 7-6　水浸超声检测

水浸超声检测系统除了具备用于收发超声波的基本模块，通常还配备机械扫描机构、电机驱动部件、脉冲发射接收器、运动控制卡、数据采集卡和计算机，如图 7-7 所示。其工作过程如下：计算机软件系统根据检测需求设定探头的激励和接收参数、探头的运动轨迹及成像参数等；将激励和接收参数传达至数据采集卡和脉冲发射接收器，以实现所需超声信号频率、波幅等控制；将运动轨迹传达至运动控制卡，指令机械扫描装置搭载超声传感器，以特定的扫描方式完成数据的采集；通过数据采集卡与运动控制卡的同步，实现数据的时间与空间配准，从而实现超声多模式成像。机械扫描机构可以根据应用对象的复杂性进行设计，如六轴扫描器或者工业机器人系统。

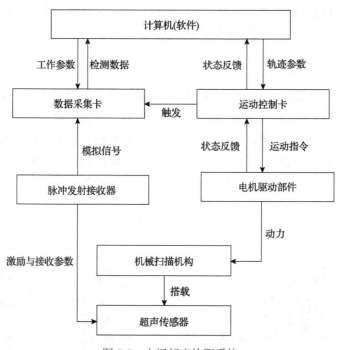

图 7-7　水浸超声检测系统

　　水浸超声探头包括水浸平探头和水浸聚焦探头。水浸聚焦探头分为线聚焦和点聚焦两种模式，其实现方法主要有两种：一种是直接将压电晶片做成凹面；另一种是在水浸平探头前面加装声透镜来产生聚焦声束。在水浸超声检测时，为了提高检测的灵敏度和分辨率，通常采用水浸聚焦探头进行检测。一般超声波探头的声场分布包括探头的指向性、近场长度、焦距、焦柱直径及长度等参数，对于水浸聚焦探头来说，最为重要的参数为空间分辨率，包括纵向分辨率和横向分辨率。纵向分辨率的表达式为

$$R_{\text{axial}} = c / (2\text{BW}f_{\text{c}}) \tag{7-1}$$

式中，$c$ 为超声波在介质中传播的速度；BW 为探头的 6dB 带宽；$f_{\text{c}}$ 为探头的中心

频率。横向分辨率的表达式为

$$R_{\text{lateral}} = f_{\#}\lambda \tag{7-2}$$

式中，$f_{\#}$ 为超声波探头焦距与直径的比值；$\lambda$ 为超声波在介质中的波长。图 7-8 为空间分辨率随着探头频率的变化趋势，图 7-8(a) 为在 25%、50% 和 75% 三种带宽下水介质中的纵向分辨率随着频率的变化，图 7-8(b) 为 $f_{\#}$ 参数为 1、2 和 6 三种情况下水介质中的横向分辨率随着频率的变化。可以看到，空间分辨率与探头频率关系较大，当探头频率达到 100MHz 时，可以实现微米级缺陷的检测。目前广泛使用的超声显微镜系统，通过高频超声 C 型扫描，可以实现材料内部微米级缺陷的成像，但是由于高频超声具有高衰减特性，观察深度一般在几十微米。在探伤过程中，需要根据具体检测需求和实际情况进行参数的选择。

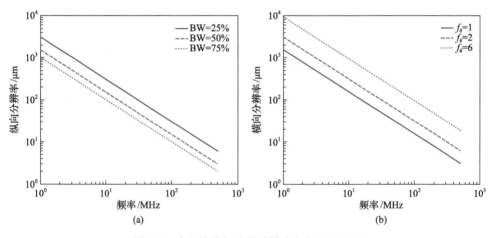

图 7-8　水浸聚焦探头的分辨率与频率的关系

水浸超声检测过程需要将被检测对象完全或者部分浸入水中，因此难以应用于增材制件的在线检测，更多地应用于对打印完成后部件的检测。图 7-9 为利用声学显微扫描得到的增材制件检测数据，打印方法为超声波增材制造，所用原材料为 150μm 厚的铝合金薄片，打印参数如下：振幅为 28~32μm，焊接力为 5000N，打印速度为 85mm/s，基板预热温度为 65℃，打印层数为 80mm。在打印完成之后，从基板底部一侧对样品进行水浸扫描。从图中可以看到，波通过基板传播并到达基板与打印部件界面，从而发生第一次反射。第一次反射波波幅取决于界面连接质量和打印件各层的阻抗，在边缘位置观察到了基板与打印件之间的分层缺陷图像，并通过金相分析进行了验证。当波通过层状结构时，观察到一系列微弱的内部再反射，直到波到达超声波增材制造部件的顶部，在那里由于阻抗失配最大而发生最强的反射。随着打印质量的提高，部件信号不仅飞行时间变短，而且波幅增强[5]。

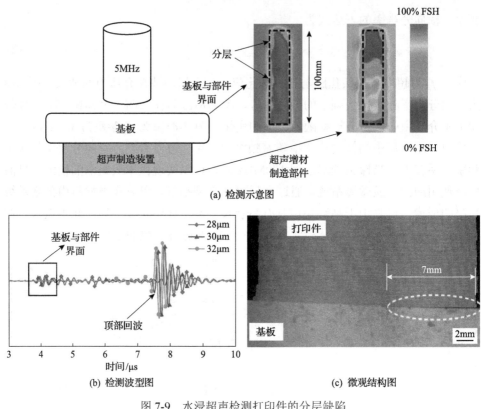

(a) 检测示意图

(b) 检测波型图

(c) 微观结构图

图 7-9 水浸超声检测打印件的分层缺陷

FSH 指全屏高(full screen hight)

### 7.1.3 相控阵超声检测

与传统单晶片探头不同，相控阵超声探头由一组相对独立的晶片阵列组成，每个独立的晶片都能发射超声波波束。相控阵超声检测的工作原理如图7-10所示，在发射超声波时，按照一定的延迟法则激发所有晶片或部分晶片，使得不同激发

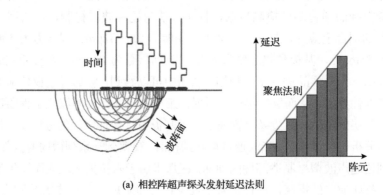

(a) 相控阵超声探头发射延迟法则

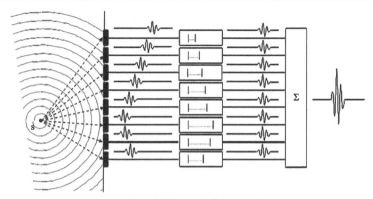

**(b) 相控阵超声探头接收延迟法则**

图 7-10　相控阵超声检测原理

时间的各晶片所发射的超声波波束叠加形成不同的波阵面，从而实现声束偏转、聚焦及扫描等效果的控制[6]。在接收超声波时，再按照一定的延迟法则对每个晶片接收的信号进行延迟，然后叠加得到最强回波信号。通过延迟法则的动态调节，可以在不移动探头的情况下实现超声波波束的动态扫描，呈现 B 型扫描或者扇形扫描图像。

为了充分利用阵列晶片的数据采集和检测能力，目前已经实现相控阵数据的全矩阵采集与成像。信号的激发规则如下：依次激发单个晶片，同时启用所有的晶片进行数据的采集，当完成所有晶片的激发之后，采集的数据为所有发射-接收对的信号，称为全矩阵数据(full matrix capture，FMC)。在接收端数据后处理过程中，可以采用任意的延迟法则对全矩阵数据进行处理，如果采用全聚焦方法(total focusing method，TFM)，则可以获得任意位置的聚焦图像。

相控阵超声探头的排布种类较多，常用的如一维线阵、二维面阵、环形阵列、菊花阵列等，可以根据具体应用来选择。不论选取哪一种阵列排布形式，延迟法则的确定是关键。以线阵为例说明延迟法则的计算方法。对于图 7-11(a) 所示的一维线阵，设激发晶片数为 $N$，并将晶片编号为 $n(n=0,1,2,\cdots,N-1)$，晶片 0 为左起第一个晶片，控制声束偏转角为 $\theta$，焦距为 $f$，相邻两晶片的中心间距为 $d$，晶片 $n$ 的延迟记为 $t_n$，$t_0$ 用于保证延迟为正数，则晶片位置、延迟、焦距和偏转角应该满足以下关系式：

$$F - (t_n - t_0)c = \sqrt{F \cdot \cos\theta^2 + \left(F \cdot \sin\theta - n \cdot d - \frac{N-1}{2}d\right)^2} \tag{7-3}$$

式中，$c$ 为声速。

解方程(7-3)得 $t_n$ 的表达式为

$$t_n = t_0 + \frac{F}{c}\left\{ 1 - \sqrt{1 + \left[\frac{d}{F}\left(n - \frac{N-1}{2}\right)\right]^2 - 2\cdot\sin\theta\frac{d}{F}\left(n - \frac{N-1}{2}\right)} \right\} \tag{7-4}$$

$t_0$ 可由边界条件(当 $n=0$ 时，$t_n = t_0$)计算得到

$$t_0 = \frac{F}{c}\left\{ 1 - \sqrt{1 + \left[\frac{d}{F}\left(-\frac{N-1}{2}\right)\right]^2 - 2\cdot\sin\theta\frac{d}{F}\left(-\frac{N-1}{2}\right)} \right\} \tag{7-5}$$

将式(7-5)代入式(7-4)，可将 $t_n$ 简写为

$$t_n = \frac{F}{c}\left\{ \sqrt{1 + \left(\frac{\overline{N}d}{F}\right)^2 + 2\cdot\sin\theta\frac{\overline{N}d}{F}} + \sqrt{1 + \left[\frac{(n-\overline{N})d}{F}\right]^2 + 2\cdot\sin\theta\frac{(n-\overline{N})d}{F}} \right\}$$

$$\tag{7-6}$$

式中，$\overline{N} = (N-1)/2$。

图 7-11(c)和(d)为线阵相控阵超声探头的声束分布，参数如下：频率为 2.25MHz、64 个晶片、孔径为 48mm、长度为 12mm。若要选用 32 个晶片激发，并要求得到碳钢介质中偏转角为零、焦距为 80mm 的发射声场，则利用式(7-3)计算得到晶片的延迟法则如图 7-11(b)所示。

相控阵超声探头可以作为接触式探头对打印完成的增材制件进行检测，特别能够发挥其检测复杂型面的优势；也可以以水浸检测的方式对离线部件进行检测，高效获得多区聚焦图像。与常规探头类似，相控阵超声探头也可以固定在基板上，以实现打印过程的监测，并且比常规探头的扫描与覆盖更具灵活性。图 7-12 是 SLM 打印 Inconel 718 高温合金的相控阵超声检测图像，试块为半圆形，半径为

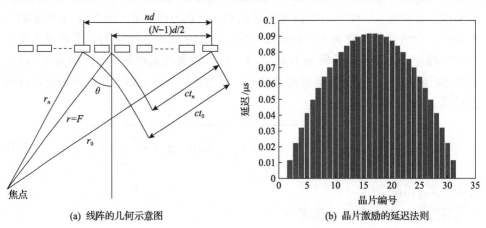

(a) 线阵的几何示意图　　　　　　　　(b) 晶片激励的延迟法则

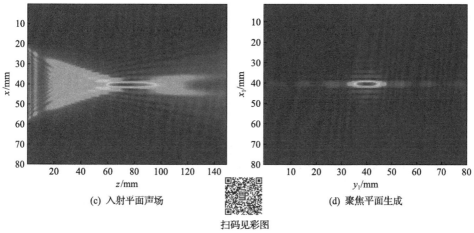

(c) 入射平面声场
扫码见彩图
(d) 聚焦平面生成

图 7-11　相控阵超声探头声束分布图

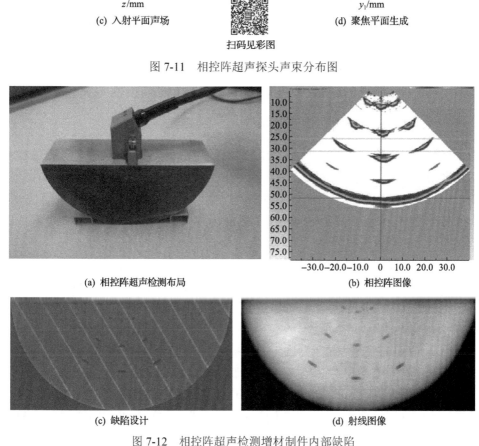

(a) 相控阵超声检测布局
(b) 相控阵图像

(c) 缺陷设计
(d) 射线图像

图 7-12　相控阵超声检测增材制件内部缺陷

50mm，宽度为 30mm，试样内部含有 9 个预制的横孔，分三行布置，第一行的三个横孔直径为 1mm，横孔布置与表皮平行；第二行的三个横孔直径为 2mm，与第一行横孔的距离为 10mm，且与试样表面偏转 30°；最外面一行的三个横孔直径为 3mm，与第二行横孔的距离为 10mm，且与试样表面偏转 −30°，如图 7-12（b）所示。所用相控阵超声探头为奥林巴斯 5L16 型，即探头中心频率为 5MHz，晶片数量为 16，晶片间距为 0.6mm，扫描角度为 −30°～30°。从扇形扫描图像可以看到，在不需要移动探头的情况下，所有 9 个预制横孔同时显示，试样的边界回波图像和多次反射图像也显现出来[7]。

# 7.2　增材制造过程的在线超声检测

超声检测系统与增材制造装备的集成是实现增材过程在线超声检测的关键。超声检测包括接触式超声检测和非接触式超声检测两种。接触式超声检测的限制较多，只有在特殊的条件下才能够集成，但是具有波形稳定、超声能量高等优势；非接触式超声检测通过特殊的换能方式，使得传感器不需要与被检对象接触，且不需要额外添加任何耦合剂就可以完成检测。由于不需要与工件接触，不会对工件表面产生影响，它非常适用于增材制造在线检测。目前的非接触式超声检测技术主要包括压电超声、激光超声、空气耦合超声和电磁超声等。

## 7.2.1　压电在线超声检测

接触式超声检测可以用于增材制造的离线和在线检测。增材制件的在线检测可以采用打印完成一层或多层之后实施一次检测的方式，从而避免复杂结构的影响，但是将超声检测系统与增材制造系统进行集成是实现在线检测的关键。根据实际检测情况，超声传感器的集成方案主要有如下三种：在熔覆面扫描、在侧面扫描和固定在基板，如图 7-13 所示。对于图 7-13(a)和(b)的方案，均需要添加机械扫描装置，以实现探头跟随熔池或者打印层进行检测，并且需要配置打磨设备或定制粗糙界面专用超声波传感器，以保证传感器与工件界面的良好耦合，还有耦合剂对腔体的污染等风险，因此这些方案只能够应用于一些开放式打印等特殊场合[1-3]。

图 7-13(c)为将超声传感器固定在基板底部，从而实现对打印过程的监测，目前该方法已经应用在 SLM 和超声波增材制造等打印装备。这种固定方案完全不用改造打印设备，也避免腔体内部复杂环境对传感器性能的影响；缺点是超声波只能对固定区域进行检测，对于结构较为复杂的部件还会产生结构回波。图 7-13(d)是将超声波探头固定到 SLM 基板底部获得的不同打印功率下的超声图像，超声探头的中心频率为 10MHz，探头直径为 6.3mm，所用仪器为四通道超声波收发系统，带宽为 400kHz～30MHz，采样频率为 250MHz，分辨率为 14bit，采集系统由打印激光同步触发。在打印过程中分别将激光功率减小到 50% 和 25%，当功率为 50%时，从超声图像上可以明显看到熔合良好部分与未熔合部分的界面；当功率为 25%时，存在大量未熔合区域，使得超声信号无法穿透并传播至打印面，所以超

声信号位置一直保持在同一高度。在打印完成之后,利用 XCT 对试样进行验证,发现 50%功率打印位置的孔隙率为 3%,而 25%功率打印位置的孔隙率为 30%,与在线超声检测数据所呈现出来的趋势完全吻合[4]。

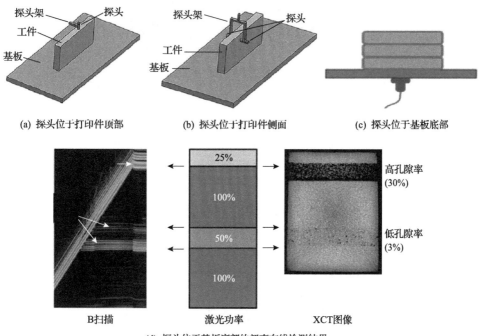

(a) 探头位于打印件顶部　　　(b) 探头位于打印件侧面　　　(c) 探头位于基板底部

B扫描　　　　　激光功率　　　　　XCT图像

(d) 探头位于基板底部的超声在线检测结果

图 7-13　压电在线超声检测

## 7.2.2　激光在线超声检测

激光超声检测是指以脉冲激光器在材料表面激励超声波,然后以激光干涉仪接收材料表面超声振动的检测方法,如图 7-14 所示。由于超声波的激励和接收均采用激光器,可以实现完全非接触。激光超声因具有非接触、宽频带和多种模态结构的特点而在无损检测领域具有广泛的应用前景。以激光作为热源的增材制造装备很容易实现激光光路的共享,从而形成检测打印一体化的自反馈增材制造设备。

激光激励超声波主要有热弹效应和烧蚀效应两种机制。对于热弹效应,当脉冲激光入射到固体表面时会被该表面迅速吸收,在脉冲辐照期间,固体吸收激光能量产生的热量来不及扩散,在表面层附近形成很大的热梯度,导致热膨胀,由于周围介质的约束将产生一个应力分布,由此产生脉冲超声在固体中传播。热弹激发超声适用于低强度激光辐照固体表面时检测的情况。随着输出激光强度的增

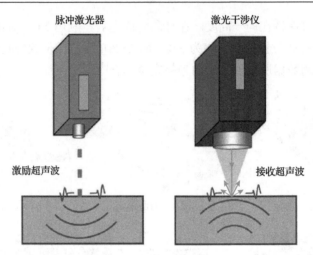

图 7-14　激光超声检测原理

大，其产生的能量可使晶格动能超出弹性限度，样品被照射处出现熔融状态，并伴有等离子体，此时称为烧蚀机制[8]。烧蚀机制对材料表面具有损失，因此应尽可能利用热弹效应来激励超声波。如果作用激光波长很短，相应光量子能量很大，并且脉冲上升时间为皮秒量级，受激发的局部样品可以接收极高瞬时激光功率而不产生温升，此时仅有电子体积应变或断键产生声波。激光超声的激励会同时产生纵波、横波和表面波。脉冲激光器的输入能量、激光脉冲上升时间和激光光斑半径等参数以及材料光吸收率、热导率、密度、弹性常数等参数决定了激励超声的波形。以激励超声波的频率为例，对于热弹机制，激光脉冲宽度 $s$ 与超声频率 $f$ 满足关系式 $f \cdot s = 0.1874$，因此如果要产生 30MHz 的超声波，则所选择激光脉冲宽度约为 6.25ns，而要得到更高的频率，则需要更窄的脉冲宽度[9]。

　　激光的时间和空间调制是常用的实现特定超声激励的方法。最为简单的调制是利用透镜使得激光汇聚成点源或者线源。当激光聚焦为点源时，所产生的超声源可以近似为点源，所激励的超声波可以近似为球面波；当激光聚焦为线源时，所产生的超声波则主要沿着与线源垂直的方向传播。相控阵激光超声是一种较为高级的激光调制激励方法，该方法借助相控阵延迟叠加的思想，通过具有一定空间排布和长度差异性的光纤阵列来激励超声波。由于激光在不同长度光纤阵元中传播时间具有差异性，各个光纤阵元所产生的超声波存在时间延迟，通过设计合理的延迟法则和阵元间距，使各个阵元的波阵面叠加，如图 7-15 所示，即可以实现激光超声的相控阵激励[10]。

　　材料表面的振动可以基于光学的方法进行探测，常用的探测方法包括强度调制方法和相位/频率调制方法。强度调制方法包括光偏转、表面光栅衍射等方法。强度调制方法的探测灵敏度不如相位/频率调制方法，因此应用不如相位/频率调制

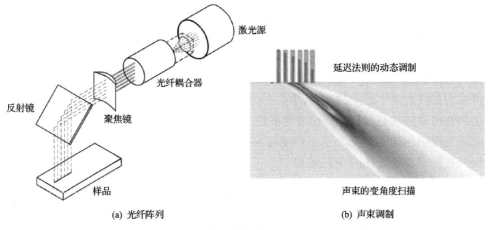

(a) 光纤阵列　　　　　　　　　　　　　(b) 声束调制

图 7-15　基于光纤阵列调制的激光超声检测系统

方法广泛。相位/频率调制方法主要基于光的干涉原理，典型的激光干涉仪包括迈克耳孙干涉仪(零差干涉仪)、外差干涉仪、法布里-珀罗干涉仪和双波混频干涉仪。增材制造激光超声检测最常用的是外差干涉仪和双波混频干涉仪。

外差干涉仪利用声光调制器，使得同一光源出来的两束相干光产生一定的频率差，相干信号被光电探测器混频，从而输出差频信号，通过电路和计算机对差频信号进行解调，即可得到由物体表面振动而引起的光波相位变化，从而实现表面振动的测量。该方法通过混频的方式极大地提高光电信号的信噪比，具有很好的环境适应性。德国 Polytec 公司的激光测振仪多基于该原理。

双波混频干涉仪采用光折变晶体来实现光的干涉。该晶体材料在光照射下会发生折射率的变化，由试样表面反射的信号光与参考光在晶体内部干涉时，所产生的干涉光场引起晶体的光折变效应，从而将干涉信息记录下来。因为光折变过程需要一定的时间响应，所以高频超声信号无法通过光折变晶体来记录。但是该方法集光能力强，可以实现粗糙界面的探测。基于双波混频原理的商用设备有美国 Sound&Light 公司的激光超声检测系统。

与其他超声检测方法需要采用机械扫描装置来搭载传感器进行数据采集不同，激光超声检测系统可以借助扫描振镜来实现二维或三维扫描，如图 7-16 所示。扫描振镜装置将激光束入射到两个反射镜上，通过软件程序控制两个反射镜角度，以实现光斑在聚焦平面的扫描。这种方法不需要移动激光器，从而实现快速、稳定的数据采集过程。此外，激光增材制造一般也是基于振镜来实现打印激光的扫描，所以激光在线超声检测在装备集成方面具有天然优势，可以直接共享打印激光的振镜系统。

激光超声检测的扫描方式较为灵活，根据成像方式主要可以分为两类：静态像和动态像。静态像即传统的 B 扫描和 C 扫描成像方式，如图 7-16(a)所示，激励光斑和接收光斑按照设定的固定间距同步进行扫描，当沿着某一条扫描线扫描时，可以得到 B 扫描图像；当进行栅格扫描时，可以得到 C 扫描图像。根据激光器性能和扫描需求，激励光斑与接收光斑可以位于扫描面的同侧，也可以呈对心模式进行扫描，如图 7-16(b) 所示。动态像，如图 7-16(c) 和 (d) 所示，当激励光斑或者接收光斑中一个固定，而另外一个做栅格扫描时，所采集的数据可以还原超声波传播的动态过程，直观地观察超声波与缺陷的相互作用。对于接收点固定、激励点栅格扫描的情况，基于声学互易原理，即通过将激励声源和接收声源进行空间互换来实现波场的动态重构[11]。

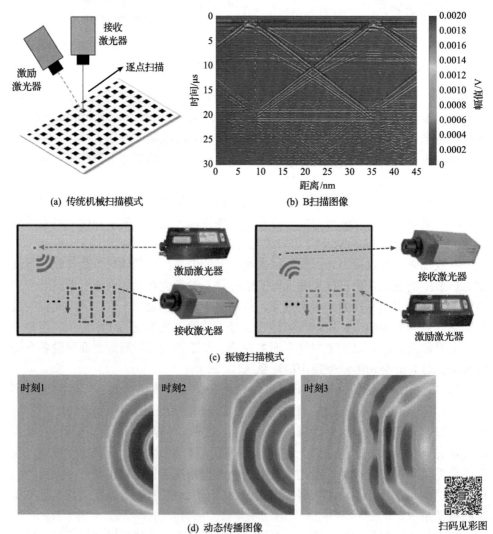

(a) 传统机械扫描模式　　　　　　　　(b) B扫描图像

(c) 振镜扫描模式

(d) 动态传播图像　　　　　　　　扫码见彩图

图 7-16　激光超声扫描与成像

　　现有激光超声检测设备对增材制件缺陷的检出能力已经得到验证,不过大部分的工作都是基于打印完成部件,且所用缺陷为采用激光打孔或电火花微钻加工等方法,在表面或者侧面打印,以确定尺寸和深度对检出的影响。

　　利用激光烧蚀的方法在增材制造铝合金样品表面制作阵列分布的直径为$10\sim20\mu m$ 的孔,孔与孔的间距约为 $150\mu m$,如图 7-17(a)所示。所用激励激光器为紫外脉冲激光器,波长为 335nm,脉冲宽度为 6ns,重复频率为 100Hz;所用接收激光器为外差干涉仪,干涉信号由光电接收器接收,经过滤波、前置放大、数模转换之后,由计算机进行处理。激励光斑和接收光斑按照图 7-17(a)所示轨迹进行扫描。该轨迹是激光扫描过程对工件加热氧化而产生的,整个扫描过程中激光能量均处于热弹效应范围。激励光斑与接收光斑的间距为 $115\mu m$,扫描步进为

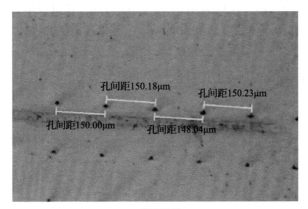

(a) 微米孔隙

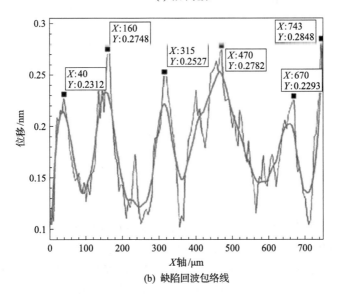

(b) 缺陷回波包络线

图 7-17　微米级缺陷的激光超声检测

10μm，扫描位置点数为 100。图 7-17(b)是对每个扫描位置的波形数据经过滤波处理之后取位移最大值得到的曲线，可以看到由位移最大值构成的新曲线也呈一系列峰值，而这些峰值所处位置与孔的位置对应，且测量得到平均间距为151.7μm，与实际间距(150μm)非常接近。这些实验证明激光超声检测技术可以检出表面 10～20μm 的孔隙缺陷，这几乎与材料晶粒度相当，而且图 7-17(b)可能存在更多的信息，如各个波峰的斜率可能与缺陷的直径相关，但具体的定量关系还需要进一步的研究[12]。

　　利用电火花微钻的方式在增材制造高温合金侧面加工不同直径和深度位置的横孔，以系统地验证激光超声的检出能力，结果如图 7-18 所示。从图中可以看到，孔的直径小于 100μmm 且深度大于 100μm 时，所有的孔都没有检出，当孔的直径达到 100μm 且深度接近试样表面(小于 200μm)时，孔可以被有效检出，对于较大缺陷(＞500μm)，即使深度达到 800μm，也可以被有效检出[13]。

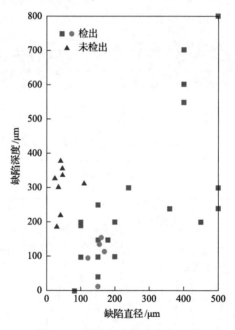

图 7-18　激光超声检出能力评价

### 7.2.3　电磁在线超声检测

　　电磁超声检测技术的核心是电磁超声换能器(electromagnetic acoustic transducer，EMAT)，其利用电磁感应原理来激发和接收超声波。EMAT 由磁铁、线圈和试件三部分构成。根据试件材料的磁导率，EMAT 激励超声波有洛伦兹力和磁致伸缩力两种激励机制。当被检对象为导体时，激励线圈中的高频脉冲电流会产生很强的电磁场，并在导体表面产生频率相同但方向相反的涡流，在偏置静磁场的作用下，产生交变的洛伦兹力，从而激发出电磁超声波。对于铁磁性材料，除了产生洛伦兹力，高频脉冲电流产生的磁场还会与偏置静磁场作用而产生交变的磁致伸缩力，从而使试件产生与交变磁场频率相同的机械振动，激励出电磁超声。

与超声波的激励类似，超声波的接收同样基于这两种机制。对于导体材料，超声波传输到探头附近时，产生时变位移，在偏磁场的作用下感应出交变电场，从而引起周围电磁场的变化，接收线圈在交变磁场的作用下感应到与超声波振动相关的电压信号，从而实现对超声信号的接收。对于铁磁性材料，超声波靠近探头时，会引起探头附近铁磁性材料尺寸的变化，从而引起材料磁畴的运动，并引起电磁场的变化，这就是磁致伸缩逆效应。由磁致伸缩逆效应产生的交变磁场会在检测线圈中感应出电压信号，从而完成对超声信号的接收。

根据磁铁、线圈和试件的特性及组合形式的差异性，可以产生纵波、横波、表面波等各种类型的超声波。表面波的产生机理如图 7-19(a) 所示，探头由马蹄形永磁铁和回形线圈构成，马蹄形永磁铁产生水平方向的磁场，当对回形线圈通以高频交变电流时，在导体表面产生与线圈相反的涡流场，这些涡流在水平磁场的作用下分别受到向上和向下的洛伦兹力，引起质点振动而产生向两侧传播的表面

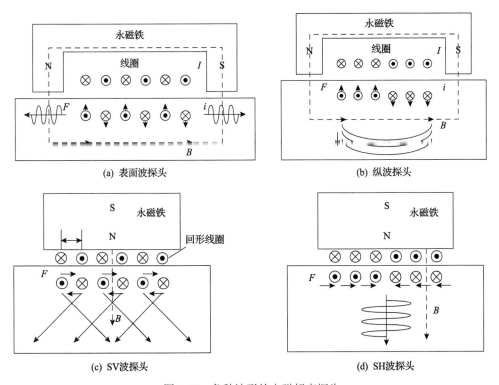

(a) 表面波探头　　　　　　　　(b) 纵波探头

(c) SV波探头　　　　　　　　(d) SH波探头

图 7-19　各种波形的电磁超声探头

波。纵波的产生机理如图 7-19(b) 所示，探头由马蹄形永磁铁和回形线圈构成，马蹄形永磁铁产生水平方向的磁场，当对回形线圈通以高频交变电流时，产生的涡流在水平磁场的作用下受到垂直方向的洛伦兹力，产生垂直入射的纵波。横波根据质点振动方向的差异性分为垂直振动横波(SV 波，图 7-19(c)) 和水平振动横波(SH 波，图 7-19(d))，横波的激励均采用长条形磁场，产生垂直方向的磁场。SV 波所用线圈为回形线圈，所产生的涡流场在垂直磁场的作用下产生沿水平方向的洛伦兹力和质点振动，而且在回形线圈上不同导线激发的质点振动会反射干涉，从而引起所产生的 SV 波的斜入射，入射角度满足关系式 $\sin\beta=c/(2df)$，其中，$d$ 为线圈间距，$c$ 为超声波传播速度，$f$ 为激励电流的频率。SH 波所用线圈为回形线圈。值得一提的是，压电传感器难以激发 SH 波，而 EMAT 非常容易激发 SH 波。

电磁超声探头的设计需要考虑磁铁和线圈的参数，磁铁主要包括电磁铁和永磁铁，两者均能够提供足够的磁场来产生超声波，但是应用场合不一样。永磁铁可以使探头结构简单，没有电磁噪声和机械振动干扰，所以灵敏度更高，但是永磁铁在使用过程中容易与铁磁性工件吸附，需要做特殊的设计以保证扫描效率和线圈安全。例如，对于增材制造的使用，如果采用 PBF 方法打印铁磁性部件，则永磁铁的使用必然会对铺粉过程造成不利影响。

线圈其他参数包括线圈宽度、导线间距和线圈匝数等。导线间距是确定超声波激发频率的重要因素，当线圈中激励电流的频率 $f$ 与导线间距 $L$ 满足匹配关系 $c/f=2L$ 时，线圈的激发效率最高，且能够产生相同频率的超声波。实际检测过程往往不能够完全满足此匹配关系，电流频率与超声频率存在一个频率差 $\delta f$，而频率差与线圈匝数呈反比关系，$\delta f/f=1/N$，所以线圈匝数越多，激励的电流频率与超声频率越接近，激励效率越高。但是，线圈匝数增加会导致探头体积增加，从而降低分辨率。

与压电超声检测系统相比，电磁超声检测系统采用高压的多周期正弦信号进行激发，所以激发能量较高。尽管如此，脉冲电磁超声的检测信号非常微弱，除了常规的滤波和前置放大等处理，还需要对激励和检测两端均进行阻抗匹配，以实现最大的能量传输效率，提高检测信号幅值，降低噪声。电磁超声激励和检测线圈可以看作一个电感和一个电阻串联，导致激励源和负载之间阻抗不匹配，造成激发效率较低。线圈阻抗不匹配会造成能量的反射，反射回的电压会使电路振荡甚至有可能损坏器件。通过传输线变压器件可以进行线圈阻抗分析，然后通过设计合适的并联或串联电容和电感，使得电路出现谐振以达到最大输出功率。

相对于传统压电超声检测，电磁超声检测具有明显的优势，特别是在金属增材制造的在线及离线检测领域具有广阔前景：①基于电磁感应实现超声的激励和接收，因此不需要额外添加耦合剂，且对被测工件的表面要求不高，对于具有粗糙表面的增材制件不需要特殊处理。②探头由线圈和磁铁构成，而不是受居里温度限制的压电材料，因此可以用于高温检测环境，可以与打印过程中的熔覆面直接接触。③通过改变磁铁的结构和形状，改变信号发射和接收线圈的排列方式，可以产生不同模式的波，特别是可以高效地激发出表面波和 SH 波，从而满足特定检测需求。

电磁超声检测系统可以与激光超声检测系统进行组合。例如，对于粗糙表面的检测，由于粗糙面有助于激光的吸收，可以用激光来激励超声，但是一般激光干涉仪对粗糙面的探测灵敏度较低，这时可以采用电磁超声传感器来实现超声的接收。图 7-20 为一套用于熔池监测的激光激励-电磁接收的非接触式超声检测系统。所用激励激光器为 Nd:YAG 脉冲激光器，波长为 1064nm，脉冲宽度为 5～7nm，单脉冲能量为 650mJ，重复频率为 10Hz。激光器与三组不同长度的光纤组合相连，光纤长度差为 50m，从而产生 0.243μs 的时间差，实现超声波的斜入射，每个组合由 7 根二氧化硅光纤构成。电磁超声接收系统带宽为 0.5～2MHz。激励与发射探头分别位于焊道两侧且与熔池保持一定的距离。通过测量由激励点到接收点的超声传播时间，并结合图 7-20(b)所示的超声传播几何关系，即可得到焊缝深度与超声传播时间的关系，如图 7-20(d)所示[14]。

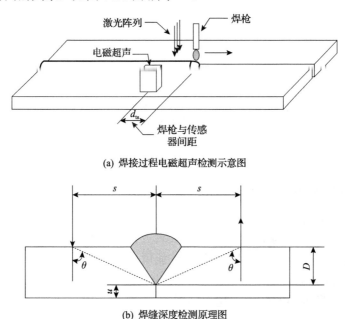

(a) 焊接过程电磁超声检测示意图

(b) 焊缝深度检测原理图

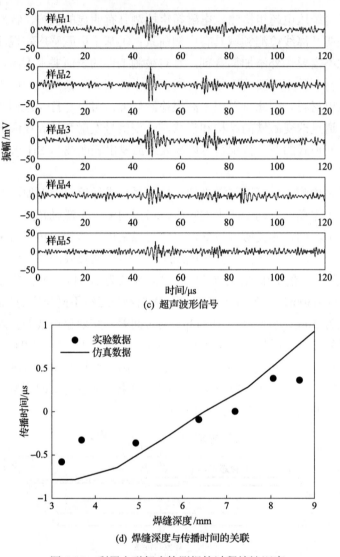

(c) 超声波形信号

(d) 焊缝深度与传播时间的关联

图 7-20  利用电磁超声检测焊接过程熔池深度

### 7.2.4  空气耦合在线超声检测

空气耦合超声检测与压电超声检测机理相似,唯一不同的是空气耦合超声检测以空气代替水、油等作为耦合介质,从而实现方便、快捷的非接触式检测(图 7-21)。以空气为耦合介质所带来的问题是超声波能量会大幅降低,其主要原因如下:

(1)声阻抗适配。空气的声阻抗与超声传感器及被检工件的声阻抗存在极大的差异性,阻抗不匹配导致超声透射率低。根据界面处的声压关系,如果以水为耦合介质(声阻抗为 1.5MRayl,1Rayl=10Pa·s/m),以低合金钢(声阻抗为

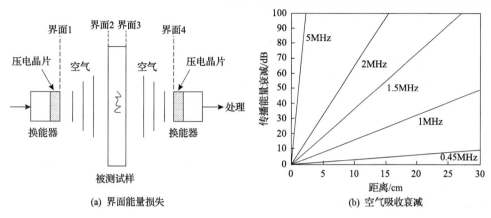

(a) 界面能量损失　　　　　(b) 空气吸收衰减

图 7-21　空气耦合超声检测原理

45MRayl)为被检对象,在压电陶瓷晶片界面处,声强透射率为 17%,能量损失为 15dB,在低合金钢界面处,声强透射率为 0.13%,能量损失为 18dB;如果以空气为耦合介质(声阻抗为 420Rayl),在两个界面处的声强透射率仅为 0.005%和 0.003%,则在两个界面的能量损失为 85dB 和 88dB。因此,以空气为耦合介质将导致信号弱而难以探测。

(2)超声波在空气中的衰减大。空气对超声波的衰减机制主要为吸收衰减,在大气环境的衰减系数为 $\mu=1.88f^2\times10^{-11}$,传播距离 $d$ 的能量衰减为 $1.64df^2\times10^{10}$dB。超声波的衰减随着频率和传播距离的增加而增大,所以空气耦合超声检测很难用于高频检测[15]。

为了解决空气耦合超声检测过程由于阻抗严重失配、超声衰减大而导致的信号微弱和信噪比低的问题,需要开发空气耦合专用超声换能器(简称空耦换能器)、高能激励和接收放大装置、激励信号编码及信号处理算法等。

空耦换能器分为压电型空耦换能器和电容型空耦换能器两类,其中压电型空耦换能器是目前应用的主流。压电型空耦换能器的关键是保护膜的设计和制作,优化的保护膜可以实现压电晶片与空气的声阻抗的良好过渡,有效地拓展带宽、提高灵敏度。空耦换能器通常采用两层保护膜,常用的设计理论主要有三种:第一种是传统理论,即把压电晶片和介质按半无穷处理;第二种是 Mason 模型,是将压电晶片近似为半波长厚度,从而更接近真实情况,但是未考虑阻尼块影响;第三种是 KLM(Krimholtz Leedom Matthaei)模型,该模型使用传输线理论,并将传感器各个部分作为阻抗匹配的各个环节,现已成为最常用的设计方法。根据上述方法设计的保护膜阻抗一般为 0.02~0.8MRayl,而这些保护膜一般需要人工设计为由空心球与环氧树脂等聚合物构成的多孔材料,具有低密度、低介电损耗和机械损耗等性能。

空气耦合仪器具有高功率激励和高接收增益特征。目前已经研制出的激励电压高达 1200V、连续发射脉冲时间为 500μs,满足空气耦合超声传感器激振要求。

常规超声仪器的放大器增益一般在 80dB 左右，通过配备外置放大模块，已经可以在保持低噪声的同时增益到 140dB，从而实现空气耦合信号的高灵敏度接收。

激励脉冲压缩技术有助于提高空气耦合超声检测的信噪比。目前常用的激励脉冲压缩技术是线性调频技术，其原理如下：首先，由发射器发射一个线性调频信号：

$$A(t) = A_0 \exp\left[ j2\pi\left( f_0 t + \frac{B}{2t_0}t^2 \right) \right] \tag{7-7}$$

式中，$f_0$ 为探头的中心频率；$t_0$ 为信号持续的时间；$B$ 为信号的带宽。其次，将经过介质传播后的回波信号与发射信号做互相关，即匹配滤波器处理，从而得到脉冲压缩后的输出波形，如图 7-22 所示，线性调频技术可以极大地提高信噪比[16]。

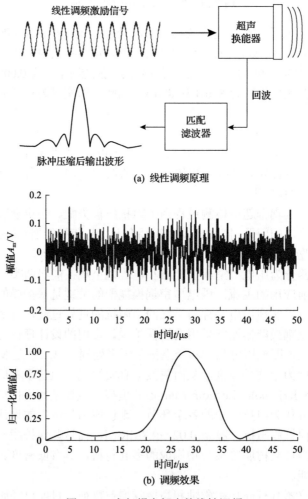

(a) 线性调频原理

(b) 调频效果

图 7-22　空气耦合超声的线性调频

与传统超声检测类似，空气耦合超声检测可以实现脉冲回波式、异侧透射式、同侧透射式（V 透射式）等检测方式（图 7-23），也可以用于激发表面波、导波等模式。空气耦合超声波一般工作在低频段，因此必须注意环境低频振动对信号的干扰。对于同侧透射模式，发射探头与接收探头之间必须设置遮声屏蔽，以避免接收由发射探头直接发射或者由工件表面直接反射的干扰波。对于异侧透射模式，空气耦合探头由于频率较低而指向性不高，所产生的声束覆盖范围大，被测物体的面积必须数倍于探头孔径，以保证充分阻挡由发射探头所发射的声束。此外，空气耦合超声检测还需要考虑低频超声波波长较长的问题，必须有足够的重复间隔时间以避免两束波的干涉[17]。

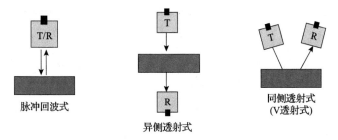

图 7-23　空气耦合超声探头的检测模式

在增材制造过程中，腔体内的氛围气体可以作为空气耦合超声传感器的耦合介质，因此该方法有望作为金属增材制造的在线检测手段。空气耦合超声对增材制件的检测能力也得到了验证。图 7-24 是增材制造的 25 个圆柱状的金属部件，在金属部件的表面分布不同类型的缺陷：第一组为部件轮廓与焊道错位，错位 70~150μm；第二组为打印轮廓错位，错位 70~350μm；第三组为埋藏孔；第四组为表面开口孔，第五组为沿深度方向的通孔，所有孔径为 100~2000μm。可以看到，空气耦合超声对表面开口孔和通孔具有较好的检出能力，可以非常直观地检出直径大于 500μm 的缺陷[18]。

### 7.2.5　超声检测装备与增材制造装备的集成

非接触式超声检测非常容易与增材制造装备集成，从而形成"即打即检"的打印检测一体化设备。系统的集成需要从软件和硬件两个方面综合考虑，从而实现在线检测与增材制造工艺的协同。增材制造与超声检测一体化控制软件的开发包括优化切片算法、打印检测一体化的流程控制机代码、检测数据解析和显示模块与系统软件的集成等。由此将检测工艺代码和打印工艺代码以统一格式写入切片文件中，最终生成统一的机器执行代码。超声检测装备与增材制造装备的硬件集成方案包括针对 SLM 的共享振镜、分区固定发收探测方案、针对 DED 的相控阵激光超声激励机构。打印检测一体机集成方案如图 7-25 所示。

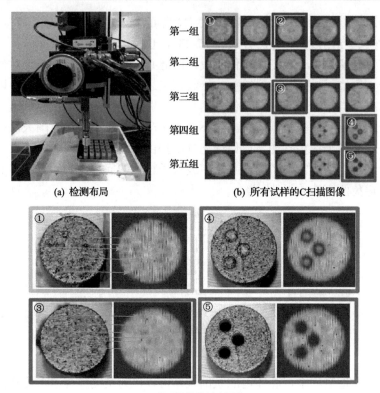

(a) 检测布局  (b) 所有试样的C扫描图像

(c) 典型缺陷的放大图像

图 7-24  增材制造缺陷的空气耦合超声检测

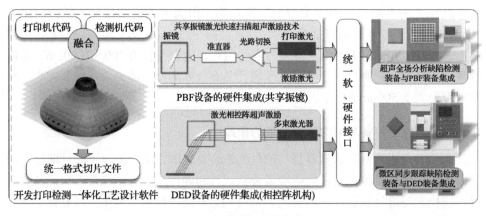

图 7-25  打印检测一体机集成方案

PBF 金属增材制造过程的特点是微单元熔池尺寸微小、熔/凝过程快、熔池转移快、功率激光扫描速度快、激光扫描轨迹不连续等。因此，在考虑硬件集成方案时，需要快速地采集检测数据，基于激光超声共享振镜的方案，可以实现超声

检测激光器与打印激光器在光路上共享振镜，如图 7-26 所示。以单激光器 SLM
系统为例，激励超声激光器可以倾斜布置在打印腔体顶部，保证其有效覆盖范围
为基板打印平面；接收超声激光器则与打印激光器同光路、共享振镜，这样接收
超声激光器能够尽量垂直或较小倾斜于打印平面，从而保证超声接收的灵敏度。
打印激光器通常采用 1064nm 波长，而接收超声激光器通常采用 532nm 波长，这
样在共享模式下，两束光线不会产生相互干扰，但必须采用共享振镜，从而保障
两种波长的激光能够同时穿过光路。

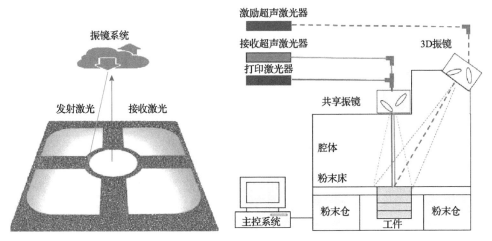

图 7-26　激光超声与 SLM 集成方案

　　DED 金属增材制造设备的激光在线检测不仅能够实现缺陷的监测，还可以实
现熔池轮廓三维测量、熔池内部气孔和夹渣检测、熔池流场测量等与增材制造缺
陷和内在质量密切相关的关键参数的在线检测。硬件集成方案如图 7-27 所示，一
发一收激光器跟随打印喷头，对熔覆焊道进行实时检测。由于 DED 焊缝熔池相对

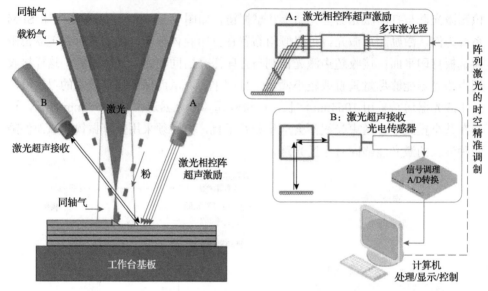

图 7-27　激光超声与 DED 集成方案

较深，可以采用前述激光超声相控阵方案，以超声斜入射的方式，实现熔池内部的缺陷检测。此外，还可以引入全矩阵聚焦、超声异侧收发及多普勒频移测量等实现熔池同步跟踪监测和缺陷在线检测。

# 7.3　金属增材制造组织与应力的超声表征

超声波在固体介质中的传播过程受到材料表面粗糙度、内部组织、应力的综合影响。材料对超声传播的影响最终体现在超声波形的变化上。在利用超声检测缺陷时，这些影响是缺陷定位和定量的误差源，但正是这些影响提供了丰富的材料微观信息，从而可以用来实现材料组织的表征，通过在超声波形上提取声速、声衰减系数、频谱参数、非线性系数和背散射系数等特征，可以实现增材制件表面粗糙度测量、内部残余应力测量、孔隙率测量、弹性常数测量、相含量测量等。

## 7.3.1　基于超声声速的组织和性能表征技术

声速是应用最为广泛的声学表征特征量。固体材料的声速由材料的密度和弹性常数决定，因此声速不仅可以直接用于测量密度和弹性常数，还可以测量一切与这两个物理常数相关的量，如材料应力、孔隙率和相含量。

对于各向同性介质，横波声速 $v_S$ 和纵波声速 $v_L$ 的表达式为

$$v_S = \sqrt{\frac{\mu}{\rho}}, \qquad v_L = \sqrt{\frac{\lambda + 2\mu}{\rho}} \tag{7-8}$$

式中，$\rho$ 为密度；$\lambda$ 和 $\mu$ 为弹性常数，也称为拉梅常数。

对于各向异性介质，材料的声速不再是固定值，而是随着传播方向的变化而变化。材料的弹性常数表示为 $6 \times 6$ 的矩阵，各向异性材料分为单斜晶系、三斜晶系、正交晶系、立方晶系、六方晶系、四方晶系、三方晶系等，不同晶系的弹性常数矩阵的差异较大。通过求解各晶系的克里斯托弗方程可以得到相应的速度值。以具有立方晶系结构的奥氏体不锈钢为例，其劲度系数矩阵如式(7-9)所示：

$$C = \begin{bmatrix} 250 & 112 & 180 & 0 & 0 & 0 \\ 112 & 250 & 138 & 0 & 0 & 0 \\ 180 & 138 & 250 & 0 & 0 & 0 \\ 0 & 0 & 0 & 117 & 0 & 0 \\ 0 & 0 & 0 & 0 & 91.5 & 0 \\ 0 & 0 & 0 & 0 & 0 & 70 \end{bmatrix} \tag{7-9}$$

计算得到在三个坐标平面上声速随着传播角度的变化，如图 7-28 所示，可以看到，当传播方向不同时，声速差别较大。

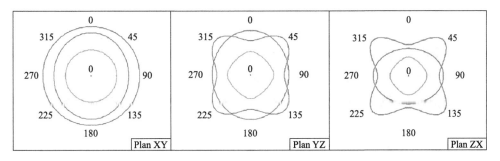

图 7-28　各向异性介质中声速与传播方向的关系

超声波声速测量的原理是 $v = d/t$，即利用超声仪器测得已知距离下超声波传播时间即可换算得到超声波声速，因此准确测量超声传播时间是声速高精度测量的关键。对于数字仪器，超声传播时间测量的精度主要依赖仪器的采样频率。采样频率越高，时间测量精度越高，如果仪器的采样频率为 1GHz，则超声传播时间的测量精度为 1ns。超声波声速测量可以采用接触式超声检测系统，也可以采用激光超声、电磁超声等非接触式超声检测系统。对于接触式压电传感器，因为测量过程中耦合剂厚度的微小变化即可引起较大的超声传播时间测量误差，所以难以实现高精度。

1. 弹性常数测量

根据式(7-9)，对于各向同性材料，弹性模量 $E$、切变模量 $G$ 和泊松比 $\nu$ 可以由横波和纵波来表示：

$$E = \rho v_S^2 \frac{3v_L^2 - 4v_S^2}{v_L^2 - v_S^2}$$

$$G = \rho v_S^2$$

$$\nu = \frac{2v_S^2 - v_L^2}{2(v_S^2 - v_L^2)} \tag{7-10}$$

另外，横波与表面波的关系如下：

$$c_R = c_S \frac{0.718 - \left(\dfrac{c_S}{c_L}\right)^2}{0.75 - \left(\dfrac{c_S}{c_L}\right)^2} \tag{7-11}$$

式中，$c_R$ 为表面波声速。

因此，对于各向同性材料，只要能够准确测量纵波、横波和表面波三种波型的其中两种声速，即可计算得到材料的弹性常数。

图 7-29 为利用水浸聚焦超声测量增材制造不锈钢、高温合金以及不锈钢、铝、铜标样的弹性常数的方法，将试样放置在探头焦点范围以内，根据斯涅耳定律，由声透镜折射到水中的声波相对于试样表面有不同的入射角度，其中垂直入射到试样表面的会产生 0°纵波，传播至试样底部反射，然后被探头接收，这个底面回波可以用来计算得到纵波声速；另外有一部分会超出临界角而在试样表面产生表面波，表面波沿着试样表面传播然后被探头接收，这个表面回波可以用来计算表面波声速。在得到这两个声速之后，即可利用式(7-10)和式(7-11)计算得到试样的弹性常数。所用探头为聚偏二氟乙烯(polyvinylidenefluoride，PVDF)薄膜探头，晶片尺寸为 60mm×12.5mm，频率为 10MHz，焦距为 35mm，孔径半角度为 50°，所用仪器为 Olympus 5072PR，测量得到不锈钢、铝、铜的弹性常数分别为 221.872GPa、73.008GPa 和 119.16GPa，测量得到增材制造不锈钢和高温合金的弹性常数分别为 182.586GPa 和 187.768GPa，与标准值非常接近[19]。

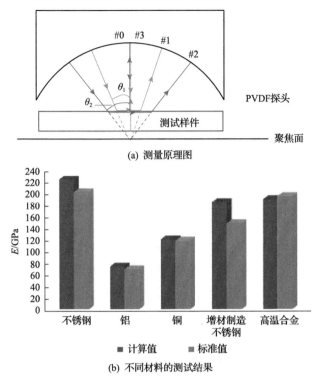

(a) 测量原理图

(b) 不同材料的测试结果

图 7-29　基于水浸聚焦超声的材料弹性常数测量

## 2. 孔隙率测量

金属增材制造过程极易产生孔隙。孔隙率是与密度和弹性常数相关的参数，其与声速呈线性关系：

$$v = v_0 + k_p \tag{7-12}$$

式中，$v_0$ 为完全致密情况下的声速；$k$ 为拟合得到的斜率；$p$ 为材料孔隙率。

图 7-30 是 PBF 打印钴铬合金的孔隙率拟合曲线，所用拟合标样厚度为 10mm，所用超声波探头为 5MHz 接触式探头，晶片尺寸为 12.7mm，所用超声仪器带宽为 30MHz，最大采用频率为 300MHz，本次实验所用采样间隔为 5ns，可以实现 0.2% 孔隙率变化的探测。通过利用拟合曲线，实时测量声速变化，即可得到孔隙率变化[20]。

## 3. 相含量测量

合金的力学性能是由其微观组织决定的。当合金的相成分变化时，必然引起弹性常数的变化，从而导致超声波声速的变化，因此超声波声速与合金的微观组

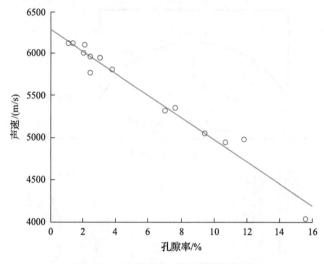

图 7-30　孔隙率与声速的线性关系

织存在一定的关联。超声波声速早已经成功应用于监测材料在加工过程中的组织变化。因此，金属增材制造过程和 HIP 等后处理过程都可以利用声速来监测材料的转变过程。

　　图 7-31 是利用激光超声测量声速的方法检测纯钛的相变过程。实验所用钛为退火态，主要为 α 相，晶粒尺寸为 42μm，试样尺寸为 60mm×10mm×3mm。一共进行三组热处理实验：第一组是直接将样品连续加热到 1000℃，然后冷却到室温，并在此过程监测；第二组是将样品加热到 1000℃ 并冷却到室温，然后重复上述步骤，所监测的过程是第二次加热和冷却过程；第三组是将样品连续 5 次加热和冷却处理，每次加热温度为 950℃。三组热处理实验所得超声检测结果如图 7-31所示，而且所有的转变过程通过组织观察来验证。

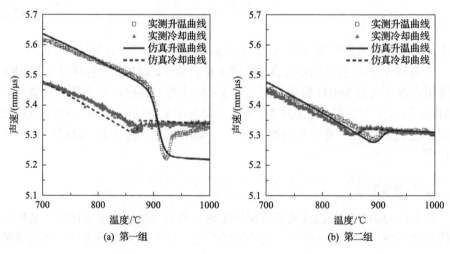

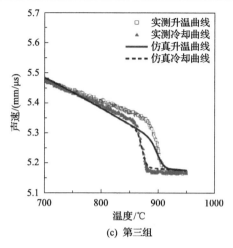

(c) 第三组

图 7-31　相含量与声速的关联

图 7-31(a)是第一次加热过程。从加热曲线可以看到，在开始阶段，声速随着温度的升高而降低，这主要是因为温度升高导致材料的密度和弹性常数发生变化；当温度达到 885℃时，出现声速转折点，而这正好对应由 α 相向 β 相的转变温度(882℃)；当温度继续升高时，声速变化较小，这主要是因为转变为 β 相之后，高温 β 相对声速的影响较小。从冷却曲线和加热曲线的对比看，同样 700℃的情况下，加热过程的 α 相比冷却过程的 α 相的声速更高。而在第 2 次循环(图 7-31(b))和第 5 次循环过程(图 7-31(c))，所有加热和冷却过程的曲线都基本重合[21]。

#### 4. 应力测量

超声波声速是无损测量材料应力的有效方法，测量精度可达到 20MPa。利用超声波声速来进行材料应力测量的理论基础是声弹性理论。表面波、横波、纵波及临界纵波均可用于应力测量，根据声弹性理论的推导，这些波型的声速均与应力呈近似线性关系：

$$\mathrm{d}\sigma = K\mathrm{d}v \qquad\qquad (7\text{-}13)$$

式中，$K$ 为应力常数，由材料的种类、波型等因素决定。在实际测量过程中，需要制作不同应力等级的系列标样，通过应力与声速的线性拟合，得到相应的应力常数 $K$，然后进行应力测量。

尽管不同波型都遵循声速与应力的近似线性关系，但是其应用场合不尽相同，如图 7-32 所示。

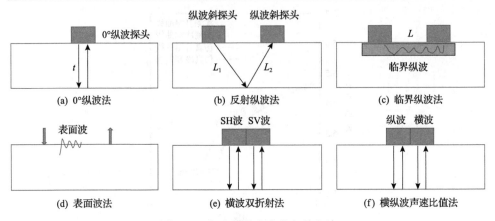

图 7-32　超声测量应力的各种方法

(1)0°纵波法。如图 7-32(a)所示，主要用于测量具有平行端面的试样，从而得以利用端面回波测量超声传播时间，所测量的应力是两个端面之间的平均应力。因此，对于形状较为复杂的增材制件，如果无法找到合适的平行端面，就无法实施有效的应力测量。

(2)反射纵波法。如果要测量水平方向的应力，且工件有平行端面，则可以采用反射纵波法，如图 7-32(b)所示。对于压电超声传感器，通过斜楔块将纵波以一定的角度折射至工件内部，纵波经底面反射之后被探头接收，通过合理设置入射角度，即可以测得某一长度范围内的水平应力的平均值。

(3)临界纵波法。当纵波入射角度达到第一临界角时，在工件内部产生折射角为 90°的临界纵波，如图 7-32(c)所示。临界纵波沿着工件表面传播，因此不需要平行端面即可实现应力测量，而且随着所采用超声频率的不同，临界纵波可以覆盖到不同的工件深度，从而实现深度方向的应力梯度测量。同时，临界纵波也被证实在传播过程中受到材料织构的影响最小，且对应力最敏感，因此被视为一种非常有潜力的测量方法。

(4)表面波法。表面波法与临界纵波法类似，也测量材料近表面的应力，也可以根据频率的调整来实现不同深度的应力梯度测量。表面波的优势在于利用激光超声、电磁超声等非接触式超声技术，可以非常容易地激发出表面波，如图 7-32(d)所示。因此，相比于临界纵波采用接触式压电探头激励和接收，基于激光超声等非接触式的应力测量方法可以更为方便地集成到增材制造过程，实现熔覆层应力的在线检测。

(5)横波双折射法。横波包含垂直偏振和水平偏振两种波型。在无应力各向同性材料中，这两种波型因为传播速度相同所以叠加在一起。当材料存在应力时，应力引起材料各向异性，从而导致两种横波的声速发生不同的变化，这就是双折射效应。两种波型声速变化的程度与应力相关，因此分别测量两种波型的波速，即可以实现应力测量。横波双折射法的优势是非常容易激励出不同偏转形式的横波，如图 7-32(e)所示。

(6)横纵波声速比值法。在采用单一波型进行检测时，必须已知超声传播距离，才能够根据声程来计算速度变化。而在实际测量过程(如增材制造过程)中，可能无法精确获得打印件的厚度。如图 7-32(f)所示，若采用两种具有相同传播距离的波型的声速比值，则可以消除传播距离对测量的影响。

不论采用哪一种波型或者方法来进行超声应力测量，准确获得超声传播速度或者超声传播时间是关键。因为应力所造成的超声传播时差在纳秒级别，所以采用的仪器采样频率需要达到吉赫兹级别。当仪器采样频率不高时，可以采用插值算法提高时间分辨率。常用的插值算法包括拉格朗日线性插值法、立方插值法、样条插值法等。常用的时差读取方法为峰值对比法。为了避免人为读取时差所带来的误差，可以采用互相换算法实现时差的准确测量。

超声在材料内部传播的过程中，声速的变化受到应力、组织、表面状况及温度的综合影响。因此，要实现应力的准确测量，还需要剔除其他影响因素。

(1)对于表面波和临界纵波检测方法，由于超声波沿着工件表面传播，表面粗糙度、局部应力集中等都将影响应力测量精度。

(2)对于横波和纵波等体波检测方法，材料的晶粒度、非均质、各向异性组织等也会对声速产生影响。晶粒度与声速呈线性关系。当晶粒度减小时，材料声速会增加；如果晶粒度远小于超声波波长，则晶粒度不会引起声速变化。材料的各向异性组织会引起超声的偏转和分叉等现象，超声传播路径的变化使得声速测量不够精确。

(3)对于固体材料，温度与声速呈线性关系。随着温度的升高，声速会降低；在应力测量过程中，温度不仅影响波速，还会由热膨胀等效应引起声程的变化。在增材制造过程中，由于温度梯度存在不均匀性，所监测到的超声传播时间或者声速呈非线性变化。

因此，为了实现应力的准确测量，必须进行相应的补偿。补偿方法可以是理论计算，也可以是实验测量。例如，对于温度补偿，需要测量一系列温度下的标准试样的应力值，并将温度应力的拟合关系植入计算机程序，从而实现测量值的修正。

图 7-33 是采用激光发射、电磁超声接收超声表面波测试熔覆引起残余应力的实例。在工件表面，焊接过程会产生垂直于焊缝和平行于焊缝的残余应力，分别称为横向应力和纵向应力。当表面波沿着与焊缝平行的方向传播时，横向应力对超声波声速的影响可以忽略不计，纵向应力与超声波声速呈线性关系。如图 7-33(a)所示，利用脉冲激光器在碳钢工件表面激励超声波，然后利用电磁超声探头在距离 11mm 的位置接收超声波，超声数据采集卡的采样精度为 1ns，从而

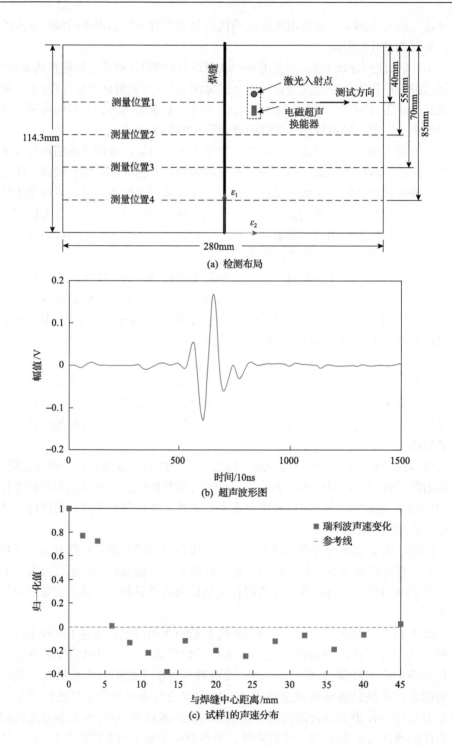

(a) 检测布局

(b) 超声波形图

(c) 试样1的声速分布

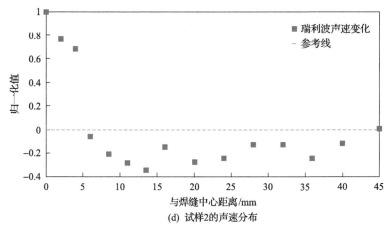

(d) 试样2的声速分布

图 7-33　焊接过程的超声波声速与应力的关系

满足声速测量的要求。激励点和接收点以固定的间距沿着垂直于焊缝的方向扫描，所得结果如图 7-33(c) 和 (d) 所示。可以看到，在焊缝位置，由热效应引起的残余应力较大，所得到的超声波声速较大；随着测量位置远离焊缝，所得声速越来越小。从不同位置的扫描线得到的声速变化规律非常吻合，验证了测量结果的可靠性[22]。

### 7.3.2　基于超声散射衰减的组织表征技术

超声波在介质中传播的衰减机制包括扩散衰减、吸收衰减和散射衰减。其中，金属材料的超声波衰减机制主要是散射衰减。材料内部的晶界、孔隙和第二相夹渣等散射体导致声阻抗变化微区，当超声与这些阻抗界面作用时会产生散射衰减，如图 7-34 所示。因此，通过测量超声的衰减特征量，即可以实现材料晶粒尺寸、孔隙率及第二相含量等缺陷和组织的表征。

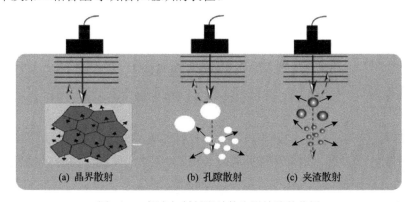

图 7-34　超声与材料微结构和微缺陷的作用

由于增材制件组织结构具有复杂性，其内部可能同时存在多晶组织散射和多孔隙多夹渣材料散射两种散射机制。

**1. 多晶组织的超声散射**

借鉴多晶材料的超声波散射理论，根据散射体与超声波波长的比值关系，超声散射可分为三种类型，即瑞利散射、随机散射和漫散射。

瑞利散射：$\bar{d} \ll \lambda$，$\alpha_S = C_2 F \bar{d}^3 f^4$。

随机散射：$\bar{d} = \lambda$，$\alpha_S = C_3 F \bar{d} f^2$。

漫散射：$\bar{d} \gg \lambda$，$\alpha_S = C_4 F \bar{d}^{-1}$。

式中，$\alpha_S$ 为衰减系数；$\lambda$ 为波长；$C_2$、$C_3$ 和 $C_4$ 为材料常数；$F$ 为各向异性系数；$\bar{d}$ 为晶粒平均尺寸；$f$ 为超声波频率。由散射理论公式可知，散射衰减系数取决于各向异性系数、平均晶粒尺寸及超声波频率。对于以等轴晶为主的各向异性材质，其各向异性系数近似为常数，此时，散射衰减系数主要受平均晶粒尺寸 $\bar{d}$ 与超声波频率 $f$ 的影响。三种散射机制下的散射强度与 $\bar{d}/\lambda$ 的关系曲线如图 7-35 所示。从图中可以看到，在瑞利散射阶段，随着超声波频率的升高和平均晶粒尺寸的增加，散射强度急剧增加，也就是散射衰减系数快速增大，且两者具有很好的单调关系，因而更适用于晶粒度的表征[23]。

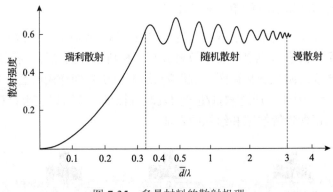

图 7-35　多晶材料的散射机理

**2. 多孔隙和多夹渣材料的超声散射**

材料内部的夹渣和孔隙的散射与多晶材料类似，可以根据夹渣和孔隙的尺寸分为瑞利散射、随机散射和漫散射等。各国学者针对第二相孔隙或夹渣散射做了大量的研究工作，且已经构建了多种理论模型，涉及不同材料、不同波型、不同孔隙形状及含量。对于孔隙率较高的材料，孔隙模型必须考虑孔隙之间的多重散射。如果将孔隙近似为球形，则在瑞利散射范围内，由孔隙引起的纵波散射衰减

可以表示为

$$\alpha = \frac{1}{2a} p(k_{\mathrm{s}}a)^4 \left( \frac{3K_{\mathrm{w}} + 4G_{\mathrm{w}}}{3K_{\mathrm{s}} + 4G_{\mathrm{s}}} + \frac{\rho_{\mathrm{w}}}{\rho_{\mathrm{s}}} \right) \tag{7-14}$$

式中，$p$ 为孔隙率；$a$ 为孔隙或者夹渣的平均尺寸；$k_{\mathrm{s}}$ 为孔隙材料波矢的实部；$K$、$G$ 和 $\rho$ 分别表示体积模量、切变模量和密度，其角标 s 和 w 分别表示静态和动态分量[22]。图 7-36 为利用孔隙模型计算得到的孔隙半径、超声频率与衰减系数的关系，可以看到随着孔隙半径的增加，以及超声频率的增大，超声衰减系数急剧增大。

选择具有平行底面的样品，通过记录多次底面回波来实现超声衰减系数的计算。超声衰减系数有多种表示方式，包括幅值衰减系数、频域衰减系数、衰减速率系数、能量衰减系数、背散射系数等。

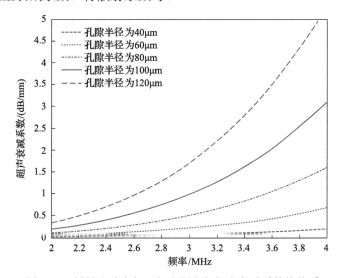

图 7-36　材料孔隙半径、超声频率与超声衰减系数的关系

(1)幅值衰减系数。这是最常用的一种超声衰减系数，利用底面回波的波幅来表征衰减：

$$\alpha = \frac{1}{2L} \lg \left( \frac{A_2}{A_1} \right) \tag{7-15}$$

式中，$A_1$ 和 $A_2$ 分别为一次底波和二次底波；$L$ 为超声传播路径。

(2)频域衰减系数。衰减是与频率相关的量，超声衰减系数测量所用的超声信号通常为具有一定带宽的脉冲信号，在穿过被测材料时中心频率会产生一定的频移，所以更为准确的方法是在频域进行超声衰减系数的计算：

$$\alpha(f) = \frac{1}{2L}\lg\left(\frac{A_2(f)}{A_1(f)}\right) \tag{7-16}$$

(3)衰减速率系数。超声衰减系数的计算需要测量材料的厚度信息，厚度测量误差会影响材料超声衰减系数的精度。为了避免工件厚度对超声衰减系数测量的影响，可以将幅值衰减系数与速率综合，从而得到消除工件厚度 $d$ 影响的衰减速率系数：

$$\alpha = -\frac{f_a}{\Delta n}\lg\left(\left|\frac{A_2}{A_1}\right| + \left|\frac{A_1}{A_F}\right|\right) \tag{7-17}$$

式中，$f_a$ 为采样频率；$A_F$ 为液固界面回波；$A_1$ 和 $A_2$ 分别为工件底面回波；$\Delta n$ 为两次底波间的采样序号差值[24]。

(4)能量衰减系数。幅值衰减系数用于表征晶粒尺寸等信息，只有当被测材料与标准材料的微结构比较接近时，才能够获得准确的结构。当被测材料与标准材料的微结构相差较大时，由于材料内部的析出相等噪声无法消除，幅值衰减系数难以准确表征材料的晶粒度等信息。这时可以采用能量衰减系数进行表征。能量衰减系数的计算方法是截取整个回波区域，然后对回波包络区域进行积分。为了避免波型畸变造成的误差，可以利用高斯函数对回波进行拟合，然后对高斯函数的半高宽区域进行积分，得到能量值 $E_1$ 和 $E_2$[25]：

$$\alpha = \frac{1}{2L}\lg\left(\frac{E_2}{E_1}\right) \tag{7-18}$$

(5)背散射系数。超声背散射信号是指始波和底波之间的噪声区域，背散射信号由晶粒及第二相的散射造成，因此可以用来表征相关信息。背散射信号本身具有较大的随机性，因此单从时域信号难以获得有效的表征量，通常采用统计特征量进行表征。例如，可以采用背景信号的平均功率 $w$ 作为晶粒和第二相的标准量[26]：

$$w = \frac{1}{2L}\sum_{t=1}^{n}A^2(t) \tag{7-19}$$

式中，$A(t)$ 为信号幅值；$t$ 为采样时序。

统计分析需对超声信号的统计分布进行假设。为了满足信号处理过程中的严格要求，可以将超声信号作为非线性动力学系统，采用递归定量分析，引入递归度等特征量进行表征。此外，还可以引入频谱分析技术(包括幅度谱、相位谱、功率谱、相关谱、倒频谱等)和时频分析技术(包括短时傅里叶变换和小波分析)对背散射信号进行处理。

基于散射机制的超声特征量(包括声衰减系数和背散射系数等)已经在材料晶粒度、应力、孔隙率等的测量中应用,而在金属增材制造领域,目前所报道的应用主要包括孔隙率和晶粒度的表征。

(1)PBF 试样的孔隙率表征。

图 7-37 为 PBF 打印的 316L 不锈钢试样的孔隙率与超声衰减系数之间的关系。可以看到,孔隙率与超声衰减系数基本呈线性关系。随着孔隙率的增加,超声衰减系数增大,孔隙率每增加 1%,超声衰减系数增加 46%[27]。

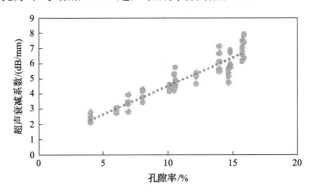

图 7-37　PBF 打印的 316L 不锈钢的孔隙率与超声衰减系数的关系

(2)PBF 试样的晶粒度测量。

图 7-38 为超声衰减系数与晶粒度之间的关系。考虑超声衰减是材料表面粗糙度、试样上下表面平整度和晶粒散射等综合作用的结果,在测量时尽量避免各种因素的相互干扰,试样表面打磨至粗糙度为 3μm。从图 7-38(a)可以看到,304 奥氏体不锈钢的 90%的衰减都是由晶界散射导致的,晶粒度与超声衰减系数也呈现较好的线性关系,晶粒度为 450~750nm 时可以较好地区分出来。但是从图 7-38(b)可以看到,不同晶粒度的试样的超声衰减系数并没有呈现出规律性的变化。这是因为增材制造样品有些并不是完全致密的,在晶粒度和孔隙的综合影响下,采用超声衰减系数这一个特征量无法同时准确表征晶粒度和孔隙率[27]。

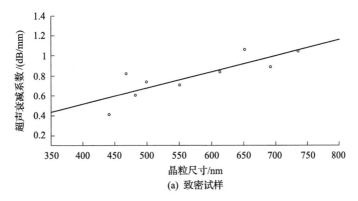

(a) 致密试样

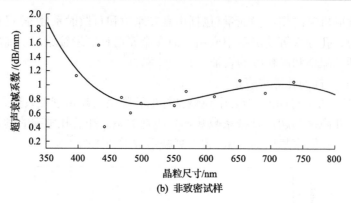

图 7-38　晶粒度与超声衰减系数的关系

### 7.3.3　基于超声非线性的组织表征技术

　　与传统超声检测主要用于亚毫米级缺陷不同，非线性超声可以用于表征材料内部微结构的变化，如晶格、位错、微纳米级析出相和微裂纹。固体介质中的超声非线性现象主要是指高能超声在材料内部传播，由于内部缺陷的响应而产生高阶谐波、次谐波、共振频移和混频响应等效应，如图 7-39 所示。

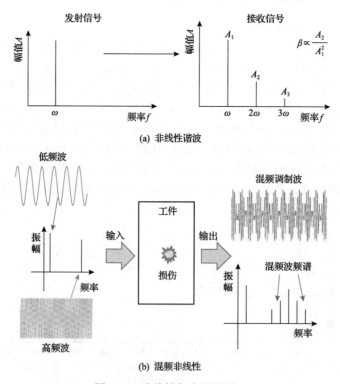

图 7-39　非线性超声测量原理

1. 非线性谐波系数

常用的纵波非线性谐波机理如图 7-39(a) 所示。当介质存在非线性源时,应力应变不再是线性关系,引入非线性系数 $\beta$,应力应变关系可以表示为

$$\sigma = E\varepsilon\left(1 + \frac{1}{2}\beta\varepsilon\right) \qquad (7\text{-}20)$$

式中,$\sigma$ 为应力;$E$ 为弹性模量;$\varepsilon$ 为应变。

将应力代入波动方程,得到非线性波动方程为

$$\rho\frac{\partial^2 u}{\partial t^2} = E\left(\frac{\partial^2 u}{\partial x^2} + \beta\frac{\partial u}{\partial x}\frac{\partial^2 u}{\partial x^2}\right) \qquad (7\text{-}21)$$

式中,$\rho$ 为密度;$u$ 为振幅。

如果入射到固体介质的超声波为正弦波形式,$u = A\sin(\omega t)$,通过求解波动方程,可以得到输出波形的表达式为

$$u(x,t) = A_1\sin(kx - \omega t) - \frac{1}{8}\beta k^2 {A_1}^2 x\cos(2(kx - \omega t)) + \cdots \qquad (7\text{-}22)$$

如果取二阶谐波项的振幅来描述非线性谐波系数 $\beta$,得到

$$\beta = \frac{8}{k^2 x}\frac{A_2}{{A_1}^2} \qquad (7\text{-}23)$$

非线性谐波系数 $\beta$ 可以由波矢量 $k$、传播距离 $x$、一阶振幅 $A_1$ 和二阶振幅 $A_2$ 计算得到。非线性谐波系数常用于描述材料内部的位错、析出相等信息,目前已经形成位错弦、位错偶、位错与析出相的非线性响应模型[28]。

2. 混频非线性系数

混频非线性机理如图 7-39(b) 所示。输入信号包含两种频率的正弦波:

$$x(t) = A_1\sin(2\pi f_1 t + \phi_1) + A_2\sin(2\pi f_2 t + \phi_2) \qquad (7\text{-}24)$$

当材料存在非线性源时,输入信号代入非线性波动方程,输出信号可以表示为

$$
\begin{aligned}
y(t) &= \alpha A_1\sin(2\pi f_1 t + \phi_1) + \alpha A_2\sin(2\pi f_2 t + \phi_2) - \beta\frac{{A_1}^2}{2}\cos(2\pi(2f_1)t + 2\phi_1) \\
&\quad - \beta\frac{{A_2}^2}{2}\cos(2\pi(2f_2)t + 2\phi_2) + \beta A_1 A_2\cos(2\pi(f_2 - f_1)t + (\phi_2 - \phi_1)) \\
&\quad - \beta A_1 A_2\cos(2\pi(f_2 + f_1)t + (\phi_2 + \phi_1))
\end{aligned} \qquad (7\text{-}25)
$$

当输入信号为 $f_1$ 和 $f_2$ 时，由于非线性源响应，不仅产生高阶谐波，还产生混频效应，产生的混频波频率分别为 $f_1+f_2$ 和 $f_1-f_2$[29]。

非线性源产生的超声响应非常微弱，因此需要专用的设备来实现谐波信号的测量。

(1)信号发射模块。大功率射频脉冲信号通常用来作为非线性超声的激励源，如图 7-40 所示。该信号一般是具有多个周期的正弦波，以保证有足够的能量实现超声的传输，且超声能量可以集中在非常窄的频带范围之内。

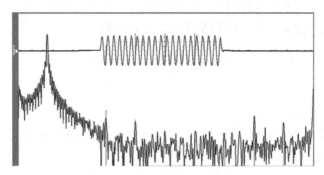

图 7-40　非线性超声的激励源

(2)超外差接收(super heterodyne receiver)。微弱的谐波信号通常采用超外差接收方式，其原理如图 7-41 所示。首先，传感器从样品表面接收超声信号，经过滤波器和前置放大器处理之后，得到以频率成分 $F_r$ 为主的接收信号；其次，通过倍频器产生一组频率为 $F_r+I_F$ 的正弦波信号，将两路信号混频和滤波，得到脉冲包络及相位信息与原始接收信号相同的中频 $I_F$ 信号；再次，利用两路频率同为 $I_F$，但是相位差为 90° 的参考信号，进行相移检测，从而分别得到信号的实部和虚部；最后，利用门积分器进行模拟积分，得到信号的能量。

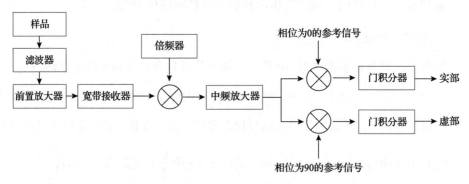

图 7-41　超外差接收原理

在增材制造的应用方面，混频谐波法比非线性谐波法更具优势，目前已经应用到增材制件内部缺陷检测和随机孔隙率表征。利用电子束增材制造打印 10 个 Ti-6Al-4V 试样，试样尺寸为 60mm×15mm×10mm，试样分为两组：一组为带有设计缺陷的试样，缺陷为直径为 5mm 的圆形，高度分别为 0、200μm、300μm、400μm 和 500μm，试样编号为 0、1、2、3、4，如图 7-42(a)、(b) 的横坐标所示；另一组为含有不同程度的随机孔的缺陷，记录为无孔隙、低度孔隙、中度孔隙、高度孔隙和严重孔隙五个等级，试样编号为 5、6、7、8、9；如图 7-42(c)、(d) 的横坐标所示。

一对超声波探头分别放置在试样的两端，用于发射和接收超声波。非线性混频采用一个基频信号 $f_1$ 和一个高频信号 $f_2$ 进行混频，通过非线性效应，可以得到高阶谐波 $2f_1$、$3f_1$，以及混频波 $(f_2 \pm f_1, f_2 \pm 2f_1, \cdots)$，通过选择不同的混频组合模式，研究缺陷对某一频率的响应，从而找到能够表征缺陷的最优频率。

对于第一组含缺陷试样，选择基频 $f_1$=62kHz，高频 $f_2$=116kHz，两种波形信号采用 1：1 叠加的方式进行混合，即 $A(f)=A(f_1)+A(f_2)$，然后将叠加之后的信号输入任意函数发生器，由功率放大器放大 42dB 之后，送到超声探头实现激励信号的发射。在对侧探测超声信号并分析频谱。在测试过程中，输入信号的幅值从

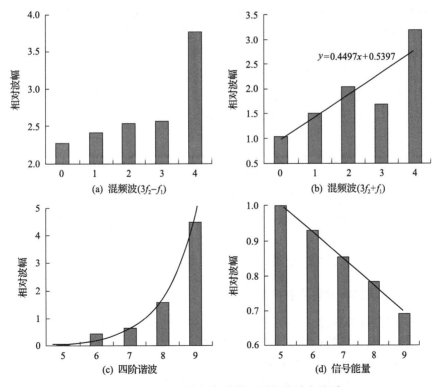

图 7-42 不同非线性超声特征量与孔隙率关系

0.02V 逐步增加到 1V。通过频带分析发现，不同试样在不同频率范围的衰减各异，但是在 $f_2$ 的 3 倍频附近 $(3f_2 \pm f_1)$ 出现了可以用于表征缺陷的特性，如图 7-42 所示。图 7-42(a) 是 $3f_2-f_1$(286kHz) 所对应的波幅与缺陷高度之间的关系，可以看到，随着缺陷高度的增加，波幅增加，且当缺陷高度从 400μm 增大到 500μm 时，波幅在明显增大，总体来说，波幅随着缺陷高度呈现出指数变化关系；图 7-42(b) 是 $3f_2+f_1$(410kHz) 所对应的波幅与缺陷高度的关系，波幅与缺陷高度可以线性拟合，只有缺陷高度为 300μm 的试样与总体变化趋势不一致。此外，图 7-42(b) 中波幅普遍高于图 7-42(a)，这是因为 410kHz 所产生的噪声信号大于 286kHz。

　　第二组试样采用了另外一种混频方法，即先采用基频信号通过线性调频的方式得到 $f_1(t)$，再与 $f_2$ 相加，得到信号频率 $f=f_1(t)+f_2$。将生成的信号输入任意函数发生器，经过放大器放大之后，输入探头端，这时信号呈近似平稳频率特性。基频 $f_1$ 的线性调频范围限制为 50～300kHz，$f_2$ 的频率固定为 191kHz，线性调频信号保证有足够的能量来产生振动响应。图 7-42(c) 展示了四阶谐波 (127.5kHz) 的对数波幅响应。以完全致密的试样响应波幅为基准进行归一化，并拟合得到孔隙率与波幅呈双指数关系。图 7-42(d) 是以频谱信号的能量积分为纵坐标，通过拟合得到孔隙率与信号能量呈线性关系。孔隙率越高，信号能量越小。信号能量测量方法与传统测衰减系数的方法不同，采用的是连续调频信号激励，这样可以把宽频带范围的受频率影响的衰减做平均化处理。能量平均还可以抑制孔隙和传感器灵敏度对响应的交叉影响。混频波信号波幅和信号能量都可以用来对孔隙率进行定量表征。但是信号波幅与孔隙率呈指数关系，而信号能量与孔隙率呈线性关系，因此采用信号波幅进行表征具有更高的灵敏度[30]。

## 7.4　增材制造过程的声发射检测

　　声发射现象是指材料内部结构变化而引起应力应变能的突然释放，导致弹性波的产生和传播。金属增材制造过程中，由于工艺参数异常而导致的工件过热、缺陷等均伴随着声发射现象。因此，通过监测增材制造过程的声发射源，即可实现对打印质量和工艺参数的检测。

### 7.4.1　增材制造的声发射检测机理

　　与常规超声检测相比，声发射检测是一种被动式检测方式，材料内部的声发射源产生弹性波，最终传播到达材料的表面并引起表面振动，利用高灵敏度声发射换能器拾取表面振动，并将机械振动转换为电信号。通过对接收信号进行放大、处理和分析，实现声发射源的定位和定性，如图 7-43 所示。

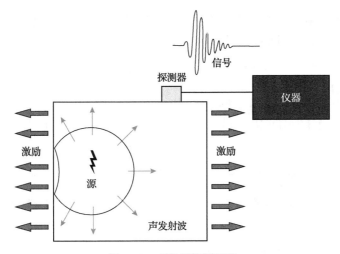

图 7-43　声发射检测原理

金属材料的声发射源主要可以分为塑性变形、裂纹的萌生与扩展、第二相析出或夹渣脱裂，以及相变等。这些声发射源所产生的频率范围很宽，涵盖从次声波到超声波的频段；声发射信号的波幅也很大，位移振幅为 $10^{-15} \sim 10^{-9}$m，动态范围约 120dB，这些微弱的信号需要借助专用的设备才能够探测出来。

与超声波一样，声发射信号也属于机械波，在理想半无限大固体内，其波型可以分为纵波、横波、表面波等模态；但是在实际检测中，由于被检工件几何形状的作用，声发射信号可能会被边界多次反射和波型转换之后才到达传感器，多次反射模态的叠加从而产生轨迹比较复杂的循轨波，给声发射源的定位造成困难，如图 7-44 所示。

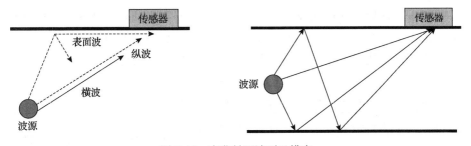

图 7-44　声发射源波型及模态

声发射信号可以分为连续型信号和突发型信号，如图 7-45 所示。连续型信号主要是指各个声发射时间是连续的，且在时间上无法分开，因此连续型信号对应变速率敏感，主要与材料的位错和交叉滑移等塑性变形有关。突发型信号的特点是波峰是断续的，不同事件的波峰在时间上是可以分开的。当脆性材料或带裂纹的金属材料在裂纹不连续扩展时所发出的高幅值、不连贯、持续时间为微秒级的单个应力波脉冲就是典型的突发型信号。突发型信号次数少、幅度大,发生部位限制在某个区域,脉冲的形状各不相同。

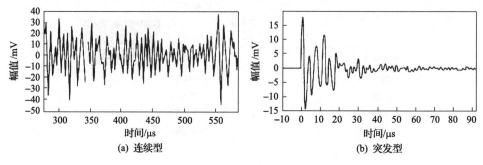

(a) 连续型　　　　　　　　　(b) 突发型

图 7-45　声发射信号的分类

　　声发射检测系统的发展经历了从模拟仪器、半数字仪器到全数字仪器,由单通道数字仪到多通道数字仪,由集中式多通道系统到分布式多通道系统的过程。数字式声发射检测系统成为应用的主流,其基本构架包括传感器、前置放大器、主放大器、数据采集卡等,如图 7-46 所示。

　　高灵敏度传感器用来将声发射信号转换为电信号并输出至前置放大器。因为灵敏度输出信号的电压非常弱,通常在微伏量级,如果经历长距离传输,可能会衰减至与噪声水平相当,所以在靠近传感器位置增加前置放大器,其作用就是增大信噪比。用于声发射时,通常将前置放大器与传感器融为一体,形成前置放大器内置式高灵敏度传感器。声发射信号经过前置放大之后传到仪器主机,首先采用主放大器对其进行二次放大,主放大器的频带范围需要与前置放大器匹配。主放大器输出的模拟信号由数据采集卡实现向数字信号的转变,通过采样进入计算机,供分析、计算、转换和存储,再由软件系统对采集的数据进行分析和计算,从而实现声发射源定位和缺陷识别等功能。与常规超声检测相比,声发射检测的信号频率一般较低,常用声发射检测系统的最大频率为兆赫兹量级。

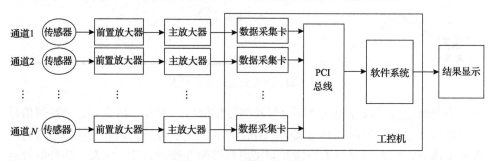

图 7-46　多通道声发射检测系统示意图

　　传感器是声发射检测系统的重要组成部分。根据应用场景,目前已经开发出如下几类声发射专用传感器。

(1)压电型传感器。与超声波传感器类似，此类传感器以压电材料为敏感元件，利用压电效应将弹性波信号转换成电信号。典型的压电型传感器包括谐振式传感器和宽带传感器。谐振式传感器只对某一频带范围敏感，且灵敏度较高，通常在对声发射源的机理和特性有一定了解的情况下使用；宽带传感器通常由多组不同谐振频率的压电元件组成，从而能够实现采集信号的宽频覆盖，采集更为丰富和全面的信号，甚至包括噪声信号，因此其检测灵敏度不及谐振式传感器。压电型传感器在使用时需要采用耦合剂填充其与被检工件的间隙，且由于压电材料居里温度的限制，一般不适用于高温环境。

(2)光纤声发射传感器。此类传感器的基本原理如下：利用光纤构成调制区，当存在声波扰动时，经过调制区的光的性质(包括振幅、相位、波长等)发生变化，对变化之后的光进行解调，即可实现声发射信号的测量。根据调制方法，可以分为相位调制型光纤声发射传感器和波长调制型光纤声发射传感器等常见类型。相位调制型光纤声发射传感器利用测量光的相位信息的变化来实现信号的测量，但是光的相位一般不能够直接测量，需要引入光的干涉原理。现在已经有多种干涉方法应用到相位调制型光纤声发射传感器，如对低频信号敏感的迈克耳孙干涉仪、对高频信号敏感的萨尼亚克干涉仪、具有高信噪比的法布里-珀罗干涉仪等。波长调制型光纤声发射传感器主要是指近些年迅速发展的光纤光栅声发射传感器，其原理是利用光纤折射率的调制，形成光栅面，当满足布拉格条件时，特定波长的光将被光栅面返回而叠加成一个反射峰，反射峰的波长由光纤参数决定，在后期信号处理中，分析中心波长的变化，就可以推导出外界声发射信号的相关信息。光纤光栅声发射传感器是一种非接触式传感器，且具有更高的频率响应范围，最高可以达到吉赫兹量级。

典型的声发射信号如图 7-47 所示，表现为连续的脉冲串，且脉冲的幅值由于

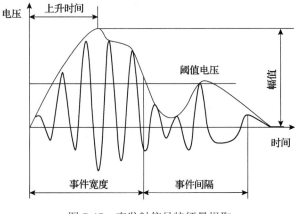

图 7-47 声发射信号特征量提取

衰减作用而逐渐减小。每一个脉冲称为一个振铃，脉冲峰值包络线所围起来的一个信号称为一个声发射事件。由于声发射信号较为复杂，除了采用幅值、信号宽度、上升时间等常规特征量来描述声发射信号，还引入如下特征量：

(1)事件计数。在事件持续时间内，对一个事件计一次数。事件计数还包括事件计数率和事件总计数两个量，事件计数率是指单位时间内的事件数目，事件总计数是指特定时间段内的事件总数。

(2)振铃计数。对一持续时间内超过阈值电压的振铃次数的计数。同样，振铃计数包括振铃计数率和振铃总计数，振铃计数率是指单位时间内的振铃数目，振铃总计数是指特定时间段内的振铃总数。

(3)幅度分布。幅度是指信号波形的最大振幅，幅度分布表征在不同的阈值条件下的事件数量的差异性。

(4)能量。瞬变信号在时间上的积分。具体的计算方法是将声发射信号的幅度进行平方，然后进行包络线检波，求出包络线检波后的包络线所围面积，可作为信号所包含的能量的量度。

(5)有效电压。特定时间范围内信号的均方根值。

(6)平均信号电平。特定时间范围内信号电平的均值。

根据图 7-47 所示声发射信号的特性，以上参数可以单独用于描述声发射源，也可以两两组合得到新的参数，例如，可以将振铃数与事件数相除，得到一个参数，称为振铃-事件比。此外，还有事件-幅度关联分析、能量-事件宽度关联分析等。

利用声发射信号对声发射源进行空间定位的原理如下：基于各个传感器之间的声发射信号传播的时差(相当于发射源到探测点的距离)，利用四个传感器位置点的坐标以及与声发射源的距离，联立方程组即可求得声发射源的空间坐标。因此，获得发射源与探测点之间的时差是准确定位的关键。突发型信号和连续型信号的时差获得方法有所不同。突发型信号类似脉冲信号，因此可以采用声发射特征参数(幅值位置等)进行时差测量；连续型信号常采用幅度衰减法或者互相关技术等实现声时差的测量。

为了进一步挖掘声发射波形信息并建立与声发射源的关联机制，将现代信号处理技术(包括谱分析、小波分析以及智能分析等)应用到声发射信号的分析。

(1)谱分析。谱分析最为经典的方法是傅里叶变化，将时域信号变换到频域进行分析。随着谱分析技术的发展，现代谱分析技术逐步形成了参数模型法和非参数模型法两大类。参数模型法包括自回归模型、滑动平均模型和自回归滑动平均模型等；非参数模型法包括最小方差法、迭代滤波法等。

(2)小波分析。小波分析是典型的时频分析方法，通过小波基函数将声发射信号进行时域分布展开，从而有效分析瞬态信号的时频特性。

(3)智能分析。智能分析包括模式识别、神经网络等技术，通过声发射信号的特征参数与声发射源类型、位置等目标识别参数的模型训练，从而实现其分类识别与准确定位。

声发射检测方法是一种被动式检测技术，只需要在特定位置布置一定数量的接收传感器，即可实现增材制造过程的声发射检测，因此声发射检测系统非常易于与增材制造系统集成。相关研究表面，声发射检测的缺陷灵敏度可达 10μm，远远高于常规超声、射线等无损检测方法的灵敏度。同时声发射检测的仪器设备具有数据处理速度快、价格便宜等优势。目前，声发射检测已被报道应用于 PBF 和 DED 增材制造的在线检测[31]。

### 7.4.2  基于光纤光栅的粉末床熔融在线检测

采用光纤光栅检测系统进行 PBF 的在线检测,系统集成示意图如图7-48所示。光纤光栅传感器直接与计算机相连接，用于采集和处理声发射数据。数据采集卡的最大采样频率为 10MHz，为了减少计算负载和适应动态范围，仅使用 1MHz 的采样频率。数据采集与激光打印同步，即只在激光打印过程中记录声发射信号，而在铺粉过程中停止记录声发射信号，这样可以避免刮刀等在铺粉过程中产生噪声，并且这种同步能够使每层打印层与声发射信号精确配置。为了评估声发射信号和噪声参数的可能变化,还采用一个采样频率为 1GHz 的示波器进行数据的记录。

光纤光栅传感器的集成非常简单，不需要对打印装备进行结构改造。光纤光栅传感器采用专用塑料支架固定，安装在机器工作室内的侧壁上，距离加工区约 20cm，用于检出腔体内空气中的声发射信号，如图 7-48(a)所示。光纤光栅传感器与数据采集系统的连接通过工作腔内部平台的光学反馈系统来实现。所采用的光纤光栅传感器在 1547nm 波长的反射率为 50%。读出系统包括一个可调谐激光

光纤光栅传感器

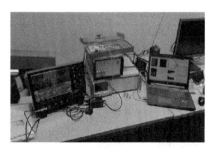

光纤光栅数据读出系统

(a)

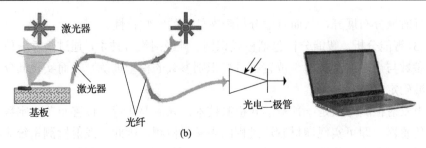

图 7-48　PBF 的声发射检测

源，输出光功率为 4mW，通过波长为 1546.8nm 的窄带连续光对光纤进行辐照，实现光纤光栅数据的读取，反射信号采用高速光电二极管进行数字化处理[32]。

　　光纤光栅传感器是一种干涉结构，印压在光纤芯内，具有独特的反射率光谱特性。在增材制造过程中产生的声波导致光纤芯周期性地扩展/压缩，从而导致光纤光栅结构的伸缩。这些瞬时变形会影响光纤光栅的反射率特性，从而影响即将到来的压力波的特性。这种行为导致反射光的强度变化，实现对光纤芯的瞬时变形状态的编码。光纤光栅传感器的线性响应频率为 0～60GHz(远大于压电传感器的响应频率(20kHz～1.2GHz))。光纤光栅传感器的灵敏度极高，甚至可以在亚纳秒的时间分辨率下检测环境的热波动(远超出压电传感器的灵敏度)。不仅如此，光纤光栅传感器还具备价格优势。

　　PBF 打印工艺所选择能量为 125W、扫描间距为 0.105mm、打印层厚为 0.03mm，选择三组扫描速度(800m/s、500m/s、300m/s)，通过显微分析发现，当扫描速度为 300m/s，也就是能量密度为 132J/mm$^3$ 时，打印件孔隙率为 0.3%，产生的匙孔尺寸为 30μm，记录为中等质量部件；当扫描速度为 500m/s，也就是能量密度为 79J/mm$^3$ 时，没有匙孔产生，打印件孔隙率最低，为 0.07%，记录为高质量部件；当扫描速度为 800m/s，也就是能量密度为 50J/mm$^3$ 时，产生了大量尺寸在 10～100μm 的未熔孔隙，孔隙率最大，为 1.42%，记录为低质量部件，如图 7-49 所示。

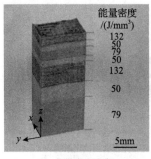

(a) 能量密度分布

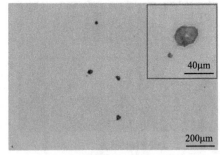

(b) 能量密度132J/mm$^3$

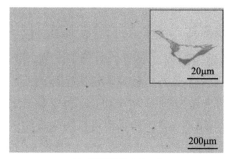
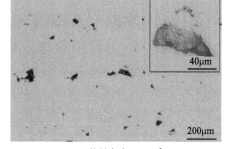

(c) 能量密度79J/mm³　　　　　　　　　(d) 能量密度50J/mm³

图 7-49　缺陷示意图

为了利用声发射信号识别不同工艺参数下的缺陷类型，对所采集的数据进行小波分析，并利用卷积神经网络进行模型训练。数据标签输入的是小波时频信号，采用小波时频分析时，运行窗口(run window，RW)的选择是分析与识别的关键，如图 7-50(a)虚线框所示，虚线框所对应的小波时频分析图如图 7-50(b)所示。RW 时间跨度的选择是缺陷检测空间分辨率与分类精度的折中。一方面，短时间运行的窗口提高了检测每个层中可能的缺陷区域的空间分辨率；另一方面，很短的时间跨度更容易受到噪声的影响，从而降低了分类精度。数据标签输出时，将打印件按照图 7-49 的缺陷严重程度划分为三个质量等级：高质量、中等质量和低质量。

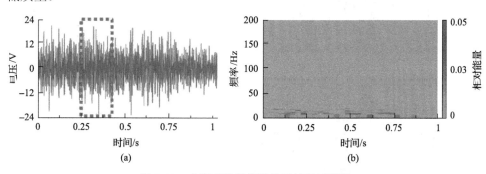

图 7-50　典型声发射信号的时域及时频图

利用卷积神经网络进行分类训练，最终得到的识别准确率为 83%～89%。高质量部件的声发射测试数据分类准确率最低，为 83%，故而错误率最高，误报为中等质量和低质量部件的分类误差基本相等，分别为 9%和 8%。相比之下，中等质量部件的分类准确率为 85%，误报为高质量部件和低质量部件的分类误差分别为 10%和 5%。低质量部件的分类准确率最高，为 89%，误报为中等质量部件和高质量部件的分类误差分别为 7%和 4%。

### 7.4.3 基于压电传感器的直接能量沉积在线检测

在 DED 装备的基板上面布置声发射传感器阵列，如图 7-51 所示，使用高温超声耦合剂将传感器紧贴在基板上，所选用传感器为接触式宽带压电传感器，信号处理系统的采样频率为 5MHz，数据采样的重复频率为 300Hz，每个数据记录的持续时间为 800μs（5MHz 采样频率下为 4096 个点）。传感器可以用来检测过程噪声、异常和缺陷[33]。

利用声发射探头采集信号检测五组打印状态或者过程：第一组是未打印状态，记录为 0，用于采集打印设备的原始声发射信号；第二组是送粉状态，记录为 1，用于采集粉末与基板碰撞及滑台运动的声发射信号，此过程激光器未开启；第三组是正常打印状态，记录为 2，粉末流动和激光功率都处于正常状态下，采集正常状态下的声发射信号；第四组是低功率打印状态，记录为 3，采集功率为 78%时的声发射信号；第五组是低粉末流速打印状态，记录为 4，采集粉末流速为 50%时的声发射信号。

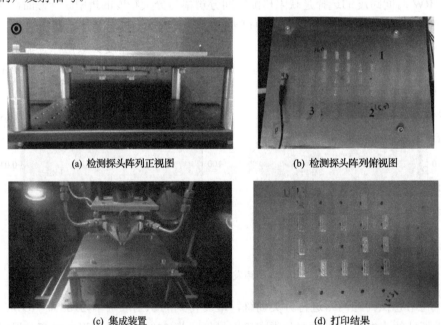

(a) 检测探头阵列正视图　　(b) 检测探头阵列俯视图

(c) 集成装置　　(d) 打印结果

图 7-51　DED 声发射在线检测方案

利用模糊聚类方法对 4 组传感器数据进行聚类分析。图 7-52 是不同低频数据记录的平均功率谱质心频率和振幅的聚类分析结果，可以看到，对于五种打印状态，未打印状态(0)的振幅最低；当开始送粉时，声发射振幅开始增加(1)；正常

打印状态下的振幅最大(2)；当激光加工功率降低(3)或者粉末流速降低(4)时，声
发射信号振幅又开始下降。结果表明，声发射检测可以有效地分组，且分组具有
良好的可重复性。

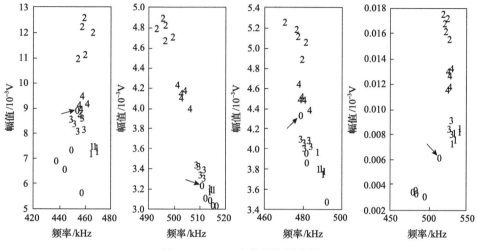

图 7-52　DED 声发射检测结果

## 参 考 文 献

[1] KNEZOVIĆ N, DOLŠAK B. In-process non-destructive ultrasonic testing application during wire plus arc additive manufacturing[J]. Advances in Production Engineering & Management, 2018, 13(2): 12-13.

[2] LOPEZ A, BACELAR R, PIRES I, et al. Mapping of non-destructive techniques for inspection of wire and arc additive manufacturing[C]. Proceedings of the 7th International Conference on Mechanics and Materials in Design, Albufeira, 2017: 1829-1841.

[3] LOPEZ A, BACELAR R, PIRES I, et al. Non-destructive testing application of radiography and ultrasound for wire and arc additive manufacturing[J]. Additive Manufacturing, 2018, 21: 298-306.

[4] RIEDER H, DILLHÖ FER A, SPIES M, et al. Ultrasonic online monitoring of additive manufacturing processes based on selective laser melting[EB/OL]. [2019-12-17]. https://aip.scitation.org/doi/abs/10.1063/ 1.4914609.

[5] NADIMPALLI V K, YANG L, NAGY P B. In-situ interfacial quality assessment of ultrasonic additive manufacturing components using ultrasonic NDE[J]. NDT & E International, 2018, 93: 117-130.

[6] 张俊. 超声声场计算与检测可靠性研究[D]. 武汉: 武汉大学, 2010.

[7] RIEDER H, SPIES M, BAMBERG J, et al. On- and offline ultrasonic characterization of components built by SLM additive manufacturing[J]. AIP Conference Proceedings, 2016, 1706(1): 130002.

[8] 田康. 水中仿生物组织激光超声检测及机理分析[D]. 南京: 南京理工大学, 2007.

[9] 沈中华, 袁玲, 张宏超, 等. 固体中的激光超声[M]. 北京: 人民邮电出版社, 2015.

[10] BOSSI R H, GEORGESON G E, GORDON C L, et al. Laser ultrasound array system: US009164066Bl[P/OL]. 2015-10-20.

[11] AN Y K, PARK B, SOHN H. Complete noncontact laser ultrasonic imaging for automated crack visualization in a plate[J]. Smart Materials and Structures, 2013, 22(2): 025022.

[12] MANZO A J, HELVAJIAN H. Utility of optical heterodyne displacement sensing and laser ultrasonics as in situ process control diagnostic for additive manufacturing[J]. Optical Engineering, 2018, 57(4): 1-12.

[13] CERNIGLIA D, SCAFIDI M, PANTANO A, et al. Inspection of additive-manufactured layered components[J]. Ultrasonics, 2015, 62: 292-298.

[14] MI B, UME C. Real-time weld penetration depth monitoring with laser ultrasonic sensing system[J]. Journal of Manufacturing Science and Engineering, 2005, 128(1): 280-286.

[15] 夏利利, 杨文革, 董正宏. 非接触超声检测技术在航天无损检测中的研究与应用[J]. 装备指挥技术学院学报, 2007, 18(4): 58-62.

[16] 周正干, 魏东, 向上. 线性调频脉冲压缩方法在空气耦合超声检测中的应用研究[J]. 机械工程学报, 2010, 46(18): 24-28, 35.

[17] 常俊杰, 超卢, 川嶋紘一郎. 非接触空气耦合超声波的材料无损评价与检测[J]. 浙江理工大学学报, 2015, 33(4): 532-536, 542.

[18] XIANG D D, GUPTA D A, YUM D H, et al. An air coupled ultrasonic array scanning system for in-situ monitoring and feedback control of additive manufacturing[EB/OL]. [2019-12-17]. https://www.netl.doe.gov/sites/default/files/netl-file/2018_Poster-08_SC0017805_X-Wave.pdf.

[19] LI Q, ZHANG X, WANG Y, et al. Characterization of materials fabricated by additive manufacturing method using line focused ultrasonic transducer[J]. International Mechanical Engineering Congress Exposition, 2016, 50633: V009T17A10.

[20] SLOTWINSKI J A, GARBOCZI E J. Porosity of additive manufacturing parts for process monitoring[J]. AIP Conference Proceedings, 2014, 1581: 1197.

[21] SHINBINE A, GARCIN T, SINCLAIR C. In-situ laser ultrasonic measurement of the hcp to BCC transformation in commercially pure titanium[J]. Materials Characterization, 2016, 117: 57-64.

[22] YE C, ZHOU Y, REDDY V V B, et al. Welding induced residual stress evaluation using laser-generated Rayleigh waves[J]. AIP Conference Proceedings, 2018, 1949(1): 180003.

[23] NADIMPALLI K, GU H, PAL D, et al. High frequency ultrasonic non destructive evaluation of additively manufactured components[C]. 24th International SFF Symposium - An Additive Manufacturing Conference, Austin, 2013: 311-325.

[24] 李雄兵, 宋永锋, 胡宏伟, 等. 基于衰减速率的晶粒尺寸超声评价方法[J]. 机械工程学报, 2015, 51(14): 1-7.

[25] 殷安民. 超低碳钢微观组织在线检测技术应用基础研究[D]. 北京: 北京科技大学, 2015.

[26] 宋永锋, 李雄兵, 吴海平, 等. In718晶粒尺寸对超声背散射信号的影响及其无损评价方法[J]. 金属学报, 2016, 52(3): 378-384.

[27] Anon. Laser ultrasonic characterization of porosity in additive manufactured metal alloy systems[EB/OL]. [2019-12-17]. https://niu.edu/ceet/departments/mechanical-engineering/msam/ultra-nu-balogun.pdf.

[28] 张剑锋, 轩福贞, 项延训. 材料损伤的非线性超声评价研究进展[J]. 科学通报, 2016, 61(14): 1536-1550.

[29] 焦敬品, 孙俊俊, 吴斌, 等. 结构微裂纹混频非线性超声检测方法研究[J]. 声学学报, 2013, 38(6): 648-656.

[30] PREVOROVSKY Z, KROFTA J, KOBER J. NDT in additive manufacturing of metals[C]. 9th International Workshop NDT in Progress, Praha, 2018: 75-84.

[31] LU Q Y, WONG C H. Additive manufacturing process monitoring and control by non-destructive testing techniques: challenges and in-process monitoring[J]. Virtual and Physical Prototyping, 2018, 13 (2): 39-48.

[32] SHEVCHIK S A, KENEL C, LEINENBACH C, et al. Acoustic emission for in situ quality monitoring in additive manufacturing using spectral convolutional neural networks[J]. Additive Manufacturing, 2018, 21: 598-604.

[33] KOESTER L W, TAHERI H, BIGELOW T A, et al. In-situ acoustic signature monitoring in additive manufacturing processes[J]. AIP Conference Proceedings, 2018, 1949 (1): 020006.

# 第8章　金属增材制造的射线检测

射线检测是一种检出工件内部缺陷的有效方法。广义的射线检测包括传统胶片照相法、计算机照相法(computed radiography，CR)、数字射线成像法(digital radiography，DR)、射线层析成像(computerized tomography，CT)、X 射线背散射成像(X-ray backscatter imaging)等，这些方法均为基于射线衰减机制的探伤技术。对于金属增材制造而言，射线检测的应用主要包括两大类：一类是基于 CT 技术的增材制件离线检测，可以用于打印件的孔隙率及孔隙分布检测，以及几何尺寸、密度、表面粗糙度、粉末缺陷等测量；另一类是基于射线实时成像的金属增材制造过程的在线监测，主要基于原位同步辐射来监测粉末熔化、熔池熔覆、冷却等过程，并结合射线衍射像等进行加工机理研究。本章将重点介绍射线检测的原理、装备和方法及在金属增材制造中的具体应用。

## 8.1　增材制造的射线检测基础与特点

### 8.1.1　射线的衰减机制

射线检测常用射线包括 X 射线和 $\gamma$ 射线。设射线的初始强度为 $I_0$，在经过厚度为 $T$ 的物质后，在入射方向会出现强度减小的现象，叫作射线的衰减，衰减之后的强度 $I_T$ 如下：

$$I_T = I_0 e^{-\mu T} \tag{8-1}$$

式中，$\mu$ 为射线的衰减系数。

由于射线与物质的相互作用过程实际上是一个复杂的过程，衰减系数由各类物理作用过程决定。根据入射射线能量及物质原子序数等差异性，主要有四种作用过程：光电效应、康普顿效应、电子对效应和瑞利散射效应，各种效应发生的概率与材料原子序数和光子能量有关，如图 8-1 所示。

(1)光电效应。光子能够撞击物质中原子轨道上的电子，若撞击时电子吸收光子的全部能量，脱离原子束缚成为自由电子，该过程称为光电效应。原子吸收光子全部的能量之后，一部分能量把电子从原子中逐出去，剩余的能量则作为电子的动能被带走，于是该电子可能又在物质中引起新的电离。光电效应发生的概率与光子能量和原子序数相关，随着光子能量的增加而减小，随着原子序数的增大而增大[1]。当光子能量低于 1MeV 时，光电效应是极为重要的过程；在铅(Z=82)

中产生光电效应的程度比在铜(Z=29)中大得多。

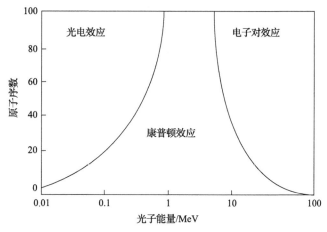

图 8-1　射线与物质相互作用机制

(2)康普顿效应。光子与电子发生非弹性碰撞。一个光子撞击一个电子时只释放出它的一部分能量,结果使光子能量减弱并在和射线初始方向成 $\theta$ 角的方向上散射,而电子则在和初始方向成 $\varphi$ 角的方向上散射。这一过程同样服从能量守恒定律,即电子所具有的动能为入射光子和散射光子的能量之差。康普顿效应发生的概率与射线能量成反比,与原子序数成正比。在绝大多数的轻金属中,光子能量为 0.2~3MeV 时,康普顿效应是极为重要的效应。康普顿效应随着光子能量的增加而减小,在中等原子序数的物质中,射线的作用主要是康普顿效应。

(3)电子对效应。一个具有足够能量的光子与原子核作用,释放出它的全部动能而形成具有同样能量的一个负电子和一个正电子,这样的过程称为电子对的产生。产生电子对所需的最小能量为 0.51MeV,所以光子能量必须大于等于1.02MeV。

(4)瑞利散射效应。入射光子与原子束缚牢固的内层轨道电子作用时,一个束缚电子吸收了光子全部的能量跃迁到更高能级,随即又放出一个能量约等于入射光子能量的光子,所释放光子的能量几乎没有损失,但是两个光子的辐射方向是不同的。瑞利散射的概率与物质的原子序数及入射光子的能量有关,大致与物质的原子序数的平方成正比,随入射光子的能量增大而急剧减小,当入射光子能量为 200keV 以下时,瑞利散射的影响不可忽略[1]。

### 8.1.2　射线成像的物理模型

由于物体中存在缺陷的部位对射线的吸收与其他均匀部分不同,经射线投照以后,在物体后出射的射线的强度将产生不同的分布,也就是这种出射方向上的射线强度差异可以反映被检物体的内部缺陷。这就是射线检测的基本原理。根据射线成像算法的差异性，可以将物理模型分为均匀介质和非均匀介质两种。

### 1. 均匀介质模型

主要适用于传统射线照相法，如胶片和 DR 法等。如图 8-2 所示，假设被测工件 $d$ 是均匀材质，衰减系数为 $\mu$，在工件内部存在气隙缺陷 $B$，缺陷厚度为 $x$，在工件表面存在不规则凸起 $A$，凸起高度为 $h$。位置 $A$ 和 $B$，以及完好区域的射线强度分别为

$$I_A = I_0 \mathrm{e}^{-\mu(d+h)}$$

$$I_B = I_0 \mathrm{e}^{-\mu(d-x)}$$

$$I = I_0 \mathrm{e}^{-\mu d} \tag{8-2}$$

位置 $A$ 由于存在凸起，射线衰减量增大；位置 $B$ 由于存在气体，射线衰减量减小，利用射线接收装置(胶片或者成像板)对射线强度进行接收成像，通过图像的明暗程度即可判定缺陷。

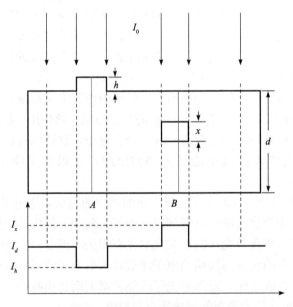

图 8-2　射线检测的基本原理

均匀的射线在照射被检物体时，射线能量的衰减程度与射线的能量、被穿透物体的厚度、质量和密度都有关系。在厚度相同时，衰减程度与密度相关；对均匀物体，衰减程度只是和厚度有关。如果缺陷的特性和物体的特性相似，则很难检测出缺陷。

2. 非均匀介质模型

主要适用于 CT 成像。如图 8-3 所示，非均匀性工件主要是指物体内部各处衰减系数不同的材料，根据微积分思想，将物体按照衰减系统分割成小单元，如果单元尺寸足够小，则可以看作一个单元均匀体，具有衰减系数 $\mu_i$，对每一个单元体，则可以用均匀性介质的衰减方程(8-2)来描述，当射线连续穿过 $N$ 个单元之后，射线强度可以用式(8-3)来描述：

$$I = I_0 e^{-\mu_1 \Delta x} e^{-\mu_2 \Delta x} e^{-\mu_3 \Delta x} \cdots e^{-\mu_N \Delta x} = I_0 e^{-\sum_{i=1}^{N} \mu_i \Delta x} \tag{8-3}$$

如果对强度取对数并写成积分形式，则得到衰减量投影 $p$ 的表达式为

$$p = -\ln\left(\frac{I}{I_0}\right) = \ln\left(\frac{I_0}{I}\right) = \int_L \mu_i \mathrm{d}x \tag{8-4}$$

式中，$L$ 为沿着射线传播方向的直线。

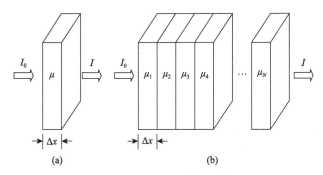

图 8-3 CT 成像的基本原理

非均匀介质模型表明，对于工件的某一断层截面，其入射横断面的射线衰减由各个区域的衰减级联组成。根据多个角度的衰减值，按照一定的图像重构算法，计算出各个区域的衰减系数，从而实现非均匀介质界面的二维图像重构，这就是 CT 成像的基本原理。

### 8.1.3 CT 图像的重建算法

根据前述非均匀介质模型，图像重建算法是实现 CT 成像的重要环节。目前已经形成众多成熟的图像重建算法，主要分为两类：第一类是迭代重建法，该方法假设断层截面由一个未知的衰减系数矩阵组成，通过测量投影数据建立一组未知向量的代数方程，求方程组的解即可反推图像向量。迭代重建法由于计算代价大、普适性较差，仅在少数场合应用。第二类是解析重建法，包括滤波反投影法、

直接傅里叶变换重建法等。其中滤波反投影法是目前 CT 设备使用最为广泛的一种算法，具有成像速度快、图像质量高等优势。根据 CT 产品的扫描方式，CT 的发展经历了平行束扫描、扇形束扫描、锥束扫描等阶段，并开发出相应的滤波反投影法。

滤波反投影法源于反投影法。反投影法的核心是：断层图像中任意一点的衰减系数可看作这一平面内所有经过该点射线反投影之和(或平均值)。因而，整幅重建图像可看作所有入射方向的反投影累加而成[2]。反投影法的步骤包括取投影、反投影计算、图像重建等，是各种重建算法的基础。滤波反投影法实质上就是在反投影计算之前，增加滤波处理，从而消除伪像的方法。

平行束滤波反投影法主要通过转换极坐标中的傅里叶逆变换和重新确定积分限来实现。基本原理是：在某一投影角下取得原始数据之后，将原始数据与优化的滤波函数通过卷积运算实现滤波处理；再将修正后的投影数据作反投影运算，即按照原路径平均分配到每一个单元，叠加后得到密度函数。该算法中需要解决的核心问题是如何通过滤波器的优化设计和投影函数修正，使其在作反投影后能够保证图像边缘清晰、内部均匀。

扇形束滤波反投影法是平行束滤波反投影法的扩展。扇形束滤波反投影法是基于单射线源多探测器的扫描方法，降低了机械扫描与数据采集的复杂度。扇形束滤波反投影法分为重排算法和非重排算法。重排算法首先将采集的投影数据重排为平行束，然后利用平行束重建算法进行重建。根据探测器结构，扇形束滤波反投影法分为等角扇形束滤波反投影法和等距扇形束滤波反投影法。两种几何结构下的重建公式都可以通过几何关系从平行束重建公式中推导出来。

锥束滤波反投影法因具有射线利用率高、扫描周期短等优点被广泛地应用到 CT 装备。锥束圆轨迹(Feldkamp Davis Kress，FDK)重建算法是专门用来解决锥束 CT 成像问题的成像算法，可以将其视为二维扇束 CT 在三维空间上的推广，将锥束射线视为与 z 轴方向夹角不同的共锥顶扇束射线集合。那么锥束投影几何非中心平面的投影数据都可近似地看成通过中心平面的扇形束以射线源点为支点倾斜一个角度而得到，再进行一定的几何修正，最后通过扇形束滤波反投影法完成扫描物体的三维图像重建[2]。

### 8.1.4　射线检测装备

本节介绍射线检测所需要的基本装备，包括射线源和射线接收器，根据金属增材制造的实际应用需求，还将介绍 CT 系统和 X 射线高速成像系统两种射线装备。

1. 射线源

射线检测常用的射线包括 X 射线和 γ 射线，其中 X 射线由 X 射线管或者加速器产生，在实际使用过程更容易实现射线参数的调节，因此金属增材制造多采用 X 射线进行检测。

1）热阴极 X 射线机

热阴极 X 射线管是热阴极 X 射线机的核心部件，由阴极灯丝、阳极靶和真空管构成，如图 8-4 所示。X 射线产生的基本条件如下：第一，产生自由电子的电子源，加热钨丝发射热电子；第二，设置自由电子撞击的靶子，如阳极靶，用以产生 X 射线；第三，施加在阴极和阳极间的高电压，用以加速自由电子朝阳极靶方向加速运动，如高压发生器；第四，将阴阳极封闭于小于 $133.3\times10^{-6}$Pa 的高真空中，保持两极纯洁，促使加速电子无阻挡地撞击到阳极靶上。热阴极 X 射线管是产生 X 射线的源泉，高压发生器及其附加设备给热阴极 X 射线管提供稳定的光源，并可根据需要灵活调整管电压和管电流等参数。

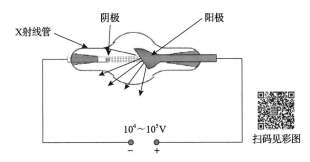

图 8-4　热阴极 X 射线管的内部结构

热阴极 X 射线管的主要参数包括管电压、管电流、阳极原子序数和焦点尺寸。管电压越高，所产生的 X 射线能量和强度越大，X 射线的转换效率越高，一般热阴极 X 射线机的管电压调节范围为几十电子伏特至 450keV；管电流与管电压可以独立调节，管电流越大，表明轰击阳极靶的电子数越多，产生的 X 射线强度越大；阳极材料的原子序数越高，韧致辐射作用越强，产生的射线强度越高，所以阳极材料一般选用钨材；焦点尺寸影响 X 射线成像的几何不清晰度，热阴极 X 射线管的焦点尺寸为亚微米到毫米量级。

小焦点和微焦点热阴极 X 射线管在使用过程中产生的热量一般都低于大焦点热阴极 X 射线管，因为在 X 射线形成过程中，仅有小部分能量转换为 X 射线，大部分能量都转换成了热。焦点尺寸越小，阳极靶上局部功率密度越大，局部温度也越高，散热会出现问题。热阴极 X 射线管所产生的 X 射线为连续谱，在穿透被检材料之后会存在线质变硬的现象，导致各种与硬化相关的伪像。

2）冷阴极 X 射线机

高分辨成像的场合要求 X 射线管具有非常小的焦点尺寸，如微焦点 CT 系统。由于热阴极 X 射线管的绝大部分电子能量都转换为热量的形式，如果焦点尺寸太小，散热将是一个问题，通常需要额外设计特殊结构，具有成本高、寿命短等缺点。

冷阴极 X 射线管具有结构紧凑、室温发射、脉冲发射、高电流密度、较高的空间和时间分辨率等优势，而成为替代微焦点热阴极 X 射线管的新一代 X 射线管。主流的冷阴极材料是以金刚石、类金刚石、碳纳米管和碳纤维为代表的新型材料。其中碳纳米管冷阴极拥有开启电压低、电子发射角度小、电子能量散射小、发射电流稳定和发射电流密度高的特点，成为目前最受关注的冷阴极材料。碳纳米管的场致发射机理主要基于局域电场增强机制和金属场发射理论，通过施加外加电场来降低材料表面势垒高度，减少表面势垒宽度，令束缚在材料表面的电子能够以隧穿方式发射。

冷阴极 X 射线管的结构如图 8-5 所示，阴极电子源由碳纳米管等材料制作，阴极尺寸影响电子束聚焦。栅极又称调制极，通过在栅极上施加电压，从而在阴极与栅极之间形成强电场，降低碳纳米管阴极的表面势垒实现电子的场致发射，通过调节栅极电压，可实现对碳纳米管场发射电流的控制[3]。聚焦极的主要作用是通过透镜等方式将发射的发散电子束汇聚于阳极。冷阴极 X 射线管阳极靶同热阴极 X 射线管一样，采用具有高原子序数的钨或者钨合金制作，并配备散射性能良好的铜。

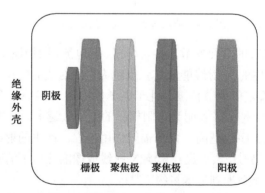

图 8-5　冷阴极 X 射线管的内部结构

3）电子加速器

高能 X 射线、同步辐射 X 射线等均采用电子加速器实现 X 射线的发射。电子加速器主要分为回旋加速器和直线加速器两种。

回旋加速器是利用带电粒子在电场中被加速、在匀强磁场中做匀速圆周运动的半径不断变大，而周期不变的特点，使粒子在磁场中每转半周即能在电场中加速，从而使粒子获得高速的装置。回旋加速器采用变压器的磁感效应使电子加速。

变压器的一次绕组与交流电源连接，使铁心上的二次绕组产生的电压等于二次绕组的匝数与磁通量的时间变化速率的乘积，产生的电子由存在于导线中的自由电子构成。二次绕组是一个瓷制环形真空管，位于产生脉冲磁场的电磁体的两极之间，射入管中的电子由于磁场作用将在环形通道中加速，作用在粒子上的力与磁通量变化速率和磁场强度成正比。被加速的电子在撞击靶之前要环绕轨道旋转几十万圈，以获得足够的能量。回旋加速器的焦点很小，照相几何不清晰度小，可获得高灵敏度的照片，但设备复杂、造价高、体积大、射线强度低，这影响了它的应用。

直线加速器是采用沿直线轨道分布的高频电场加速电子、质子和重离子的装置。通常用高功率的高频或微波功率源来激励加速腔。直线加速器的加速电场有行波和驻波两类。由于电子即使在低能时也接近光速，大部分直线加速器采用行波加速方式。直线加速器的主体是由一系列空腔构成的加速管，空腔两端有孔，可以使电子通过，电子从一个空腔进入下一个空腔，电子被加速一次。直线加速器使用射频(radio frequency，RF)电磁场加速电子，利用磁控管产生自激振荡发射微波，通过波导管把微波输入加速管内。加速管空腔被设计成谐振腔，由电子枪发射的电子在适当的时候射入空腔，穿过谐振腔的电子正好在适当的时刻到达磁场中某一加速点被加速，从而增加了能量，被加速的电子从前一腔出来后进入下一个空腔被继续加速，直到获得很高的能量。电子到达靶时的速度可达光速的99%(亚光速)，高速电子撞击靶产生高能 X 射线[4]。目前用于射线检测的直线加速器有行波加速器和驻波加速器。与回旋加速器相比，直线加速器焦点稍大，但其体积小、电子束流大、产生的 X 射线强度大，更适合用于工业射线检测。

**2. 射线接收器**

DR、CT 等成像技术采用面阵的辐射探测器，主要包括平板探测器、图像增强器和半导体芯片。

1)半导体芯片

半导体芯片包括 CCD 和 CMOS，具有最小的像素和最大的探测单元数，像素可小到 10μm 左右，探测单元数取决于硅单晶的最大尺寸，一般直径在 50mm以上。探测单元很小，信号幅度也很小，为了增大信号可以将若干探测单元合并[5]。CCD 对 X 射线不敏感，表面还要覆盖一层闪烁体将 X 射线转换成 CCD 敏感的可见光。在使用过程中还要使半导体器件远离 X 射线束的直接辐照，避免辐照损伤。

CCD 或 CMOS 辐射探测器的基本结构为三部分。第一部分为闪烁体，用于将辐射转换为光信号；第二部分为 CCD 或 CMOS 感光成像器件，将光信号转换为电信号；第三部分为后续电路，测量电信号，实现对辐射的探测。可见，实现辐射探测转换的是闪烁体，CCD 或 CMOS 实现的是对光信号的转换和探测。

CCD 是将可见光转换为数字信号的器件。CCD 的基本结构是密排的 MOS 二极管阵列，即 MOS 电容，MOS 电容的基本结构见图 8-6。在光照条件下，MOS 电容衬底发生电子跃迁，形成电子-空穴对。在外加电场作用下，电子和空穴分别向两极运动，形成电子电荷，即光生电荷。光生电荷存储在 MOS 电容的每个单元中。光生电荷的数量取决于射线能量和光子的数量，即每个 MOS 电容单元的电荷与图像的亮度对应。按一定相位顺序加上时钟脉冲时，在序列脉冲驱动下，光生电荷(信息电荷)将按规定方向沿衬底表面转移，形成图像视频信号[6]。

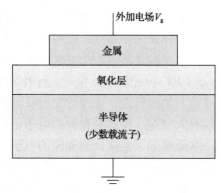

图 8-6　MOS 电容基本结构

CMOS 的感光元可为光电二极管或 MOS 单元。CMOS 在光电信号产生上与 CCD 相同，但在构造和信号读取上不同于 CCD。CMOS 的各像素单元本身具有放大电路功能，产生的信号电荷在经过放大后传输到输出电路，使信号在传输路径中不易受到噪声影响。

2) 平板探测器

平板探测器通常用表面覆盖数百微米的闪烁晶体(如 CsI)的非晶硅或非晶硒做成。像素为 127μm 或 200μm，平板尺寸最大为 45cm。读出速度为 3~7.5fps。平板探测器的优点是使用比较简单，没有图像扭曲，图像质量接近胶片照相，基本可以作为图像增强器的升级换代产品。平板探测器的主要缺点是表面覆盖的闪烁晶体不能太厚，对高能 X 射线探测效率低；难以解决散射和窜扰问题，使动态范围减小。在较高能量应用时，必须对电子电路进行射线屏蔽。

非晶硅辐射探测器结构示意图如图 8-7 所示。非晶硅辐射探测器由闪烁体、非晶硅层(光电二极管阵列)、薄膜晶体管(thin film transistor，TFT)阵列构成。闪烁体将辐射转换为可见光，非晶硅层将光转换为电信号，TFT 阵列作为开关实现信号的读出，供给后续测量、数模转换和成像。因此，非晶硅辐射探测器的射线探测需要经过两个过程，它是一种间接转换的探测器。

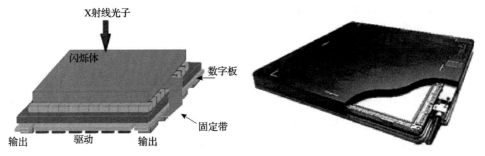

图 8-7　非晶硅辐射探测器的基本结构

光电二极管是一类光探测器件。光电二极管的基本结构是 PN 结，其基于光伏效应探测光信号。在半导体界面存在空间电荷区，它建立了很强的自建电场。光照时产生的电子-空穴对在自建电场的作用下运动，形成光生电流。光生电流仅取决于光照度。在很宽的光照范围内，光电二极管可以产生与入射光强度成正比的光生电流，即可以把光信号转变成电信号，实现对光信号的探测。

TFT 阵列的基本结构是在玻璃基板上制作半导体膜层，然后将膜层加工成大规模半导体集成电路。TFT 单元实际是一个由源极、漏极、栅极组成的三端器件，利用栅极电压控制源极与漏极间的电流。在非晶硅辐射探测器中，TFT 单元与电容器组成探测单元，储存电荷与入射辐射对应。在读出数据时，TFT 作为开关控制电信号传送[6]。

非晶硒辐射探测器是一种直接转换的探测器，其基本组成部分是非晶硒(作为光电材料)和 TFT 阵列。图 8-8 是非晶硒辐射探测器的结构示意图。

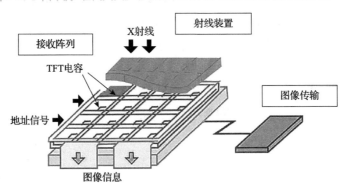

图 8-8　非晶硒辐射探测器的内部结构

当射线照射到非晶硒时，将产生电子-空穴对，在外加偏压作用下，产生的电子-空穴对向相反方向移动，形成电流。电流在 TFT 电容上积聚，形成储存电荷。

每个 TFT 单元上的储存电荷正比于射线的照射量。TFT 实际起到像元开关的作用。读出时，施加电压信号，开关打开，从辐射转换出的储存电荷沿数据线流出，经放大、数字化，完成数字图像信息储存与处理。每个 TFT 单元成为采集信息的最小单元，即像素[6]。

3) 图像增强器

图像增强器是一种可以给出射线检测模拟图像的装置，其结构主要包括转换屏、聚焦电极和显像屏。当射线进入图像增强器时，首先由转换屏上的闪烁体将其转换可见光；然后聚焦电极的阴极吸收可见光从而发射电子，电子在聚焦电极的高压下加速和聚集，以高速撞击显像屏；最后显像屏上的荧光物质再将电子转换为可见光，从而形成模拟图像。由于形成的是模拟图像，图像增强器具有读出速度快、可以实时在线成像等优点，但是由于固有噪声大，导致成像质量差、灵敏度低等问题。同时，由于在使用过程中，图像增强器的真空度会逐步下降，电子聚焦和加速受阻，会导致灵敏度逐步降低。图像增强器外接透镜等光学耦合器件、摄像系统和模数转换器，可以将模拟图像转换为数字图像[6]。

3. CT 系统

CT 技术通过射线束穿透物体时，在该物体内发生衰减现象，通过对衰减系数进行相应的数学计算和处理后，对其进行重建，从而得到该物体的断层图像。断层图像可以直观、准确地反映物体的内部结构和缺陷分布情况，并且不受物体材质和形状等客观因素的影响。

CT 系统主要由机械扫描机构、射线源、探测器、数据采集系统、图像处理软件等组成，其中，射线源、样品及探测器的布局如图 8-9 所示。CT 检测的基本流程如下：首先，设置射线源的相应电压电流参数，使射线源发出相应能量的射线，射线穿过待测工件发生衰减，探测器探测到衰减后的射线，根据其不同强度转化为相应的电信号进行处理，经数据采集系统的模数转换器转换为数字形式的投影

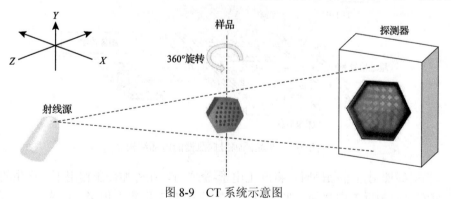

图 8-9　CT 系统示意图

值，并传送给计算机，由计算机存储起来；其次，控制机械扫描机构平移、转动，从而获得足够多的投影值，计算机系统根据不同的采集模式采用相应的图像重建算法重建断层图像，根据所得图片的具体情况进行相应的图像处理；最后，对断层图像进行分析量化，得出被检测工件的内部缺陷情况，并把重建的断层图像存储归档[1]。

CT 系统种类多样，当所选择的探测器(位深、像素、灵敏度)、X 射线源(最大电压、亮度、稳定性、最小光斑尺寸)以及平移和旋转硬件(稳定性、准确性)不同时，CT 系统存在较大的差异性，其应用可以覆盖小尺寸部件高精度成像，也可以覆盖数米长大工件成像。CT 射线源可以选择传统的 X 射线机，也可以选择同步辐射装置，根据焦点尺寸的差异性，可以分为工业 CT、微焦点 CT 和纳米 CT。一般微焦点 CT 可以达到 5μm 的分辨率，纳米 CT 的分辨率达到 500nm。

CT 系统的图像重建算法在前面已经详细介绍。为了实现高效率的分析，很多 CT 图像重建算法都已经固化到 CT 图像处理与分析专用软件中，如 VGStudio Max 和 FEI Avizo。由于体素分析的计算量较大，对计算机终端要求较高。

同步辐射可以得到包含各种光谱成分的白光，也可以通过单色器得到几乎单色的高强度 X 射线，所以可作为具有高分辨率和高扫描速率 CT 系统的射线源。但是由于射线能量仅为几十千电子伏特，实际只能用于检测 1～2mm 厚的小样品，所以更多适用于一些研究场合。

描述 CT 系统性能的主要参数包括空间分辨率、时间分辨率。

4. X 射线高速成像系统

X 射线高速成像系统主要用于对材料加工过程的原位实时观测。对于金属增材制造来说，X 射线高速成像系统一般采用同步辐射光源，通过观测粉末熔覆过程，揭示移动熔池熔化与凝固相关机理。X 射线高速成像系统结构如图 8-10 所示，

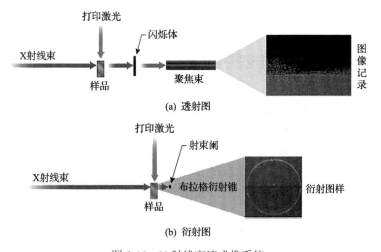

(a) 透射图

(b) 衍射图

图 8-10　X 射线高速成像系统

由同步辐射光源发出的光经过插入件调制，得到成像所需要的波长 X 射线，X 射线穿过打印样品之后，入射到闪烁体从而转化为可见光，由高速相机接收并成像。

1) 同步辐射光源

同步辐射是指带电粒子在电磁场的作用下沿弯转轨道以接近光速运动时发出的电磁辐射。该辐射首次在一台电子同步加速器上发现，所以命名为同步辐射。同步辐射光源以其具备覆盖从远红外光到 X 射线范围内的连续光谱、高强度、高度准直、特性可精确控制等优势而广泛应用到科学前沿研究中。

同步辐射的主要设备包括储存环、光束线和实验站。储存环通过使高能电子在其中持续运转而产生同步辐射光源。该装置由一系列使电子做圆周轨道运动的二极磁铁、使电子束聚焦的四极磁铁、直线节和补充能量的高频腔组成，可以把电子束(或正电子束)储存在环内长时期运行，于是在每一个弯转磁铁处都会产生同步辐射[7]。光束线利用各种光学元件将同步辐射引出到实验站，并调制成所需的状态，如单色、聚焦等。实验站则是开展各种同步辐射实验的场所。

2) 插入件

第三代同步辐射光源是目前的主流，其主要特点是高亮度、偏振及相干性。这些特点都是通过插入件实现的，因此各种插入件的大量应用是第三代同步辐射光源的典型特征。

插入件的基本结构是在局部区域建立正负相间的周期性磁场。常用的插入件包括扭摆器(wiggler)和波荡器(undulator)。扭摆器具有磁场强、电子轨道扭曲大、曲率半径小等特点，因此一般用来提高同步辐射光子的能量；波荡器由偶极磁铁的周期性结构组成，这些可以是永磁体或超导磁体。静磁场沿着波荡器的长度以波长交替，穿过周期性磁体结构的电子被迫经历振荡并因此辐射能量。波荡器中产生的辐射非常强烈，并且集中在光谱的窄能带中。这种辐射通过光束线引导，用于各种科学领域的实验。美国阿贡国家实验室利用波荡器产生 24.4keV 的准单色 X 射线，用于实时在线监测 SLM 熔池。

3) 闪烁体探测器

闪烁体探测器的作用是将 X 射线转换为可见光，从而有利于采用高速相机进行观察。闪烁体探测器由闪烁晶体、光电倍增管或者光电二极管构成，其工作原理如下：X 射线在闪烁体内损耗并沉积能量，引起闪烁体中原子(或离子、分子)的电离激发，之后受激粒子退激放出波长接近可见光的闪烁光子。闪烁光子通过光导射入光电倍增管的光阴极并通过光电效应以光电子重新发射，倍增之后产生一个电脉冲信号[8]。

闪烁体按其化学性质可分为无机晶体闪烁体和有机闪烁体。无机晶体闪烁体的代表有镥铝石榴石(LuAG:Ce)和铊掺杂碘化钠(NaI(Tl))。LuAG:Ce 的光输出达到 25000Ph/MeV(Ph 指光子数)，并具有高的密度($\rho$=6.67g/cm$^3$)和大的有效原子序数($Z_{eff}$=63)，使其吸收射线的能力强，有利于缩小探测器的体积和降低其造价。NaI(Tl)晶体的密度较大($\rho$=3.67g/cm$^3$)，而且高原子序数的碘占重量的 85%，所以对射线的探测效率特别高，同时相对发光效率大；它的发射光谱最强波长为 415nm 左右，能与光电倍增管的光谱响应较好匹配。此外，NaI(Tl)晶体的透明性也很好，测量射线时能量分辨率也是闪烁体中较好的一种。

## 8.2　增材制造部件的工业 CT 检测

CT 技术是一种广泛应用于工业零部件内部缺陷检测和尺寸测量的有效方法。目前工业 CT 在金属增材制造中的应用以微焦点 CT 为主，用于离线测量金属粉末及增材制造部件的内部孔隙尺寸、数量及分布；此外，鉴于微焦点 CT 具有高空间分辨率、三维成像等特点，还可以用于增材制造部件的密度测量、尺寸校验、变形测量、表面粗糙度测量等[9]。鉴于增材制造部件通常具有几何结构比较复杂、内部缺陷尺寸小等特点，还讨论了工业 CT 的检测能力。

### 8.2.1　体积型缺陷的 CT 检测

气孔和夹杂是金属增材制造常见缺陷，它们将对打印件的力学性能造成不利影响。气孔的形成取决于熔池动力学过程，而这一物理过程又取决于不同的工艺参数和粉末参数。根据气孔形成的机理，可以分为匙孔、未熔合型气孔、粉末自带气孔等。

#### 1. 匙孔的 CT 检测

当激光输入能量过高时，金属熔化深度大、蒸发严重，蒸发空腔坍塌而形成孔隙。匙孔形状不规则，尺寸较大(达 100μm)。图 8-11 为 PBF 打印 316L 不锈钢试样，所用激光功率为 137W、扫描速度为 188mm/s，扫描间距为 52μm。试样尺寸在打印完成之后加工成 1.3mm×1.3mm×10mm，其中 10mm 为沿深度方向的尺寸。所用 CT 设备的射线源为同步辐射光源，所得三维图像的有效体素为 1.3μm×1.3μm×1.3μm。

图 8-11(a)是利用三维成像软件得到的匙孔的三维分布，图 8-11(b)是沿激光轨迹在样品不同位置取的三个截面的二维断层图，每个截面都有不同的孔隙分布，图 8-11(c)为试样表面的三维效果图。如图 8-11(a)～(c)所示，在激光束的作用下，蒸发孔洞的不完全坍缩留下了匙孔，这些大孔隙是样品整体孔隙率产生的主要原因。图 8-11(d)为用于验证存在匙孔的样品剖面的金相图[10]。

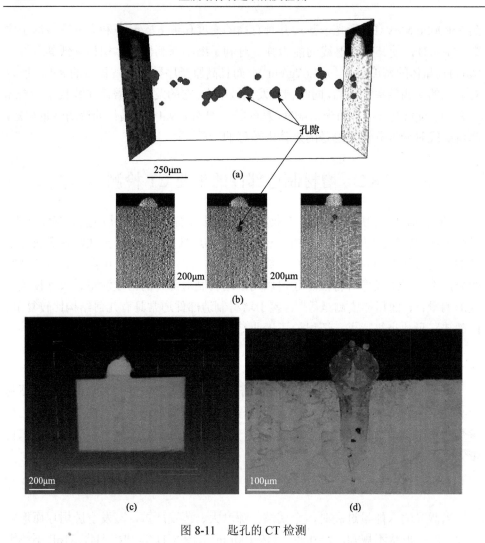

图 8-11　匙孔的 CT 检测

## 2. 未熔合型气孔的 CT 检测

未熔合型气孔通常形状不规则,内部具有未熔合或者部分未烧结的粉末颗粒。与匙孔的形成机理不同,影响未熔合形成的主要工艺参数是能量密度:

$$E = \frac{P}{vht} \tag{8-5}$$

式中,$P$ 为打印所用热源的功率;$v$ 为扫描速度;$h$ 为扫描间距;$t$ 为层厚。以 SLM 增材制造为例,当打印激光的功率偏小时,会直接导致粉末熔化不完整而出现未熔合;当扫描速度过快时,会导致连续熔池重叠度不够而产生沿着熔覆线的未熔合；当扫描间距过大时，会因为焊道之间的重叠度不够而产生与焊道平行的未熔合；当层厚过大时，会由于层间连续熔池的重叠度不够而产生层间未熔合。

图 8-12 是不同扫描速度和扫描间距下得到的钴铬合金样品的 CT 检测结果。所用微焦点 CT 系统的管电压调节范围为 30~160kV，CCD 成像板的像素尺寸为 13.5μm，像素为 2048×2048，通过几何放大和图像处理得到三维成像的体素为 2.5μm 和 0.87μm 两个等级。可以看到，不同加工参数的零件孔结构存在较大差异。根据式(8-5)计算得到的能量密度如表 8-1 所示。从表中可以看到，当能量密度相当时，所产生的孔隙率相似。例如，样品 1 和 3 的能量密度均为 $60.9×10^9 J/m^3$，产生的孔隙率分别为 1.4%和 2.1%，且孔内都不包含粉末颗粒；样品 2 和 4 所用的能量密度为 $30.5×10^9 J/m^3$，所以总孔隙率增加，且孔隙内均含有未熔融的粉末颗粒。但是从图像上看，两种孔隙分布也存在差异性。例如，与样品 3 相比，样品 1 中所含的小尺寸孔占据的数量更多，但两者都不包含未熔的粉末颗粒；与样品 4 相比，样品 2 中单个孔隙数量较多，且连接较好，而在样品 4 中观察到气孔数量少但尺寸较大。这说明，尽量能量密度相同，但是扫描间距对孔隙尺寸分布具有较大的影响。正是由于扫描间距较大，在样品 4 的孔中可以观察到许多未熔融的粉末颗粒。样品 5 由于能量密度过低，扫描间距过大，产生的孔隙率非常高，为 72.0%，二维图形中整个工件结构都已经变得不连续。

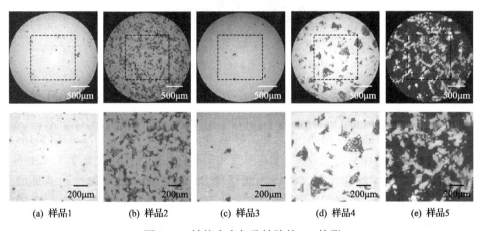

| (a) 样品1 | (b) 样品2 | (c) 样品3 | (d) 样品4 | (e) 样品5 |

图 8-12　钴铬合金气孔缺陷的 CT 检测

表 8-1　打印参数

| 样品 | 扫描速度 $v$/(mm/s) | 扫描间距 $h$/mm | 能量密度 $E$/($10^9 J/m^3$) | 孔隙率/% |
| --- | --- | --- | --- | --- |
| 1 | 1600 | 0.1 | 60.9 | 1.4 |
| 2 | 3200 | 0.1 | 30.5 | 18.1 |
| 3 | 800 | 0.2 | 60.9 | 2.1 |
| 4 | 800 | 0.4 | 30.5 | 10.2 |
| 5 | 3200 | 0.4 | 7.6 | 72.0 |

为了进一步观察孔隙内部的未熔粉末情况，图 8-13 直接以体素为 0.87μm 的三维图像形式展现样品 4 中的大孔隙。可以明显看到这些大孔隙之中大量的粉末被截留。未熔合形成的原因可能是球化效应。当氧含量高或输入能量低时，在接触点部位的许多粉末颗粒似乎部分熔化，由于表面张力作用而形成 10~500μm 的椭球体或球体。同时，在部分尺寸较大的孔隙附近还观察到了裂纹[11]。

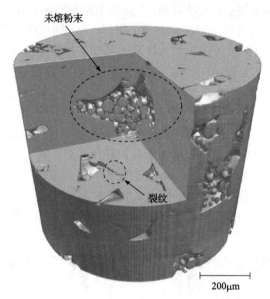

图 8-13　基于 CT 的孔隙三维成像

打印层层厚也是影响孔隙率的重要参数。图 8-14 是不同层厚的 SLM 打印不锈钢的 CT 检测图，金属粉末尺寸为 50μm 和 100μm，即得到两种厚度的打印层。所用 CT 设备的扫描特性相同，且重建的体素为 6.7μm×6.7μm×6.7μm。图 8-14(a)为层厚为 50μm 的样品的切片图，CT 图像几乎未检测到孔隙，从光学图像上看，样品表面存在少量球化现象。尽管表面球化会影响粉末床的均匀性，但是如果在熔覆过程中这些球可以被重新熔化，仍然可以实现致密打印而不产生孔隙。图 8-14(b)是层厚为 100μm 样品的切片图，可以看到样品内部有较大的气孔，而且这些气孔沿着打印生长方向。通过断层扫描的切片分析，孔内可见球形颗粒。这说明层厚较大时，输入能量可能过低，无法完全熔化大层厚粉末[12]。

### 3. 粉末自带气孔的 CT 检测

原始粉末质量对增材制造部件的质量至关重要。粉末参数包括形状、粒径分布、氧化程度、湿度、静电荷等，这些参数都能影响粉末的流动性、填料密度、粉末层厚度的均匀性，最终影响工艺，从而产生孔隙率。此外，粉末在制备过程

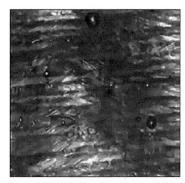

(a) 层厚50μm

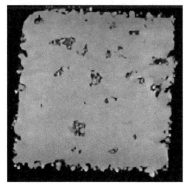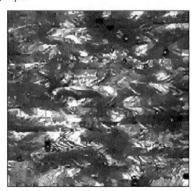

(b) 层厚100μm

图 8-14　不同层厚的孔隙缺陷的 CT 检测

中直接产生雾化气孔，而这些气孔将由原始粉末携带而直接进行打印，尽管在打印过程的粉末熔化凝固及打印完成后的 HIP 处理都能够消除大部分气孔，但是最终部件仍然有可能残留此类缺陷。

原始粉末内部携带的气孔是增材制件孔隙类缺陷形成的重要机理。但是，粉末内部的气孔并不是全部转化为孔隙，而是根据打印工艺参数的改变而有所差异。图 8-15 中的 EBM 打印的 TC4 合金试样用于研究工艺参数对孔隙缺陷的影响。首先，采用同步辐射微焦点 CT 对 9 个试样原始的粉末进行 CT 检测。试样尺寸为 1mm×1mm×15mm，其中 15mm 为沿着打印生长方向的尺寸。所用 CT 设备沿着 180°拍摄 1500 张图像，曝光时间为 50ms，体素为 0.65μm，从而可识别最小特征尺寸为 1.5μm。图 8-15(a) 是原始粉末的 CT 重构图，可以看到原始粉末内部存在大量的孔隙。图 8-15(b) 是打印完成之后利用 CT 测量和统计得到的 9 个试样的孔隙密度与孔隙尺寸分布，以及与原始粉末的对比。可以看到，各个试样的孔隙分布基本相同，在 0~20μm 孔隙密度为 1~100mm$^{-3}$。而原始粉末的孔隙尺寸和密度都略大于打印完成的样品。这表明粉末中只有一部分孔隙被转移到熔体中，而剩下的一部分则在熔化过程中从熔池逃逸出来。当然，并不能判断 9 个试样所形成的孔隙都来自粉末，因为还有其他孔隙来源，例如，由于扫描速度过大而形成的未熔合缺陷也可能以孔隙的形式存在；EBM 打印过程的惰性气体也可能被卷入而形成孔隙类缺陷[13-15]。

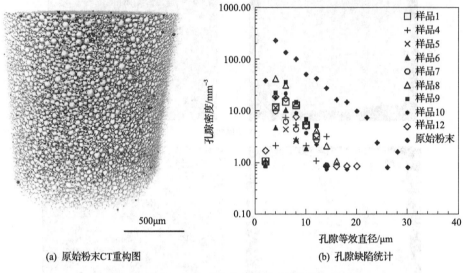

(a) 原始粉末CT重构图　　　　(b) 孔隙缺陷统计

图 8-15　粉末自带气孔的 CT 检测

4. 夹杂物的 CT 检测

金属和非金属夹杂物与气孔同属于体积型缺陷，因而射线检测方法对其具有较好的检出特性。打印部件夹杂物会降低结构材料的力学性能。夹杂物来源于粉末或者增材制造系统中的杂质。微焦点 CT 是夹杂物检测的有效方法，图 8-16 为采用 SLM 打印得到的 TC4 合金部件的 CT 检测图。从图中可以清晰地看到孤立

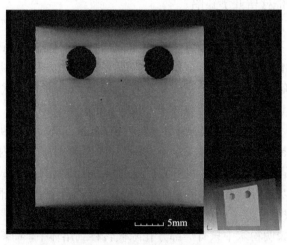

图 8-16　夹杂物的 CT 检测

的孔隙，其中黑色为气孔类缺陷，而许多白色的斑点为射线衰减系数大于基体材料的夹杂物，这些夹杂物是应力集中的来源，易引起疲劳裂纹的形成[9]。

### 8.2.2　工业 CT 检测能力验证

工业 CT 可以用于检出增材制造部件内部的微小孔隙，但是整个检测过程实际上是一个复杂的物理过程，缺陷的检测能力取决于所用工业 CT 设备参数、被检对象自身特性以及扫描和分析方法等多个方面[9]。

#### 1. CT 设备的分辨率

体素是 CT 设备的分辨率。在理想情况下，CT 设备所能够发现的特征大小是其体素的三倍，也就是说在三维成像中，如果要发现一个缺陷，则该缺陷所占体素要达到 27 个。例如，如果 CT 设备的体素为 10μm，则该装备能够发现的最小孔隙直径为 30μm。对于典型的微焦点 CT 系统来说，最佳的体素分辨率取决于部件的大小，最佳的体素分辨率一般设置为样本最宽部分的 1/2000。例如，对于一个厚度 20mm 的工件，最佳的体素分辨率为 10μm。当扫描角度等条件不是最佳布局时，放大系数将缩小至 1000 倍，也就是说，对于厚度 20mm 的工件，其最佳体素分辨率只能达到 20μm。

#### 2. 被检材料的衰减系数

首先，被检材料的衰减系数直接决定了可检测零件的最大尺寸，例如，同步辐射 CT 装置所用的零件尺寸只能加工到 1～2mm 的厚度；其次，对于气孔类缺陷，材料的衰减系数越大，气孔图像的对比度越大，所以对于同样条件的不锈钢和铝合金，不锈钢具备更好的对比度；最后，由于 CT 检测所用的 X 射线具有一定的波谱宽度，在穿越材料的过程中，由于各个频率成分的能量不一样，衰减也会有所差异，因而存在一个线质变硬的过程，这会影响图像质量。

#### 3. 扫描策略

CT 图像的重构基于不同扫描角度的数据。当采用高质量扫描时，所获得的重构数据更多，则选择图像处理手段也更为灵活，也更容易得到高质量的重构图像；当采用快速扫描的方式时，就会降低图像质量，从而降低对缺陷特征的检出能力。因此，扫描策略的选择实际上是在扫描参数和扫描时间之间选择一个折中的方案，并根据实际需求进行调整。

#### 4. 图像分析方法

典型的 CT 三维图像分析功能提供了更清晰的缺陷视图，提供了更多的缺陷定量数据，具有更高的灵敏度和对比度。而射线检测的二维图像则可以快速地进行缺陷分析，可以节省时间和成本。X 射线投影图像的材料路径长度不同，对于复杂零件的二维成像可能存在缺陷误判的情况，因此最佳的分析必然是二维和三维检测相结合的方式，特别是对于大批量检测，兼顾成本与精度。

正是因为上述众多因素的影响，打印件的尺寸成为 CT 检测最大的限制因素。当一个部件太大时，CT 检测将需要解决高扫描电压、光束过滤和图像质量问题。大尺寸部件的 CT 数据中由于边缘亮度和其他部分亮度具有差异性，即使采用较好的图像处理算法也不能够进行较好的校正。选用高电压扫描系统、光速滤波系统和优选图像处理方法等手段均会导致微小缺陷的检出能力受限，且成本昂贵。因此，对于厚度大于 100mm 的金属部件，尽管仍然可以实现缺陷检测，但是微小缺陷的检出将极具挑战性。

澳大利亚莫纳什大学利用哈氏合金打印厚度为 0.8mm、1.5mm、3mm、10mm 阶梯变化的 5 块试样。试样中包含不同取向的柱形、钱币形和球形缺陷，缺陷尺寸为 0.2~2mm，如表 8-2 所示。球形缺陷用来模拟气孔，钱币形缺陷用来模拟裂纹[16]。

表 8-2　缺陷参数

| 柱形 $(L \times D)$ /(mm×mm) | 球形 $(D)$ /mm | 钱币形 $(D \times T)$ /(mm×mm) |
| --- | --- | --- |
| 2×0.5 | 2.0 | 2×0.1 |
| 1.5×0.375 | 1.5 | 1.5×0.075 |
| 1.0×0.25 | 1.0 | 1.0×0.05 |
| 0.8×0.2 | 0.8 | 0.8×0.04 |
| 0.5×0.125 | 0.5 | 0.5×0.025 |
| 0.4×0.1 | 0.4 | 0.4×0.02 |
| 0.3×0.075 | 0.3 | 0.3×0.015 |
| 0.2×0.05 | 0.2 | 0.2×0.01 |

图 8-17 为利用 CT 系统对所打印缺陷的检出情况。所用 CT 系统的体素为 120μm，管电压为 260kV，管电流为 500μA，功率为 130W，曝光时间为 500ms。CT 采用多个旋转角度，因而对不同取向的缺陷都有很好的检出能力，而且具有很好的分辨率，体素 120μm 可以有效分辨尺寸为 240μm 的缺陷。因此，直径为 200μm 的球几乎在图像上面没有显示。如果要检出更小的缺陷，则需要选择更小的体素。

图 8-18 是采用体素为 30μm 的微焦点 CT 系统检测打印缺陷，管电压为 170kV，管电流为 205μA，功率为 34.85W，曝光时间为 500ms。30μm 的体素可以检测尺寸为 50~60μm 的缺陷。图中被检试样为薄壁结构，壁厚为 0.8mm 和 1.6mm，其中含有孔的直径为 0.4~1.0mm。所用 CT 系统完全检出所有孔隙，表明 CT 系统具有较高的缺陷分辨率。

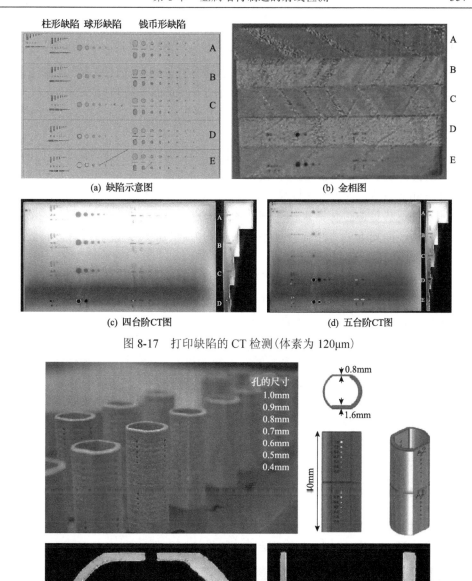

(a) 缺陷示意图　　　　　　　　　(b) 金相图

(c) 四台阶CT图　　　　　　　　　(d) 五台阶CT图

图 8-17　打印缺陷的 CT 检测（体素为 120μm）

图 8-18　打印缺陷的 CT 检测（体素为 30μm）

### 8.2.3　工业 CT 的其他测量功能

工业 CT 除了具备缺陷检测功能，鉴于其所提供的部件三维体素图像，还可以实现密度测量、尺寸测量与校验、变形监测以及表面形貌测量等功能。

#### 1. 尺寸测量与校验

打印部件的尺寸校验是增材制造质量控制的重要方法。与常规的尺寸测量系统(如坐标测量机和光学测量系统)相比，X 射线微焦点 CT 系统的尺寸测量精度偏差在 ±5μm 以内。此外，常规尺寸测量方法仅限于对工件外表面的测量；而 CT 尺寸测量的优势是通过体素来构建部件的三维点云数据，从而成为唯一能够测量复杂零件内表面尺寸的方法。特别是对于具有内通道的复杂部件，可以有效地实现内腔尺寸测量。

尺寸测量可以采取多种形式：在对齐的 CT 切片图像中进行简单的线性测量；对生产出来的零件壁进行壁厚分析；与完整零件的计算机辅助设计(computer aided design，CAD)模型进行表面比较。

以基于 CAD 模型的尺寸校验为例，不同的工艺参数和扫描策略会导致工件的实际尺寸偏离 CAD 模型规定的几何特征，可根据 CAD 模型设计和标注，通过在特定点的比较设计偏差以实现尺寸精度的校验。图 8-19 是利用 SLM 打印的一个钛合金支架结构，其设计尺寸约为 60mm×40mm×40mm。分别采用五家厂商的设备进行打印，样品编号和打印工艺参数如表 8-3 所示；样品 3 产生最为严重的翘曲，支架的垂直部分相互翘曲 1mm。其他所有的样品都有某种形式的尺寸误差，但在所有情况下都小于 1mm，在大多数情况下小于 0.3mm。进一步分析可以看到，各样品的尺寸变化原因各有差异：样品 1a、1b 和样品 3 的翘曲是由垂直臂向内弯曲造成的。样品 2a、2b 和 2c 显示打印材料缺失的区域；样品 4 显示出最好的几何精度，但是仍有部分区域缺少材料；样品 5 显示了表皮以下部分的支撑材料，但是整个模型打印方向的尺寸不够准确，与设计高度不一致[17]。

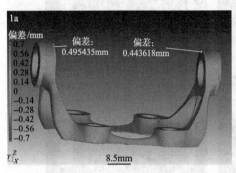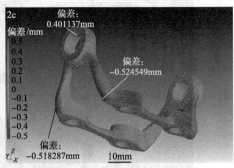

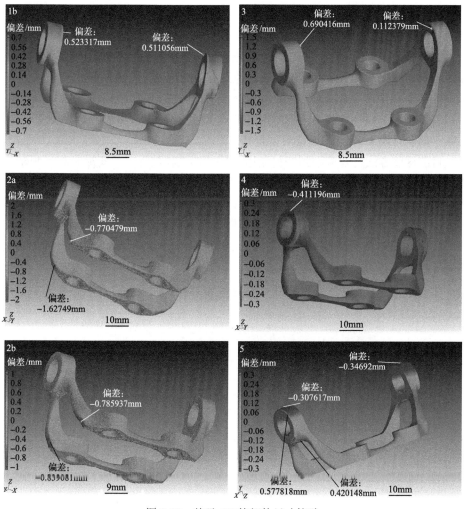

图 8-19　基于 CT 的部件尺寸校验

数字表示不同厂家设备；字母表示不同工艺

**表 8-3　样品编号及最大尺寸偏差**

| 样品编号 | 打印工艺描述 | 缺陷、偏差及位置 |
|---|---|---|
| 1a | 非正常打印工艺——刮刀非正常刮粉 | 垂直臂，尺寸偏差 0.49mm |
| 1b | 非正常打印工艺——设计分层缺陷 | 垂直臂，尺寸偏差 0.52mm |
| 2a | 正常打印工艺 | 弯曲臂，材料缺失 1.62mm |
| 2b | 非正常打印工艺——增大轮廓扫描间距 | 弯曲臂，材料缺失 0.83mm |
| 2c | 非正常打印工艺——增大打印扫描间距 | 弯曲臂，材料缺失 0.52mm |
| 3 | 正常打印工艺 | 垂直臂，尺寸偏差 1.12mm |
| 4 | 正常打印工艺 | 垂直臂，材料缺失 0.41mm |
| 5 | 正常打印工艺 | 垂直臂，材料缺失 0.30mm |

2. 变形监测

如果采用 CT 系统对某一部件的同一部位进行尺寸变化监测，则可以实现部件的变形监测，也可以称为四维 CT。通过在 CT 室设计特殊的压缩或拉伸设备，可以实现原位观察。原位实验通过对试样进行无加载和加载扫描，以分析变形和确定首次失效的位置。非原位实验首先对试样进行扫描，然后进行机械测试，直到某一时刻，测试停止，重新对试样进行扫描。

目前这些方法已经应用到增材制造部件拉伸试验过程中的变形监测，如图 8-20 所示，在原始试样和破裂试样之间通过手动对齐来实现变形分析。图像手工关联是实现变形监测的关键。通过图像关联，拉伸后样品的孔隙出现在可分辨范围，孔隙率整体上升，导致裂纹发生的根本原因是孔隙，但是断裂没有发生在孔隙率最高的区域。这说明这些小孔对零件的静强度不是至关重要的，微观结构在屈服和破坏位置起主导作用[9]。

图 8-20　基于 CT 的部件变形监测

3. 表面形貌测量

增材制件粗糙度评估常用的仪器是光学轮廓仪和激光扫描仪，但是这些方法只能够测量部件外表面的粗糙度。高质量的 CT 三维图像不仅可以体现外表面粗糙度，还可以实现内表面粗糙度测量。但是该方法受限于分辨率和零件尺寸，适用于比较粗糙的表面或尺寸较小的零件。

图 8-21 为 SLM 打印的边长为 10mm 的钛合金立方体样品。粗糙度测量方法如下：在立方体数据的一面垂直壁上选取一个正方形区域，以在该正方形区域内每个点相对于平均表面的最大绝对偏差作为粗糙度，通过计算得到，样本 1 的最大偏差为 0.1mm，样本 2 的最大偏差约为 0.2mm，样本 3 和 4 的最大偏差约为 0.05mm。因此，最粗糙的样本是样本 2，样本 1 是中等粗糙度。样本 3 和 4 显示相似的粗糙度图像，纹理略有不同[17]。

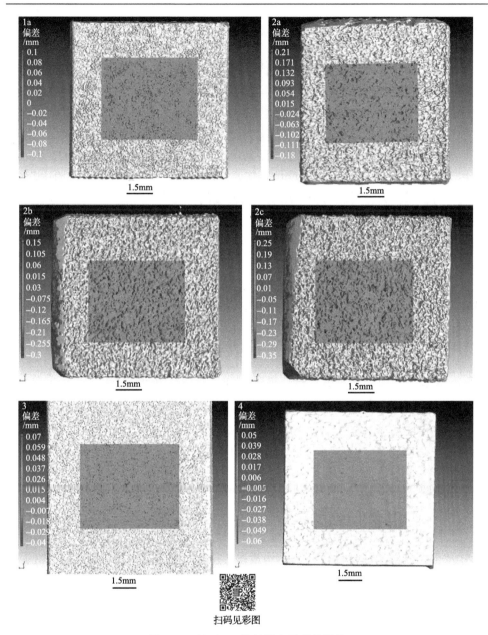

扫码见彩图

图 8-21  基于 CT 的材料表面形貌测量

4. 密度测量

阿基米德法是测量密度的常用方法，但是对于金属增材制造部件而言，该方法可能存在问题：首先，测量过程中由于表面的粗糙与不规则，气泡会附着在表面，导致测量密度较低；其次，连接到表面的通道或缺陷可以被水填充，从而导致测量体积更小，测量密度更高；最后，密度测量还要考虑内部夹杂和气孔等缺陷的分布，从而实现准确测量。

基于 CT 的密度测量方法可以通过三维体素图像准确地测量部件的平均体积密度，同时考虑部件内部缺陷的影响。不过，鉴于 CT 的检出能力，尺寸落在空间分辨率之外的缺陷会被漏检，因此无法排除这些小尺寸缺陷的影响。同时，零件体积的测量精度受限于扫描分辨率，需要无伪图像和准确的亚像素表面。为了保证所需数据的准确性，这种方法主要适用于实验试样和小尺寸样品。CT 还可以应用于样品的密度校验，尽管密度校验需要大量的不同密度的样品覆盖测量范围，但是该方法不失为一种相对快速测量相对密度的方法[9]。

# 8.3　增材制造部件的同步辐射

金属增材制造的在线监测主要利用 X 射线同步辐射装置与增材制造装备集成，通过实时观测粉末熔覆区域的 X 射线投影图像，在熔覆过程中实现熔池深度形貌、缺陷演化、粉末运动、凝固速率及材料相变等监测功能。因此，集成同步辐射的增材制造实时监测是揭示金属增材制造机理的重要研究手段。

## 8.3.1　同步辐射与增材制造装备的集成

同步辐射装置在前面已经做过详细的介绍，增材制造装备与同步辐射装备的集成最关键的是让 X 射线覆盖增材制造的熔覆面区域。目前 DED 和 SLM 两种增材制造方法都已经实现与同步辐射装置的集成[17-21]。

### 1. SLM 集成装置

SLM 的集成装置示意图如图 8-22 所示，使用同步加速器产生的 X 射线对激光-物质相互作用和粉末熔化/凝固现象进行原位成像。为了方便与不同类型的 X 射线成像和光源集成，设计一种结构紧凑、重量轻的便携式 SLM 设备。由于同步光源激发的 X 射线的穿透能力有限，所以粉末床尺寸一般沿 X 穿透方向较小，不超过 3mm，如果采用高能射线，则可以选用较大的粉末床尺寸。加工腔体的两侧选装 X 射线半透明窗口，窗口材料一般为氮化硼等，X 射线透过率达 90%，且不会被大多数熔融金属或熔渣浸湿，方便重复利用。窗口尺寸大于同步加速器波束线上可用的成像装置的视场，以全方位捕捉稳定和非稳定状态下的粉体轨迹与熔覆演化过程。X 射线在穿过腔体之后，经闪烁体、透镜和高速相机实现实时成像，同时这种装备还可以非常方便地加装其他监测手段，如红外成像、衍射成像等[22]。

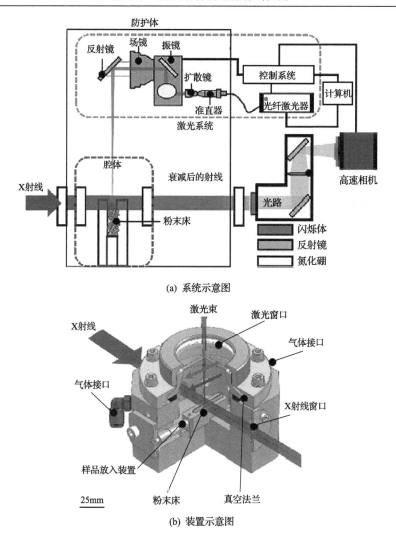

(a) 系统示意图

(b) 装置示意图

图 8-22　同步辐射与 SLM 设备的集成

## 2. DED 集成装置

DED 的集成装置如图 8-23(a)所示，该设备由美国西北大学和阿贡国家实验室联合开发。压电驱动的送粉系统和样品被封装在一个密封的氩气环境中，波长为 1070nm、功率为 500 W 的光纤激光器作为打印热源。激光光束直径约为 80μm，并与压电驱动的送粉系统对齐。集成系统的触发从送粉系统开始，压电元件的同步信号将激光器打开，激光器的同步信号再触发振镜系统，当激光束与送粉系统在特定位置对齐之后，打开 X 射线窗口，开始实时监测。

为了更好地研究激光束与单个粒子之间的复杂相互作用，所设计的压电驱动振动辅助送粉系统如图 8-23(b)所示。高压放大器控制压电元件，并提供垂直振动，以诱导粉末因重力流出注射器针头。注射器起药粉漏斗的作用，针头起喷嘴的作用。选择的针头直径取决于粉末颗粒的表面性质、流动性和粒度分布。注射器相对于激光束偏转 45°，以保证颗粒可以流到基板上，同时保证激光束和 X 射线束对齐[23]。

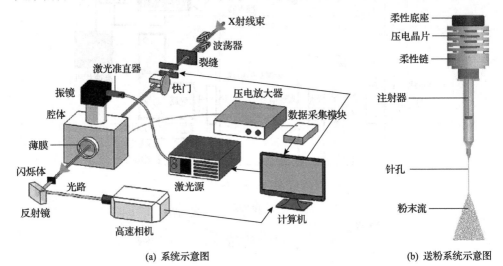

(a) 系统示意图　　　　　　　　　　　　　　　(b) 送粉系统示意图

图 8-23　同步辐射与 DED 装备的集成

### 8.3.2　熔池形貌的在线监测

通过光学的方法仅能获得熔池表面形貌。而对熔池沿深度方向尺寸的早期研究以数值模拟为主。高速 X 射线成像技术具有足够高的空间和时间分辨率，能够探测熔池形貌的演变过程[24]。

图 8-24 是利用重复频率为 50kHz 的高速 X 射线成像获得的 Ti-6Al-4V 基体金属的熔池演化过程。中心高亮度区域为激光与基体材料相互作用后基体材料蒸发导致的空腔区域，往外略暗的区域为液态熔池区域，最外侧为基体材料区域。气液界面和液固界面的轮廓可以通过像素水平线来确定，每条线中像素强度剖面二阶导数的局部峰值表示相应的边界线。图 8-24(b)～(d)是熔池尺寸随激光加热时间的变化曲线。520W 和 340W 两种激光功率条件下的空腔和熔池深度变化如图 8-24(b)所示，可以看到高功率激光束使得熔池产生的时间更早，所得的熔池更深。在两个功率条件下，空腔的深度与熔池的深度都比较近似，这是因为熔池底部是最高温度点，所产生的反冲压力直接将液态金属从空腔底部驱出。图 8-24(c)为空腔和熔池的深宽比随加热时间的变化曲线。熔池的深宽比是区分熔池形态的常用参数。在低功率条件下，加热初期的深宽比接近 0.5，即熔池约为半圆形，在 750μs 以后，深宽比开始增加，有可能出现匙孔倾向；当使用较高的激光功率时，

深宽比迅速达到 1.3，并且随着激光加热过程几乎保持不变。在两种情况下，空腔的深宽比均高于相应的熔池，在整个加热过程中，空腔的宽度接近激光束的尺寸，而深度不断增加。图 8-24（d）为激光加热时间对空腔和熔池面积的影响。所有曲线都体现出抛物线特征，且在某个时间点，曲线的斜率出现明显的转折，有人认为，

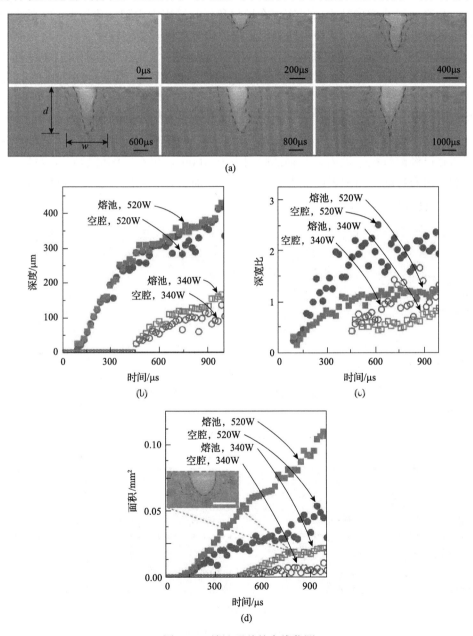

图 8-24　熔池形貌的在线监测

这是在激光加热后期反冲压力增加和马兰戈尼效应导致复杂的流体流动，反而有利于调节试样稳定和维持较稳定的熔池轮廓。

### 8.3.3　缺陷演化监测

高速 X 射线成像技术可以实现在熔化和凝固过程中内部气孔与表面飞溅等缺陷的形成过程的监测，从而为缺陷形成机理研究提供重要支撑[24]。

图 8-25 是金属熔覆过程中孔隙内缺陷的监测图片。为了方便研究孔隙的演化过程，采"N-M"的标记方式来标记每一帧所出现的图片，$N$ 是按时间顺序对缺陷的编号，$M$ 是缺陷所持续的帧数的排序，表征缺陷存活的时间。例如，在 350μs 时刻，标记为"1-1"的孔隙表示最先产生的 1 号孔隙在 350μs 时刻所对应的图片是该缺陷出现的第一帧。在 400μs 时刻，即第二帧图形上未观察到 1 号孔隙，说明该孔已经溶解在熔池内，其存活时间小于 100μs。该孔隙溶解的原因可能是浮力的作用而移动到熔池表面或者空腔宽度增大而被吞噬。2 号孔隙在 400μs 时刻

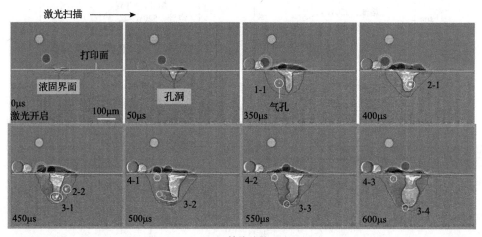

(a) 熔池过程

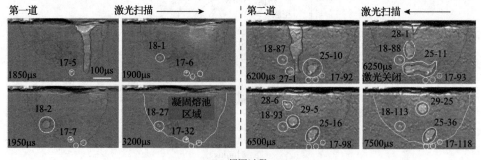

(b) 凝固过程

图 8-25　缺陷演化过程监测

对应的画面出现，在 500μs 时刻对应的画面被溶解，其存活时间为 50～150μs。2 号孔隙因受到马兰戈尼对流影响，而从空腔向外移动至熔池，尺寸从 325μm² 减少到 312μm²，直到被熔池溶解。

当粉末进入熔池时，会对激光产生衰减，从而减小空腔深度，容易在熔体池底部形成标记为 "3-1" 的气体卷入型孔隙，并在熔池搅动过程中分裂成几个较小的孔隙，在不断分裂的过程中，孔隙尺寸也从 490μm² 减小到 47μm²，并在 600μs 溶解到熔池。

4 号孔隙是当粉末进入熔池时形成的，一般是粉末夹带气体或表面缺陷导致的小孔隙。4 号孔隙因为靠近液固界面而受到马兰戈尼对流的影响最小，一直保持静止状态，尺寸约 25μm²，直到 600μs 时开始增加，并在 650μs 之前溶解。

在激光器关闭之后，熔池开始凝固，利用 X 射线对凝固过程中孔隙的位置、形状和尺寸进行跟踪观察。当所有的图像特征都稳定时，就可以确定熔池为完全凝固状态。17 号孔隙在 1850μs 时刻被液固界面约束住，在 1900μs 时刻激光关闭时马上分裂为三个气孔，并且在凝固过程中，该孔隙尺寸一直在 300～340μm² 振荡，直到在 3200μs 时刻，熔池完全凝固，孔隙尺寸稳定在 320μm²。

18 号孔隙在激光器关闭之后，在熔池内收缩产生一个匙孔，在 1950μs 时刻，匙孔从 470μm² 膨胀到 1213μm²，凝固熔池的连续激起和收缩之后，孔隙尺寸保持平衡，在熔池完全凝固时，达到约 260μm²。

高速 X 射线成像技术还可以用于观察往复熔覆过程中缺陷的位置及尺寸的变化、表面飞溅的分布及变化等，不过 X 射线图像的尺寸测量均为缺陷真实尺寸在射线传播方向上的投影，而不是缺陷的真实尺寸。但是这并不影响该方法在缺陷形成机理研究方面的应用。

### 8.3.4 粉末运动监测

对于激光增材制造来说，粉末或基体吸收的激光能量随粉末运动特性而波动。因此粉末运动对增材制造过程具有较大影响，本节介绍如何利用 X 射线高速成像方法捕获粉末运动规律，从而分析影响粉末运动的因素，如激光诱导的等离子体羽流对粉末的分散、粉末之间的相互熔合、蒸气压力梯度对粉末的牵引等。

当具有高功率密度的激光照射基体表面时，在基体形成空腔，并产生等离子体羽流。等离子体羽流可以将粉末与熔池分散，并以一定的喷射速度将粉末推高至基体表面以上 1mm。在基体表面以上 200μm 的粒子如果要进入熔池，其飞行速度必须达到 1m/s。由于等离子体羽流将粒子推离熔池，大多数送粉系统的粉末速度不足以使粉末进入熔池[23]。

#### 1. 粉末的相互作用改变粉末运动

流动粉末之间的相互作用为粉末越过等离子体羽流而进入熔池提供了额外

的动力。高速 X 射线成像可以捕捉粉末分散、熔合、运动及到达熔池的过程。如图 8-26 所示,激光束沿右侧方向扫描,在 50μs 时刻,粉末由于激光束产生等离子体羽流而分散,利用标记功能锁定画面中的两个粉末,从 50μs 到 200μs 时刻,1 号粉末在距离熔池较远的地方与 2 号粉末相遇,在 200μs 时刻,周围等离子体羽流将两个粉末加热并熔合在一起。从 200μs 到 600μs 时刻,形成的新的粉末颗粒按照旋转路径运动进入熔池。可以解释为两个粉末的熔合导致质量的增加,进而导致动量的增加,使得粉末能够穿透等离子体羽流屏障。

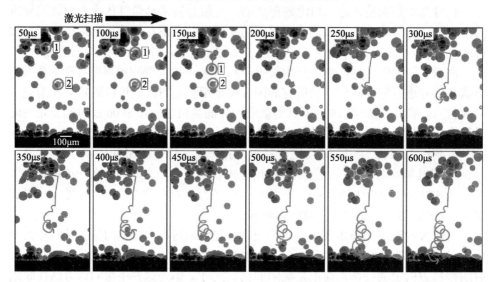

图 8-26　基于同步辐射监测粉末相互作用

### 2. 金属蒸气压力改变粉末运动

由基体表面的等离子体羽流引起的压力梯度也将单个粒子带入熔池。当颗粒处于空腔诱导的压力梯度路径上时,蒸气驱动的夹带作用将控制附近的颗粒,如图 8-27 所示。从 5750μs 到 6000μs 时刻,等离子体羽流将所观察粉末从基体表面散开,粉末距离熔池足够远,且没有产生任何旋转现象。在 6050μs 时刻,粉末与激光相遇,其改变形状,说明可能出现了旋转或熔化作用。此外,激光束还会蒸发粉末的部分表面,形成局部的金属蒸气羽流。局部的蒸气羽流在粉末表面形成一个类似喷气的压力梯度,将颗粒以较大的速度推向熔池。

### 3. 粉末熔合与蒸气压力的共同作用

图 8-28 为粉末熔合与金属蒸气压力对粉末运动的共同作用。从 6550μs 到 6600μs 时刻,从基体表面产生的等离子体羽流携带了两个粉末。在 6600μs 时刻,较小的粉末开始与激光束相遇,并因局部熔化而在粉末表面造成局部蒸气压力梯

度。在 6650μs 时刻，高温小粉末在压力梯度下快速向下移动，与尺寸较大的粉末相遇，并发生熔合，形成一个更大的粒子。实际过程中两个粉末熔合的因素有多种：可能是小粉末处于熔融状态而使得大粉末在接触之后也达到熔点，也可能是

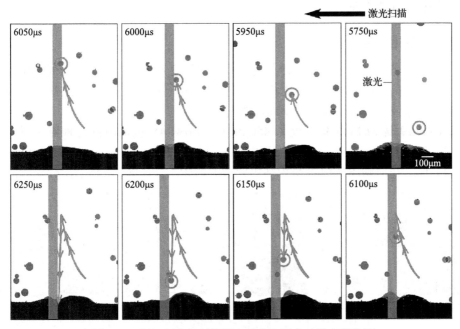

图 8-27　基于同步辐射监测金属蒸气压力对粉末的作用

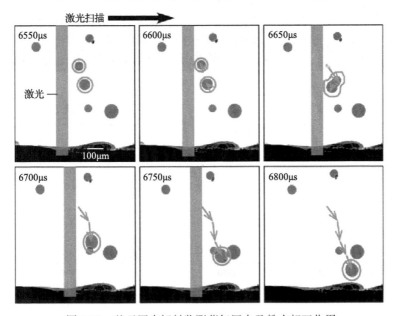

图 8-28　基于同步辐射监测蒸气压力及粉末相互作用

大粉末在遇到小粉末之前已经与激光束相遇并被加热。当两个粉末结合后，所产生的动量足够大，因而不再是旋转运动进入熔池，而主要是沿熔池向下的线性轨迹。在 6800μs 时刻，尽管激光器已经关闭，形成的结合粉末仍处高动量状态并按照原始轨迹继续飞向基体。

### 8.3.5　凝固速率监测

PBF 工艺的凝固过程具有冷却速率高、热梯度大等特点，是一个局部化程度高、速度快的过程。凝固速率对最终产物的晶粒形貌和组织有很大的影响，高速 X 射线成像技术可以有效实现凝固速率的测量[24]。

图 8-29 是 SLM 制备厚度为 450μm 的 Ti-6Al-4V 板的凝固过程监测图。从图中可以直观观察到熔池几乎为半圆形，利用图像处理技术可以很容易地识别液固界面，在原始图像中容易识别出固液界面轮廓。图 8-29 (a) 中在凝固前沿周

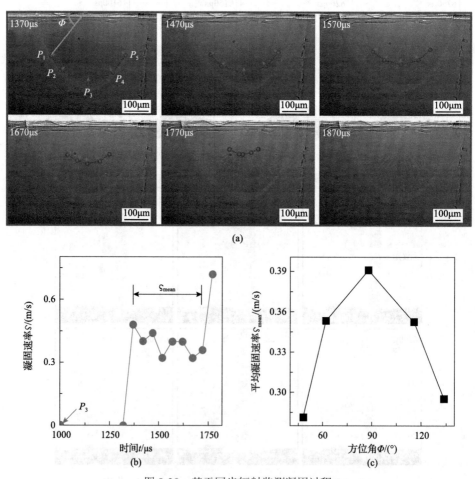

图 8-29　基于同步辐射监测凝固过程

围选取五个位置($P_1$, …, $P_5$)进行定量分析，每个位置的箭头指向凝固方向，箭头长度对应凝固速率。柱状晶粒的径向生长清晰可见，长轴与熔池内的热梯度吻合良好。这些晶粒的逐渐"弯曲"生长反映了沿局部最大热梯度和容易生长方向的连续优化。

图 8-29(b)为 $P_3$ 点凝固速率随时间变化的曲线。当激光在 1000μs 时刻关闭时，熔池温度仍高于凝固温度，动态熔池中的流体流动没有立即停止。凝固发生在 1350μs 之后，然后立即升高至 0.48m/s 的凝固速率。随着时间流逝，凝固速率区在 1400μs 之后达到一个相对稳定状态，但略有下降。凝固速率下降的原因是凝固前沿固相成核导致局部液体温度升高，降低热梯度。在 1750μs 时刻，凝固速率增加至 0.75 m/s，柱状晶粒已经抵达熔池中心。

图 8-29(c)为平衡生长阶段五个位置的平均凝固速率与初始方位角的函数关系。显然，越靠近熔池中心线，局部最大热梯度与容易生长方向匹配得越好，凝固速率越大。

### 8.3.6　材料相变监测

材料相变的在线监测可以通过高速 X 射线实验的衍射数据成像来实现，尽管 Ti-6Al-4V 的相变行为已得到广泛研究，高速 X 射线衍射像可以实现对激光增材制造部件材料相变的原位表征[24]。

图 8-30 是 Ti-6Al-4V 板样品凝固过程中采集的一系列时间分辨衍射图样，X 射线束的尺寸略大于整个熔池。图 8-30(a)为熔融凝固过程不同阶段采集的三种典型衍射图样的时间序列。衍射图样的一个显著变化是在初始凝固过程中出现了强衍射斑，随着试样的冷却，衍射斑消失。这是符合 Ti-6Al-4V 凝固过程的相变的。粗晶 β 相（体心立方（body-centered cubic，BCC））在高温阶段先从熔池中析出，然后转变成由 α/β 两相或马氏体 α 相组成的细晶微观结构。

图 8-30(b)将衍射结果绘制成时间分辨的二维强度图，它是通过对所有一维强度剖面的径向积分得到的。考虑到衍射探测器效率随帧数的增加而降低，对原始数据进行了强度校正。相应的原子平面的 α（或 α'）相和 β 相标注在图的顶部。标有"On"和"Off"的虚线表示激光加热的开始和结束。不同衍射峰强度的变化反映了试样的熔融/凝固和相变行为，而峰值位置的变化则对应着晶格在加热和冷却过程中的膨胀和收缩。

图 8-30(c)为密排六方（hexagonal close-packed，HCP）(101)和 BCC(110)峰衍射强度与时间的函数。激光开始加热时，HCP(101)峰立即开始下降，而 BCC(110)峰略有增加，这表明 α→β 相变是一个缓慢的过程，在粉末固相熔化过程中并未完成相变。当激光器关闭时，HCP(101)峰继续减小，这意味着试样的某些区域（如靠近熔池外边缘的基体表面）由于内部传热而继续熔化。HCP(101)峰在 1500μs 时刻达到最小值，然后开始增加，直到 9000μs 时刻达到稳定。BCC(110)峰在 4000μs

时刻达到最大值，此时 β 相的生长完成并开始转变为 α(或 α′) 相。

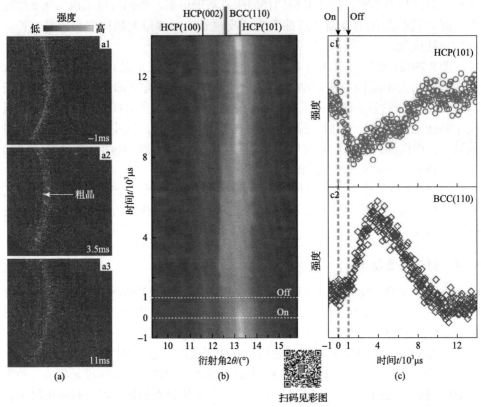

图 8-30　基于同步辐射监测材料相变

　　监测结果可以用于判定相变类型。马氏体 $(M_s)$ 开始转变温度为 575℃，当具备足够高的冷却速率 (410℃/s) 时，Ti-6Al-4V 实现从 β 相转变为 α 相的非扩散型相变。在这里，冷却速率通过公式 $v_c=(T_m-M_s)/\Delta t_c$ 保守估计，$T_m$ 是 Ti-6Al-4V 的熔点 (1650℃)，$\Delta t_c$ 是从液态金属完全转换为 HCP 相所需的时间，从图 8-30(c) 估计 $\Delta t_c$ 约为 $10^4 \mu s$，取激光关闭时刻 ($t=1000\mu s$)，以及由 BCC 相完全转换为 HCP 相的时刻 ($t \approx 11000\mu s$)。因此，计算得到冷却速率约为 $10^5℃/s$，远高于所需的 410℃/s，从而可以判断为 α 马氏体转变。

## 8.4　射线背散射成像技术在增材制造中的应用展望

　　不论是 DR 还是射线 CT 技术，其射线源与探测器均布置在工件的两侧，即采用穿透式成像。当被检工件的厚度较大时，往往无法得到较高质量的影像。对于金属增材制造的在线集成而言，也因为采用对侧布置方案而导致打印装备的改造复杂。

### 8.4.1　增材制造的射线背散射成像特点

射线背散射成像是一种射线源与探测器位于工件同侧的检测方法，如图 8-31 所示，其基于射线与物质相互作用的康普顿散射效应，依次测量工件内部的不同位置所对应的康普顿散射光子数，求出被检物质中的电子密度分布，经过一定的数据重建算法，得出被检物质三维密度分布图像[25,26]。

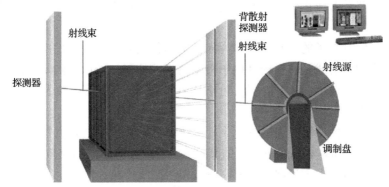

(a) 背散射系统示意图

(b) 背散射探测器

(c) 背散射成像系统

图 8-31　射线背散射成像系统

根据 8.1 节的介绍，康普顿效应产生的能量是几百千电子伏特到几兆电子伏特，因此，为了提高成像质量，射线背散射成像所选取的射线源需要满足康普顿效应的能量要求。X 射线装置、γ 源及同步辐射装置等均可以作为射线背散射成像的射线源，但必须满足相应的能量和强度要求，即射线必须能够穿透所要检测的区域，且所产生的散射光子要达到探测器的强度。射线背散射检测同其他射线检测方法一样，在满足测量要求的同时，应尽可能降低射线的辐射强度。

康普顿效应导致电子的动能及运动方向的改变，因此康普顿成像需要同时探测散射光的强度和方向。这些对探测器提出了特殊要求：①探测器需要有足够的能量分辨率，以实现散射能量角度的测量；②探测器需要有较高的探测效率，以提高光子计数率并减小统计涨落；③探测器的光阑孔径要足够小，使得其响应接

近 δ 函数，从而提高重建图像的分辨率。一般来说，探测器的能量分辨率和探测效率不可兼得，例如，NaI(Tl)探测器的效率高，但是能量分辨率低；Ge(Li)探测器的能量分辨率高，但是效率低，所以实际选择时需要折中考虑这两个参数。

根据康普顿散射成像的原理，可知其存在较多的技术优点。

首先，康普顿散射成像所接收的散射线实际上是沿着空间各个方向传播的，可以从多个角度接收散射线，因此射线源与探测器的布局具有相当大的灵活性。其中，射线背散射成像将两者布置在工件的同侧，从而适用于一些难以使用穿透法的场合。

其次，散射光子的计数与物体内部微小体积元的电子密度是正相关的，也就是说所接收的散射线是材料内部电子密度信息的体现，所以得到的直接是三维空间的电子密度成像，而 CT 等成像方法还需要采用特定投影数据及成像算法，才能实现三维成像重构。

最后，在工件厚度较大的情况下，康普顿散射将比穿透式成像获得更高的灵敏度，特别在对物体表面和近表面的测量时，对气孔等缺陷的灵敏度很高，因此，这种技术非常适用于大型部件增材制造过程的在线检测。

然而，康普顿散射也有其天然的局限性，对于传统穿透式检测而言，康普顿效应本身就是散射噪声的来源，以康普顿散射线作为成像源，则必然受到量子噪声、本体噪声、散射噪声等多种噪声源的影响，特别是当检测深度增大时，信噪比将显著降低。另外，对于非均匀或者复杂部件，微弱的散射信号可能还会产生伪像，影响检测结果的分析。

射线背散射成像所采用的扫描方式主要有四种[26]。

(1)逐点扫描成像方式。这种方法首先将放射源通过光阑准直成一条沿着特定方向传播的射线束，然后用一个探测单元通过准直器来聚焦到入射光线上的某一点，实现散射光信号的探测。通过在三个坐标轴方向移动被测物体，即可以实现三维成像。这种方法的对焦过程依赖复杂的机械系统的精度，且没有充分利用散射光源，在成像过程中，获得较高的图像空间分辨率需要很长的成像时间、效率低。

(2)逐行扫描成像方式。这种方法所用的放射源准直方法与逐点扫描成像方式一样，但是在探测器部分采用线阵探测器来实现散射光子的记录。探测器阵列采用多孔准直器或者狭缝准直器，以保证每个探测单元可以对焦到入射光束路线上的目标体积元，如图 8-32(a)所示。基于线阵接收，工件只需要做二维的移动，即可以实现三维成像。以这种原理制造的 ComScan 成像系统配备精确准直的 X 射线源(160keV)和狭缝准直器的探测器阵列，一次扫描可以显示 22 个不同深度的平面，但是仍然存在光束开度小、信噪比低和测量时间长等问题。逐行扫描成像方式还有一种飞点扫描模式，如图 8-32(b)所示，通过轮盘孔来准直 X 射线机所发射的光束，通过轮盘的转动实现光束在工件截面上的扫描，当扫描完成一个截面之后，工件做水平运动，进行下一个截面的扫描。根据扫描速度，在轮盘的不同角度设计多个准直孔，从而实现轮盘转动扫描与工件水平扫描的协调，提高成像效率。

（3）逐面扫描成像方式。这种方法的放射源被约束为平面光束，然后利用一个面阵探测器来实现入射光平面上各点散射光子的探测。面阵探测器配有一个针孔准直器，从而使得每一个探测单元都通过针孔准直器对焦于入射光平面上的各点，这样每一次测量即可以实现整个平面散射信号的记录，只需要通过一维扫描即可以实现三维成像。

（4）整体成像方式。这种方法不对射线源做任何约束，射线直接照射到工件表面，产生散射线，然后使用带有特殊的扭缝准直仪的针孔面阵探测器进行散射线的探测，如图 8-32（c）所示。这种探测方法采用射线源对工件整体进行透照，因而不需要进行任何机械扫描。

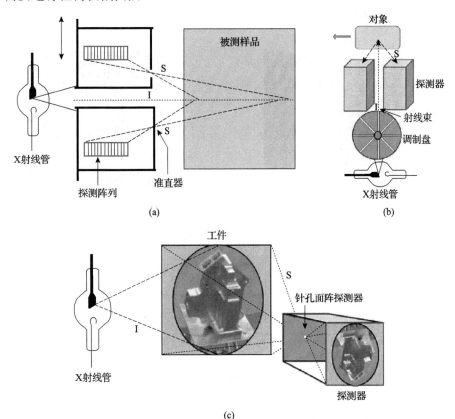

图 8-32　射线背散射成像方法

对于射线背散射成像方法，探测器上记录的散射线辐射强度不到入射线辐射强度的 1%，原始信号中的大部分噪声是由周围环境的散射线辐射造成的，必须通过图像标定的方法来提高背散射图像的质量。标定步骤如下：

（1）对参考对象进行照射，并关闭狭缝准直仪，直接利用数字探测器进行辐射测量，从而收集来自环境的散射线辐射，记录为参考增益图像。

（2）关闭射线源，直接记录数字探测器中每个像素处的背景信号，这些信号是电子背景噪声，记录为背景噪声图像。可以利用参考增益图像减去背景噪声，以提高信噪比。

（3）利用上述参考增益图像和背景噪声图像，对背散射图像中的结构噪声进行校正，通过对灰度值的调制，实现对检测单元的结构噪声和像素的有效校正与补偿。

图 8-33 为图像校正前后测试对象的背散射图像。测试对象为一个装满水的玻璃瓶，瓶底放置一个钢质螺栓，瓶盖为一个橡胶塞，可以看到，利用上述方法校正之后的背散射图像的空间分辨率、信噪比和对比度显著提高[27]。

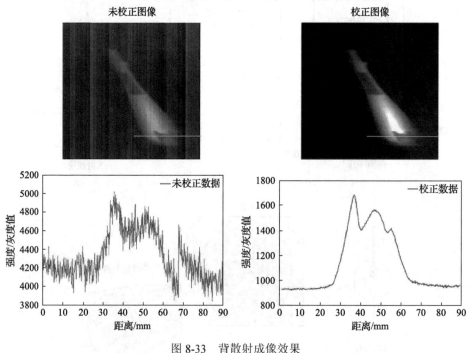

图 8-33　背散射成像效果

### 8.4.2　X 射线背散射成像的应用

背散射成像已经成功应用于带沉积层试样的缺陷检出，可以在不去除沉积层的情况下，探测沉积层以下的裂纹。如图 8-34 所示，小型高强度 X 射线机在未经准直的情况下发射高能射线穿过沉积层到达工件，并发生散射；所产生的散射线的强度由针孔面阵探测器接收。图 8-34(b) 为 X 射线背散射检测结果。由于 X 射线很难在裂纹处散射，裂纹存在的区域是黑暗的，不存在裂纹的区域由于散射而在图像上呈现为明亮区域。利用图像的明暗度分布可以显示裂纹信息[28]。

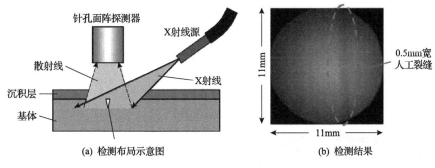

(a) 检测布局示意图　　　　　　　(b) 检测结果

图 8-34　集成背散射系统的材料加工过程

### 1. 裂纹宽度检测

背散射成像所能够探测的裂纹宽度取决于面阵探测器的空间分辨率。针孔相机的空间分辨率是由 X 射线图像增强器和针孔的空间分辨率决定的。高性能的 X 射线图像增强器有很好的空间分辨率(微米量级)。因此，背散射成像的分辨率主要受制于针孔的空间分辨率。以下对几种针孔结构的可检测裂纹宽度进行评价。

实验装置如图 8-35 所示，带有针孔的 X 射线图像增强器位于距试件表面 15mm 处。在图像增强器内部，针孔到 X 射线敏感区域的距离为 15mm。图像增强器与 CCD 摄像机相连。工业 X 射线管的管电压为 80kV，管电流为 4mA。X 射线管位于针孔下方 300mm 处。辐照 X 射线呈未准直的锥形束。锥体中心轴与试件表面的夹角(X 射线照射角度)约为 10°。所采用的试样为 SUS304 不锈钢，不锈钢表面存在宽度为 0.05~0.5mm 的裂纹，裂纹深度为 1.0mm，每次测量时间为 1~80min。

实验选取两种类型的针孔：第一类针孔为带锥形孔的钨片，最小针孔直径为 0.1mm；第二类针孔由两个第一类针孔叠加而成。对于第一类针孔，可以检测裂纹宽度为 0.08mm，当刻槽小于 0.08mm 时，亮度与亮度波动无法区分；对于第二类针孔，可以检测 0.05mm 的裂纹宽度，图 8-35(b) 和 (c) 是利用第二类针孔得到的宽度为 0.05mm 裂纹的背散射图像，图中 A 为缺陷位置的亮度波动范围，B 为缺陷位置的亮度值。进一步的研究表明，当利用高空间分辨率和高强度的 X 射线装置时，第二类针孔可以检测出宽度为 0.025mm 的裂纹。

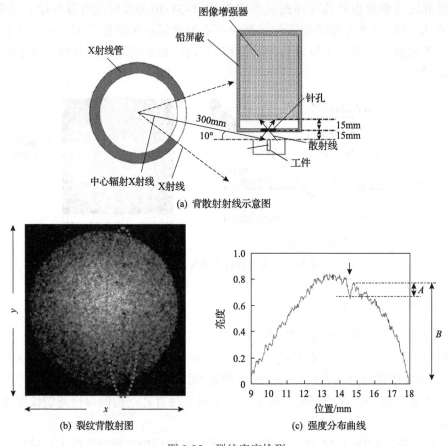

(a) 背散射射线示意图

(b) 裂纹背散射图　　　　(c) 强度分布曲线

图 8-35　裂纹宽度检测

### 2. 沉积层深度的影响

在背散射成像过程中，影响成像质量的参数包括沉积厚度、裂纹宽度、裂纹深度、针孔相机的空间分辨率、X 射线照射角度、X 射线能量等。但是这些参数可以粗略地缩减为一个综合的影响因素，即裂纹体积与测量区域体积的比值（RCM）。其中，裂纹体积是裂纹产生的空隙的体积，是裂纹长度、高度和宽度的乘积；测量区域体积可以表示为针孔相机在物体表面的空间分辨率与 X 射线可达深度的乘积，而 X 射线可达深度由 X 射线照射角度和 X 射线能量确定。

实验所用 X 射线的管电压分别 80kV、120kV 和 160kV，照射角度设置为 30°。针孔板为 8.0mm 厚的铅板，中间有直径为 1.0mm 的孔。针孔距试件表面 50mm

的位置，针孔到 X 射线敏感区的距离为 74mm，针孔相机在物体表面的空间分辨率为 1.7mm。不锈钢板的厚度为 0.1~1.1mm。每幅图像的测量时间为 10~20min。

通过实测数据发现，当 RCM 小于 0.18 时，由于散射 X 射线的统计波动和电噪声的影响，裂纹的检测比较困难。因此，可以将 RCM 的下限定义为 0.18。如果定义裂纹宽度为 0.025mm、深度为 0.5mm，针孔相机在物体表面的空间分辨率为 0.1mm、X 射线管电压为 80kV、X 射线照射角度为 30°，测量区域的直径为 0.1mm，深度为 0.22mm，金属氧化物镀层密度为 $1.2g/cm^3$。利用 RCM 下限为 0.18 的规则，计算得到裂纹宽度与沉积层厚度的关系如图 8-36 所示，可以看到，可以检测宽度为 0.025mm 的裂纹时，沉积层厚度极限为 0.7mm。

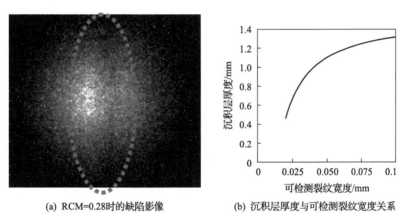

(a) RCM=0.28时的缺陷影像　　　　(b) 沉积层厚度与可检测裂纹宽度关系

图 8-36　沉积层厚度的影响

### 3. 应力腐蚀裂纹检测

背散射成像技术可以用于检出真实形貌的裂纹。实验选用紧凑型针孔相机，包括第二类针孔和 X 射线图像增强器，图像增强器的空间分辨率达到 0.010mm，尺寸为 100mm×100mm×170mm。应力腐蚀裂纹通过化学加工制备，宽度不均匀，最大宽度约 0.1mm。工业 X 射线管的管电压为 80kV，管电流为 4mA。X 射线管与针孔下方的位置相距 230mm。辐照 X 射线呈未准直的锥形束。X 射线照射角度约为 8°。测量时间为 390min。

图 8-37(a) 显示了测量的图像。由于 X 射线强度较低，在图像中不能清楚地观察到。图 8-37(b) 为散射 X 射线强度的分布，该分布是通过将 X 射线强度累积在 4mm 宽度得到的。选择该宽度时，应力腐蚀裂纹的扩展方向与沉积方向一致。随着 X 射线测量值的降低，应力腐蚀裂纹可以被清晰地观察到。

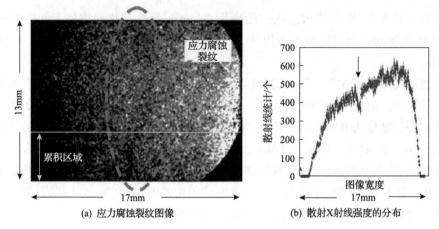

(a) 应力腐蚀裂纹图像　　　　　　　　　(b) 散射X射线强度的分布

图 8-37　沉积层下的应力腐蚀裂纹检测

# 参 考 文 献

[1] 李永红. 高温熔体界面状态的 X 射线数字图像检测技术[D]. 太原: 中北大学, 2006.

[2] 黄晔. 基于工业机器人的 X 射线 CT 检测系统研究[D]. 北京: 北京理工大学, 2015.

[3] 吴庆阳. 碳纳米管冷阴极微焦点 X 射线管的设计与制备[D]. 西安: 电子科技大学, 2018.

[4] 崔强. 厚壁管座角焊缝直线加速器射线检测技术研究[D]. 大连: 大连理工大学, 2018.

[5] 张朝宗. 工业 CT 技术参数对性能指标的影响——兼谈如何选择工业 CT 产品[J]. 无损检测, 2007(1): 48-52.

[6] 郑世才. 数字射线检测技术专题(二)——辐射探测器介绍[J]. 无损检测, 2012, 34(2): 35-40.

[7] 万贺. 利用 X 射线衍射研究聚辛基苝薄膜的微结构及其对相应光电性能的影响[D]. 长春: 长春工业大学, 2010.

[8] 李春阳. 用于暗物质探测的闪烁体相关问题研究[D]. 衡阳: 南华大学, 2014.

[9] DU PLESSIS A, YADROITSEV I, YADROITSAVA I, et al. X-ray microcomputed tomography in additive manufacturing: A review of the current technology and applications[J]. 3D Printing and Additive Manufacturing, 2018, 5(3): 227-247.

[10] KING W E, BARTH H D, CASTILLO V M, et al. Observation of keyhole-mode laser melting in laser powder-bed fusion additive manufacturing[J]. Journal of Materials Processing Technology, 2014, 214(12): 2915-2925.

[11] KIM F H, MOYLAN S P, GARBOCZI E J, et al. Investigation of pore structure in cobalt chrome additively manufactured parts using X-ray computed tomography and three-dimensional image analysis[J]. Additive Manufacturing, 2017, 17: 23-38.

[12] CACACE S, DEMIR A G, SEMERARO Q. Densification mechanism for different types of stainless steel powders in selective laser melting[J]. Procedia CIRP, 2017, 62: 475-480.

[13] CUNNINGHAM R, NICOLAS A, MADSEN J, et al. Analyzing the effects of powder and post-processing on porosity and properties of electron beam melted Ti-6Al-4V[J]. Materials Research Letters, 2017, 5(7): 516-525.

[14] CUNNINGHAM R, NARRA S P, MONTGOMERY C, et al. Synchrotron-based X-ray microtomography characterization of the effect of processing variables on porosity formation in laser power-bed additive manufacturing of Ti-6Al-4V[J]. JOM, 2017, 69(3): 479-484.

[15] CUNNINGHAM R, NARRA S P, OZTURK T, et al. Evaluating the effect of processing parameters on porosity in electron beam melted Ti-6Al-4V via synchrotron X-ray microtomography[J]. JOM, 2016, 68(3): 765-771.

[16] ROMETSCH P A, PELLICCIA D, TOMUS D, et al. Evaluation of polychromatic X-ray radiography defect detection limits in a sample fabricated from Hastelloy X by selective laser melting[J]. NDT & E International, 2014, 62: 184-192.

[17] DU PIESSIS A, LE ROUX S G. Standardized X-ray tomography testing of additively manufactured parts: A round robin test[J]. Additive Manufacturing, 2018, 24: 125-136.

[18] GUO Q, ZHAO C, ESCANO L I, et al. Transient dynamics of powder spattering in laser powder bed fusion additive manufacturing process revealed by in-situ high-speed high-energy X-ray imaging[J]. Acta Materialia, 2018, 151: 169-180.

[19] KENEL C, GROLIMUND D, LI X, et al. In situ investigation of phase transformations in Ti-6Al-4V under additive manufacturing conditions combining laser melting and high-speed micro-X-ray diffraction[J]. Scientific Reports, 2017, 7(1): 16358.

[20] LEUNG C L A, MARUSSI S, ATWOOD R C, et al. In situ X-ray imaging of defect and molten pool dynamics in laser additive manufacturing[J]. Nature Communications, 2018, 9(1): 1355.

[21] CALTA N P, WANG J, KISS A M, et al. An instrument for in situ time-resolved X-ray imaging and diffraction of laser powder bed fusion additive manufacturing processes[J]. Review of Scientific Instruments, 2018, 89(5): 055101.

[22] LEUNG C L A, MARUSSI S, TOWRIE M, et al. Laser-matter interactions in additive manufacturing of stainless steel SS316L and 13-93 bioactive glass revealed by in situ X-ray imaging[J]. Additive Manufacturing, 2018, 24: 647-657.

[23] WOLFF S J, WU H, PARAB N, et al. In-situ high-speed X-ray imaging of piezo-driven directed energy deposition additive manufacturing[J]. Scientific Reports, 2019, 9(1): 962.

[24] ZHAO C, FEZZAA K, CUNNINGHAM R M, et al. Real-time monitoring of laser powder bed fusion process using high-speed X-ray imaging and diffraction[J]. Scientific Reports, 2017, 7(1): 3602.

[25] GEORGESON G, EDWARDS T, ENGEL J. X-ray backscatter imaging for aerospace applications[EB/OL]. (2010-07-22) [2020-06-22]. https://www.nasa.gov/sites/default/files/626353main_5-2_Georgeson.pdf .

[26] CALLERAME J. X-ray backscatter imaging: Photography through barriers[J]. Powder Diffraction, 2006, 21(2): 132-135.

[27] KOLKOORI S, WROBEL N, ZSCHERPEL U, et al. A new X-ray backscatter imaging technique for non-destructive testing of aerospace materials[J]. NDT & E International, 2015, 70: 41-52.

[28] NAITO S, YAMAMOTO S. Novel X-ray backscatter technique for detecting crack below deposit, Toshiba Corporation, Japan[EB/OL]. (2009-02-22) [2020-06-22]. http://www.ndt.net/article/jrc-nde2009/papers/110.pdf.

# 第9章 金属增材制造的电磁检测

电磁无损检测技术包括涡流、微磁、交流电磁场等以电磁感应为基础的检测方法。涡流检测包括常规涡流、阵列涡流和脉冲涡流等，它通过探测材料表面电场的变化来表征材料近表面缺陷和材料物理性能。微磁和交流电磁场检测通过探测缺陷引起的表面磁场强度和磁感应强度变化来实现埋藏型缺陷检出。电磁检测具有非接触、易于集成的特点，是增材制造在线检测的潜在有效解决方案。

## 9.1 增材制造的常规涡流检测

### 9.1.1 增材制造常规涡流检测原理与特点

根据电磁感应定律，导体在变化的磁场中或相对于磁场运动切割磁力线时，其内部会感应出电流。感应电流在导体内部自成闭合回路，呈漩涡状流动，因此称为涡流，如图 9-1 所示。当载有交变电流的检测线圈靠近导电试件时，与涡流伴生的感应磁场与原磁场叠加，使得检测线圈的复阻抗发生改变。导电体内感生涡流的幅值、相位、流动形式及伴生磁场受到导电体的物理及制造工艺性能的影响。因此，通过测定检测线圈阻抗的变化，就可以非破坏性地判断出被测试件的物理或工艺性能及有无缺陷等，此即涡流检测的基本原理[1]。

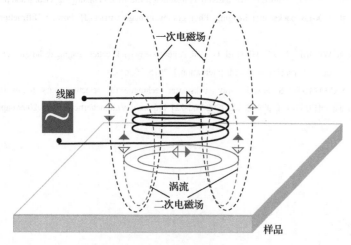

图 9-1　涡流检测原理

当交变电流通过导体时，导体截面的电流分布是不均匀的，电流密度从表面至中心呈指数衰减。在高频情况下，电流仅存在于导体近表面薄层区域，这就是涡流的集肤效应，也称为趋肤效应。定义涡流密度衰减到其表面值的 1/e 时的渗透深度为标准渗透深度。该渗透深度可以表示为

$$\delta_{0.37} = \frac{1}{\sqrt{\pi f \mu \sigma}} \tag{9-1}$$

式中，$f$ 为电流频率(Hz)；$\mu$ 为导体的磁导率(H/m)；$\sigma$ 为材料的电导率(S/m)。频率越高、导电性能越好或者导磁性能越好的材料，其渗透深度越小，如图 9-2 所示。例如，电流频率为 20kHz 时，退火铜(电导率为 $58 \times 10^6$S/m，磁导率为 $4\pi \times 10^{-7}$H/m)的标准渗透深度仅为 0.47mm。因此，涡流检测工艺的选择首先要保证所选探头的涡流场具有足够的覆盖深度。

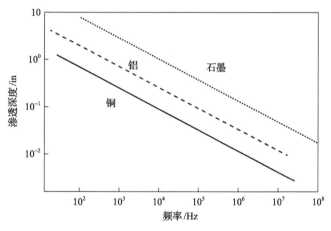

图 9-2　不同材料的涡流渗透深度

涡流检测信号的探头是通过探测线圈的阻抗变化来实现的，因此涡流检测的关键问题是对检测线圈阻抗的分析。由于电磁场理论具有复杂性，线圈的阻抗分析也比较复杂。为了简化线圈分析的复杂性，分别采用两种简化特征方式。

(1)对于圆柱体类的部件，如棒材和管材，目前主要采用福斯特提出的有效磁导率的概念。由于存在趋肤效应，通有交流电的导体内部的磁场分布是不均匀的，磁场强度和感应强度随着与表面距离的增大而逐渐减弱，而磁导率作为材料自身的物理性能，是一个不变的参数。福斯特设定导体截面上的磁场强度是恒定不变的，而磁导率随着截面位置变化而变化。这样就可以简化电磁理论推导过程，对于圆柱形导体，其有效磁导率表示为

$$\mu_{\text{eff}} = \frac{2}{\sqrt{-\mathrm{j}2\pi f \mu \sigma r}} \frac{\mathrm{J}_1\!\left(\sqrt{-\mathrm{j}2\pi f \mu \sigma r}\right)}{\mathrm{J}_0\!\left(\sqrt{-\mathrm{j}2\pi f \mu \sigma r}\right)} \tag{9-2}$$

可见，有效磁导率可以表示为激励频率 $f$、导体半径 $r$、电导率 $\sigma$ 和磁导率 $\mu$ 的复变量；J 为贝塞尔函数。有效磁导率尽管不是一个严格意义上的物理量，但是通过引入有效磁导率可以大大简化涡流阻抗分析。

设定贝塞尔函数中虚宗量的模为 1 时对应的频率为特征频率，可得到

$$f_{\text{g}} = \frac{1}{2\pi \mu \sigma r^2} \tag{9-3}$$

这样，有效磁导率可以简化为

$$\mu_{\text{eff}} = \frac{2}{\sqrt{-\mathrm{j}f / f_{\text{g}}}} \frac{\mathrm{J}_1\!\left(\sqrt{-\mathrm{j}f / f_{\text{g}}}\right)}{\mathrm{J}_0\!\left(\sqrt{-\mathrm{j}f / f_{\text{g}}}\right)} \tag{9-4}$$

在分析线圈阻抗时，以 $f / f_{\text{g}}$ 作为变量。根据检测场景，线圈的复阻抗可以表示为有效磁导率的函数，如线圈外穿管材和棒材、内穿管材等。

(2)对于增材制造过程，熔覆面被检区域作为一个平板面，采用放置式线圈检测模式。特征参数由频率、探头直径和工件物理参数组合而成：

$$P_{\text{c}} = r^2 \omega \mu_{\text{r}} \sigma \tag{9-5}$$

式中，$r$ 为线圈的平均半径(mm)；$\omega$ 为角频率(rad/s)；$\mu_{\text{r}}$ 为工件的相对磁导率；$\sigma$ 为电导率。

以 $P_{\text{c}}$ 为变量进行阻抗分析，随着 $P_{\text{c}}$ 从零增加到无穷大，得到不同提离距离下的阻抗变化曲线，如图 9-3 所示，实线为阻抗变化曲线，虚线为 $P_{\text{c}}$ 不变时提离距离变化引起的阻抗变化。从图中可以看到，在同一提离距离下，阻抗与 $P_{\text{c}}$ 是一一对应的，也就是说，不论检测对象如何改变，只要特征参数 $P_{\text{c}}$ 保持不变，则对应的线圈阻抗相同，这就是涡流的相似律。阻抗变化曲线有助于进行工艺优化，例如，在进行缺陷检出或者电导率测量时，为了得到更高的区分精度，要选择在阻抗变化曲线的拐点进行工作，也是图中 $P_{\text{c}}$ 大约为 $2.48 \times 10^{-3}$ 的位置点，此时，利用式(9-5)即可以设计合适的激励频率和线圈直径。

影响阻抗变化的参数总结如下：

(1)工件物理性能参数。主要包括电导率和磁导率。电导率对阻抗变化曲线的影响非常明确，在其他参数不变的情况下，随着电导率的增加，阻抗沿着曲线向上移动。磁导率的影响较为复杂，有的时候与电导率耦合在一起，共同引起阻抗

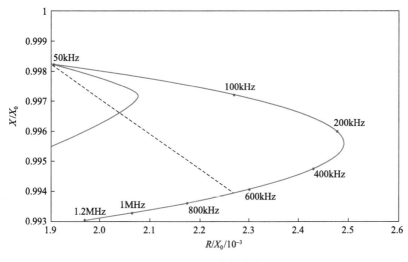

图 9-3　阻抗变化曲线

变化。非磁性材料的相对磁导率为常数，不影响阻抗，因此，常用的增材制造材料(如钛合金、铝合金、不锈钢等)的检测不需要考虑磁导率的影响。铁磁性材料的相对磁导率远大于 1，对阻抗影响非常大。如果要对铁磁性材料进行检测，则需要通过磁化装置，将被检测区域磁化饱和，从而消除磁导率，因此，在装备集成时，必须考虑磁化装置对打印装备的影响。

(2)工件的几何形状。主要包括工件的厚度效应和端部效应。由于涡流的趋肤效应，电流集中在工件表面，因此，一般工件都可以看作电磁场的半无穷大介质。但是当工件很薄时，就必须考虑厚度的影响。一般工件越薄，线圈阻抗越大，呈现出与电导率类似的变化规律。涡流的端部效应也称为变化效应，当探头移动到与工件边缘一定的距离时，线圈阻抗由于边缘电磁场的变化而变化，这就会影响缺陷的判定。因此，对于拓扑结构等复杂形状的增材制件，其检测必须考虑端部效应的影响。

(3)线圈直径和激励频率。激励频率对阻抗的影响与电导率类似，阻抗图一般以 $f/f_g$ 作为变量。当激励频率大时，由于趋肤效应，涡流主要集中在工件表面；当激励频率较低时，涡流有更大的穿透深度，因此激励频率也决定了涡流检测的覆盖深度。如果要实现不同深度的涡流检测，多频检测是一个解决方案。线圈直径对阻抗的影响与激励频率类似，随着线圈直径增大，阻抗沿着曲线向下移动。因为线圈直径增大之后，工件中的磁通密度增加，涡流增大，相当于电阻率减小。实际检测中，线圈直径和激励频率是一个组合参数，例如，为了保证覆盖深度，激励频率不能改变时，可以通过改变线圈直径来满足阻抗工作点。

(4)提离距离。提离距离是指线圈与工件表面之间的距离。当提离距离增加时，线圈的阻抗会发生变化，这就是提离效应。因为提离距离的改变对磁通密度的变化很大，所以比较小的提离距离就会产生较大的阻抗变化。因此，涡流检测必须保证一定的提离距离，或者采用电路的方式抑制提离效应的影响。当检测条件需要较大的提离距离时，例如，增材制造过程中为了避免对金属粉末造成影响，可以采用脉冲涡流等新技术。

涡流传感器的功能包括激励涡流信号和探测涡流信号。涡流信号的激励一般采用线圈，有的带铁心。涡流信号的接收方式有很多，除了可以使用线圈激励，所有的磁传感器都可以用于涡流信号的接收，如霍尔元件、磁通门、各向异性磁电阻(anisotropic magneto resistive，AMR)传感器、巨磁阻(giant magneto resistive，GMR)传感器和隧道磁阻(tunnel magneto resistive，TMR)传感器等。对于常规涡流检测来说，最常用的接收方式是线圈。

线圈传感器的分类方法较多。

(1)按照输出信号，分为自感式线圈传感器和互感式线圈传感器两种。自感式线圈传感器只有一个线圈，既作为激励线圈来激励磁场，又作为检测线圈来拾取涡流信号；互感式线圈传感器一般有两组线圈，一组用来激励磁场，另一组用来拾取涡流信号。

(2)按照检测对象及检测布局，可以分为外穿式线圈传感器、内穿式线圈传感器和放置式线圈传感器三种。外穿式线圈传感器主要针对圆柱形的棒材及管材，在检测时线圈套在被检工件外表面，常用于工业生产中的批量化、自动化检测。内穿式线圈传感器主要用于管道内表面检测，检测时，将探头伸入管子内部，常用于换热管等在役检测。放置式线圈传感器主要将探头放置在被检工件的表面进行检验，也是最适用于增材制造在线检测的方式。

(3)按照线圈绕制方式，可以分为绝对式线圈传感器、标准比较式线圈传感器和自比较式线圈传感器。绝对式线圈传感器一般只有一个线圈，直接测量阻抗变化。在检测时，通常先采用标样进行调零，再进行检出，并对引起的阻抗变化进行分析。标准比较式线圈传感器也叫差动式线圈传感器，它采用两个线圈反向连接，一个线圈用于探测标样，另一个线圈用于探测被检工件，当被检工件存在缺陷时，两组线圈出现差异，就会有检测信号输出。自比较式线圈传感器也采用两个线圈反向连接，但是同时探测被检工件的不同部位，即以同一试样的不同部位作为比对。

绝对式线圈传感器和差动式线圈传感器各有优缺点。绝对式线圈传感器对各种影响阻抗变化的因素均能做出反应，因此对探头扫描的稳定性、温度稳定性等的要求更高。差动式线圈传感器可以避免探头稳定性和温度稳定性等因素影响，但是灵敏度不如绝对式线圈传感器。

为了实现高灵敏度探测，必须采用磁传感器，根据磁性测量的精度，可以分为三代：第一代为霍尔元件；第二代为磁电阻传感器，包括 AMR 传感器、GMR

传感器；第三代为巨磁阻抗(giant magneto impedance，GMI)传感器[2-4]。

　　(1)霍尔元件。霍尔元件是基于霍尔效应的传感器。霍尔效应是指当金属或半导体薄片位于磁场中时，若其电流方向与磁场方向不一致，则在洛伦兹力的作用下电荷聚集，在垂直于电流和磁场的方向会产生电动势，如图 9-4 所示。霍尔电势 $U$ 可以表示为

$$U = KIB / d \qquad (9-6)$$

式中，$K$ 为霍尔系数，与薄片材料有关；$d$ 为薄片的厚度；$I$ 为电流；$B$ 为磁场强度。

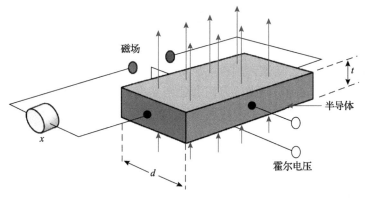

图 9-4　霍尔效应原理图

　　霍尔电势一般很小。为了得到高灵敏度的霍尔元件，需要选择霍尔系数较大的材料，如 N 型半导体，并且霍尔元件一般都比较薄，厚度约为 1μm。当霍尔元件工作在一个固定的电流 $I_c$ 时，霍尔电势与磁场强度呈线性关系，因此可以通过测量霍尔电势来实现磁场的测量。为进一步地保证测量灵敏度，霍尔元件还配置了放大电路、温度补偿电路、稳压电源等，从而形成体积小、重量轻、线性稳定的高精度传感器。霍尔元件具有体积小的特点，使得其能够发现缺陷的尺寸远小于线圈的检出尺寸。但是由于霍尔电势较小，霍尔元件一般难以进行弱磁场的测量。

　　(2)磁电阻传感器。磁电阻传感器是基于磁电阻效应的传感器。磁电阻效应是指某些金属或半导体在遇到外加磁场时，其电阻会随着外加磁场的大小发生变化。根据磁场与电阻变化关系的差异性，可以分为 AMR 传感器、GMR 传感器、TMR 传感器。

　　AMR 传感器基于各向异性磁阻效应，即在磁饱和条件下，磁阻材料的电阻变化与外加磁场和内部感应磁场的角度有关，当外加磁场与内部感应磁场的夹角为 0°时，材料的电阻最大；当外加磁场与内部感应磁场的夹角为 90°时，材料的电阻最小[5]。电阻与磁场呈非线性关系，只有在 45°左右时具有线性关系，这也是一般

磁阻传感器的工作范围，如图 9-5(a)所示。AMR 传感器的灵敏度可以用磁阻系数表示，它指在稳定状态下输出电压的变化对输入磁场的变化的比值。磁阻系数越大，灵敏度越高。材料的磁滞伸缩系数大会导致输出-输入曲线不重合的程度高、多次测量重复性差等问题，因此，磁滞伸缩系数越小越好。AMR 传感器最常用的材料是坡莫合金，即 Ni 和 Fe 的组分比为 81：19，因为这个成分比例既能得到较大的磁阻系数，又能得到较低的磁滞伸缩系数，有利于降低巴克豪森噪声，提高信噪比[5]。坡莫合金为薄膜结构，通常采用磁控溅射的方法制备，工艺参数(如真空度，氩气压，基片的材料、粗糙度及温度，种子层的种类及厚度，制备后期的热处理)对薄膜材料的性能有着重要的影响。

AMR 传感器的基本结构是由四个磁阻组成的惠斯通电桥，如图 9-5(b)所示。其中供电电压为 $V_b$，电流流经电阻。当施加一个偏置磁场 $H$ 在电桥上时，两个相对放置的电阻的磁化方向就会朝着电流方向转动，这两个电阻的阻值会增加；而另外两个相对放置的电阻的磁化方向会朝与电流相反的方向转动，该两个电阻的阻值则减少。通过测试电桥的两输出端电压差信号，可以得到外界磁场值[6]。

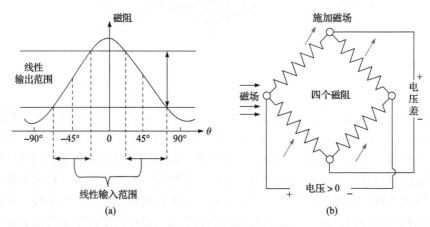

图 9-5　AMR 传感器原理图

GMR 传感器采用的敏感材料是 Fe 和 Cr 交替沉积得到的多层纳米薄膜，如图 9-6 所示，其产生的磁阻变化率远大于 AMR 传感器，因此称为巨磁阻效应。巨磁阻效应是由金属多层膜中电子自旋相关散射造成的。来自载流电子的不同自旋状态与磁场的作用不同，因而导致电阻的变化，如图 9-7 所示。这种效应只有在纳米尺度的薄膜结构中才能观测出来[7]。当没有外加磁场时，在非磁铁层(Cr)厚度适当时，相邻的铁磁层(Fe)形成反向磁场耦合。两层电阻相当于并联关系，总电阻为 $R_{总}=(R+R_0)/2$；当有外加磁场时，所有磁场方向都趋于一致，此时的总电阻为 $R_{总}=2RR_0/(R+R_0)$。此时的总电阻比无外磁场时要小得多，于是在外磁场下产生了巨磁阻效应。

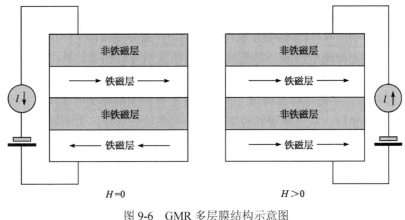

图 9-6 GMR 多层膜结构示意图

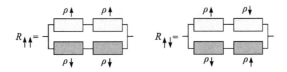

图 9-7 多层膜结构中不同散射对磁电阻的影响

　　GMR 传感器的芯片一般利用磁性纳米金属多层膜材料制成,芯片的体积非常小。一般一个传感器由 4 个芯片搭成惠斯通电桥来提高灵敏度和稳定性。GMR 传感器能感受微弱磁场变化,主要有加工简单、造价低廉、易于集成、高灵敏度和高可靠性等特点[8]。传统的基于感应线圈的涡流检测常应用于高频检测,而对低频部分的灵敏度较低,而 GMR 传感器频率范围很宽(0～1MHz)[7]。

　　涡流检测仪器的基本构成包括信号发生器、激励和检测线圈、放大器、信号处理器和显示器。其工作过程如下:信号发生器的振荡器产生交变的电流信号,由输出电流传递到激励线圈,激励线圈产生的交变磁场在工件中产生涡流,涡流受到工件物理性能及缺陷的影响,反过来改变线圈阻抗,通过检测线圈探头拾取信号,经过前置放大、相敏检波和滤波之后,再利用幅度鉴别器或者移相器实现信号幅值和相位的获取,如图 9-8 所示。

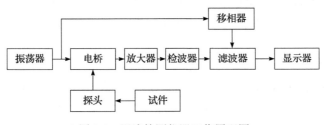

图 9-8 涡流检测仪器工作原理图

涎流检测仪器的基本电路包括以下元件。

(1)电桥。用于测量线圈微小的阻抗变化。线圈分别构成电桥的两个臂，通过电桥的平衡，使得激励线圈与接收线圈的电压矢量近似相等，输出信号为零。当工件存在缺陷时，电桥产生一个微弱的不平衡信号输出。

(2)移相器。在进行检波处理之前，需要在保持振幅不变的情况下，将阻抗相位旋转至参考相位，从而规避相位影响，实现参数的选择，为相敏检波处理提供合适的信号。

(3)相敏检波器。相敏检波的原理是在已知干扰信号的前提下，通过设定控制信号的相位，使得控制信号与输入信号的相位差为 90°，则输出信号的正极和负极相互抵消，从而达到抑制干扰信号的目的。

(4)幅度鉴别器。幅度鉴别器也称为限幅器，主要是为了抑制同一数量级的杂波信号，通过设定一个幅度阈值，在此阈值电平之下的信号全部去除，从而实现去噪声。

(5)提离抑制电路。线圈与试件之间的提离距离会影响线圈的阻抗变化，并且由提离引起的阻抗变化甚至大于缺陷引起的阻抗变化。因此，必须抑制提离效应，主要有两种方式：一种是谐振电路，即利用线圈与电容串联，使电路发生部分谐振来达到抑制效果；另一种是非平衡电桥，通过并联电容来实现，保证不同距离下该电容值所对应的电桥输出电压相等。

(6)补偿电路。主要针对检测线圈和激励线圈并不是完全一致的情况下，即使在空载的情况下，仍然会有微弱的信号输出，通过反接差动线圈可以抑制该残余信号的输出。

(7)滤波器。用于滤除各种干扰信号的影响，具有硬件滤波和软件滤波两种方式。

### 9.1.2  基于常规涡流的增材制造在线检测

常规涡流检测技术已经实现在增材制件离线检测的应用[9,10]。在增材/减材制造装备的在线检测方面，其集成装备如图 9-9 所示，首先利用激光 DED 方法完成特定层的打印(图 9-9(a))；其次利用铣刀对打印粗糙表面进行减材制造，从而得到较为平滑的检测面(图 9-9(b))；再次采用涡流对工件近表面进行检测(图 9-9(c))，当发现缺陷时，利用铣刀对缺陷进行清除(图 9-9(d))；最后重复上述打印过程[11]。

利用 Ti-6Al-4V 粉末进行方法验证，通过调整扫描间距和体积能量密度来得到不同尺寸的缺陷。涡流探头由线圈和磁铁构成，线圈为 100 匝，电感为 119.96μH，阻抗 5.6Ω，允许的频率范围为 20～200kHz，有效覆盖深度达 3mm。涡流探头安装在二维扫描平台上面，平台的定位精度为 0.01mm，重复精度为 0.05mm，$X$

和 $Y$ 方向的行程为 300mm，$Z$ 方向的行程为 100mm，扫描速度为 1～600mm/s。

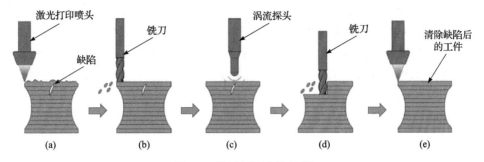

图 9-9　增材/减材制造过程

利用 DED 打印得到含不同宽度缺陷试样，如图 9-10(a)所示，实际测量得到的缺陷宽度约为 0.8mm、0.6mm、0.4mm、0.2mm，在缺陷内部可以看到未熔粉末，而且由于激光能量的不稳定性，缺陷宽度是不均匀的。图 9-10(c) 为利用涡流测量得到 4 个缺陷的信号，可以看到涡流信号与缺陷位置吻合得非常好，而且信号的幅值随着缺陷宽度的减小而减小，近似呈线性关系。

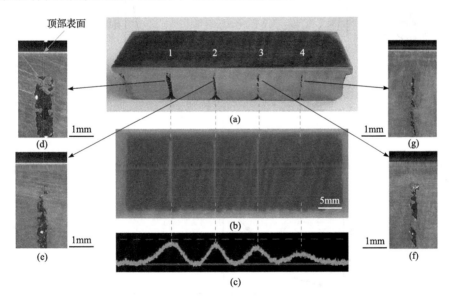

图 9-10　涡流检测结果

### 9.1.3　基于高灵敏涡流传感器的增材制件离线检测

基于非晶丝的磁传感器比传统线圈传感器具有更高的灵敏度，因而可以更为有效地检出增材制件的表面及近表面裂纹。图 9-11(a)为非晶丝高灵敏度磁传感器的原理图，传感器由线圈和非晶丝构成。非晶丝的成分为 $(Fe_{0.06}Co_{0.94})_{72.5}Si_{2.5}B_{15}$，线圈中的交流电和直流电分别用于产生交变的调制磁场和直流的偏置磁场，电容 $C_1$ 和 $C_2$、电感 $L$ 分别用于绝缘直流和交流电流。磁传感器的原理如下：当偏置直流场施加到传感器时，非晶丝达到磁饱和，再进行外界磁场测量，如图 9-11(b) 所示。偏置频率为 200kHz～5MHz，并且在频率为 1MHz 时，阻抗最大。偏置磁场强度为 2.5G($1G=10^{-4}T$)时，得到的外界磁场与输出电压的关系如图 9-11(c) 所示，在外界磁场为±2G 范围，响应基本为线性关系，斜率为 0.9V/G。非晶丝直径为 0.1mm，长度为 5mm，铜丝线圈为 30 匝，缠绕直径为 0.6mm，铜丝自身直径为 0.1mm。

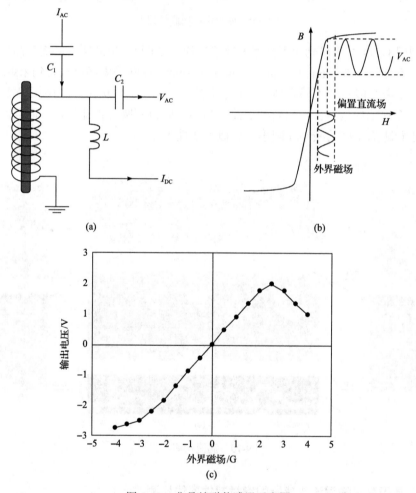

图 9-11　非晶丝磁传感器示意图

所用增材制造试样为 TC4 合金，增材制造的激光功率为 95W，波长为 1070nm，光斑直径为 50μm，扫描速度为 900mm/s。增材制件尺寸为 50mm×50mm×10mm。

表面有 2 条裂纹，裂纹 a 长度为 13mm，深度为 1.5mm，宽度为 10μm～0.2mm；裂纹 b 长度为 15mm，深度为 5mm，宽度为 10μm～0.3mm，如图 9-12 所示。

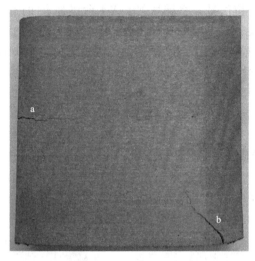

图 9-12　增材制件

通过激励线圈的时变电流会产生电磁场。如果导电材料靠近这个电磁场，就会在材料中产生涡流。如果试样中存在缺陷，则会改变涡流的幅值和分布。磁传感器可用于测量涡流产生的磁场。图 9-13 为涡流检测原理图。其中，图 9-13(a) 中非晶丝磁传感器为了产生合适的激励磁场，在非晶态导线周围绕上一个直径约为 1mm 的 10 匝激励线圈。用直径 0.1mm 的铜丝制作线圈。当交流励磁电流幅值为 10mA 时，引起线圈中心磁场幅值约为 1G，在磁传感器线性响应范围内。为了对比非晶丝磁传感器与传统线圈传感器的区别，采用了图 9-13(b) 所示的大圆形线圈对磁场进行激励。样品位于激励线圈的中心。样品和激励都没有移动。为了产生几乎均匀的磁场作用于样品，激励线圈应该足够大，所以选择直径约为 130mm。引起线圈的匝数并不重要，可以通过调节励磁电流的幅值来得到相同的结果。激励线圈有 40 匝，直径为 130mm。用直径为 0.3mm 的铜丝制作线圈。在这两种涡

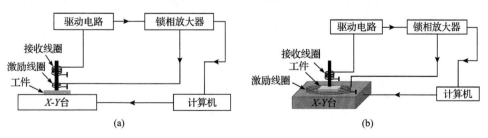

图 9-13　涡流检测原理图

流检测(eddy current test，ECT)系统中，锁相放大器的正弦波输出被发送到激励线圈中产生激励磁场，并用磁传感器测量钛合金试样中涡流产生的磁场。锁相放大器用于提取振幅和相位信号。将样品置于 X-Y 台进行表面扫描。

涡流检测工艺设计最主要的参数是激励频率，一般是通过频响曲线来选择最佳激励频率，在最佳激励频率下，钛合金试样中缺陷与非缺陷位置的信号对比度大，而噪声水平相对较低。对于激励线圈较小的 ECT 系统，最佳激励频率为100kHz；对于传统线圈，选择激励频率为 70kHz 和 1MHz。二维扫描的步长设置为 0.2mm，扫描面积为 45mm×45mm。扫描面积小于整个试样。

图 9-14(a)和(b)为小激励线圈 ECT 系统扫描实验的图像结果(分别是由振幅和相位特性得到的图像)。对比两幅图像，相位成像结果明显优于振幅成像结果。从图 9-14(b)可以清楚地看到钛合金表面缺陷的位置和尺寸。在振幅和相位成像结果中，图像右侧的值均高于左侧。造成这一现象的原因可能是扫描过程中的发射差异。图 9-14(c)和(d)为大激励线圈 ECT 系统在 70kHz 激励时的成像结果(分别

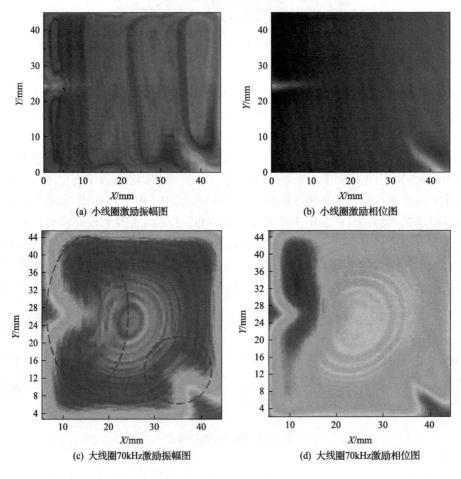

(a) 小线圈激励振幅图　　　　　(b) 小线圈激励相位图

(c) 大线圈70kHz激励振幅图　　　　　(d) 大线圈70kHz激励相位图

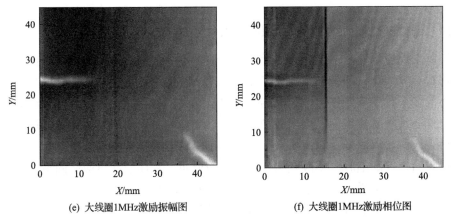

(e) 大线圈1MHz激励振幅图　　　　　　　　(f) 大线圈1MHz激励相位图

图 9-14　裂纹的涡流检测

为振幅和相位信号的图像)。在振幅成像和相位成像结果中都可以清楚地看到表面缺陷的位置。在图 9-14(c)中，涡流传播的变化可以在表面缺陷的尖端看到。实验样品中心可见的同心圆为涡流环，由涡流激励方式决定。通过对振幅成像结果和相位成像结果的比较，发现振幅成像结果比相位成像结果更平滑、更精细。这种变化的一个潜在原因是 ECT 系统-大激励线圈使振幅成为一个更敏感的成像参数。图 9-14(e)和(f)为大激励线圈 ECT 系统在 1MHz 激励时的成像结果(分别为幅值和相位信号的图像)。可以看到，振幅和相位图均明显地显示出了缺陷，达到了与小线圈探头相近的分辨率。

将传统线圈传感器 ECT 系统与高灵敏度磁传感器 ECT 系统的结果进行比较，可以得出结论：传统线圈传感器 ECT 系统具有良好的高频感受器性能，适用于检测表面缺陷；高灵敏度磁传感器 ECT 系统具有良好的低频灵敏度，可用于深埋缺陷的检测[12]。

## 9.2　增材制造的阵列涡流

阵列涡流检测技术是在常规涡流检测技术的基础上发展起来的一种新技术，其主要特点是将多个涡流线圈按照一定的阵列形式排列，在保证单个涡流阵元的检出灵敏度的情况下，依据阵列涡流覆盖范围大的特点，可以一次性实现对被检对象的大面积扫描，并且可以通过 C 扫描图像显示等给出检测结果。因此，相比于常规涡流检测，阵列涡流检测技术具有检测结果直观、检测速度快、误差小等特征。对于金属增材制造而言，阵列涡流可以沿着刮刀排列，从而在刮粉过程实现检测的无缝穿插，因而受到越来越多的关注。

### 9.2.1 增材制造阵列涡流检测原理与特点

阵列涡流尽管由多个线圈阵元组成，但是单个线圈阵元一般都是以自发自收的形式独立工作，或者是由相邻阵元以一发一收线圈对的形式工作。这与相控阵超声的多个传感阵元按照一定的相位延迟法则来工作不同。因此，阵列涡流检测的原理与常规涡流类似，即当激励线圈通以交流电时，所产生的交变磁场在金属工件表面产生涡流场，涡流场会产生一个反向感应磁场来减弱原磁场。当金属部件近表面存在缺陷时，将改变感生涡流场的分布，从而引起感应线圈阻抗变化。对于阵列涡流来说，当一个线圈或者一对线圈完成数据的采集之后，通过电子扫描或者电路转换的方式，激发下一组线圈进行信号的激励和采集；当完成所有的线圈阵元的数据采集之后，可以通过机械扫描的方式完成 C 扫描图像的数据采集，如图 9-15 所示。常规涡流必须进行二维扫描来保证足够的成像数据。因此，阵列涡流具有更高的检测效率。

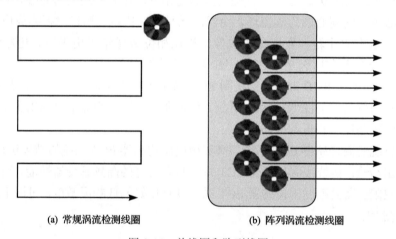

(a) 常规涡流检测线圈　　　　　　　　(b) 阵列涡流检测线圈

图 9-15　单线圈和阵列线圈

阵列涡流检测系统主要由三部分构成：多通道信号收发电路、阵列涡流探头和多路复用器。阵列涡流的信号收发与常规涡流类似，如图 9-16 所示。首先由信号发生器激励一个一定频率的正弦信号，该信号经过功率放大之后，传导至阵列线圈，阵列线圈的信号在通过多路复用器之后，经过前置放大、数模转换等数据处理，再以阻抗图、C 扫描图、三维图等多种形式呈现检测结果，如图 9-17 所示。

多路复用器是阵列涡流特有的模块。为了避免阵列线圈的两组相邻线圈同时激励可能带来的信号干扰问题，引入多路复用器。多路复用器可以实现单个涡流线圈的分时激励，即单个线圈在不同的时间被激励，再通过信号处理将多个模拟信号组合成一个数字信号。多路复用器的核心作用是规划完成每个线圈阵元的信

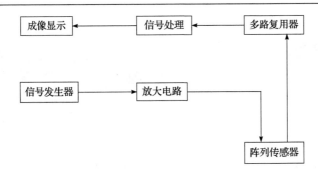

图 9-16　阵列涡流仪器工作原理

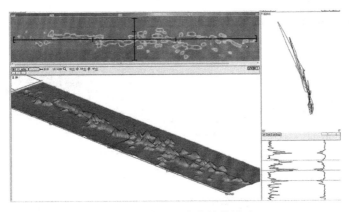

图 9-17　阵列涡流信号的显示

号激励及传输的准确时间,对采集到的不同时刻的信号进行重新组合并显示成像。由于多路复用器的使用,检测过程不需要同时激励任何两个相邻线圈,从而将互感效应降至最低,提高通道分辨率、增加线圈灵敏度和降低噪声水平。此外,多路复用器还允许在检查后分析任何单独的线圈(数据)通道,从而增强数据分析处理功能。

　　阵列涡流探头的结构形式一般可以分为两种:一种是呈圆周分布,用于管材的内穿或者外穿检测,如图 9-18(a)所示;另一种是布置成矩形阵列,形成放置探头,用于大面积金属表面的快速扫描,如图 9-18(b)所示。为了消除线圈之间的干扰,在探头设计过程中,相邻线圈之间要保留足够的距离。近年来,为了适应复杂零部件的检测,柔性印制电路板(printed-circuit board,PCB)开始用于线圈的制作,柔性 PCB 探头可以良好地贴合异形结构表面,从而提高探测灵敏度[13-15]。

　　阵列涡流探头可以有多种工作模式。首先,阵列涡流可以通过对单一线圈进行激励和接收来实现数据的采集,如图 9-19(a)所示;其次,阵列涡流可以采用两两组合或者多个线圈组合的形式,如图 9-19(b)所示,线圈 $T_1$ 和 $T_2$ 为激励线圈,线圈 $T_1$ 和 $T_2$ 基于电磁感应,在工件表面产生涡流场,线圈 $R_1$ 和 $R_2$ 作为接收线圈,

(a) 内穿式探头

(b) 放置式探头

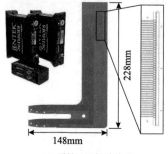

228mm

148mm

(c) 柔性PCB探头线路

扫码见彩图

(d) 放置式柔性PCB探头

图 9-18　阵列涡流探头类型

将检测信号传递到阵列涡流设备中进行处理，当采集完一组数据之后，线圈组合再进行下一次扫描；根据检测需求，阵列线圈可以有多种组合形式，如图 9-19(c) 所示，通过线圈激励和接收的不同组合，形成行列垂直的电磁场方向，就可以实现不同取向的缺陷的探测，例如，当线圈 T 作为激励线圈产生的涡流磁场被检测线圈 $R_1$ 接收时，容易发现纵向缺陷，当被 $R_2$ 线圈接收时，可以检出横向缺陷。

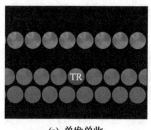

(a) 单发单收

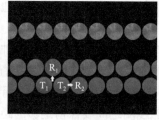

(b) 双发双收

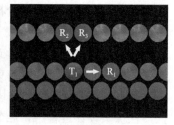

(c) 单发多收

图 9-19　阵列涡流探头扫描规则

## 9.2.2　基于阵列涡流的增材制造在线检测

阵列涡流已经用于激光焊接过程的检测，可以检测未焊透和未焊满等缺陷。类似的阵列涡流装置可以用于增材制造的检验，并且阵列涡流非常容易与增材制造装备集成。图 9-20 是阵列涡流检测系统与增材制造系统的集成示意图，阵列涡流仪器选用一般的商用仪器即可，阵列涡流的探头安装在 $XY$ 扫描臂上，用于得到 C 扫描成像数据。阵列涡流传感器包括多个涡流元件，以预定的方式排列(如交错排列)，以使检查区域的覆盖均匀。当阵列扫描在一次扫描中覆盖整个区域时，各个元素按预定的顺序被激发。当线圈被激发时，会产生一个交变磁场，如果该线圈本身是导电的，则交变磁场反过来会在增材制造元件中诱导涡流。增材制造元件中的涡流密度和分布主要取决于材料的电磁特性(如电导率和磁导率)、电磁场强度和频率、增材制造元件的几何形状以及产生磁场的元件或线圈几何形状。当增材制造材料的电导率或磁导率变化，以及出现不连续区域时，感应线圈将记录涡流场的变化。因此，通过对比材料电导率和磁导率等性能变化，就可以将几何形状和表面不规则性变化与材料局部不连续、应力、相和化学成分等引起的较大材料性能变化区域分离开来。

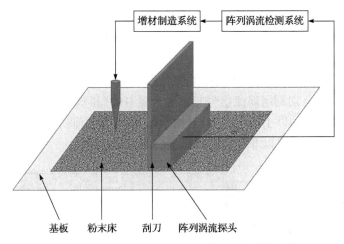

图 9-20　阵列涡流检测系统与增材制造系统集成

当监测增材制造过程时，在每一层沉积后进行检查，阵列涡流探头在非常接近打印面的距离($75\sim125\mu m$)沿着表面进行扫描。因此，整个扫描过程是在完全没有物理接触的情况下完成的，从而可靠地检出整个打印体的表面和近表面缺陷，以及形状偏差和不均匀。PBF 等特定增材制造工艺的阵列涡流传感器可以安装在刮刀或特别设计的扫描臂上。这可以保证逐层检测，从而以最高效率实现部件检测，而且能够对缺陷进行准确的定位。可以选择单个条带沉积完成时，或在每一连续层沉积后和下一层粉末完成前的时间窗口完成整个表面检测。

当检测到不连续(如裂纹、侧壁未熔合、孔隙率)、形状不规则(如大面积未熔合)或缺陷(如合金成分偏差、应力)时，传感器将发出信号。阵列涡流检测系统将处理不连续或条件信号，并将触发信号转发给增材制造系统。增材制造系统将涡流触发信号进行分类，即区分涡流触发信号是不连续信号还是条件信号。涡流指示区域的位置和大小将被记录下来，并被评估为可接受或不可接受。如果指示不可接受，则可以使用阵列涡流传感器对系统进行重新定位，修复指示位置并重新检查。

### 9.2.3 基于阵列涡流的增材制造离线检测

阵列涡流的检测能力已经分别从增材制造自然缺陷和人工电火花加工不连续性的成像与检测中得到证明。增材制造和电火花加工的缺口与孔洞代表了紧密的不连续，如裂缝、体积孔隙和未被覆盖的较大区域。现有的研究表明，阵列涡流完全可以检测一个长4.8mm、宽0.6mm、高1.7mm的内腔型缺陷，而且阵列涡流探头不需要接触检测表面，距离检测表面保持75μm。在750kHz和1.5MHz的较低频率下可以非常清晰地检出缺陷，而在3MHz和4MHz的较高频率下没有检测到缺陷，这是因为在较高频率下穿透能力有限。不过对于增材制造界面的表面断裂和不连续，在较高和较低的频率下均可以检测到，而且频率越高、分辨率和灵敏度越高。这说明，即使是在不连续区域含有未熔粉末的情况下，阵列涡流检测系统也可以有效检出表面和近表面缺陷。

图9-21是利用电火花加工制作的深度为2mm、1mm、0.5mm刻槽及圆形刻槽的检测结果，分别利用涡流信号的水平分量(HC)和垂直分量(VC)进行成像。所有的频率和通道均以1mm深度的刻槽信号为1V作为调节基准。可以看到，涡流信号的垂直分量图可以非常清晰地显示出所有刻槽[16]。

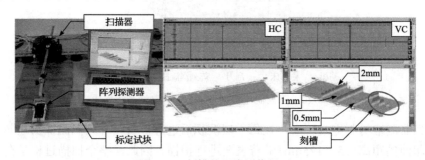

图9-21 刻槽的涡流图像显示

将阵列涡流用于检测SLM铝合金方形试样，如图9-22所示，试样尺寸为20mm×50mm×200mm。试样表面粗糙度为30μm。为了研究粗糙面对检测结果的影响，首先将试样右端用砂纸打磨至光滑(粗糙度低于6.5μm)，然后分别在光滑面和粗糙面制作直径为2mm的平底孔，共8个。利用阵列涡流探头，并配置编码器沿着试样长度方向进行扫描。柔性阵列涡流探头激励频率为449kHz，阵元数为64，宽度为51mm，检测结果如图9-22(c)所示，可以看到，不论是粗糙面还是光滑面，柔性阵列涡流探头可以检出制作的所有平底孔，说明阵列涡流探头对增材制造试样具有较好的适用性，可以不受粗糙打印面的影响，此外，柔性阵列涡流探头可以适用于复杂结构，因此在增材制造的离线检测领域具有非常广泛的应用前景。

(a) SLM铝合金试样

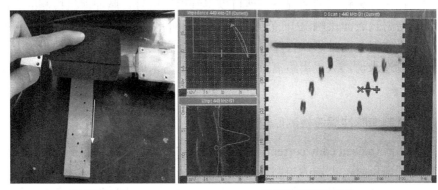

(b) 阵列涡流扫描　　　　　　　　(c) 阵列涡流检测结果

图 9-22　阵列涡流用于检测 SLM 铝合金方形试样

阵列涡流在增材制造在线检测的应用方面具有非常明显的优势，其优点体现在以下方面。

(1) 直接安装在粉末刮刀上面或者外加一个扫描臂即可实现阵列传感器的布置，从而非常方便地对增材制造部件逐层进行实时检测。

(2) 对于 DED 等增材制造过程，传感器可以跟随激光束等热源边打印边检测，也可以在整层沉积后立即进行检测。

(3) 容易区分几何形状和表面不规则、材料局部不连续、材料性能分布不均匀变化。

(4) 容易区分表面不连续和近表面不连续特征。

(5) 可以在制造过程中同时实现监测和无损评价，提供实时反馈，必要时纠正过程。

(6) 消除或减少破坏性试验和抽样，也可以消除或显著减少增材制造后的无损评价。

(7) 由于是非接触式检测方法，在激光或其他核聚变源之后，能够在没有物理接触的情况下接近热表面工作。

(8)一次检测即可以实现纵向和横向不连续性的检出,且对不连续内部是否还有金属粉末不敏感。

## 9.3 增材制造的脉冲涡流

由于存在趋肤效应,常规涡流在检测时探头与工件的提离距离通常需要保证在 1~2mm 范围以内。脉冲涡流检测是在常规涡流检测技术基础上发展起来的,由于其激励线圈所激发的磁场大,即使存在较薄的金属保护层或者较厚的非金属包覆层,在大提离距离的情况下仍然可以得到检测信号。脉冲涡流检测的实施完全不需要与材料表面接触,因而它可以在物体表面粗糙或难以接近的情况下使用。该方法也不需要表面处理或去除任何绝缘,是一种快速且经济有效的检测方案。对于增材制造来说,大提离距离可以避免探头与粉末床的接触,从而避免粉末的污染。

### 9.3.1 增材制造脉冲涡流检测原理与特点

脉冲涡流(pulsed eddy current,PEC)利用脉冲方波或阶跃函数信号作为激励,当施加这种电压时,电场的急剧变化会感生一个快速衰减的电磁场,脉冲磁场穿过覆盖层后,在工件表面感生出脉冲涡流,脉冲涡流场再感生出反向的二次电磁场,并最终使检测线圈产生一个感应电压。二次电磁场包含工件的厚度和缺陷信息,如果被检工件存在缺陷,会改变脉冲涡流场的分布,涡流场的变化必然导致脉冲磁场的变化,并最终使检测线圈的感应电压发生变化。检测线圈在方波信号的上升沿和下降沿探测到衰变的感应压电曲线,缺陷处和无缺陷处的曲线会存在明显的感应幅值及其曲线衰变规律的差异性,如图 9-23 所示。

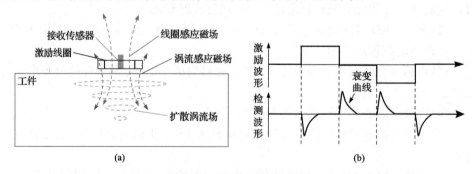

图 9-23 脉冲涡流激励原理

在常规涡流检测中,涡流的有效渗透深度取决于材料的磁导率和电导率以及涡流的激励频率,激励频率越高,涡流的渗透深度越小。这个规律同样适用于脉冲涡流,但是脉冲涡流激励采用的是方波信号,通过傅里叶变换可以知道其激励

频率在一定的频段。如果方波信号的占空比为 50%，脉冲涡流的渗透深度可以表示为

$$\delta_{pw} = \sqrt{\frac{2\Delta}{\pi\sigma\mu}} \tag{9-7}$$

式中，$\Delta$ 为脉冲宽度，脉冲宽度越大，对应的激励频率越小，渗透深度就越大。因此可以通过控制脉冲宽度来调节脉冲涡流检测的覆盖深度。

　　尽管脉冲涡流可以穿越一定的提离距离进行检测，但是当探头的提离距离增大时，探头线圈激励磁场的覆盖范围增大，探头的灵敏度和分辨率都会降低，即对小型缺陷可能无法检出。实际检测中，通过设计双线圈激励和双线圈接收探头，可以实现激励磁场在缺陷位置的聚焦，从而增大穿透深度，提高信号接收能力[17,18]。

　　与常规涡流检测仪器类似，脉冲涡流检测仪器包括激励电路和接收电路。激励电路主要用于给激励线圈提供可调的脉冲电压和电流信号，从而保证激励信号的频率可调。接收电路用于接收由二次脉冲磁场感应得到的电压信号，其过程如下：感应电压信号经过前置放大器和主放大器放大之后，利用高分辨数模转换卡进行采样，以保证信号幅值的采样精度，获得的信号再经过中央处理器处理之后进行显示、存储或传输至终端部件。

　　脉冲涡流传感器一般由激励元件和接收元件构成，激励元件一般采用线圈，用于在被检对象表面激励涡流，接收元件可以是线圈，也可以是其他磁性元件，如霍尔元件、GMR 传感器、AMR 传感器、磁通门等。线圈作为接收元件时以电磁感应效应为基础，对高频信号较为敏感，但是对脉冲涡流常用的低频信号灵敏度较低，线圈的主要优点是制作简单和成本低。霍尔元件直接测量磁场强度，对低频信号灵敏度高、测量范围大，可以用于埋藏较大的缺陷的探测。磁传感器也是直接测量磁场强度，具有非常高的检出灵敏度，适用于发现微小缺陷和探测微弱信号[19]。

　　激励线圈一般由漆包线绕制而成，其设计主要包括线圈内径和外径、线圈高度、漆包线直径和匝数。线圈内径和外径决定了激励探头的线性度与灵敏度，内径越小、外径越大，产生的磁感应强度越大，探头的线性度和灵敏度越高。线圈高度决定了探头的分辨率，线圈高度越大，产生的磁感应强度越小，涡流强度越小。因此，减小线圈高度，可以提高探头分辨率。漆包线的线径越大，线圈的电抗越小，产生的热量小，但是线径增大相当于匝数减小，磁场强度变弱，降低了探头的穿透力。线径的选择与频率相匹配，对于 10Hz~1kHz 激励频率范围的探头，线径一般取 0.2~0.6mm。线圈的匝数由线圈截面积和漆包线截面积决定。

　　由于脉冲涡流信号的探测是在脉冲激励完成之后，其信号分析与常规涡流的阻抗分析完全不一样，探测到的脉冲涡流信号是一维波形信号，包含检测对象的

电导率、磁导率、缺陷以及检测传感器提离等多种信息，仅从波形信号难以实现信号解耦测量，最为常用的方法是在完成信号预处理之后，以无缺陷处信号作为参考信号，利用差分方式实现对缺陷信号的特征提取。

　　磁性材料和非磁性材料的响应信号不一样，其信号特征提取方式也不同。对于非磁性材料，常用的特征量包括峰值、峰值时刻、过零点时刻、提离交叉点等，如图 9-24 所示。峰值是与缺陷大小相关的量；过零点时刻是与缺陷深度相关的量；提离交叉点是非磁性材料特有的现象，表示在该时刻的电压值是不随着提离距离变化而变化的，因此，可以通过这种方法消除提离效应的影响[18]。

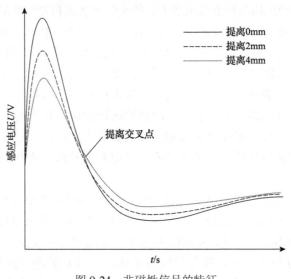

图 9-24　非磁性信号的特征

　　铁磁性材料的信号如图 9-25 所示，信号的早期是一次磁场与二次磁场共同作用的信号，该过程持续时间一般为毫秒级，由于是两个磁场的共同作用，很难提取到有效检测信息；信号的晚期主要是涡流在被检对象中的扩散和衰减，一般呈指数衰减，当存在缺陷时，其衰减数量与无缺陷处衰减存在差异，因此铁磁性材

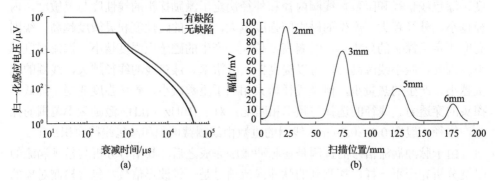

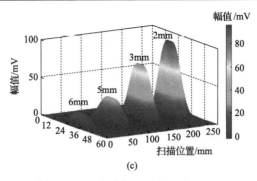

图 9-25　铁磁性材料的典型信号特征

料脉冲涡流信号的典型特征量就是晚期信号斜率，即以对数坐标形式得到的晚期信号对数线性衰减规律，并且线性衰减率不受到提离效应的影响。如果直接取某一规定时刻的感应电压为纵坐标，沿着被检对象做一维扫描或者二维扫描，则可以得到缺陷分布图，如图 9-25(b) 和 (c) 所示[20]。

## 9.3.2　脉冲涡流在增材制造检测中的应用

采用 PBF 打印 316L 不锈钢试样，并在试样表面加工宽度为 0.5mm，深度分别为 0.5mm、1.0mm 和 2mm 的刻槽，利用脉冲涡流设备在试样表面对刻槽缺陷进行一维扫描检测，分别讨论提离距离、刻槽深度和激励频率对检测结果的影响。

(1)选择提离距离分别为 3mm、6mm 和 9mm，所得检测结果如图 9-26 所示，可以看到，当提离距离为 3mm 和 6mm 时，刻槽信号非常明显；但是当提离距离为 9mm 甚至更大时，信号开始减弱，但是与无缺陷位置还是具有较大差异，所以对于不锈钢增材制造试样，脉冲涡流检测的提离距离可以达到 9mm，远高于常规涡流检测(1~2mm)。

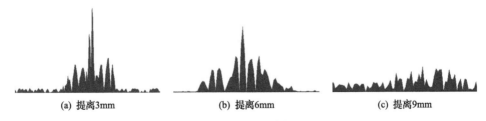

(a) 提离3mm　　　　　(b) 提离6mm　　　　　(c) 提离9mm

图 9-26　不同提离距离检测结果

(2)分别对深度为 2mm、1mm 和 0.5mm 刻槽缺陷进行扫描，得到结果如图 9-27 所示。刻槽宽度为 0.5mm，长度为 30mm，提离距离为 3mm，在缺陷深度变化范围内，脉冲涡流检测仪器总是能精确地在检测到缺陷时反馈巨大的信号变化差异，虽然在深度较浅时信号的强度较小，但信号的变化差异也足够确认该缺陷，并可以精确检测缺陷位置。

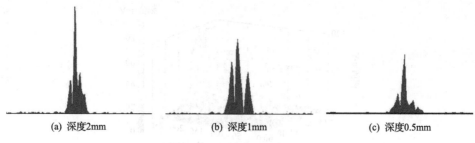

　　(a) 深度2mm　　　　　　　　(b) 深度1mm　　　　　　　　(c) 深度0.5mm

图 9-27　刻槽缺陷扫描结果

　　(3)分别采用激励频率为13.2kHz和35.9kHz进行检测,选择提离距离为6mm,得到检测结果如图 9-28 所示。在激励频率增大时, 被检测点的信号强度减小。这是因为当激励频率增大时, 脉冲涡流的渗透能力在逐渐减小。因此, 当进行实际检测时, 如果被检金属工件的缺陷在表面, 就可以选择比较高频率的激励信号;如果被检金属工件的缺陷比较靠近金属深层, 就选择较为低频的激励信号。同时, 在选择使用高频或者低频的激励信号时, 要考虑的因素还有实际工作中传感器的工作特性、被检工件的趋肤深度、脉冲磁场的能量等。

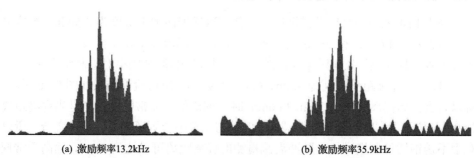

　　(a) 激励频率13.2kHz　　　　　　　　　　(b) 激励频率35.9kHz

图 9-28　脉冲涡流检测结果

## 9.4　微磁检测在增材制造中的应用展望

　　电磁检测技术种类繁多, 且各具优势。例如, 微磁检测技术可以用于发现磁性或者非磁性材料内部的微米级缺陷;交流电磁场检测技术可以用于发现大型金属部件埋藏型缺陷, 从而避免了趋肤效应的限制等。虽然这些技术在增材制造检测的应用领域都未见报道, 但都是其在线或者离线检测的潜在技术。

　　微磁检测以微磁学为理论基础, 利用高灵敏度磁传感器对材料磁场强度进行测量, 从而实现缺陷检测和应力测量。在进行缺陷检出时, 大多以地磁场作为磁激励源, 因此这种方法不需要采用额外的激励装置, 且不受材料磁导率的影响, 可以用于铁磁性材料、抗磁性材料及顺磁性材料。在进行应力测量或者力学性能测试时，主要探测铁磁性材料周期磁化过程中诱发的特征磁信号，如磁场强度时变信号、巴克豪森噪声、磁导率增量、磁矫顽力等，通过一种或者多种特征信号的组合，来实现残余应力或者力学性能的表征。

### 9.4.1　微小缺陷的微磁检测

以地磁场作为激励源的微磁缺陷检测的原理如下：基于地磁场对被检工件进行磁化，然后利用高灵敏度磁传感器对被检工件的感应磁场强度进行精密测量，当存在缺陷时，由于缺陷和基体磁导率存在差异，所测量的磁场强度会出现异常变化。通过分析微磁场的变化，就能够实现缺陷的定位和定量。

地磁场可以近似为稳定磁场或者静磁场。尽管地磁场的空间分布和时间变化都较为复杂，但是在局部空间位置，地磁场对时间的变化较为缓慢。地磁场平均磁场强度为 50000nT 左右。地磁场近似为稳定磁场，其频率接近零，因而可以穿透厚壁工件，实现埋藏型缺陷的检测。

材料的磁性来源于材料内部电子绕核运动和电子自旋运动所产生的磁矩。根据产生磁矩的差异性，可以将材料划分为抗磁性材料、顺磁性材料和铁磁性材料。抗磁性材料是一种弱磁性材料，在外加磁场的作用下，产生的磁矩与磁场方向相反，磁化率为很小的幅值，在 $10^{-5}$ 量级；顺磁性材料也是一种弱磁性材料，磁化强度与磁场强度方向相同，磁化率为很小的正值，为 $10^{-6} \sim 10^{-2}$；铁磁性材料包含大量的磁场结构，在很小的外加磁场下，就可以达到较高的磁化强度。当磁传感器的精度足够高时，微磁检测可以用于抗磁、顺磁和铁磁性材料检测，例如，硅的磁导率为 0.99999688，表现为抗磁性，则在地磁场环境下，缺陷处的磁场强度仅在几十纳特斯拉变化，可以采用分辨率达到 0.1nT 的磁传感器对缺陷进行测量。

根据磁化强度连续性的特点，在缺陷和基体界面处，磁场强度关系为

$$B = \mu_1 H_{1n} = \mu_2 H_{2n} \tag{9-8}$$

式中，$\mu_1$ 和 $H_{1n}$ 分别为被检工件的磁导率和磁场强度法向分量；$\mu_2$ 和 $H_{2n}$ 为缺陷位置的磁导率和磁场强度法向分量。

可以看到，磁场强度与磁导率成反比，当 $\mu_1 > \mu_2$，即缺陷的磁导率小于被检材料时，在缺陷两端的磁场强度高于无缺陷位置，因此磁场强度变化曲线会向上突起；当 $\mu_1 < \mu_2$，即缺陷的磁导率大于被检材料时，在缺陷两端的磁场强度低于无缺陷位置，因此磁场强度变化曲线会向下突起(图 9-29)。

1. 抗磁性材料检测应用

硅是典型的抗磁性材料。铸造多晶硅是太阳能光伏的主要原材料，具有高密度位错、微裂纹和相对比较高浓度的杂质等缺陷。试件尺寸为 200mm×150mm×

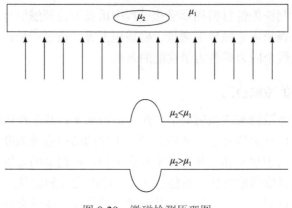

图 9-29　微磁检测原理图

150mm，利用分辨率为 1nT、测量范围为–250000～250000nT 的微磁测量设备沿试件表面进行扫描。扫描过程中，微磁探头紧贴工件表面，用于测量和记录垂直于工件表面的法向磁场强度，得到的曲线如图 9-30(c)和(d)所示。从图 9-30(c)可以看到，磁场强度曲线有两处异常，异常磁场强度分别为 90nT 和 100nT，而且第一个异常位置的曲线都是向下凹，表明该处为相对磁导率大于多晶硅的杂质或者裂纹；第二个异常位置的曲线是向上凸起，表明该位置为磁导率小于多晶硅的杂质。图 9-30(d)为无缺陷位置的磁场曲线，未发现异常位置。为了验证实验结果，对试件进行解剖，在缺陷信号对应位置(100mm 处)取横截面，在深度 60mm 左右发现尺寸为 40μm×20μm 的异常聚集物，从而验证检测数据的有效性，也表明微磁检测可以检出抗磁性材料中埋藏较深的微米级缺陷[21]。

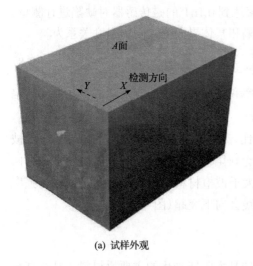

(a) 试样外观

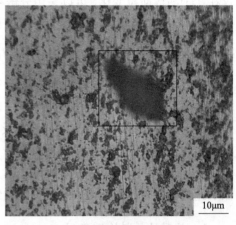

(b) 缺陷40μm×20μm

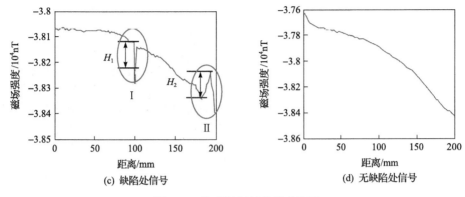

(c) 缺陷处信号　　　　　　　　(d) 无缺陷处信号

图 9-30　抗磁性材料的微磁检测

### 2. 铁磁性材料的应用

如图 9-31 所示 T 形试样，腹板和翼板的材料均为 45 号钢，腹板和翼板焊接产生 4 个自然缺陷，腹板宽度 $D_1$ 为 230mm，焊缝宽度 $D_2$ 为 20mm，翼板厚度 $D_3$ 为 6mm，翼板高度 $H_1$ 为 205mm，腹板厚度 $H_2$ 为 7.3mm，焊缝高度 $H_3$ 为 7mm，焊缝长度 $L$ 为 355mm。在翼板底面使用磁通门微磁传感器进行二维扫描，微磁传感器精度为 0.2nT，测量范围为 –250000～250000nT，扫描得到沿着焊缝方向的微磁信号曲线，如图 9-31(b) 所示。可以看到曲线上面尽管存在磁场强度变化，但是变化趋势非常缓和。图 9-31(c) 为经过求导处理的磁场强度曲线，代表了沿焊缝方向的磁场强度变化率。可以看到，在 111mm、225mm、252mm 和 281mm 处出现了四个波峰，即在这个位置，原始信号的变化率最大，通过射线检测验证焊接加工过程得到的四个自然缺陷与微磁检测位置相符。图 9-31(d) 为在翼板底面进行二维扫描得到的磁场分布图像，可以看到，二维成像的方式可以直观显示缺陷区域[22]。

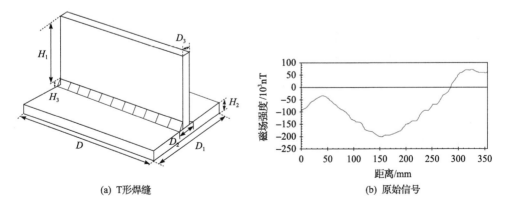

(a) T形焊缝　　　　　　　　(b) 原始信号

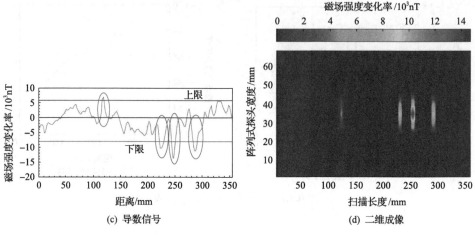

图 9-31　铁磁性材料的微磁检测

### 9.4.2　增材制件力学性能及应力的微磁测量

微磁测量主要基于磁学或者微磁学原理，利用磁特征参数实现材料组织、应力和屈服强度等力学性能及材料残余应力的定量表征。磁特征参数根据磁场是否可逆可以分为以磁滞回为代表的可逆磁化特征参数（如磁导率、增量磁导率、磁矫顽力等）和不可逆磁化特征参数（如巴克豪森噪声）。可逆磁化特征参数和不可逆磁化特征参数也可以综合利用，以实现材料多种性能参数的表征。

1. 可逆磁化特征参数

磁滞回曲线是铁磁性材料的磁化强度或者磁感应强度随着外加磁场强度的周期变化而变化的曲线。随着磁场强度 $H$ 增大，磁化强度 $M$ 逐步增大，达到饱和状态时，饱和磁化强度 $M_s$ 保存不变，对应磁场强度为 $H_s$；当磁场强度 $H$ 减小时，磁化强度的减小滞后于磁场强度的变化，当 $H=0$ 时，剩余磁化强度为 $M_r$；为了使得磁化强度减小到零，则必须添加一反向的磁场强度，当 $M=0$ 时，对应的反向磁场强度 $H_{cm}$ 为矫顽力；如果继续反向增大磁场强度，则样品沿着反方向达到磁饱和；依次重复得到磁滞回曲线，如图 9-32 所示。

磁导率定义为磁滞回曲线上磁感应强度和磁场强度的比值，是用来表征材料磁性的物理量。在微磁测量过程中，除了磁矫顽力、常规磁导率，还采用增量磁导率作为特征量，增量磁导率的表达式为

$$\mu_\Delta = \frac{1}{\mu_0}\frac{\Delta B}{\Delta H} \tag{9-9}$$

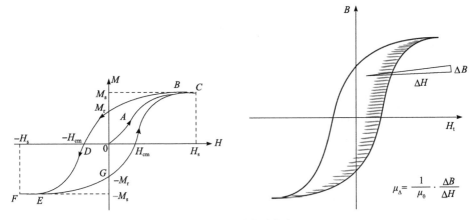

图 9-32　磁滞回曲线

　　增量磁导率的测量步骤如下：首先利用低频交变磁场磁化被检材料，直到饱和状态。与此同时，叠加一高频磁场 $\Delta H(\omega)$，从而获得磁感应强度增量 $\Delta B$。为了保证增量测量的效果，在频率上，叠加的高频磁场的频率 $f_1$ 与低频交变磁场的频率 $f$ 的关系为 $f_1 > 100f$；在幅值上，高频磁场强度 $\Delta H$ 与磁矫顽力 $H_{cm}$ 的关系为 $\Delta H < H_{cm}/2$，因为只有保证 $\Delta H$ 足够小，磁畴才不会发生不可逆变化，从而保证测量过程始终处于可逆磁化范围，避免不可逆磁化，如巴克豪森效应的影响。

　　图 9-33 为利用增量磁导率对应力进行表征。实验材料为普通碳钢，施加 5 个等级的应力，在对每一个试样的磁性测量过程中，低频采用频率为 10Hz 的正弦波放大激励，高频采用频率为 10kHz 的正弦波放大激励。当低频激励信号幅值在 $-2\sim2\text{V}$ 变化时，得到响应信号为图 9-33（a）所示的增量磁导率曲线，呈蝶形信号。不同应力状态试样的蝶形信号如图 9-33（b）所示，可以看到蝶形信号的幅值和形状随着应力变化，图 9-33（c）和（d）是蝶形信号的上峰值和交点幅值随着应力变化曲线，可以看到所取特征值与应力基本呈线性关系。因此，合理选择增量磁导率曲线的特征点，就有可能实现试样应力的表征[23]。

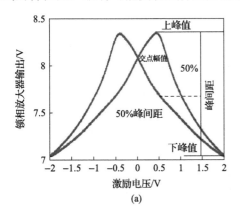

(a)

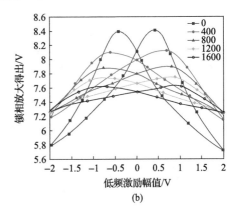

(b)

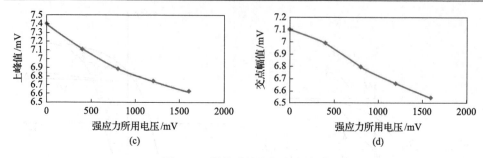

图 9-33　增量磁导率与应力关系

## 2. 不可逆磁化特征参数

不可逆磁化主要是指巴克豪森现象，即铁磁性材料在磁化强度距离增加的阶段，磁畴壁为了克服材料内部的势能垒，产生非连续的跳跃式移动。该现象是 Barkhausen 教授于 1919 年发现的，他指出该阶梯式的跳跃变化发生在磁化曲线和磁滞回曲线最陡的区域[24]。通过特定的磁性测量设备及传感器，可以监测磁畴壁的跳跃性变化，即巴克豪森噪声信号，如图 9-34(a) 所示。

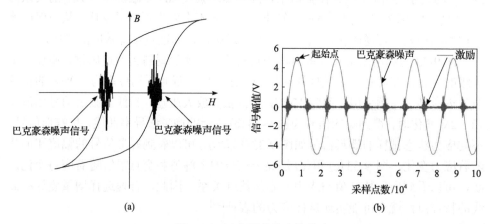

图 9-34　巴克豪森噪声信号

巴克豪森噪声信号是由畴壁的运动产生的，因此，任何影响畴壁的因素都会影响巴克豪森噪声信号，包括材料自身的微观结构、力学性能及应力分布状态等，还有外部环境因素，如磁化强度和温度等。因此，巴克豪森噪声信号也可以用于以上材料参数的测量，为了实现对应力的表征，常用的特征量包括均方根、均值、峰值、峰值时刻、半高宽比和振铃数等，实际测量中需要提取有效特征量进行特定参数的表征。

巴克豪森检测系统主要包括激励和接收两大功能模块，激励模块产生正弦波信号，经过放大之后，加载到激励线圈，实现被检工件的局部磁化。巴克豪森噪声信号的拾取一般通过磁传感器，如线圈、GMR 传感器、霍尔元件等。磁传感器探测到的巴克豪森噪声信号一般很微弱，需要通过调理电路进行放大和滤波处理，一般来说巴克豪森噪声的频带为 1kHz～1MHz，激励频率一般为 0.1～50Hz，因此通过滤波处理，可以提取出巴克豪森噪声信号，如图 9-34(b) 所示[25]。

图 9-35 为利用巴克豪森噪声信号对冷轧钢板电子束焊接的焊缝的应力分布测量。试样尺寸为 120mm×60mm×0.58mm，如图 9-35(a) 所示。材料晶粒度为 47μm±9μm。焊缝及热影响区分布如图 9-35(b) 所示。激励探头采用 U 形磁铁，激励线圈为 320 匝，激励频率为 10Hz 的三角波信号。沿着轧制方向磁化工件，利用 670 匝线圈进行巴克豪森噪声信号的测量，然后利用带宽为 1～100kHz 的滤波器滤除低频干扰信号和高频谐波信号。取巴克豪森噪声信号的均方根作为特征量，绘制得到焊缝表面巴克豪森噪声信号分布图，如图 9-35(c) 所示，可以看到焊缝中心的信号强，远离焊缝时，信号逐步减弱。利用 X 射线衍射测量焊缝表面的残余应力，如图 9-35(d) 所示，如果将巴克豪森噪声信号的均方根与 X 射线衍射信号做归一化处理，可以看到两者的变化趋势非常吻合，这说明可以利用巴克豪森噪声信号来进行材料残余应力的表征[26]。

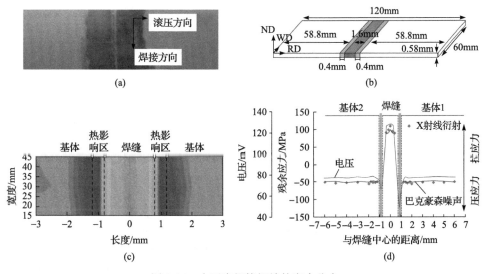

图 9-35　电子束焊接焊缝的应力分布

### 3. 微磁多参数综合表征

为了实现材料多种力学性能及应力的表征，德国夫劳恩霍夫无损检测研究所 (IZFP) 提出一种 3MA 方法，即基于微磁多参数的材料微结合和应力分析方法，其原理是利用磁激励和接收装置测得增量磁导率、巴克豪森噪声信号等多种磁性参数，与材料硬度、屈服强度、残余应力等被测量值进行回归分析，从而实现多种性能参数的一次性测量。在 3MA 基础上发展起来的 3MA-II 方法利用四十余种磁性特征参数与目标数据标定，进而实现材料性能参数的表征。多种磁性特征参数的利用的优势是保证测量的稳定性[27]。

# 参 考 文 献

[1] 任吉林, 林俊明, 徐可北. 涡流检测[M]. 北京: 机械工业出版社, 2013.

[2] HE D F, TACHIKI M, ITOZAKI H. Highly sensitive anisotropic magnetoresistance magnetometer for eddy-current nondestructive evaluation[J]. Review of Scientific Instruments, 2009, 80 (3) : 036102.

[3] BETTA G, FERRIGNO L, LARACCA M. GMR-Based ECT instrument for detection and characterization of crack on a planar specimen: A hand-held solution[J]. IEEE Transactions on Instrumentation and Measurement, 2012, 61 (2) : 505-512.

[4] 潘仲明, 周晗, 张大厦, 等. 国外巨磁阻抗传感器检测电路技术的发展动态[J]. 仪器仪表学报, 2017, 38 (4) : 781-793.

[5] 王帅英. 用于地磁测量的各向异性磁阻传感器研究[D]. 武汉: 华中科技大学, 2008.

[6] 孟永号. 霍尔和磁阻技术在智能水泵控制器中的应用[J]. 新型工业化, 2019, 9 (4) : 83-87.

[7] 陈亮, 阙沛文, 李亮, 等. 巨磁阻传感器在涡流检测中的应用[J]. 无损检测, 2005 (8) : 399-401.

[8] 沈哲青, 彭先, 赖平, 等. 巨磁阻电涡流传感器设计[J]. 电子设计工程, 2017, 25 (20) : 129-131,139.

[9] RUDLIN J, RUDLIN P O, CERNIGLIA D, et al. Inspection of laser powder deposited layers[C]. 11th European Conference on Non-Destructive Testing, Prague, 2014.

[10] MAJIDNIA S, RUDLIN J, NILAVALAN R. Depth of penetration effects in eddy current testing[J]. American Journal of Respiratory & Critical Care Medicine, 2012, 167 (8) : 1102-1108.

[11] DU W, BAI Q, WANG Y, et al. Eddy current detection of subsurface defects for additive/subtractive hybrid manufacturing[J]. The International Journal of Advanced Manufacturing Technology, 2018, 95 (9) : 3185-3195.

[12] HE D, WANG Z, KUSANO M, et al. Evaluation of 3D-Printed titanium alloy using eddy current testing with high-sensitivity magnetic sensor[J]. NDT & E International, 2019, 102: 90-95.

[13] BOULOUDENINE A, FELIACHI M, EL HADI LATRECHE M. Development of circular arrayed eddy current sensor for detecting fibers orientation and in-plane fiber waviness in unidirectional CFRP[J]. NDT & E International, 2017, 92: 30-37.

[14] JENTEK SENSORS. Hand-held, wireless (or ethernet) eddy current array system for rapid inspection[EB/OL]. (2016-09-26) [2020-06-18]. http://www.jenteksensors.com/media/JENTEK%20Presentation_A4A_Final.pdf.

[15] TODOROV E I. Non destructive evaluation of additive manufacturing components using an eddy current array system and method: US20160349215[P/OL]. (2016-12-01) [2020-06-22]. https://www.freepatentsonline.com/y2016/0349215.html.

[16] TODOROV E, NAGY B, LEVESQUE S, et al. Inspection of laser welds with array eddy current technique[J]. AIP Conference Proceedings, 2013, 1511 (1) : 1065-1072.

[17] 沈功田, 李建, 武新军. 承压设备脉冲涡流检测技术研究及应用[J]. 机械工程学报, 2017, 53 (4) : 49-58.

[18] 武新军, 张卿, 沈功田. 脉冲涡流无损检测技术综述[J]. 仪器仪表学报, 2016, 37 (8) : 1698-1712.

[19] PARK D G, ANGANI C S, RAO B P C, et al. Detection of the subsurface cracks in a stainless steel plate using pulsed eddy current[J]. Journal of Nondestructive Evaluation, 2013, 32 (4) : 350-353.

[20] ARJUN V, SASI B, RAO B P C, et al. Optimisation of pulsed eddy current probe for detection of sub-surface defects in stainless steel plates[J]. Sensors and Actuators A: Physical, 2015, 226: 69-75.

[21] 李浪. 晶体硅缺陷微磁检测及成像技术研究[D]. 南昌: 南昌航空大学, 2013.

[22] 戴超. T 型角焊缝微磁检测方法的研究[D]. 南昌: 南昌航空大学, 2015.

[23] 刘佳琪, 李开宇, 高雯娟, 等. 基于增量磁导率的材料应力检测研究[C]. 2017 远东无损检测新技术论坛, 西安, 2017.

[24] 高铭. 基于巴克豪森原理铁磁性材料应力检测及分析研究[D]. 南京: 南京航空航天大学, 2016.

[25] 李梦迪. 基于巴克豪森原理的材料磁特性及应力检测系统研究[D]. 南京: 南京航空航天大学, 2016.

[26] VOURNA P, KTENA A, TSAKIRIDIS P E, et al. An accurate evaluation of the residual stress of welded electrical steels with magnetic Barkhausen noise[J]. Measurement, 2015, 71: 31-45.

[27] SZIELASKO K, MIRONENKO I, ALTPETER I, et al. Minimalistic devices and sensors for micromagnetic materials characterization[J]. IEEE Transactions on Magnetics, 2013, 49(1): 101-104.